量子点纳米光子学及应用

程 成　程潇羽　著

科 学 出 版 社

北 京

内 容 简 介

纳米光子学是研究纳米尺度光与物质相互作用的一门科学和技术,是近年来发展迅速的一个热门前沿领域。本书主要内容包括:量子点的基本概念和纳米光子学的基础理论;量子点的能级结构;量子点的制备和表征;量子点光谱;量子点的温度特性;光纤中的光传输;量子点光纤和光纤放大器;量子点光纤激光器;纳米光子学研究的几个热点领域及进展,如量子点太阳能电池、硅量子点、表面等离子激元光子学、单个等离子激元纳米粒子的光学特征、表面增强拉曼散射热点的超分辨成像等。

本书可供纳米光子学及其应用领域的科技工作者参考,也可供光学、光学工程、纳米材料、通信和电子信息等专业的研究生阅读或作为教材使用。

图书在版编目(CIP)数据

量子点纳米光子学及应用/程成,程潇羽著.—北京:科学出版社,2017.3
ISBN 978-7-03-050378-7

Ⅰ.①量… Ⅱ.①程… ②程… Ⅲ.①纳米技术-应用-光电子学-研究 Ⅳ.①TN201-39

中国版本图书馆 CIP 数据核字(2016)第 258192 号

责任编辑:朱英彪 / 责任校对:桂伟利
责任印制:吴兆东 / 封面设计:蓝正设计

科 学 出 版 社 出版
北京东黄城根北街 16 号
邮政编码:100717
http://www.sciencep.com

北京凌奇印刷有限责任公司印刷
科学出版社发行 各地新华书店经销
*
2017 年 3 月第 一 版 开本:720×1000 B5
2024 年 6 月第七次印刷 印张:24 1/2
字数:477 000
定价:198.00 元
(如有印装质量问题,我社负责调换)

序

纳米科学与技术是目前国际上最具活力的科学研究领域之一。纳米科技的成果，大大丰富了人类对物质运动规律的认识，并对经济和社会的发展产生了重大的影响。纳米光子学是纳米科技的一个重要分支，是一门结合了当代纳米科学与光子学的交叉学科，也是近年来人们非常感兴趣的新兴学科领域。

纳米光子学研究纳米尺度上光与物质的相互作用及其应用技术，涉及多学科交叉领域，覆盖范围宽广。在纳米光子学中，来自量子尺寸效应的量子约束使得纳米结构(如量子点)产生了一系列的独特的光学现象，例如，原来不发光或发弱光的块体材料变为发光或发强光、连续光谱变为分立、带隙产生移动展宽、吸收光谱产生蓝移等。研究这些独特的光学现象，并由此构成新型的量子点光电子器件与技术，是纳米光子学的重要内容之一，也是近年来人们十分感兴趣的课题。

该书的作者近年来一直在量子点纳米光子学领域工作，在光纤放大器及激光器件等方面取得了一系列卓有成效的工作。随着对量子点光学特性研究和认识的深入，作者在基于半导体量子点作为光纤增益介质等方面做了许多有益的尝试，其中有许多工作是首次提出和实现，部分成果已经收入本书。作为在纳米光子学领域工作的科技工作者，很高兴看到该书成稿并应邀撰写序言。相信该书的出版，不仅可以引起相关学科研究人员(尤其是青年科技人员)对该方面的研究兴趣，对于向大众和社会普及纳米光子学相关知识，展示纳米光子学的独特魅力，也将起到积极的推进作用。

在纳米光子学方面，目前国内已有一些研究进展类的专著，但专门论述量子点纳米光子学及其光电子器件应用方面的著作很少，从这方面来看，该书也可以起到填白补缺的作用。该书特色鲜明，前导性强，参考价值较高。该书理论体系较为完整，实验内容丰富，技术路线独特，参考文献较为丰富，无论对于纳米科技专业工作者，还是初涉者，都不失为一本较好的参考书，值得推荐，谨以此为序。

童利民

2016 年 8 月
于浙江大学求是园

前　　言

　　纳米光子学是纳米科技的一个重要分支和前沿领域,近年来的研究相当活跃。纳米光子学的含义非常广泛,作为一门新兴的交叉学科,它本身仍处于不断的发展当中,其内涵和外延都在深化或扩展。因此,要确切划出纳米光子学的范畴是非常困难的。一般而言,纳米光子学应当包括纳米粒子的光学行为、光与物质纳尺度的相互作用、光子的纳尺度操作等。纳米光子学研究的角度侧重于光的粒子性,研究的基本方法结合了经典的麦克斯韦电磁场理论和量子力学的薛定谔方程,涉及的材料可以是纳尺度的半导体、金属、有机和无机分子等。限于篇幅,本书主要关注半导体纳米晶体量子点的光学行为以及由此产生的一些具有独特特性的光电子器件的应用,少量涉及近年来发展迅速的等离子激元光子学、量子点太阳能电池等内容。对于近场光学、超快光信息处理和生物纳米光子学等则没有涉及,尽管它们同样熠熠生辉,令人神往。

　　本书在我们之前出版的《纳米光子学及器件》基础上编写而成,并根据最近几年来研究工作的进展情况以及该领域的发展趋势作了适当增删。在量子点发光机理方面,增加了荧光谱展宽、荧光寿命以及量子点的吸收与折射率色散关系的研究等;在量子点光电子器件方面,增加了最近实现的量子点通信光纤放大器和温度传感器;在量子点制备方面,增加了发展前景广阔的无毒硅量子点的制备及应用;在表面等离子激元光子学方面,增加了基本原理、单个等离子激元纳米粒子的光学特征、表面增强拉曼散射热点的超分辨成像等。此外,改写和删除一些略显陈旧的内容,保留必要的理论准备和基础知识,以便于阅读。

　　本书适合于光学/光学工程、物理、纳米材料、通信和电子信息等专业的读者阅读。本书部分章节曾用做硕士研究生的讲义,在光学/光学工程的必修课或选修课中使用。我们期望借此能引起读者的兴趣,引导读者顺利打开量子点纳米光子学的大门,跨过门槛,掌握要领,漫步其中。同时,期望本书能成为一本比较系统、循序渐进、内容独特的专门性书籍,给广大读者提供参考。

　　对先后参与本书原稿整理并做了部分实验的研究生赵志远、簿建凤、吴兹起、崔学伟、王国栋、吴昌斌和吴宜强等表示感谢。对仔细阅读了本书初稿、提出修改意见并欣然执笔作序的童利民教授表示感谢。近两年中由于专心撰稿而无法陪伴我的妻子张洪英女士,谨此奉献。

　　本书的部分研究内容得到了国家自然科学基金（60777023、61274124、61474100)的支持,特致感谢。

程成

2016 年 7 月

于浙江工业大学理学院

目　　录

第1章　量子点概述

纳米科学和技术是 21 世纪的科学技术。当前,各种纳米结构的研究和应用已经成为科学和技术发展的热点,纳米领域正在经历一个极为迅速的发展时期。一方面,电子集成目前已达到纳米级的加工水平,由于受到电子衍射极限等因素的制约,似乎无法进一步扩展。另一方面,半导体量子点具有类似于原子、分子的独特性质,使得人们可以通过控制量子点粒径的大小来获得不同波长的光子的吸收和辐射,从而为光子集成开辟了极为广阔的应用前景。近年来,量子点在生物荧光标记、太阳能电池、LED、激光器和光纤放大器等方面都有很多的研究和应用。

纳米结构一般指至少在一个维度上的尺寸为 1～100nm,这种结构可包括半导体量子阱、量子圈、量子线、量子点以及碳纳米管等。由于纳米结构种类众多,性质各异,要想在一本书中囊括所有的内容是不现实的。本书主要讨论纳米晶体量子点(nanocrystal quantum dots)及其光学性质,主要是通过纳米化学法制备的纳米晶体量子点。在下面的各章中,在不引起概念模糊和不是特别提及的前提下,所指的纳米结构均为纳米晶体量子点。对于纳米管、量子阱和量子线等纳米材料及其光学性质等,读者可参考另外的书籍。

本章是本书的一个引述,向读者介绍关于纳米材料(量子点)的概貌。主要内容为量子阱、量子线和量子点的基本概念;量子效应,包括量子尺寸效应、表面效应、宏观量子隧道效应和库仑阻塞效应;量子点的类型和结构;量子点的应用和研究发展等。

1.1　量子阱、量子线和量子点

半导体中,电子和空穴都可以用波的概念来进行描述,对应的波称为电子和空穴的德布罗意波,波长分别用 λ_e 和 λ_h 来表示。德布罗意波是描述粒子性质的一个重要参量。

对于三维体材料,电子和空穴在三个维度上都不受限制,电子的德布罗意(de Broglie)波长远小于材料的尺寸,因此,体材料中的电子能态为连续分布。当体材料在某一维上的尺寸受到限制,或者该维的尺度小到与电子和空穴的德布罗意波长相当时,三维退化为二维,称为量子阱。当二维尺寸进一步被限制成一维时,则称为量子线。如果维度继续减少,成为零维或准零维,电子和空穴的运动在三个方向上都受到限制,那么就称为量子点(quantum dots,QDs)。

　　大量的实验观测证明量子点光谱具有分立的特性,其吸收峰相对于辐射峰存在蓝移。量子点的分立光谱的特性,本质上来自介质中的电子的波粒二象性。

　　电子的德布罗意波特性取决于其费米(Fermi)波长,即 $\lambda_F = 2\pi/k_F$。对于二维情形,费米波矢 $\boldsymbol{k}_F = \sqrt{2\pi n_s}\,\hat{k}$ (n_s 是电子面密度)。对于一般的块材料,其尺寸远大于电子德布罗意波长,电子能级或者能态密度是连续的,因此没有量子约束效应。如果将某一维度的尺度缩小到一个电子德布罗意波长,即为量子阱,此时电子只能在另外两个维度所构成的二维空间中运动,电子的态密度成为量子化的"阶梯"形。如果进一步将两个维度减小到一个维度,则电子只能在一维方向上运动,电子的能态密度被进一步量子化,成为尖顶"脉冲"形,即为量子线。当第三个维度的尺寸也缩小到一个电子德布罗意波长以下时,电子只能在"零维"方向上运动,成了"准零维"的量子点,电子的能态密度成为分立状,如图1.1.1所示。当维度为1,2,3时,态密度为 $\rho(E) \propto E^{\frac{d}{2}-1}$。对于一个准零维系统,电子能态密度可用 δ 函数表示。在相干波长与激子玻尔(Bohr)半径可比较的强限制区域,会形成激子并有激子吸收带。随着粒径的减小,激子带的吸收增强,激子的低能量向高能方向移动,即吸收带产生了蓝移。

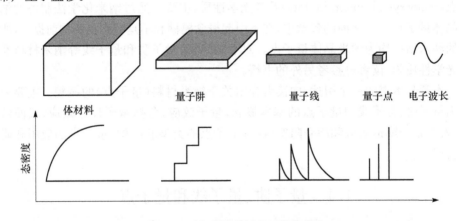

图 1.1.1　各个维度的电子能态密度

　　在纳米结构中,低浓度的准粒子可以认为是类似于三维晶体的理想气体。电子和空穴的能态密度的一般形式为

$$\rho(E) \propto E^{\frac{d}{2}-1} \quad (d=1,2,3) \tag{1.1.1}$$

式中,d 是维数;E 为能量,电子的能量从导带底部标定,空穴的能量从价带的顶部标定。

　　在三维系统中,$\rho(E)$ 是能量的平方根的函数。当 $d=2$ 和 $d=1$ 时,由于量子限制效应,出现许多离散的子带,每一个子带都满足式(1.1.1)。例如,一个二维结构量子阱,其量子化能量为

$$E_n = \frac{\pi^2 \hbar^2}{2m_{e,h}L^2}n^2 \quad (n=1,2,3,\cdots) \tag{1.1.2}$$

式中，$m_{e,h}$为电子、空穴的质量；$\hbar$是普朗克常量；L为沿约束方向的大小；色散关系表示为

$$E(\boldsymbol{k}) = E_n + \frac{\hbar^2(k_x^2+k_y^2)}{2m_{e,h}} \tag{1.1.3}$$

在 x、y 轴方向上的运动不受限制，而沿着约束方向 z 轴的运动受到限制。当 $d=0$ 时，则为零维结构，即准粒子的量子点。

半导体量子点的大小通常为 $1\sim10$nm，但实际上并没有一个十分明确的尺寸标识范围，它的尺寸由材料中的电子费米波长决定。一般情况下，电子费米波长在半导体内比在金属内大得多，例如，在半导体材料砷化镓(GaAs)中，其费米波长约为 40nm，在铝金属中却只有 0.36nm。

量子点通常均匀分散于光学透明材料中，如玻璃和聚合物薄膜等；或者分散在有机溶剂中，如甲苯、正己烷等。一个量子点可以包含几百到数万个原子，量子点内部具有超晶格结构。量子点的外部大多呈球形，也有的呈棒状、四面体、六面柱体、盘形等，具体形状与量子点的合成过程及其化学成分有关。

量子点作为一种准零维多原子系统，又称为"人造原子"。由于量子点中的电子和空穴在三个维度上都被约束，会引起一系列特殊的量子效应，如能级离散化、表面效应、量子尺寸效应(约束效应)、宏观量子隧道效应、量子干涉效应、库仑阻塞效应、光学吸收峰的蓝移、光学非线性增强的量子效应等，派生出与宏观和微观体系很不相同的低维物理特性，展现出许多奇特的物理化学性质，其电学性能和光学性能也发生显著变化。

量子点的材料种类繁多，其尺寸可以通过制备过程加以控制，这为量子点的广泛应用提供了极大的空间。从 20 世纪 80 年代到现在，人们发现了许多关于量子点的有趣的物理现象，如光谱分立、奇异的载流子动力学性质等，吸引了越来越多的关注，使得量子点在生命科学、医药、非线性光学、磁介质、单电子器件、存储器以及各种光电器件等方面有着极为广阔的应用前景。

需要指出，由量子点的纳米尺寸而导致的奇特的物理性质，至今仍无法很好地加以解释。可用来完整描述量子点能级结构和性质的普适理论仍然不够完善，实验制备以及应用研究也有相当大的待开拓空间。

1.2　量子效应

1.2.1　量子尺寸效应

量子尺寸效应指由量子尺寸引起的量子约束效应。当量子点的尺寸小到可与

电子的德布罗意波长、相干波长及激子玻尔半径相比时,电子受限在纳米空间,电子输运受到限制,电子平均自由程很短,电子的局限性和相干性增强,极易形成激子,产生激子吸收带。随着粒径的进一步减小,激子带的吸收系数增加,出现激子强吸收。由于量子约束效应,激子的最低能量向高能方向移动(蓝移),其光谱是由带间跃迁的一系列线谱组成的。载流子运动受到小空间的限制,费米能级[①]附近的电子能级由准连续变为分立,即能量发生量子化。量子尺寸效应导致其吸收谱从连续分布,变为具有峰值结构的离散谱带。相邻电子能级间距和粒子直径之间的关系可表示为[1]

$$\Delta E = \frac{4}{3}\frac{E_F}{N} \tag{1.2.1}$$

式中,N 为一个粒子中的导带电子数;E_F 为费米能级能量。

对于块体材料,N 很大,能级间距 ΔE 趋近于零;对于量子点,它的粒子数较少,N 较小,因此,ΔE 值不为零。当量子点的能级间距大于热能、磁能、光子能量时,量子尺寸效应就会比较明显,从而使得量子点的磁、光、声、热、电以及超导电性与宏观块体材料的特性有显著的区别,例如,量子点的磁化率、比热容、介电系数和光谱线的位移都会发生变化。

1.2.2　表面效应

量子点的粒径很小,大部分原子位于量子点的表面,量子点的比表面积(面积与半径之比)随粒径减小而增大。由于比表面积很大,表面原子的配位[②]不足、不饱和键和悬键增多,这些表面原子具有很高的活性和表面能,很不稳定,容易与其他原子结合或反应。表面原子的活性不但引起纳米粒子表面原子输运和结构的变化,同时也引起表面电子自旋构象和电子能谱的变化。表面缺陷导致陷阱电子或空穴,它们反过来会影响量子点的发光性质、引起非线性光学效应。金属体材料通过光反射而呈现出各种特征颜色,表面效应和尺寸效应使纳米金属颗粒对光的反射明显下降,通常低于 1%,因此纳米金属颗粒一般呈深色,粒径越小,颜色越深,即纳米颗粒的光吸收能力越强,呈现出宽带强吸收谱现象。

此外,在热力学性质方面,由表面效应导致的最直观现象就是随着纳米微粒尺

---

①费米能级:在金属或费米子系统中,电子按泡利(Pauli)不相容原理,从低能级到高能级逐个填充系统的各个能级。当温度为 0K 时,电子能够填充到的最高能级就是费米能级 E_F。当温度 $T > 0$ 时,电子可以激发到比 E_F 更高的能级上去,这时,布居费米能级的概率是 1/2。在半导体物理和电子学领域中,费米能是电子或空穴的化学势。

②配位:如果化学亲和力在空间各方向相同,中心原子或离子(通常是金属)均等地被其他分子或离子包围并作用,这种现象称为配位。

寸的减小,其熔点逐渐降低。与此同时,纳米粒子的表面张力也随粒径的减小而增大,这会引起纳米粒子表面层晶格的畸变,晶格常数变小,从而发生显著的晶格收缩效应。

1.2.3　宏观量子隧道效应

宏观量子隧道效应是指电子从一个量子阱穿越势垒进入另一个量子阱。在纳米空间,电子的平均自由程与约束空间尺度相当,载流子输运过程的波动性增强,就出现了量子隧道效应。量子隧道效应使电子可以穿过纳米势垒而形成费米电子群,使原本不导电的体系变为导电,从而改变了体系的介电特性。

宏观量子隧道效应是基本的量子现象之一。当纳米颗粒的总能量小于势垒高度时,其辐射的电磁波仍可贯穿势垒。某些宏观量如微粒的磁化强度、量子相干器件中的磁通量等也有宏观量子隧道效应。宏观量子隧道效应对基础研究以及应用有着重要的意义,它确立了微电子器件进一步微型化的极限,是未来微电子器件发展的基础。

1.2.4　库仑阻塞效应

库仑阻塞效应源自库仑相互作用。一个电子进入量子点,它增加的静电能就会远远大于电子的热动能,这个静电能会阻止随后的电子进入量子点,从而难以形成电流,这种效应称为库仑阻塞效应。库仑阻塞效应已经在 GaAs 异质结二维电子气等系统中观测到。

对于大规模集成电路,库仑阻塞效应通常是不利的。但是,库仑阻塞效应也有可利用之处。例如,在实验上,可以利用电容耦合,通过外加栅压来控制双隧道结链接的量子点体系的单个电子的进出。基于库仑阻塞效应可以制造多种量子器件,如量子点旋转门等。利用库仑阻塞效应可制成单电子器件,它在超大规模集成电路制造上有重要的应用,还可以用来研究超快、超高灵敏静电计。

1.3　量子点的类型和结构

1.3.1　量子点的类型

量子点按其材料组成,可分为元素半导体量子点、化合物半导体量子点和异质结量子点。此外,原子及分子团簇、超微粒子和多孔硅等也都属于量子点范畴。

量子点按其尺寸大小,可分为强约束型、弱约束型和中等约束型量子点。尺寸小于玻尔半径,为强约束型量子点;尺寸大于玻尔半径,为弱约束型量子点;尺寸与玻尔半径相当的,为中等约束量子点。

量子点的性质主要由动能(E_k)和库仑能(E_c)决定,采用有效质量模型,载流

子的哈密顿量可以写成

$$\hat{H} = -\frac{\hbar^2}{2m^*}\nabla^2 + U(r) \tag{1.3.1}$$

式中，$U(r)$是无限深势阱势能；m^*为载流子的有效质量。

下面简单作一个量级估计。如果势阱宽等于量子点半径 L，已知基态能 $E_1 = \pi^2\hbar^2/(2m^*L^2)$，库仑能 $E_C \approx e^2/(\varepsilon L)$。当基态能等于库仑能时，量子点尺寸为

$$L \approx a_B^* = \frac{\hbar^2}{m^* e^2} \tag{1.3.2}$$

式中，a_B^*为激子有效玻尔半径；e为电子电荷；ε为介电系数。常见的半导体材料，如 GaAs 和 Si，其激子玻尔半径分别为 12.5nm 和 4.3nm（表 3.1.2）。如果量子点尺寸比玻尔半径小，那么电子空穴对会受到很强的约束效应，从而对它的光学性质产生很大的影响。

另外，按量子点制备的手段来区分，可分为以下几类。

1）用化学溶胶-凝胶法制备的量子点

用化学溶胶-凝胶法可制备出单分散性的量子点，也可制备量子点膜层，过程简单，且可大量生产，是目前制备量子点的主要化学方法之一，也是最早发展起来的方法之一。合成的量子点的透射电镜图如图 1.3.1 所示。

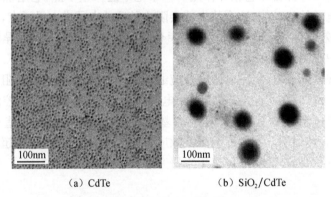

　　　（a）CdTe　　　　　　　　　（b）SiO₂/CdTe

图 1.3.1　用溶胶-凝胶法制备的两种不同量子点的透射电镜图[2]

经过多年的发展，现在已经形成化学溶胶-凝胶法的多种改进方法，其主要目的在于提高量子点的品质、减少量子点的表面缺陷、提高单分散性及稳定性。目前制备的量子点的直径可以较小（3～5nm），尺寸通常小于其玻尔半径，因此，这种量子点是一种强约束量子点体系。

2）自组织生长的量子点

自组织生长方式是制备量子点的最主要的方法之一。采用分子束外延、金属有机化学气相沉积、脉冲激光沉积法等方式，利用晶格不匹配原理，使量子点在特

定基材表面自聚生长。采用这类方法可大量生成排列规则的量子点或量子点薄膜,生长出来的量子点如图 1.3.2 所示。量子点生长有二维层状生长和三维岛状生长等。在二维层状生长中,原子先在表面形成二维晶核,晶核长大后相互连接,再形成单个原子层。这种层状的生长适合于生长表面光滑的二维量子阱,一般要求晶格失配较小。在三维岛状生长中,沉积的原子在衬底表面直接生长成岛状,随着沉积层的增加,这些三维岛不断长大,最终生长出表面粗糙的薄膜。

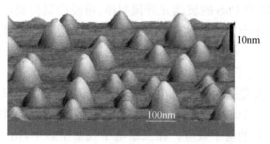

图 1.3.2 在 GaAs 基底中外延生长的 InAs 量子点的原子力显微镜图[3]

由于两种材料存在晶格失配,在生长过程中材料先以层状方式生长,当厚度超过临界尺寸(为 2~3 个原子层)时,会变成岛状生长。自组织生长的量子点一般为 20~50nm,尺寸大小是不均匀的,但满足一定的粒度分布规律。由于其尺寸和玻尔半径差不多,自组织生长的量子点中库仑相互作用对其光学性质有很大影响。这种量子点的应用主要集中在量子信息、量子点光源以及红外量子点激光器等方面。

3) 蚀刻法制备的量子点

以光束或电子束直接在纳米薄膜上蚀刻制作出所要的图案,如图 1.3.3 所示。这种方法相当费时费力,因而无法大量制备。

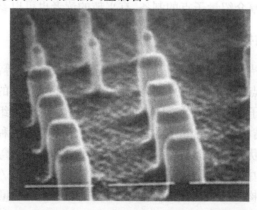

图 1.3.3 以蚀刻法制备的以 GaAs 为基材的窄圆柱式量子点的扫描电镜图[4]
水平线条长约为 $0.5\mu\text{m}$

4) 熔融法制备的量子点

熔融法又称共熔法、二次热处理法，是把形成半导体量子点所必需的原料掺杂到玻璃配合料中，共同熔制得到玻璃，通过不同的核化、晶化处理而得到相应的量子点玻璃的方法。

熔融法的优点是可以制备出任意大小和形状的玻璃，可以对掺杂量子点的基础玻璃先任意加工，再进行热处理。此外，采用熔融法可以制备出 PbS 量子点玻璃光纤，先制备出掺杂 PbS 的玻璃光纤预制棒，再经高温拉制，对其进行热处理核化和晶化而得到量子点光纤。这样，可以避免高温对量子点结构及其光谱特性的破坏。

5) 二维电子气量子点

这种量子点主要是通过在二维电子气上加电极的方式生长的。它的尺寸比较大，半径一般为 200~500nm，其能级间距非常小(约 0.1meV)，因此只能在很低的温度下才能观察到它的量子效应。在二维电子气量子点中，由于动能远远小于库仑能，电子的强关联效应非常显著，可以观察到很多强关联效应，如 Kondo 效应等[5-7]。和磁性材料不同，量子点中的受限电子和电极上的自由电子的耦合强度 Γ、量子点中的库仑能以及单粒子能级间距 ΔE 都可以自由控制。有趣的是，在自组织量子点中也有 Kondo 效应，局域激子和费米海中电子的耦合可改变量子点的光学性质。

二维电子气量子点的制备工艺沿袭了目前的半导体技术，样品的生长技术比较成熟。另外，这种量子点容易集成，量子点之间的耦合可以通过外加偏压来加以精确控制，因此，它们在量子计算中有不错的发展前景。但是，这类量子点只能在低温下工作，离实际应用还有很远的距离。

近年来，各种量子点的制备方法发展很快，限于篇幅，这里不能详细介绍。在第 4 章有专门的篇幅介绍量子点的制备，有兴趣的读者也可以参阅其他的书籍。

1.3.2　量子点的结构

量子点的光学特性(包括荧光辐射和吸收光谱)和稳定性等都与量子点的结构有关。在讨论量子点的光学特性之前，先简单介绍一下量子点的结构。

目前报道的量子点主要由 II-VI 族、III-V 族和 IV-VI 族元素组成，结构可分为三类：核结构、核/壳结构、核/壳/壳结构。对于核结构，典型的种类是 CdSe、CdS、PbSe、PbS 等，它的优点是制备容易，制备技术成熟，荧光效率高，一般单分散在有机溶剂(如甲苯等)中。典型的核/壳结构有 CdSe/ZnS、CdTe/CdS 等。图 1.3.4 给出了典型的核结构 CdSe 量子点和核/壳结构的 CdSe/ZnS 量子点，可见量子点是由数千乃至上万个原子构成的。表 1.3.1 列举了一些核结构的量子点，表 1.3.2 和表 1.3.3 分别列出了目前研究较多的核结构 CdSe、PbSe 量子点的典型参数。

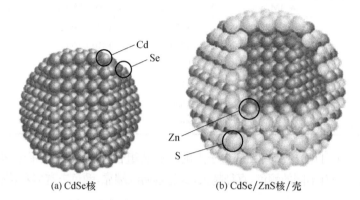

(a) CdSe核　　　　　　(b) CdSe/ZnS核/壳

图 1.3.4　CdSe 量子点和 CdSe/ZnS 量子点的结构示意图[8]

表 1.3.1　核结构的量子点

族	量子点
II-VI	CdSe,CdS,CdTe,ZnS,ZnSe,ZnTe,MgS,MgSe,MgTe,CaS,CaSe CaTe,SrS,SrSe,SrTe,BaS,BaSe,BaTe,HgS,HgSe
III-V	GaAs,InGaAs,InP,InAs
IV-VI	PbS,PbSe

表 1.3.2　核结构 CdSe 量子点的典型参数[8]

颜色	辐射峰/nm	FWHM /nm	第一吸收峰/nm	直径[9] /nm	每摩尔消光系数*	摩尔质量 /(mg·nmol^{-1})
勿忘我蓝	465±10	—	445	约1.9	0.3	0.015
薄荷绿	500±10	—	480	约2.1	0.4	0.021
笕绿	520±10	<30	510	约2.4	0.6	0.029
芦荟绿	545±10	<30	530	约2.7	0.8	0.042
橙色	570±10	<30	560	约3.2	1.3	0.070
罂粟橘红	595±10	<30	585	约4.0	3.3	0.13
海棠红	618±10	<30	610	约5.2	4.5	0.29
紫箢红	640±10	<30	634	约6.7	9.1	0.67

注：激励波长都小于 400nm。

*摩尔消光系数是指在第一吸收峰波长处的测量值，单位为 10^5 L·cm^{-1}·mol^{-1}。

表 1.3.3　核结构 PbSe 量子点的典型参数[8]

辐射峰波长/nm	FWHM/nm	激励波长/nm	第一吸收峰/nm	直径/nm[10]
1200±100	<200	<1100	1100±100	4.5
1400±100	<200	<1310	1310±100	5.0
1630±100	<200	<1550	1550±100	5.5
1810±100	<200	<1750	1750±100	7
1950±100	<200	<1900	1900±100	8
2340±100	<200	<2300	2300±100	9

图 1.3.5 为可见光 CdSe/ZnS 量子点的小瓶装组合,量子点放在甲苯溶剂中。不同量子点的直径有不同的颜色,直径越大,颜色越向红端靠,颜色丰富多彩,绚丽夺目。

图 1.3.5　装有胶体量子点的小瓶组合[11]

裸核量子点的表面活性比较大,容易发生量子点之间的团聚,或与基底介质发生化学反应。为了降低表面活性,近年来,人们发展出一些新的结构——核/壳结构。核/壳结构是在量子点核的外面增加一层或几层包覆层,但外面的包覆层几乎不影响内核的发光。核/壳结构具有很多核结构量子点所没有的优良特性,如抗团聚、稳定、荧光效率高等。一层包覆的核/壳结构,如在 CdSe 量子点外面包覆一层几个纳米厚的 ZnS,可形成一个体积稍大的量子点,这类量子点有 CdSe/ZnS、CdS/ZnO、CdTe/CdS 等。多层包覆的核/壳/壳结构的量子点,有 CdS/HgS/CdS等。表 1.3.4 和表 1.3.5 分别列出了核/壳结构 CdSe/ZnS、CdTe/CdS 量子点的典型参数。

表 1.3.4　核/壳结构 CdSe/ZnS 量子点的典型参数[8]

颜色	辐射峰/nm	FWHM/nm	第一吸收峰/nm	直径[9]/nm	每摩尔消光系数	摩尔质量/(mg·nmol⁻¹)	量子产率
湖蓝	490±10	<40	约 472	约 2.9	0.4	0.015	约 70%
Adirondack 绿	520±10	<35	约 504	约 3.2	0.5	0.021	约 50%
Catskill 绿	540±10	<30	约 526	约 3.4	0.7	0.029	约 50%

续表

颜色	辐射峰/nm	FWHM /nm	第一吸收峰/nm	直径[9] /nm	每摩尔消光系数	摩尔质量 /(mg · nmol^{-1})	量子产率
啤酒花黄	560±10	<30	约547	约3.7	1.0	0.042	约25%
桦木黄	580±10	<30	约569	约4.2	2.0	0.070	约25%
Fort橙	600±10	<30	约590	约5.0	4.0	0.13	约40%
枫叶红橙	620±10	<30	约612	约6.1	7.6	0.29	约40%

注:激励波长都小于400nm。

表 1.3.5　核/壳结构 CdTe/CdS 量子点的典型参数[8]

颜色	辐射峰/nm	FWHM /nm	第一吸收峰/nm	直径[9] /nm	每摩尔消光系数	摩尔质量 /(mg · nmol^{-1})	量子产率
Mclntosh红	620±10	<40	约605	3.7	1.6	0.10	约60%
Cortland红	640±10	<35	约630	4.0	2.0	0.13	约40%
罗马红	660±10	<35	约650	4.3	2.3	0.16	约30%
帝国红	680±10	<35	约670	4.8	2.9	0.22	约20%

注:激励波长全都小于450nm。

由表 1.3.2～表 1.3.5 可见,量子点的吸收和辐射波长、辐射谱半高全宽(full width at half maximum,FWHM)以及消光系数等,都直接与量子点的尺寸和结构有关。CdSe、CdSe/ZnS 和 CdTe/CdS 的荧光辐射波长位于可见区,PbSe 的荧光辐射波长则位于红外区。

1.4　量子点的应用

1.4.1　量子点光电子器件

半导体量子点的生长和性质是当今研究的热点,量子点在半导体器件以及其他光电子器件中的应用是人们十分感兴趣的研究内容。量子点中低的态密度和能级的尖锐化,导致量子点结构对其中的载流子产生三维量子限制效应,从而使其电学性能和光学性能发生变化。这些奇异的性质使得半导体量子点在单电子器件、存储器以及各种光电器件等方面具有极为广阔的应用前景。

量子点在光电子器件方面的一个应用是作为增益介质,构造波长可调的激光器、白光激光器和光纤放大器等。

对于可调波长的激光器,由于量子点辐射波长的尺寸依赖,人们可以掺入不同尺寸的量子点来实现不同频率的激光振荡,研制出可调波长的激光器。可调波长

的激光器的应用非常广泛,例如,用于生命科学领域,血红蛋白独特的吸收峰在
215nm、275nm、350nm、415nm、540nm,白细胞的吸收峰在 210nm、232nm、
280nm,红细胞的吸收峰在 210nm、275nm、340nm、415nm、540nm、575nm,这其
中的一些波长用常规的激光器无法做到,而可调波长的量子点激光器则很容易
实现。

　　白光激光作为一种独特的光源,在许多方面有着极其重要的应用,例如,光学
相干断层扫描、激光扫描共焦显微镜、光镊、显微切割、材料(玻璃、金属等)表面的
微纳米级定标和测量、激光光谱分析等[12]。

　　目前,白光激光最重要的应用是在生物医学领域,如在细胞染色、定位、示踪等
方面,白光激光有其不可替代的作用。我们知道,生物染色技术是一种主要的细胞
分辨技术,例如,罗丹明染料鬼笔环肽(TRITC-phalloidin)可染色肌动蛋白细胞骨
架,染料 Alexa-488 可染色微管细胞骨架。在通常的单色激光显微镜下,只能观测
到其中一种细胞骨架而无法区分它们[图 1.4.1(a)和(b)]。但是用白光激光,却
可以在一次观测中用不同的颜色清楚细微地分辨出这两种不同的细胞骨架结构
[图 1.4.1(c)][12]。

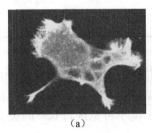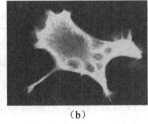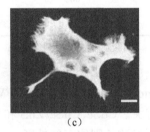

　　　　　(a)　　　　　　　　　　(b)　　　　　　　　　　(c)

图 1.4.1　单色激光显微镜观测和白色激光显微镜观测两种不同的细胞骨架[12]

　　单分散性量子点掺杂的光纤激光器有一个更为重要的潜在应用。传统的有机
荧光染料无法对细胞等进行选择性标记,但量子点可以做到,且已经展现出了巨大
的生命力。在用量子点进行选择性生物标记时,如果采用由同样种类和尺寸的量
子点作为光源的激光显微镜进行观测,就有可能产生"共振",使得被标记物的荧光
辐射特别强,从而极大增强显微镜的"显微"本领。同时,由于量子点的荧光波长可
控,也极大扩展了可选择标记物的种类和范围。将量子点同时作为染料和观测染
料的"光源",这可能是量子点掺杂的光纤激光器的最独特的应用。

　　量子点掺杂的光纤放大器也是量子点应用的一个重要方面。由于量子点的尺
寸效应,对于宽粒径分布的量子点,其辐射谱可以覆盖从紫外到红外的整个光谱领
域,给宽带光纤放大器的研制提供极为有利的增益介质基础。据研究,由多粒度
掺杂 PbSe 量子点构成的光纤放大器,其带宽为目前主要使用的掺铒光纤放大器
的数倍,甚至可以达到几百纳米以上,可能成为新一代的光纤通信放大器。

此外,基于库仑阻塞效应和量子尺寸效应制成的半导体单电子器件,由于具有小尺寸、低消耗等特点而日益受到人们的关注。半导体低维结构材料是一种人工改性的新型半导体低维材料,它的量子尺寸效应、量子隧穿和库仑阻塞以及非线性光学效应等,是新一代固态量子器件的基础,在未来的纳米电子学、光电子学和新一代超大规模集成电路等方面有着极其重要的应用前景。

采用应变自组装方法直接生长量子点材料,可将量子点的横向尺寸缩小到几十纳米之内,接近纵向尺寸,并可获得无损伤、无位错的量子点,现已成为量子点材料制备的重要手段之一,其不足之处是量子点的均匀性不易控制。以量子点结构为有源区的量子点激光器,理论上具有更低的阈值电流密度、更高的光增益、更高的特征温度和更宽的调制带宽等,将使半导体激光器的性能有一个大的飞跃,对未来半导体激光器市场的发展影响巨大。近年来,欧洲、美国、日本等国家和地区都开展了对于应变自组装量子点材料和量子点激光器的研究,取得了很大进展。

除了用于生物学作荧光标记,量子点还可用于许多其他场合,如边发射和面发射激光器、光电探测器、场效应晶体管、存储器元器件、LED、热电回收器件等,读者可参考专门的综述[11],也可阅读后面的有关章节,这里不再赘述。

1.4.2　量子点太阳能电池

在自然界中,没有一种再生能源可以像太阳能这样拥有巨大的潜力。但是利用廉价而丰富的太阳能发电技术目前依然难以推广,主要原因是太阳能电池的造价过于昂贵。太阳能电池利用硅半导体技术,可将光能转化为电能,这在技术上没有任何障碍。但是硅(多晶硅/单晶硅)电池的制造成本很高,虽然已经有一些价格相对便宜的半导体材料面世,但其转换效率很低。

1990 年代后期,美国国家再生能源实验室的诺基克(Nozik)认为,某些半导体材料的量子点在短波长的蓝光和紫外线等高能光子轰击下能释放出两个或两个以上的电子或电子-空穴对。2004 年,美国新墨西哥州洛斯阿拉莫斯国家实验室的克里莫夫(Klimov)通过实验,首次证明诺基克的理论是正确的。2006 年,他发现 PbSe 量子点被高能紫外线轰击时,一个光子甚至可产生七个电子。诺基克小组不久后证明,类似的多激子效应同样可发生在 PbS、PbTe 等半导体量子点上[13,14]。虽然这些实验目前无法制造出适合商业化的电池,但是量子点的特性导致的极高的光能转化为电能的效率,展现出极其美好的前景。另外,量子点(这里主要是胶体量子点)能够用普通的化学反应来制取,因此胶体量子点太阳能电池的成本很低,将远远低于目前使用的大单晶硅。

在技术层面上,目前在试制的太阳能电池装置工作时,其电子会逃逸出半导体材料而进入外部电路中,或者说太阳能电池所释放出的一部分电子会不可避免地"丢失"而被半导体中的空穴所捕获。在量子点太阳能电池中,这种电子丢失或捕获效应相对于块材料半导体则更加明显，许多电子一释放出来马上就会被吞噬。目前最好的量子点太阳能电池的能量转换效率只有 2%，远低于实用装置的要求。然而，通过调整量子点的界面或改进点与点之间的电子传输可以提升效率。这种技术在短时期内可能无法商用化，但是理论研究表明，基于量子点技术的光伏装置的最高效率可以达到 42%，远高于硅基电池的 31%，这正是量子点太阳能电池的优越之处。

第一代太阳能电池采用单晶硅、多晶硅以及 GaAs 材料，实际转换效率为 11%~15%。单晶硅生产成本很高，多晶硅制取过程中又很难避免晶格错位、杂质缺陷等，多晶硅成本虽然略有降低但效率也较低，因此，第一代太阳能电池近年来逐步被淘汰。第二代太阳能电池是基于薄膜技术的一种太阳能电池，在薄膜电池中，衬底是很薄(约 $1\mu m$)的光电材料薄膜，减少了半导体材料的消耗，也容易批量生产，其单元面积为第一代太阳能电池的 100 倍，从而大大降低了太阳能电池的成本。薄膜电池的材料主要有多晶硅、非晶硅、碲化镉等，其中多晶硅薄膜太阳能电池技术较为成熟。薄膜电池虽然降低了生产成本，但是效率仍较低，目前商用薄膜电池的效率只有 6%~8%。为了进一步提高光电转换效率，各国学者在研究太阳能电池效率极限和损失机理的基础上，提出了第三代太阳能电池的概念。表 1.4.1 给出了各种太阳能电池技术性能的比较。

第三代太阳能电池是量子点太阳能电池。量子点与光有相互作用，可强烈吸收从紫外到近红外几乎整个波长区的太阳光。在硅量子点中，一个光子可使一个或多个电子摆脱原子核的束缚，形成多激子，因而具有极高的量子效率。理论研究表明，采用具有显著量子约束效应和分立光谱特性的量子点作为有源区设计和制作的量子点太阳电池，其能量转换效率可以大大提高。与目前流行的多晶硅太阳能电池相比，量子点太阳能电池的生产能耗可减少 20%，光电效率可增加 50%~100%或更多，材料费用也大大减少。

从成本的角度来看，胶体量子点(量子点外包覆有机分子或无机分子，以便降低其活性)的成本最低。对胶体量子点太阳能电池的最大挑战在于如何使量子点紧密组合在一起以及规则排列，因为量子点之间的距离越大，能量转换效率越低。然而，对于包覆有机或无机分子的量子点，其尺寸较大，使得量子点的间距加大，效率降低。据报道，加拿大的国际科研团队尝试用无机配位体替代有机分子，来包裹量子点并使其表面钝化(不易与其他物质发生化学反应)，研制出迄今能量转换效率最高(达 6%)的胶体量子点太阳能电池。此外，太阳能电池中量子点的吸收光谱范围很宽，如果量子点表面有缺陷，将会降低或改变原有的光谱响应。因此，控制和保证量子点的质量以及规则排列，是实现高效率量子点太阳能电池制备的关键。

表 1.4.1　各种太阳能电池技术性能比较

电池种类	最高转换效率/%	优点	缺点
单晶硅	24.7±0.5	转换效率高,技术成熟,寿命长	成本高
多晶硅	20.3±0.5	寿命长,技术成熟,转换效率较高	成本比单晶硅低,但也很高
非晶硅薄膜	14.5±0.7(初始) 12.8±0.7(稳定)	重量轻,工艺简单,转换 效率高,成本低	稳定性差,有光电效率衰退效应
多晶硅薄膜	16.6±0.4	成本低,转换效率高,稳定性好	生产工艺需要优化
含镓的铜铟电池	19.5±0.6	没有光电效率衰退效应,转换 效率高,稳定性好,工艺简单	铟和硒是稀有元素,材料 来源较缺
CdS/CuS 电池 CdTe 电池	16.5±0.5	成本较低,转换效率高,易于 大规模生产	镉有毒

　　世界上首例具有多种尺寸量子点的太阳能电池是由美国圣母大学(University of Notre Dame)的一个研究小组制备出来的。他们在 TiO 纳米薄膜表面以及纳米管上组装 CdSe 量子点,量子点吸收光线以后,CdSe 向 TiO 发射电子,再在传导电极上收集,从而产生光电流。他们研究了 2.3~3.7nm 四种不同粒径的量子点,发现在 505~580nm 波段上,量子点具有不同的吸收峰。TiO 纳米管上的固定 CdSe 量子点能够形成规整的组装结构,不仅可以使电子有效地传输至电极表面,还可提高电池效率。长度为 800nm 的纳米管内外表面均可组装量子点,其传输电子的效率比薄膜高。研究发现,小尺寸量子点能以更快的速度将光子转换为电子,而大尺寸的量子点则可以吸收更多的入射光子,3nm 的量子点具有最佳的折中效果。这一改善转换和吸收效率的研究工作目前仍在继续。

　　此外,研究人员还计划将这些量子点按一定的规则组装,从而开发出"彩虹式"层叠太阳能电池。电池表面的小量子点吸收蓝光,穿过表面层的红光被内层的大量子点吸收,这可将电池的效率提高到 30% 以上,而传统的硅光电池效率仅为 15%~20%。

　　理论上而言,量子点聚合材料的发电能力在经济上可与燃煤发电相媲美。诺基克曾说:"如果能做到这一点,那么你将有机会去斯德哥尔摩(领取诺贝尔奖)——因为它将是革命性的。"

1.4.3　量子点在生命科学中的应用

　　量子点用于生物荧光标记是一个很重要的应用。荧光标记是生命科学和医学研究中重要的一个研究手段。传统的生物标记物是有机染料分子,近年来人们开始用量子点作为荧光标记物来使用。量子点与有机染料分子的差别在于,有机染料分子只有在吸收合适能量的光子后才能从基态激励到较高的激发态,激励光波长必须准确;而量子点几乎可以吸收任意波带上的光,尺寸依赖的辐射波长又具有很强的可选性,可覆盖所有需要的波带,这是有机染料分子无法实现的。

量子点最大的好处是具有丰富的颜色,可以用来追踪药物在体内的活动,或研究患者体内细胞和组织的结构。鉴于生物体系的复杂性,经常需要同时观察几种组分,如果用有机染料分子染色,需要不同波长的光来激发;而量子点则不存在这个问题,使用不同大小(从而产生不同色彩)的量子点来标记不同的生物分子,通过单一光源就可以使不同的颗粒能够被即时观测跟踪。

与传统的染料分子相比,量子点在光的"漂白"方面也具有明显优势。有机染料分子随着观测时间的延长会分解,从而使得光被"漂白";而量子点发光的持久性和稳定性,使人们可以更长时间地观测细胞和组织,并有充裕的时间来进行表面界面修复。此外,量子点在荧光探针上的应用前景最好。量子点不仅具有普通荧光探针的优点,如灵敏度高、选择性好、特征参数多以及动态范围大等,同时它还有非常窄的发光谱线,光谱重叠明显减少,这对提高探针的灵敏度和选择性非常有利。

量子点特殊的光学性质使得它在生物化学、分子生物学、细胞生物学、基因组学、蛋白质组学、药物筛选、生物大分子相互作用等研究中具有很好的应用前景。需要注意的是,目前常用的量子点大部分都含有重金属,这是有毒的,例如,CdSe量子点表面受到损坏,Cd 原子会溶解到细胞质中,它会降低细胞的复制能力甚至杀死细胞。如何在保持量子点特性的同时降低量子点的毒性,目前仍在研究当中。

1.4.4　量子点研究的展望

从 20 世纪 70 年代末起,量子点就引起了物理学家、化学家、电子工程学家的广泛关注。在很长一段时间里,人们的注意力主要集中在量子点的光电性质方面。后来,人们开始对量子点在生命科学中的应用进行了尝试,主要包括生物荧光标记、荧光探针等。目前,科学家对量子点研究最多的是在生命科学领域。物理学家肯定没有想到当初研究的量子点多年之后会有助于诊断疾病和发现新药,更不会想到它的第一个真正应用会是在生物医药方面。

最初,人们研究最多的是由Ⅱ-Ⅵ族和Ⅲ-Ⅴ族元素组成的核结构量子点,但是单独的量子点颗粒易受到杂质和晶格缺陷的影响,荧光的量子产率很低。如果以其为核心,用另一种半导体材料包覆形成核/壳结构,如 CdSe/ZnS、CdS/ZnO、CdTe/CdS 等,那么可将量子产率提高到 50% 甚至更高,有的甚至可达到 70%,并在消光系数上也有数倍的增加,因而有很强的荧光辐射,可大大提高检测灵敏度,十分有利于信号的检测。近几年,科学家热衷于研究核/壳结构的量子点,甚至是多层包覆的核/壳/壳结构量子点。实验已经证明,通过修饰量子点的表面结构,可使量子点不仅具有水溶性,还能与生物分子相结合,这开创了量子点应用于生物学领域的先河。从此,生物学家和材料学家开始致力于改造量子点的表面结构,使其既适合于生物分子的标记又不影响正常的生理功能。目前,已经有商品化的量子点和量子点复合物(与蛋白质、抗体、链霉亲和素等结合)在市场出售。

现在,无论在理论上还是在实验上,量子点都是研究的热点,世界各国都在这方面积极投入资金、人力和物力。目前,处于领先地位的有美国、日本、俄罗斯等国家。我国量子点的研究,在自组织生长方面已经达到了国际先进水平,在低维半导体物理、材料、器件以及缺陷物理研究等方面也已获得一系列重要的高水平成果;在量子点的应用方面,除了在生命科学领域有一些进展,在其他领域,尤其是光电子器件应用等方面,目前还处于起步阶段,任重而道远。有兴趣的读者可阅读相应的著作[15]等。

参 考 文 献

[1] Takagahara T. Localization and energy transfer of quasi-two-dimensional excitions in GaAs-AIAs quantum-well heterstructures[J]. Physical Review B,1985,31:6552-6573.

[2] Li H B,Qu F G. Synthesis of CdTe quantum dots in sol-gel-derived composite silica spheres coated with calix[4]arene as luminescent probes for pesticides[J]. Chemistry of Materials,2007,19(17):4148-4154.

[3] Madhukar A. Nano-Optoelectronics[M]. Berlin:Springer-Verlag,2002.

[4] Reed M A,Randall J N,Aggqrwal R G,et al. Observation of discrete electronic states in a zero-dimensional semiconductor nanostructure[J]. Physical Review Letters, 1988, 60 (6):535-537.

[5] Crick D R,Ohadi H,Bhatti I,et al. Two-ion coulomb crystals of Ca^+ in a penning trap[J]. Optics Express,2008,16(4):2351-2362.

[6] Monroe C R. Quantum information processing with atoms and photons[J]. Nature,2002,416 (6877):238-246.

[7] Ladd T D,Jelezko F,Laflamme R,et al. Quantum Computers[J]. Nature,2010,464(7285):45-53.

[8] 程成,程潇羽. 纳米光子学及器件[M]. 北京:科学出版社,2013.

[9] Murray C B,Sun S,Gaschler W,et al. Colloidal synthesis of nanocrystal and nanocrystal superlattices[J]. IBM Journal of Research and Development,2001,45(1):47-56.

[10] Kang I. Electronic structure and optical properties of lead sulphide and lead selenide nanocrystal quantum dots[D]. Michigan:Bell and Howell Information Company,1998.

[11] Talapin D V,Lee J S,Kovalenko M V,et al. Prospects of colloidal nanocrystals for electronic and optoelectronic applications[J]. Chemical Reviews,2010,110(1):389-458.

[12] Giessen H,Hoos F,Teipel J. White light lasers and their applications[J]. Themenheft Fors-

chung:Photonics,2005,2:86-91.

[13] Nozik A J. Quantum dots solar cells[J]. Physica E,2002,14(1/2):115-120.

[14] Conibeer G,Green M,Cho E C,et al. Silicon quantum dot nanostructures for tandem photovoltaic cells[J]. Thin Solid Films,2008,516(20):6748-6756.

[15] 童利民,等. 纳米光子学研究前沿[M]. 上海:上海交通大学出版社,2014.

第 2 章　量子点纳米光子学基础

纳米光子学的基础是光子、电子和激子及其特性。光子是与电子相对应的一种物质粒子,讨论光子的性质必然涉及电子。为了使读者能更好地理解光子的特性,本章首先对光子和电子的一些基本性质进行比较,包括光子和电子的特征方程、光子和电子的自由空间传播、介质中的相互作用势、隧道效应和散射特性等。然后,概述半导体块材料中激子的基本概念,关于量子点中激子的介绍留在第 3 章进行。接着在 2.3 节中,介绍光子和电子在自由空间的传播,以及在一维、二维、三维介质中的约束;在 2.4 节中,描述光子和电子穿过经典禁区的传播,即量子理论中的隧道效应;在 2.5 节中,讨论周期势场下的约束,这种约束导致半导体晶体的带隙。最后,对纳米级能量转移进行简单介绍。

2.1　光子和电子

从物理学上看,光子和电子都是以波的形式体现粒子性的基本粒子,都具有粒子性和波动性。但是,光子和电子的经典物理学描述有很大的不同。光子被定义为运载能量的电磁波,电子则被视为物质的基本粒子。然而,用"量子"的概念可以很好地描述光子和电子的相似性。表 2.1.1 比较了光子和电子一些基本性质。

表 2.1.1　光子和电子基本性质的比较[1]

性质	光子	电子
波长	$\lambda = \dfrac{h}{p} = \dfrac{c}{\nu}$	$\lambda = \dfrac{h}{p} = \dfrac{h}{mv}$
特征方程	$\left[\nabla \times \dfrac{1}{\epsilon(r)} \nabla \times \right] \boldsymbol{B}(r) = \left(\dfrac{\omega}{c} \right)^2 \boldsymbol{B}(r)$	$\hat{H}\psi(r) = -\dfrac{\hbar^2}{2m}(\nabla \cdot \nabla + U(r))\psi(r) = E\psi$
自由空间传播	平面波: $E = \dfrac{1}{2}E_0(e^{ik \cdot r - \omega t} + e^{-ik \cdot r + \omega t})$ $\boldsymbol{k} = $ 波矢(实数)	平面波: $\boldsymbol{\Psi} = \boldsymbol{\Psi}_0(e^{ik \cdot r - \omega t} + e^{-ik \cdot r + \omega t})$ $\boldsymbol{k} = $ 波矢(实数)
介质中的相互作用势	由介电系数或折射率描述	库仑作用
在经典禁区中的传播	光子隧道效应(瞬逝波),振幅指数衰减	电子隧道效应,波振幅(概率)指数衰减
散射	强散射来自介电系数的变化(如光子晶体)	强散射来自库仑作用的变化(如半导体晶体)
协同效应	非线性光学效应	多体关系、超导库珀对、双激子

根据德布罗意假设,当光子和电子都被看做波的时候,可以用相同的波长概念 $\lambda = h/p = h/(mv)$ 来描述电子和光子(p 是粒子的动量)。两者的区别在于波长大小,电子的波长通常比光子的波长小很多。电子的能量和动量可由加速电场控制,电子的动量可远大于光子(电子的静止质量远大于光子),因此,电子的波长通常远小于光子的波长。例如,对于显微镜,其分辨率与波长成反比,因而电子显微镜的分辨率远高于光学显微镜。原子、分子或液体中离子的动量比光子的动量大很多,因此,它们的德布罗意波长比可见光的波长短。

光子在以下几个方面与电子存在明显不同:

(1) 光子是矢量场,能产生偏振光;而描述电子的波函数是标量或标量场。

(2) 光子没有自旋,没有电荷;而电子有自旋,带电荷。

(3) 光子是玻色子,分布函数用玻色统计来描述;电子是费米子,固体中电子的分布函数用费米统计描述,气体或等离子体中的电子分布函数用玻尔兹曼分布函数描述(玻色分布、费米分布和玻尔兹曼分布的介绍见第 3 章)。

光子以波的形式传播时,可以看做在介质中的一种电磁扰动。光波的电场强度 E(对应电位移 D)和与之垂直的磁场强度 H(对应磁感应强度 B)在介质空间中与传播方向成叉矢积。光波场由麦克斯韦(Maxwell)方程组描述:

$$\nabla \cdot \boldsymbol{D} = \rho$$
$$\nabla \times \boldsymbol{E} = \frac{\partial \boldsymbol{B}}{\partial t}$$
$$\nabla \cdot \boldsymbol{B} = 0 \tag{2.1.1}$$
$$\nabla \times \boldsymbol{H} = \boldsymbol{j} + \frac{\partial \boldsymbol{D}}{\partial t}$$

式中,ρ 为自由电荷密度;j 为介质中的自由电流密度。求解具体问题时,还需要介质的状态方程 $\boldsymbol{D} = \varepsilon \boldsymbol{E}$、$\boldsymbol{B} = \mu \boldsymbol{H}$ 和欧姆定律 $\boldsymbol{j} = \sigma \boldsymbol{E}$。对于各向异性线性介质,电位移矢量 $\boldsymbol{D}$ 和电场强度 $\boldsymbol{E}$ 之间的关系不再是简单的线性关系,它满足

$$D_1 = \varepsilon_{11} E_1 + \varepsilon_{12} E_2 + \varepsilon_{13} E_3$$
$$D_2 = \varepsilon_{21} E_1 + \varepsilon_{22} E_2 + \varepsilon_{23} E_3 \tag{2.1.2}$$
$$D_3 = \varepsilon_{31} E_1 + \varepsilon_{32} E_2 + \varepsilon_{33} E_3$$

式中,1、2、3 代表 x、y、z。这里,介电系数 ε 不再是标量,而是二阶张量。如果是非线性介质,则关系更加复杂,这里不再讨论。

描述光子的特征方程为

$$\hat{\Theta} F = CF \tag{2.1.3}$$

式中,$\hat{\Theta}$ 是算符;C 为常量;函数 F 是磁场 $\boldsymbol{B}$ 或电场 $\boldsymbol{E}$。满足式(2.1.3)的函数称为本征函数。

在表 2.1.1 中,介电系数 $\varepsilon(r) = n^2(\omega)$($n$ 是介质的折射率)可以看做折射率,

它描述了光在介质中传播时所受到的阻碍作用。介电系数 $\varepsilon(r)$ 和折射率 $n(\omega)$ 可以是常量，也可以是空间位置 r 和波矢 k 的函数。

由真空射入介质中的光速是减慢的（c_0 表示真空中的光速），即

$$c = \frac{c_0}{n} = \frac{c_0}{\sqrt{\varepsilon}} \tag{2.1.4}$$

对于电子，描述电子的波方程是薛定谔（Schrödinger）方程，与时间无关的波方程见表 2.1.1，其中 $\hat{H}$ 称为哈密顿算符或哈密顿量，形式如下：

$$\hat{H} = -\frac{\hbar^2}{2m}\left(\frac{\partial^2}{\partial x^2} + \frac{\partial^2}{\partial y^2} + \frac{\partial^2}{\partial z^2}\right) + U(r) = -\frac{\hbar^2}{2m}\nabla^2 + U(r) \tag{2.1.5}$$

式中，右边的第一项表示动能，第二项表示由电子与介质的相互作用引起的势能。

薛定谔方程的解给出了允许存在的电子的能量状态和能量值 E，波函数的平方 $|\psi(r)|^2$ 给出电子在任意矢径 r 处的态密度。电子的波函数 ψ 可看成电子波和电场 E 的复振幅。

在介质中传播的光波的特性与介质的性质（介电系数或折射率）紧密相关。介电系数或折射率的空间变化使得光子的能量和动量发生变化。对于电子，哈密顿量以及相互作用势 U 描述的是库仑相互作用，这种相互作用改变了电子波函数的性质和电子的能量。本书给出了很多光波和电子的波在不同相互作用势下的不同传播特性的例子。

总之，光子和电子的异同包括：光子是矢量场（如偏振光）；电子是标量场。光子没有自旋；电子具有自旋。光子是玻色子，分布函数用玻色统计来描述；电子是费米子，固体中电子的分布函数用费米统计描述，气体和等离子体中的电子分布函数用玻尔兹曼分布描述。光子无电荷；电子有负电荷。光子无法达到零速度运动（尽管近年来有许多光速减慢的成功实验），或者说在零速度时光子的质量将趋向于无穷大；电子可以静止不动。光子布居（populate）空间坐标后，其他实物粒子可以再布居；电子布居某空间坐标后，其他实物粒子不可再布居。电子和光子在外电磁场的作用下，两者表现出来的行为既有许多相同之处，又有很大的不同。

2.2　激　子

激子的概念是在研究半导体和绝缘晶体的光吸收过程时提出的。在半导体中，激子决定了半导体导带与价带之间的电子跃迁，因而决定了半导体的可见光、近红外和近紫外区域内的辐射光谱特性。纳米量子点的发光光谱一般在可见光和近红外光谱区域，量子点中激子的能级结构决定了其发光特性。

当入射光子的能量略小于禁带宽度时，实验观测到半导体晶体的吸收（或反射）光谱中会出现一些特殊光谱线。这个现象说明在禁带中存在某种激发态，即禁

带中出现了一些新的激发能级,如图 2.2.1 所示。

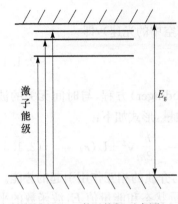

图 2.2.1　激子能级示意图

在能带理论中,如果略去准粒子之间的相互作用以及由相互作用所引起的系统能态的改变,那么自由的电子-空穴对的最低激发能为禁带宽度 E_g,即在晶体的禁带区域内没有能级。但是,如果考虑导带中的电子与价带中的空穴之间的库仑作用,由于电子与空穴有相反的电荷,它们之间的库仑吸引作用将导致电子与空穴形成束缚对,从而降低系统的能量,这时,晶体中的最小激发不再是自由的电子-空穴对,而是束缚的电子-空穴对,其所需的最小激发能就会低于禁带宽度 E_g。因此,在光子能量小于带隙宽度时,辐射光谱和吸收光谱中会观察到某些特殊的谱线,这种有相互作用的束缚态的电子-空穴对称为激子。

因为电子-空穴束缚对与氢原子的结构类似,所以可以用氢原子半径的概念来定义激子的半径和电子-空穴的玻尔半径,并且通过求解薛定谔方程来得到。激子半径是电子-空穴对之间的距离,而电子和空穴的玻尔半径是电子-空穴对的质心分别到电子和空穴的距离。

按照激子半径与晶格常数的关系,可以将激子分成两类:

(1) 当激子半径比晶格常数大很多时,电子与空穴间的束缚较弱,电子和空穴之间有较大的分离(超过一个晶格格位),此时形成的是万尼尔-莫特激子(Wannier-Mott exciton),即弱束缚激子。

(2) 当激子半径比晶格常数小时,电子与空穴紧密结合在同一晶格位,或被限制在晶体中的同一个原子或分子上,电子与空穴之间的束缚较强,这种激子称为弗仑克尔激子(Frenkel exciton),即强束缚激子。

在 3.1 节,将对量子点中的激子作进一步讨论。在量子点中,除了库仑约束,几何约束也是影响激子性质的重要因素。

2.3　传播和约束

2.3.1　自由空间中的传播

自由空间是没有相互作用势的空间。对于光子,它是折射率 $n=1$ 的空间,光波在自由空间中的传播可看做在复平面中的平面波。如果电场振幅为 E_0,光波的传播方向为沿波矢 k 的方向,光子动量为 p,那么

$$p = \hbar k$$

波矢 $\boldsymbol{k}$ 的大小称为波数：

$$k=|\boldsymbol{k}|=\frac{2\pi}{\lambda} \tag{2.3.1}$$

正 $\boldsymbol{k}$ 表示前向传播，负 $\boldsymbol{k}$ 表示后向传播。电磁波的能量为

$$E=h\nu=\hbar\omega=\frac{hc}{\lambda}$$

由此可得到色散关系：

$$\omega=ck \tag{2.3.2}$$

色散关系描述了光传播频率（能量）随波数的变化。由图 2.3.1(a)可见，光子的能量（频率 ω）随波数 k 呈线性变化，其斜率为光速 c。

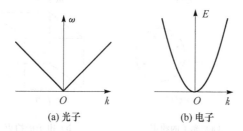

图 2.3.1　光子的色散和电子的色散

对于自由空间中的电子，其波函数由平面波的薛定谔方程给出。和光子的情况类似，自由电子也可以用波矢 $\boldsymbol{k}$ 来描述，动量由 $\boldsymbol{p}=\hbar\boldsymbol{k}$ 定义，能量为

$$E=\frac{\hbar^2 k^2}{2m} \tag{2.3.3}$$

式中，m 是自由电子的质量。可见自由电子的能量 E 随波矢 $\boldsymbol{k}$ 的变化呈抛物线形态（图 2.3.1(b)），这与光子的线性色散关系不同。

2.3.2　光子和电子的约束

光子和电子的传播空间总是有限的。对光子或电子的约束，可以是波导、谐振腔或平面等，各种约束的例子示于图 2.3.2。

光子和电子被约束在二维空间中，如在垂直方向有约束，或者被约束在柱形介质中而沿 z 方向传播。对于光子，在传播方向上（z 轴），光是传播常数为 β 的平面波，β 类似于自由空间中的波矢 $\boldsymbol{k}$。当导光层的折射率 n_1 比其周围的折射率 n_2 高时，光的传播就被限制在高折射率层 n_1 上（如薄膜），这实际上是通常的全反射。全方位约束光传播的一个例子是光学微腔或微球。在光学微腔中，如果导光介质的折射率高于外围介质的折射率，那么就可实现对光全方位的约束，即高的折射率比 n_1/n_2 约束了光在各个方向上的传播。

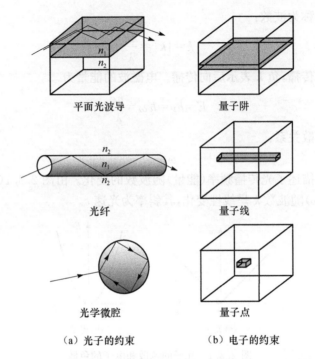

平面光波导　　　　　　量子阱

光纤　　　　　　　　量子线

光学微腔　　　　　　量子点

（a）光子的约束　　　（b）电子的约束

图 2.3.2　在各种维度结构中的光子和电子的约束（波沿 z 方向传播）[1]

在传播方向上，不同的约束有不同的电场形态。表 2.1.1 中列有代表性的自由空间中的电场。对于光纤或有二维约束的矩形波导，电场应改写为

$$E = \frac{1}{2} f(x, y) A(z) (e^{i\beta z} + e^{-i\beta z})$$

式中，$A(z)$ 为电场振幅，在忽略损耗的情况下，振幅为常量；函数 $f(x, y)$ 代表了在约束平面内的电场分布。对于平面波导，如果仅在 x 方向有约束，即函数 f 的 x 分量受约束，那么 y 分量类似于一个自由空间中的平面波。如果一束尺寸受限的光（如高斯光束）射入平面波导中，那么它将在 y 方向表现出其特征分布。

由麦克斯韦方程和边界条件（波导的边界和折射率）可获得电场分布和相应的传播常数，并可由量子数来进行标记。对于一维约束，只有一个量子数 n，$n = 0, 1, 2, \cdots$。注意，书中也用 n 来表示折射率。对于平面波导，通常用 TE 来表示电场的分布模式，如 $\mathrm{TE_0}, \mathrm{TE_1}, \mathrm{TE_2}, \cdots$（图 2.3.3）。由图可知，量子数 n 相当于在波导内的平面波的振幅与横坐标的交点的数目。约束使场分布变为离散，或场的本征模式变为量子化。与 $n = 0, 1, 2$ 时的平面波光场相比较，光子与电子的一维约束效应非常相似。

对于电子，约束同样会导致其波特性的改变，也产生量子化。电子相应的一维、二维和三维约束示于图 2.3.2(b)。通常，约束电子的是电势能或势垒，如果势

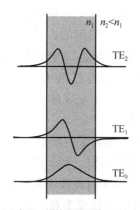 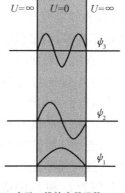

(a) 光子一维约束量子数n=0, 1, 2　　　(b) 电子一维约束量子数n=1, 2, 3
时的平面波导的TE模场分布　　　　　　时的电子波函数

图 2.3.3　光子和电子

阱无限深或势垒无限高,则电子完全被约束在阱内。然而,对于有限深势阱,波函数却有一定的概率可以穿出势阱,并且电子的行为变得和图 2.3.3(a)所示的光子相似;或者说,此时对于电子的约束和对于光子的约束是相似的,当然约束区域尺寸的数量级不同:光子的约束区域尺寸可在微米量级,但是对于电子,由于其德布罗意波长很短,可产生明显量子约束效应的约束尺寸约为纳米级。

　　下面,考虑最简单的被约束在一维无限深矩形势阱中的电子(图 2.3.4)。

　　电子被约束在宽度为 L、势能为零的势阱内,在势阱外,势能无限大。边界条件为

$$U(x)=\begin{cases}0 & (0<x<L)\\ \infty & (x\leqslant 0, x\geqslant L)\end{cases} \qquad (2.3.4)$$

定态薛定谔方程为

$$\left[-\frac{\hbar^2}{2m}\frac{\mathrm{d}^2}{\mathrm{d}x^2}+U(x)\right]\psi(x)=E\psi(x) \qquad (2.3.5)$$

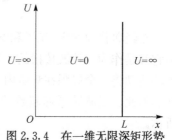

图 2.3.4　在一维无限深矩形势阱中的电子

解薛定谔方程,容易得到满足边界条件的解为

$$\psi(x)=\sqrt{\frac{2}{L}}\sin\frac{n\pi x}{L}=\sqrt{\frac{2}{L}}\sin k_n x \qquad (n=1,2,3,\cdots) \qquad (2.3.6)$$

式中,波数 $k_n=n\pi/L$。由波数与能量之间的关系式(2.3.3),可知能量

$$E_n=n^2\frac{\pi^2\hbar^2}{2mL^2} \qquad (n=1,2,3,\cdots) \qquad (2.3.7)$$

式中，量子数 $n=1,2,3,\cdots$ 代表在一维约束区域内电子的各种允许能级，这些能级的能量 $E_n \propto n^2$，因而，能级随量子数的分布是不均匀的。最低电子能量为 $E_1=\pi^2\hbar^2/(2mL^2)$，它始终不为零，该最低能量称为零点能。当势阱宽度 L 增加时，对于量子点，相当于量子点尺寸增加，相邻能级间隔随 L^2 的增加很快减小。当 $L \to \infty$ 时，为无约束且 $\Delta E=0$，即能量为连续，这相当于宏观体材料的情形。此时，电子运动的平面波的波函数也发生改变，参见表 2.1.1。

在一维矩形势阱中，粒子的概率密度 $|\psi_n|^2$ 随粒子的位置 x 而变化，并与量子数 n 有关。显然，这与连续能量的自由电子完全不同。例如，当 $n=1$ 时，最大的概率密度位于盒子中心，这与概率处处相等的经典平面波图像完全不同。

对于二维尺寸分别为 L_1 和 L_2 的情形，势阱条件变为在二维界面上 $U \to \infty$，二维薛定谔方程的解为

$$E_{n_1,n_2}=\left(\frac{n_1^2}{L_1^2}+\frac{n_2^2}{L_2^2}\right)\frac{\pi^2\hbar^2}{2m} \tag{2.3.8}$$

相应的波函数为

$$\psi_{n_1,n_2}(x,y)=\frac{2}{\sqrt{L_1 L_2}}\sin\left(\frac{n_1\pi x}{L_1}\right)\sin\left(\frac{n_2\pi y}{L_2}\right) \tag{2.3.9}$$

式中，量子数 n_1、n_2 可取 $1,2,3,\cdots$。当然，也可以写出三维的情形。

2.4 隧 道 效 应

在经典物理学中，光子和电子只能在限制区域内运动。对于光子，在几何光学中它都是作为一种波传播的。当电子能量 E 小于势能 U 时，电子被势能阻塞，电子的运动将完全局限在势阱内。然而，在量子力学中，根据薛定谔方程的解，情形并非如此。当波导延伸超越约束区域的边界时，仍然会有光场分布，如图 2.4.1 所示。

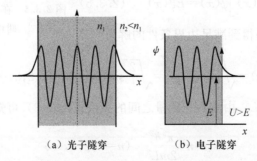

（a）光子隧穿　　　　（b）电子隧穿

图 2.4.1　泄漏进入经典禁区的光子和电子隧穿效应示意图

光场可以泄漏到波导外面的经典禁区,这种泄漏光波称为瞬逝波或隐失波
(evanescent wave)。波导在经典禁区之外的场分布并不像平面波那样具有实数波
矢 k。延伸到经典禁区的电场振幅随距离 x 呈指数衰减,即

$$E_x = E_0 \exp(-x/d_p) \tag{2.4.1}$$

式中,E_0 是入射边界面上的电场;d_p 为穿透深度,表示电场振幅减小到 E_0 的 $1/e$
时的距离。

由电磁场理论可知,穿透深度为[2]

$$d_p = \frac{\lambda}{2\pi} \frac{1}{\sqrt{\sin^2\theta - (n_2/n_1)^2}} \tag{2.4.2}$$

式中,θ 为入射角;n_1、n_2 分别为介质 1 和介质 2 的折射率。

对于瞬逝波,由于波数 $k = i/d_p$ 为虚数,平面波表达式 $\psi = \psi_0 (e^{ik\cdot r - \omega t} + e^{-ik\cdot r + \omega t})$(表 2.1.1)中,振幅因子 $e^{ikx} = e^{-x/d_p}$,即瞬逝波振幅按指数规律迅速
衰减。

对于可见光,穿透深度 d_p 一般为 50~100nm,即可以认为在该尺度范围内有
瞬逝波存在。在纳米尺度范围内,瞬逝波与介质有相互作用,导致瞬逝波有许多应
用,例如,利用棱镜全反射泄漏的瞬逝波来进行表面荧光生物标记、金属表面等离
子共振、波导的瞬逝波耦合等。

电子隧穿是指电子从允许带($E > U_0$)穿过势垒经典禁区($E < U_0$),到另一个
允许带[图 2.4.2(a)]。电子的隧穿效应可以用电子的波动性来描述。势垒 $U_0 > E$,在势阱内 $U = 0$,波函数由式(2.3.5)描述,其中 $|k|$ 为实数。在势阱内,对应于
一个较高的量子数 n(有很多振荡周期)的波函数穿通势阱,延伸到 $U > E$ 区,并呈
指数衰减,正好像光场瞬逝波一样。

光子隧穿类似于电子隧穿,区别在于光子隧穿是光子穿入一个低折射率 n_2 的
势垒层,并以瞬逝波的形式存在[图 2.4.2(b)]。可见,低折射率层的作用相当于
电子隧穿情形中的高势垒。

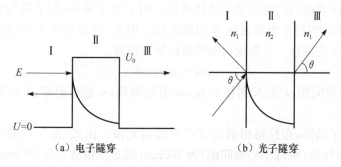

(a) 电子隧穿　　　　　　　　　　　　(b) 光子隧穿

图 2.4.2　电子和光子隧道穿过势垒的示意图

隧穿概率可表示为

$$T = T_0 \exp(-2kd) \tag{2.4.3}$$

式中，T_0 是 E/U 的函数；波数 $k = \sqrt{2mE}/\hbar$；d 表示距离（晶格常数），相当于自由电子平面波的波数（这里是虚数）。可见，隧穿概率 T 随距离 d 的增加而呈指数衰减。

2.5　周期势场下的约束：带隙

在周期势场中，光子和电子显示出相似的行为。例如，在半导体晶体的周期性势场中，电子可以通过原子晶格进行移动。在移动过程中，电子会受到位于每个晶格子中原子核的库仑吸引作用，因此，有时把半导体晶体也称为电子晶体[图 2.5.1(a)]。

光子晶体是有序排列的介电晶格，即介电系数呈周期性变化的介质，如排列紧凑、均匀有序的胶体粒子（二氧化硅、聚苯乙烯球）等。在这种结构中，胶体粒子的折射率 n_1 相对于球间隙中材料（空气、液体、高折射率材料等）的折射率 n_2 具有周期势的作用[图 2.5.1(b)]。

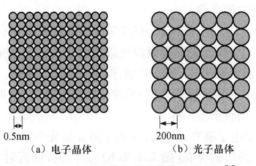

　　（a）电子晶体　　　　　　　　（b）光子晶体

图 2.5.1　电子晶体和光子晶体的示意图[1]

电子晶体周期的尺度和光子晶体不同。对于电子晶体，原子排列或晶格间距在亚纳米尺度，相当于电磁波的 X 射线波段。因此，可以利用 X 射线衍射技术来研究电子晶体的特性。X 射线衍射的布拉格方程为

$$m\lambda = 2nd\sin\theta \tag{2.5.1}$$

式中，d 为晶格间距；λ 为 X 射线波长；m 为衍射级；n 是折射率；θ 为 X 射线掠入射角。

对于光子晶体，布拉格衍射也可产生衍射光波。由式（2.5.1）的衍射方程可知，如果晶格间距（两球中心的间距）为 200nm，则布拉格波长为 500nm。

在周期势 U 的作用下，电子能量的薛定谔方程的解产生了电子能带的分裂。较低的能带称为价带，较高的能带称为导带，分离的价带和导带的能量随波数变化

的情况如图 2.5.2 所示。导带和价带之间的最小能为带隙能 E_g。导带底部的波数和价带顶部的波数相同,称为直接带隙半导体,如 GaAs、InP、CdS[图 2.5.2(a)];导带底部的波数和价带顶部的波数不同,则称为间接带隙半导体,如 Si、Ge、GaP[图 2.5.2(b)]。带隙能对半导体的电学和光学性质有决定性的作用。

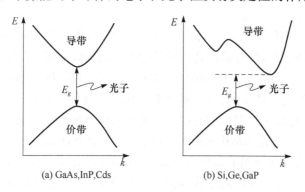

(a) GaAs,InP,Cds　　　　　　(b) Si,Ge,GaP

图 2.5.2　半导体的电子能带示意图

半导体的导带和价带的色散关系都呈抛物线形或类抛物线形,正如自由电子那样。在最低能量条件下,所有的价带被完全布居,没有电子流动,因此导带是空的,称为空带。如果通过热致或光致激发一个电子,或通过掺杂(N 型掺杂),那么导带中会有电子,就有电子传导等特性。电子从价带激励到导带,在价带中就会留下一个带正电的空穴。空穴也可以视为带正电的粒子,它能穿过价带移动而引起电荷传导。

接近导带底部的电子能量为[3]

$$E_c = E_c^0 + \frac{\hbar^2 k^2}{2m_e^*} \qquad (2.5.2)$$

式中,E_c^0 是导带底部能量;m_e^* 是导带中电子的有效质量。电子的有效质量不是自由电子质量,它是在周期势作用下的电子的真实质量。第 3 章将详细讨论有效质量的概念。同样,在近价带顶部的能量为

$$E_v = E_v^0 + \frac{\hbar^2 k^2}{2m_h^*} \qquad (2.5.3)$$

式中,$E_v^0 = E_c^0 - E_g$ 是价带顶部能量;m_h^* 是价带中的空穴有效质量。如果 m_e^* 和 m_h^* 与波数 k 无关,那么,由式(2.5.2)和式(2.5.3)可确定能量 E 和波数 k 之间的关系。有效质量 m_e^* 和 m_h^* 可以从能带结构的曲率(E 相对于 k)计算得到。

由图 2.5.2(b)可知,对于间接带隙半导体,由于价带顶部和导带底部的波矢 k 不同,导带和价带之间的电子跃迁就会有电子动量($\hbar k$)的变化,这种动量的改变对光学跃迁有重要影响。电子从导带跃迁到价带,同时发射荧光光子,在这个过程中需要动量守恒;或者说,在跃迁之前导带中的电子动量,应当与跃迁到价带后的电

子动量以及辐射出的光子动量之和相等。而光子的动量极小(k 约为 0,光子波长比电子波长长很多),实际上可以忽略,间接带隙跃迁又有波矢改变 $\Delta k \neq 0$,因此,间接带隙半导体(如 Si)的荧光辐射原则上是被禁止的,即不会发光。另外,直接带隙材料(如 GaAs)跃迁的 $\Delta k = 0$,因此跃迁概率很高,发光效率很高。

下面简单介绍光子晶体。

20 世纪 50 年代,物理学家就已经知道,晶体(如半导体)中的电子由于受到晶格的周期性位势散射,部分波段会因破坏性干涉而形成能带,导致电子的色散关系呈带状分布,即电子能带结构。在半导体中对电流实现精确控制,就是基于电子能带结构中存在的电子禁带,它可以阻止电子通过半导体。受电子禁带材料特性的启发,人们在研究抑制自发辐射时提出了光子晶体(photonic crystal)的概念。利用介电系数呈周期性变化的结构来影响材料中光子的状态,由此改变光的传播。

根据介电系数在空间的周期性分布,光子晶体可分成一维光子晶体、二维光子晶体和三维光子晶体,其空间结构如图 2.5.3 所示,在周期性的半波长结构中,入射波被反射。光子晶体光纤的截面如图 2.5.4 所示。

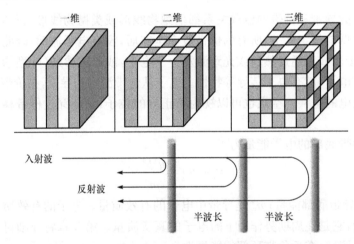

图 2.5.3　一维、二维和三维光子晶体空间结构示意图

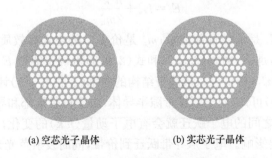

(a) 空芯光子晶体　　　　　　　(b) 实芯光子晶体

图 2.5.4　光子晶体光纤的截面

一维光子晶体是最简单的光子晶体,由两种或两种以上的介质材料交替叠层而成。在垂直于介质层的方向上,介电系数随空间坐标呈周期性变化;在平行于介质平面的方向上,介电系数不变。每层介质都是均匀和各向同性的,可以在一个方向上形成光子带隙结构。

对于二维光子晶体,介电系数在空间的两个方向上具有周期结构,在第三个方向上是常数,但在两个波矢方向上存在光子禁带。典型的二维光子晶体是由许多平行的介质柱均匀排列而成的。为了获得较宽的光子禁带,可以用同种材料但直径不同的两种介质圆柱杆构成二维光子晶体。在垂直于介质柱的两个方向上,介电系数是空间位置的周期函数,而在平行于介质柱方向上,介电系数不随空间位置而变化。

对于三维光子晶体,介电系数在空间三个方向上均具有周期结构。如果三维光子晶体具有足够高的折射率比、合适的周期性和介电填充比,就会出现全方向的光子带隙,特定频率的光进入光子晶体后将在三个方向都被禁止传播。这样,光子晶体不仅可以控制光的自发辐射,还可以控制光的传播。目前发现,金刚石结构、圆木堆积结构、反蛋白石结构和矩形螺旋结构等都是常见的具有完全光子禁带的结构。光子晶体和自然晶体一样都具有周期性结构,许多关于自然晶体的概念被运用到光子晶体的研究中,如能带结构、态密度、缺陷态、倒格子、布里渊区、色散关系、Bloch 函数和 Van Hove 奇点等。

由于介电系数在空间上具有周期性,光子晶体对光的折射率也呈周期性分布。光在其中传播会受到调制作用,其色散关系也会呈带状分布,出现不连续的光子能带,能带的间隙为光子禁带。如果入射光的波长位于光子禁带内,由于光子晶体内缺乏对应的传导能态,光波很难穿过,透射率急剧下降。另外,如果光波的波长位于禁带之外,则可在光子晶体中几乎无损耗地传播,透射率接近 1。因此,可以由透射率的变化来推测光子晶体在该方向的色散曲线。

图 2.5.5 中示出一维光子晶体中的光传播。介质 n_1 和 n_2($>n_1$)交替叠加,在结构上类似于光学多层介质膜。多层膜的周期厚度为 d_1+d_2,基频(即第一禁带中心频率)为

$$\omega_0 = c\pi/(n_1 d_1 + n_2 d_2)$$

对应的基波波长为 $\lambda = 2c\pi/\omega_0$。

作为一个例子,选一维光子晶体的周期数为 8,从空气垂直入射,波长 $\lambda_0 = 550\text{nm}$,低折射率 n_1 材料为 SiO_2,高折射率 n_2 材料为 TiO_2,介质膜的光学厚度分别选为 $n_1 d_1 = n_2 d_2 = \lambda_0/8, \lambda_0/6, \lambda_0/4, \lambda_0/3$。这些结构也可看成由 $\lambda/4$ 光学厚度的膜构成,各自对应的波长分别为 275nm、366.7nm、550nm、733.3nm。于是,可以计算得到反射率随波长的变化情况,即反射谱(图 2.5.6)。

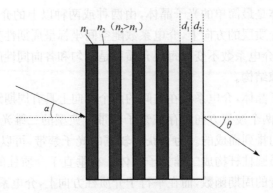

图 2.5.5　一维光子晶体中光的传播

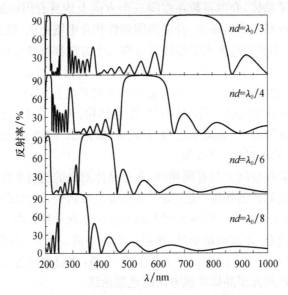

图 2.5.6　光子晶体在不同光学厚度时的反射谱[4]

　　由图 2.5.6 可见,各反射谱的第一禁带宽度随着光学厚度的增加而红移,禁带中心的移动与波长的增加基本一致。由于折射率相同,光学厚度增大意味着膜层厚度增大,这说明膜层厚度决定了带隙中心的波长位置。当 TiO_2 和 SiO_2 膜层的光学厚度为 $\lambda_0/8$ 时,只有一个带隙,中心波长位于 300nm;当光学厚度增大到 $\lambda_0/6$ 时,开始出现第二个带隙;当光学厚度进一步增大到 $\lambda_0/3$ 时,在短波长处出现了第三个带隙。

　　根据反射谱,可进一步测量得到不同光学厚度时的带隙宽度。禁带宽度对介质层的光学厚度基本呈线性增加,这表明膜层厚度对禁带宽度有影响。因此,改变一维光子晶体各介质层的厚度,可以在不同的波段得到不同宽度的光子禁带。目前,利用这一特性,一维光子晶体已在光纤和半导体激光器中得到许多应用。

　　光子带隙有完全光子带隙和部分光子带隙两种。在某个频率范围内,任何方向、任何模式的电磁波在光子晶体中都被严格禁止传播,为完全光子带隙,或称全向光子带隙,否则称为部分光子带隙。一维光子晶体由于有限的边界,也会出现类似二维和三维的全向带隙结构,在带隙结构中形成不依赖入射光偏振方向和入射角的一个较宽的全向带隙。理论分析表明,一维光子晶体中出现全向带隙的必要条件是[5]

$$\alpha_{1\max} = \arcsin\left(\frac{n_0}{n_1}\right) < \alpha_B = \arctan\left(\frac{n_2}{n_1}\right)$$

式中,$\alpha_{1\max}$ 是入射光从外围介质 n_0 入射到介质 n_1 中的最大折射角;α_B 为介质 n_1 到介质 n_2 的分界面处的布儒斯特角。只有当 $\alpha_{1\max} < \alpha_B$ 时,才能形成全向带隙。由于在可见光波段一维光子晶体的带隙较窄,扩展带隙成为人们努力实现的一个研究目标。

　　光子局域是光子晶体的一个重要特征。当在光子晶体中引入杂质或缺陷时(主要是点缺陷和线缺陷),其固有的周期性或对称性结构就会遭到破坏,从而在光子禁带中产生一个频率极窄的缺陷态。与缺陷态频率相符的光子会被严格地限制在缺陷位置,一旦偏离缺陷位置,能量就会迅速衰减。对于三维光子晶体,若引入的是点缺陷,就相当于引入一个微腔,当光子通过点缺陷时,会被限制在这个微腔内,而不能向任何一个方向传播;若引入的是线缺陷,与其频率相符的光子会被限制在线缺陷位置,只能沿着该线缺陷方向传播,从而形成光波导,实现对光传播方向的控制,甚至可以让光转过很锐的弯。对于一维光子晶体,如果在周期性多层膜结构中引入无序,则不受入射角的限制,任何频率的光都可以被限域。由布拉格反射效应和引入无序而造成的光局域,可能使得离散的狭窄禁带扩展成连续的禁带。通过合理调节结构的几何参数和无序度,可以在很宽的波长范围内发生高反射,这个性质可以用在光学宽波带高反镜上。在一维强无序结构中,某些态是扩展而非局域的,能产生具有很窄透射峰的高质量的共振隧穿,这种效应可以用在光学滤波器上。

　　目前,探索新的光子晶体结构是人们感兴趣的课题之一。详细论述可参见文献[5]等,这里不再述及。

2.6　纳米级能量转移

　　光、电、热或化学反应等可导致电子能量增加,增加的电子能量由某一离子、原子或分子中心,在纳米级的距离范围内转移到另一中心。这种转移并非电子的迁移,而是电子能量的转移,即电子的激发态将多余的能量转移给其他的粒子体系,激发态电子返回到基态,同时,其他粒子体系中的电子被激励到较高能态。在激活粒子中心,密集分立的电子能级形成激子带,并导致激子有序迁移。此外,也可通过电子-空穴对从一个中心到另一个中心的随机跳跃而产生无序迁移。

2.6.1　高浓度掺杂时的能量转移

在高浓度量子点掺杂的体系中,如果两个量子点距离相当近(纳米级),相互之间耦合得很紧密,那么其中一个量子点被激发时,两个量子点都会被激发到同一高能态,量子点会通过两中心体中间的某一虚拟能级辐射出高能量的光子,同时,量子点跃迁回基态[图 2.6.1(a)]。此外,还有一个略微复杂的协同辐射过程。一个离子吸收能量后将能量转移给另一个离子,而后它再吸收另一个光子,达到更高的能级。在高能级上向下跃迁,发射一个高频光子[图 2.6.1(b)]。

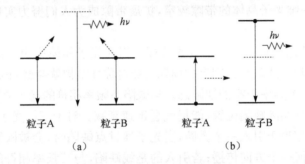

图 2.6.1　粒子对的协同辐射

协同辐射猝灭过程在高浓度掺杂的稀土离子(如 Er^{3+})中表现得比较明显,并已被实验观测证实。这种协同辐射可以是三体或多体的,也可以是电子交换型的,这取决于粒子中电子的激发性质。此外,在高浓度掺杂量子点中会发生荧光猝灭现象。产生荧光猝灭的原因很多,机理也比较复杂。对于同一种量子点,掺杂浓度过高是其中一个主要原因。

2.6.2　瞬逝波

纳米级能量转移或瞬逝波在波导中也有许多应用。近年来,人们将光纤熔融拉制成锥形光纤,当光纤拉锥的锥腰直径细到几十或上百纳米时,由于锥腰很细,光纤中原有的导波模已不复存在,与光波长同数量级的瞬逝波场有很大一部分能量透入光纤外的包层介质中,从而形成所谓的瞬逝波传导。例如,两个相距纳米级的独立波导,在一个波导中传播或辐射的光子能通过隧道效应,耦合到另一个波导中(图 2.6.2)。

在光通信网络中,波导的瞬逝波耦合能用于信号转换的定向耦合器、光开关等。人们还将瞬逝波耦合的波导用于传感器,其基本原理是将一个波导中感应到的信号变化,利用光子隧道效应传递到另一个波导通道中。在生物学领域,光纤瞬逝波传感器对检测识别分子荧光信号有很多应用。

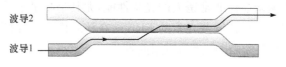

图 2.6.2　瞬逝波波导耦合

2.6.3　荧光共振能量转移

　　荧光共振能量转移(fluorescence resonance energy transfer,FRET)是一种常见的能量传递形式。FRET 一般需要两个不同的荧光基团。一个荧光基团的辐射谱与另一个基团的吸收谱有部分重合,当它们之间的距离很近时(7~10nm),就可能发生 FRET。如果用光致或电致等手段激发供体基团,则供体基团中的电子从基态 S_0 激发到上能态 S_1,随后很快通过 ps 量级的弛豫过程向下弛豫并将能量无辐射地传递给受体 S_1 能态(图 2.6.3)。如果受体也是一种荧光发射体,则受体 S_1 能态向下跃迁形成荧光辐射,并造成该荧光光谱的红移;如果受体荧光量子产率为零,则能量转移的荧光熄灭。

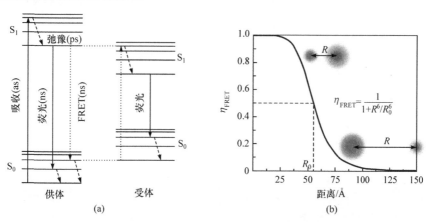

图 2.6.3　FRET 的发光机理和距离对 FRET 效率的影响[6]

　　影响 FRET 效率的因素主要有三个方面:一是供体和受体分子之间的距离,一般为<10nm。随着距离的加大,FRET 明显减弱。实验表明,FRET 效率与两者之间的距离呈 R^{-6} 关系。二是供体与受体之间的光谱波长的重合程度,供体的辐射谱与受体的吸收谱重合度越高,FRET 效率越高。三是供体和受体的荧光辐射模式都应当是偶极跃迁模式。

　　在实践中,影响 FRET 效率的主要因素是供体与受体(荧光素)之间的距离,利用这一特点,通过各种手段控制荧光素之间的距离,使 FRET 在生物和化学传感中有广泛的应用。传统上,最典型的 FRET 荧光素是有机染料和荧光蛋白。近年来,由于半导体纳米晶体非常诱人的光学性能,尤其是高量子效率和可调辐射峰波长,它们也被用于替代传统荧光素的 FRET,在核酸检测、蛋白识别、爆炸物检测和其他分析科学领域展现出广泛的应用前景。

参 考 文 献

[1] Prasad P N. Nanophotonics[M]. New York:John Wiley and Sons,2004.

[2] 程成,张航,许周速. 电磁场与电磁波[M]. 北京:机械工业出版社,2011.

[3] Kittel C. Introduction to Solid State Physics[M]. 7th ed. New York:John Wiley and Sons,2003.

[4] 徐清. 一维光子晶体的带隙特征及其拓展研究[D]. 天津:天津师范大学,2009.

[5] Frédéric Z,Gilles R,André N,et al. Foundations of Photonic Crystal Fibres[M]. Singapore:
World Scientific Publishing,2005.

[6] Langowski J. Research:Single molecule FRET[EB/OL]. http://www. dkfz. de/Macromol/
research/smfret. html[2016-08-01].

第3章　量子点的能级结构

在量子点中,光的吸收和辐射特性可以由量子约束效应进行解释。量子约束效应除了与量子点本身的尺度有关,还与势场中的电子能态密切相关。要了解量子点的光吸收和辐射特性,必须了解各种不同势场中的电子能态。

本章将涉及初等量子力学和固体物理的一些基本内容,主要包括:势阱中的粒子,球对称势中的粒子,库仑势中的电子,周期势中的电子,晶体中的电子,准粒子电子、空穴和激子,用于描述理想纳米晶体中电子态的有效质量近似,紧束缚法和经验赝势法等。这些内容有助于进一步理解量子点的光学性质,在后面的章节中将用到本章的内容。

3.1　量子电子态

3.1.1　势阱中的粒子

考虑电子在晶体中的一些基本性质,首先讨论一维势阱中的电子(图3.1.1)。

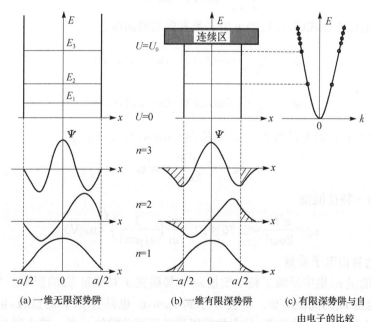

(a) 一维无限深势阱　　(b) 一维有限深势阱　　(c) 有限深势阱与自
　　　　　　　　　　　　　　　　　　　　　　　　由电子的比较

图 3.1.1　电子能量示意图
主量子数 $n=1,2,3$ 对应于前三个电子态

对于量子点,势阱的边界可认为就是量子点的边界。电子只能在势阱内运动,无限深势阱的图像对于认识量子点实际的电子能态有很大的帮助。

在无限深势阱中,电子能量服从 $E_n \sim n^2$(n 为主量子数)关系,波函数只在阱中存在,电子态的个数无限,在阱内找到粒子的概率为 100%。

在有限深势阱中,在势阱内至少存在一个电子态。离散电子态的个数由阱的宽度和高度决定。与图 3.1.1(a)的情形不同,此时波函数延伸到经典禁区 $|x| > a/2$。在阱内找到粒子的概率小于 100%,并随着 E_n 的增加而减小。

自由电子能量 E[图 3.1.1(c)中的抛物线]和波数 k 满足 $E_n = \hbar^2 k^2 / 2m$。有限深势阱中的电子能量在图 3.1.1(c)中用点来表示,抛物线和点给出了自由电子与有限势阱中电子态的联系。

定态薛定谔(Schrödinger)方程为

$$\left[-\frac{\hbar^2}{2m}\frac{\partial^2}{\partial x^2} + U(x) \right]\psi(x) = E\psi(x) \tag{3.1.1}$$

式中,m 表示粒子的质量;E 表示粒子的能量;无限深方形阱的势能为

$$U(x) = \begin{cases} 0 & |x| \leqslant a/2 \\ \infty & |x| > a/2 \end{cases} \tag{3.1.2}$$

式中,a 为势阱的宽度。由归一化条件

$$\int_{-a/2}^{a/2} |\psi_n(x)|^2 \mathrm{d}x = 1 \tag{3.1.3}$$

可得到薛定谔方程式(3.1.1)当 n 为奇数和偶数时的解:

$$\psi^{(-)} = \sqrt{\frac{2}{a}}\cos(k_n x) \quad (n = 1,3,5,\cdots)$$
$$\psi^{(+)} = \sqrt{\frac{2}{a}}\sin(k_n x) \quad (n = 2,4,6,\cdots) \tag{3.1.4}$$

由式(3.1.4)以及波数 $k_n = \sqrt{2mE_n}/\hbar = n\pi/a$,分立的能量为

$$E_n = n^2 \frac{\pi^2 \hbar^2}{2ma^2} \equiv n^2 \varepsilon_0 \tag{3.1.5}$$

式中,ε_0 为一特征能量

$$\varepsilon_0 = \frac{\pi^2 \hbar^2}{2ma^2} = 3.76 \times 10^{-4} \frac{m_0}{m}\left(\frac{1}{a(\mu\mathrm{m})}\right)^2 (\mathrm{meV}) \tag{3.1.6}$$

式中,m_0 为自由电子质量。

特征能量 ε_0 集中反映了粒子质量 m 和势阱宽 a 对能量 E_n 的影响。当阱宽 a 减小时,能量 E_n 的间距增加。即使 a 小到 $1\mu\mathrm{m}$,ε_0 也只有 $\mu\mathrm{eV}$ 的量级,但能隙宽 ΔE 却可以达到 meV 的量级,分立的能级仍是不可分辨的。当 a 减小到 20nm 时,例如,对于质量 $m = 0.067m_0$ 的 GaAs,ε_0 可大到 14meV,它超过了碰撞带宽,甚至

可以与热能 kT 相比较。于是,状态的量子化性质清楚地表现了出来。

对于强简并的情形,当结构在一个方向的尺寸可以与费米面上电子的德布罗意波长相比时,电子沿该方向的运动被冻结。这种依赖于结构尺寸的量子化在微结构中普遍存在。

图 3.1.1(a)给出前三个电子态($n=1,2,3$)的波函数和能级位置,能级间隔

$$\Delta E_n = E_{n+1} - E_n = \frac{\pi^2 \hbar^2 (2n+1)}{2ma^2} \tag{3.1.7}$$

可见,能级间隔随 n 单调增加。在 $x > a$ 区域,电子态的波函数消失。所有波函数的振幅相同,在阱内粒子出现的总概率为 1。

动量 $p = \hbar k$,波数 $k_n = n\pi/a$,于是,动量可写为

$$p_n = n\frac{\pi\hbar}{a} \tag{3.1.8}$$

如果某处存在粒子,那么概率密度 $\psi\psi^*$ 必不等于 0。因此当 $n=0$ 时,没有满足式(3.1.1)和式(3.1.2)的解存在,即粒子不存在。

$n=1$ 时为粒子的最低能量(零点能):

$$E_1 = \varepsilon_0 = \frac{\pi^2 \hbar^2}{2ma^2} \tag{3.1.9}$$

它也可以由海森堡(Heisenberg)测不准关系

$$\Delta p \Delta x \geqslant \frac{\hbar}{2} \tag{3.1.10}$$

得到。一个粒子被限制在 $\Delta x = a$ 区域,按照式(3.1.10),它有不确定的动量 $\Delta p \geqslant \hbar/2a$。对应的最小能量间隔为

$$\Delta E = \frac{(\Delta p)^2}{2m} = \frac{\hbar^2}{8ma^2} \tag{3.1.11}$$

与式(3.1.9)相似。

通常,波函数的对称性在解复杂系统的波动方程时非常有用。由粒子波函数的对称性,可以推测其奇偶性。对于一个对称势阱,有

$$U(x) = U(-x)$$

于是,粒子的概率密度也具有对称性:

$$|\psi(x)|^2 = |\psi(-x)|^2$$

从而

$$\psi(x) = \pm\psi(-x)$$

对于有限深势阱或势垒,波函数不会在阱的边缘消失,波函数在经典禁区 $|x| > a/2$ 内呈指数下降。在势阱外,出现粒子的概率不为零,且概率随着 n 的增加而变大,如图 3.1.1(b)所示。假设一维势垒的高度为 U_0,势垒宽度仍为($-a/2$,

$a/2$），则波动方程为

$$-\frac{\hbar^2}{2m}\frac{\partial^2}{\partial x^2}\psi(x)=(E-U_0)\psi(x) \tag{3.1.12}$$

渗入势垒区的波函数为指数衰减函数：

$$C\exp(-\gamma x) \quad (x\geqslant a/2) \tag{3.1.13}$$

$$D\exp(\gamma x) \quad (x\leqslant -a/2) \tag{3.1.14}$$

式中

$$\gamma=\sqrt{\frac{2m(U_0-E)}{\hbar^2}} \tag{3.1.15}$$

γ 取正实数，从而当 $x\to\pm\infty$ 时波函数趋向于零。

由波函数及其微商在边界 $x=\pm a/2$ 上连续的边界条件，且波数 $k=\sqrt{2mE}/\hbar$，容易得到

$$\gamma=k\tan(ka/2) \tag{3.1.16}$$

$$\gamma=-k\cot(ka/2) \tag{3.1.17}$$

定义

$$\xi^2=\frac{2mU_0}{\hbar^2} \tag{3.1.18}$$

于是，ξ、γ、k 三者之间满足

$$\xi^2=k^2+\gamma^2 \tag{3.1.19}$$

式(3.1.19)为超越代数方程，可以用数值计算法或图解法来求解波数 k。

在有限势阱 U_0 中，电子态的数目（概率密度）可通过波函数的模的积分，并利用归一化条件获得。电子态数目取决于

$$a\sqrt{2mU_0}>\pi\hbar(n-1) \quad (n=1,2,3,\cdots) \tag{3.1.20}$$

取 $n=1$，恒满足式(3.1.20)，即在任意阱宽 a 和势垒 U_0 条件下，一维势阱中至少有一个电子态。阱中可能存在的最多的电子态数目，对应于式(3.1.20)最大的 n。图 3.1.1(b)中，量子阱中最多的电子态数目 n 为 3。当 $E_n>U_0$ 时，对应于无约束运动，所有的能态都是连续的。

在有限势阱 U_0 情形下，电子能级的高度比 $U_0\to\infty$ 时的要低一些。由于波函数向外延伸，满足方程的 k 和相应的 E 都会比无限势阱时的情形要小一些。实际上，有限方形势阱也只是一种近似，因为在阱区内经常存在电荷分布，这使得在阱中的 $U\neq 0$，从而引起附加的势分布。

为了有一个量级概念，设无限深势阱宽 $a=1\mathrm{nm}$，电子（$m=m_0$）能级 $E_1=0.094\mathrm{eV}$，$E_2=0.376\mathrm{eV}$（作为一个比较，室温下的热动能 $kT=0.025\mathrm{eV}$）。相应的光子跃迁能 $\hbar\omega=E_2-E_1$，波长为 $\lambda=4394\mathrm{nm}$，位于中红外区。

3.1.2　球对称势阱中的粒子

量子点的光学性质很独特,吸收边界蓝移和光谱离散是量子点最独特的光学性质之一,此特性是由量子点中的激子运动受限造成的。这里,激子是受几何束缚而不是库仑束缚的电子-空穴对。量子点的基本光学性质可以用球对称势阱中的粒子模型来描述[1]。

图 3.1.2 给出了单粒子能带示意图,其中的箭头表示带间偶极跃迁。

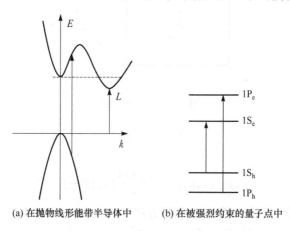

(a) 在抛物线形能带半导体中　　　　(b) 在被强烈约束的量子点中

图 3.1.2　单粒子能带示意图

将一个球形半导体量子点置入绝缘体介质中,假定导带和价带是非简并的(忽略自旋简并)和各向同性的,基体材料可以简单地视为限制量子点中电子和空穴的无限高势垒。在忽略电子-空穴的库仑作用(这样假定的适用性将在下面简要给出)的情况下,哈密顿量(Hamiltonian)为

$$\hat{H}=-\frac{\hbar^2}{2m}\nabla^2+U(r) \tag{3.1.21}$$

式中,$r=\sqrt{x^2+y^2+z^2}$。在球坐标系中(图 3.1.3):

$$x=r\sin\theta\cos\varphi,\quad y=r\sin\theta\sin\varphi,\quad z=r\cos\theta \tag{3.1.22}$$

球坐标下的哈密顿量为

$$\hat{H}=-\frac{\hbar^2}{2mr^2}\frac{\partial}{\partial r}\left(r^2\frac{\partial}{\partial r}\right)-\frac{\hbar^2\Lambda}{2mr^2}+U(r) \tag{3.1.23}$$

式中,算符 Λ 为

$$\Lambda=\frac{1}{\sin\theta}\left[\frac{\partial}{\partial\theta}\left(\sin\theta\frac{\partial}{\partial\theta}\right)+\frac{1}{\sin\theta}\frac{\partial^2}{\partial\varphi^2}\right] \tag{3.1.24}$$

于是,粒子的波函数可写为

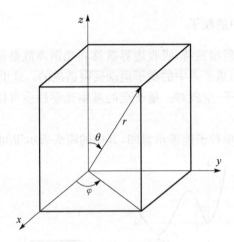

图 3.1.3 球坐标系

$$\psi = R(r)\Theta(\theta)\Phi(\varphi) \tag{3.1.25}$$

或可进一步改写成

$$\psi_{nlm}(r,\theta,\varphi) = \frac{u_{nl}(r)}{r}Y_{lm}(\theta,\varphi) \tag{3.1.26}$$

式中，Y_{lm} 是球函数；径向函数 $u(r)$ 满足方程

$$-\frac{\hbar^2}{2m}\frac{\mathrm{d}^2 u}{\mathrm{d}r^2} + \left[U(r) + \frac{\hbar^2}{2mr^2}l(l+1)\right]u = Eu \tag{3.1.27}$$

为了简单起见，用一维方程来描述粒子的能态。系统的状态可用三个量子数来描述：主量子数 n、轨道量子数 l 和磁量子数 m_i。轨道量子数决定了角动量 $\boldsymbol{L}$：

$$L^2 = \hbar^2 l(l+1) \quad (l=0,1,2,\cdots) \tag{3.1.28}$$

轨道角动量的 z 分量由磁量子点决定：

$$L_z = \hbar m_i \quad (m_i = 0, \pm 1, \pm 2, \cdots \pm l) \tag{3.1.29}$$

每个确定的 l 态有 $(2l+1)$ 个简并度，对应于 m_i 有 $(2l+1)$ 个值。不同的轨道量子数 l 对应不同的能态，如 s、p、d、f、g 等。$l=0$ 时角动量为零，为 s 态；$l=1$ 时为 p 态；$l=2$ 时为 d 态等。l 的奇偶性决定了能态的奇偶性。由于径向函数对反演不敏感（反演后 r 不变），球函数反演有如下关系：

$$Y_{lm}(\theta,\varphi) \rightarrow (-1)^l Y_{lm}(\theta,\varphi)$$

粒子能量的特征值由势函数 $U(r)$ 决定。对于球对称无限深势阱：

$$U(r) = \begin{cases} 0 & (r \leqslant a) \\ \infty & (r > a) \end{cases} \tag{3.1.30}$$

将式(3.1.21)代入薛定谔方程，可求解得到一系列分立的能量：

$$E_{nl} = \frac{\hbar^2 \chi_{nl}^2}{2ma^2} \tag{3.1.31}$$

式中，χ_{nl} 是球贝塞尔函数 $Y_{lm}(\chi_{nl})$ 的根（n 是根的数目，l 是阶），表 3.1.1 列出了不同 n 和 l 的 χ_{nl} 的值。

表 3.1.1　球贝塞尔函数的根 χ_{nl}

l	$n=1$	$n=2$	$n=3$
0	3.142(π)	6.283(2π)	9.425(3π)
1	4.493	7.725	10.904
2	5.764	9.095	12.323
3	6.988	10.417	
4	8.183	11.705	
5	9.356		
6	10.513		
7	11.657		

当 $l=0$ 时，$\chi_{n0}=n\pi(n=1,2,3\cdots)$，式（3.1.31）与式（3.1.5）相同，即球形无限势阱中的粒子能级与矩形一维无限势阱中的情形相同。能级分布如图 3.1.4 所示。

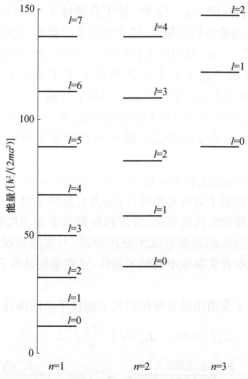

图 3.1.4　球形无限深势阱中粒子的能级

对于球形有限深势阱,如果势 $U_0 \gg \dfrac{\hbar^2}{8ma^2}$,那么能级近似由式(3.1.31)表达。由测不准关系式(3.1.10),可得最小能量为

$$U_{0\min} = \frac{\pi^2\hbar^2}{8ma^2}$$

可见,在势阱中只存在一个态 $E_1 = U_0$。可导出量子点临界半径的概念,即 $a_c = \pi\hbar/\sqrt{8mU_{0\min}}$。对于 $U_0 < U_{0\min}$,势阱中不存在电子态。

前面考虑的仅是单种粒子的情形,接下来考虑电子-空穴对的情形。设电子质量为 m_e,空穴质量为 m_h,电子和空穴有相同的波函数,由式(3.1.31)可知,电子-空穴(激子)体系的激发态能量为

$$E_{nl} = E_{\text{bulk}} + \frac{\hbar^2}{2m_e a^2}\chi_{nl}^2 + \frac{\hbar^2}{2m_h a^2}\chi_{nl}^2 = E_{\text{bulk}} + \frac{\hbar^2}{2\mu a^2}\chi_{nl}^2 \tag{3.1.32}$$

式中,E_{bulk} 是块材料的带隙能;μ 是激子的折合质量($1/\mu = 1/m_e + 1/m_h$);a 为势阱半宽或量子点半径。

由式(3.1.32)可以判定是否可以忽略库仑作用。激子动能 E_{ex} 约为 $\hbar^2/(\mu a^2)$,电子-空穴的库仑势 E_C 约为 $e^2/(\varepsilon a)$(ε 为晶体的介电系数;e 为电子电荷)。当激子动能等于库仑势,即 $E_{\text{ex}} = E_C$ 时,量子点半径 $a = \hbar^2\varepsilon/(e^2\mu) \equiv a_B$(激子玻尔半径)。如果 $a \ll a_B$,则量子约束很强,尺寸效应是主要的,这时就可以将库仑势能看成微扰;相反,如果 $a \gg a_B$,这时库仑作用比尺寸效应强,就不可以将库仑势看成微扰。于是,可以将量子点半径大于还是小于电子或空穴的玻尔半径 $a_{e,h} = \hbar^2\varepsilon/(e^2 m_{e,h})$ 作为判断库仑势是否可以忽略的简单判据。

量子尺寸效应使得量子点中激子的动能增加,量子点的吸收带隙蓝移,从而造成吸收谱带和辐射谱带的波长分离。量子约束效应是理解量子点光学性质的关键。

由抛物线能带结构的球形势阱模型,可以定性解释量子点光学性质的特点。然而,它无法定量计算量子点的光学特性,因为它忽略了量子点的一些重要性质,例如,真实的半导体能带结构很复杂,价带和导带其实是非抛物线形或是简并的。另外,将基体和纳米晶体的边界看成无限深势阱,与实际情况并不总是相符。因此,需要进一步考虑在真实基底中的纳米晶体,这些基底具有不同的介电系数或介电约束作用。

为了方便起见,下面给出经常使用的光子能量单位的换算:

$$E[\text{J}] = h\nu, \quad E[\text{eV}] = \frac{h\nu}{e}, \quad \lambda^{-1} = \frac{\nu}{c}$$

$$E[\text{eV}] = \frac{hc}{e\lambda} = \frac{1.2398 \times 10^3}{\lambda[\text{nm}]}, \quad \lambda^{-1}[\text{cm}^{-1}] = \frac{E[\text{eV}]}{1.2398} \times 10^4$$

3.1.3　库仑势中的电子

对于库仑势,有

$$U(r) = -\frac{e^2}{r} \tag{3.1.33}$$

波函数的径向分布方程为

$$\left[\frac{d^2}{d\rho^2} + \varepsilon + \frac{2}{\rho} - \frac{l(l+1)}{\rho^2}\right] u(\rho) = 0 \tag{3.1.34}$$

式中,无量纲参数和能量

$$\rho = \frac{r}{a^0}, \quad \varepsilon = \frac{E}{E^0}$$

式中,原子长度单位 a^0(氢原子玻尔半径)和原子能量单位 E^0 分别为

$$a^0 = \frac{\hbar^2}{m_0 e^2} \approx 0.05292\text{nm} \tag{3.1.35}$$

$$E^0 = \frac{e^2}{2a^0} \approx 13.60\text{eV} \tag{3.1.36}$$

式中,m_0 为自由电子质量。由波函数方程(3.1.34)式,可得能级为

$$E_n = -\frac{1}{(n_r + l + 1)^2} \equiv -\frac{1}{n^2} \tag{3.1.37}$$

式中,n_r 为径向量子数,表示相应波函数的节点数。能级如图 3.1.5 所示。

当 $E > 0$ 时,粒子为自由运动,具有连续能谱;当 $E < 0$ 时,能谱为一系列满足 $E_n = -E^0/n^2$ 的离散能级,能量随着 n^2 的增大而减小。主量子数 $n = n_r + l + 1$,取正整数 1,2,3…。可见,只要给定主量子数 n,就能确定能量值。l 取值为 0~ $(n-1)$,对于每一个 n 值,都存在着 n 个能级。此外,对每一个 l,$m = 0, \pm 1, \pm 2, \cdots$,共有 $(2l+1)$ 个能级发生简并,总简并度为

$$\sum_{l=0}^{n-1}(2l+1) = n^2$$

对于 $n=1, l=0$(1s 态),波函数为球形对称,在原子长度单位 a^0 处有最大的概率可以发现电子。对于 $E > 0$,粒子表现出具有连续光谱的自由运动。

下面讨论最简单的氢原子,它由一个质量为

图 3.1.5　在库仑势中
粒子的能级

M_0 的质子和一个质量为 m_0 的自由电子组成。哈密顿量为

$$\hat{H} = -\frac{\hbar^2}{2M_0}\nabla_p^2 - \frac{\hbar^2}{2m_0}\nabla_e^2 - \frac{e^2}{|r_p - r_e|} \tag{3.1.38}$$

式中，r_p、r_e 分别为质子和电子的矢径；拉普拉斯算符 ∇_p^2 和 ∇_e^2 分别表示对质子和对电子的作用。引入相对矢径 r 和质心矢径 R：

$$r = r_p - r_e, \quad R = \frac{m_0 r_e + M_0 r_p}{m_0 + M_0} \tag{3.1.39}$$

总质量和折合质量为

$$M = m_0 + M_0, \quad \mu = \frac{m_0 M_0}{m_0 + M_0} \tag{3.1.40}$$

式(3.1.38)的哈密顿量可改写成

$$\hat{H} = -\frac{\hbar^2}{2M}\nabla_R^2 - \frac{\hbar^2}{2\mu}\nabla_r^2 - \frac{e^2}{r} \tag{3.1.41}$$

可见在库仑势 $-e^2/r$ 影响下，哈密顿量包含质量为 M 的自由粒子和折合质量为 μ 的粒子两部分。前者描述的是两粒子质心的自由运动，后者由两粒子相对运动引起。根据式(3.1.35)~式(3.1.37)，能量可写为

$$E_n = -\frac{Ry}{n^2} \quad (E < 0) \tag{3.1.42}$$

式中

$$Ry = \frac{e^2}{2a_B}, \quad a_B = \frac{\hbar^2}{\mu e^2} \tag{3.1.43}$$

式中，Ry 为氢原子的里德伯(Rydberg)常量，等于 13.6058eV，对应于氢原子最低能态的电离能或约束能；a_B 为氢原子的玻尔半径。相邻能级间的距离随着 n 的增大而减小，当 $E > 0$ 时，电子和质子作自由运动。

粒子能量和玻尔半径也可以用式（3.1.43）表示，它们与式（3.1.35）和式（3.1.36）的数值相当接近，比值为 0.9995。为了方便起见，人们经常用式（3.1.35）和式（3.1.36）代替精确的式（3.1.43）。但对于其他的类氢体系，如由相同质量的电子和正电子组成的系统，应该使用精确表达式（3.1.43）。

球形势阱中的粒子问题和氢原子问题相当重要，因为它们可用来模拟纳米晶体中的电子-空穴对，有助于理解块材料和纳米晶体中激子的概念。另外，两体问题是处理多体系统的基础，通过质量重整化(用折合质量代替 M_0 和 m_0)和质心平移，可以将多体体系简化为单粒子，从而有助于理解在后面章节中要讨论的有效质量和准粒子近似。

3.1.4　周期势中的粒子

在纳米晶体材料中，通常可满足周期性势的条件：

$$U(x) = U(x+a) \tag{3.1.44}$$

即势在空间平移 a 后不变。先讨论满足式(3.1.44)所示的势能波函数的一般性质。如果参数 x 变为 $(x+a)$，即

$$x \to x+a$$

那么，薛定谔方程为

$$-\frac{\hbar^2}{2m}\nabla^2 \psi(x+a) + U(x)\psi(x+a) = E\psi(x+a) \tag{3.1.45}$$

比较式(3.1.45)和无限深势阱中的薛定谔方程式(3.1.1)可知，波函数 $\psi(x)$ 和 $\psi(x+a)$ 都满足具有相同特征能量 E 的薛定谔方程。如果特征值是非简并的，即只有一个特征函数，那么波函数 $\psi(x)$ 和 $\psi(x+a)$ 只有一个常数 c 的区别：

$$\psi(x+a) = c\psi(x) \tag{3.1.46}$$

两个特征函数都是归一化的，即

$$|c| = 1$$

因此

$$|\psi(x+a)|^2 = |\psi(x)|^2 \tag{3.1.47}$$

于是，在 x 附近与在 $x+a$ 附近找到粒子的概率是相同的，电势中粒子的平均分布具有空间周期性。

注意到常数 c 的特性，空间在经过两次平移后，有

$$\psi(x+a_{n1}+a_{n2}) = c_{n1}c_{n2}\psi(x) \tag{3.1.48}$$

式中

$$a_n = na \quad (n=1,2,3,\cdots)$$

于是

$$a_{n1}+a_{n2} = a_{n1+n2}$$

$$\psi(x+a_{n1}+a_{n2}) \equiv \psi(x+a_{n1+n2}) = c_{n1+n2}\psi(x) \tag{3.1.49}$$

$$c_{n1}c_{n2} = c_{n1+n2} \tag{3.1.50}$$

解为

$$c_n = e^{ika_n} \tag{3.1.51}$$

式中，k 可以取任何值。

然而，满足周期势薛定谔方程的波函数在形式上各有不同，可以相差一个相位因子 $e^{if(x)}$ [其中，$f(x)$ 为 x 的线性函数]。波函数可以写成

$$\psi(x) = e^{ikx}u_k(x)$$

式中

$$u_k(x) = u_k(x+a_n) \tag{3.1.52}$$

由式(3.1.52)可知，周期势下的哈密顿量的特征函数是一个平面波，受周期势调制，其平面波的周期与势的周期相同，这就是布洛赫(Bloch)定理。

对于相邻的波数 k_i 和 k_{i+1}，由上述平面波的空间周期性，得到

$$k_i - k_{i+1} = \frac{2\pi}{a} \quad (i=1,2,3,\cdots) \tag{3.1.53}$$

它们的差不为零，这构成了一系列以等间距 $2\pi/a$ 为周期的 k 值，即波数 k 可取为

$$-\frac{\pi}{a} < k_1 < \frac{\pi}{a}, \quad \left|\pm\frac{\pi}{a}\right| < k_2 < \left|\pm\frac{2\pi}{a}\right|, \quad \left|\pm\frac{2\pi}{a}\right| < k_3 < \left|\pm\frac{3\pi}{a}\right|, \quad \cdots$$

$$\tag{3.1.54}$$

这些包含一系列不同波数 k 值的区间称为布里渊区（Brillouin zone）。其中，位于 $-\pi/a < k < \pi/a$ 的区域称为第一布里渊区，为了方便，通常可以只考虑第一布里渊区。粒子能谱曲线如图 3.1.6 所示。

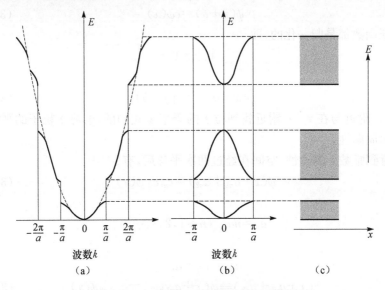

图 3.1.6　一维周期势中的粒子的能谱[2]

图 3.1.6(a)中，实线为在一维周期性势中的能谱，虚线为连续二次曲线的自由粒子动能 $E = \hbar^2 k^2 / 2m$；图 3.1.6(b)为第一布里渊区中的能谱，在 $k = \pm\pi/a$ 处出现分阶；图 3.1.6(c)则显示了对应的能带分布。

图 3.1.6(a)中的能谱在

$$k_n = \frac{\pi}{a}n \quad (n = \pm1, \pm2, \pm3, \cdots) \tag{3.1.55}$$

处存在分阶，由此可以看出波函数是驻波，即在波数的边界 $k = n\pi/a$，波无法传播。这种驻波实际上由周期势边界的多次反射所致。注意到满足式(3.1.55)的每一个 k_n 同时有两个势能不同的驻波，且相邻间隔大小同为 π/a，于是能谱分裂为禁带间隙隔离的能带，在禁带中不存在波的传播，如图 3.1.6(b)所示。

依靠空间平移对称性,引入准动量

$$p = \hbar k \tag{3.1.56}$$

准动量的含义与通常动量不同。由于在第一布里渊区($-\pi/a < k < \pi/a$)存在波数,准动量的不确定量为 $2\pi\hbar/a$。此时,虽然粒子能量 $E(k)$ 的形式与自由粒子相似,即仍有形式

$$E(k) = \frac{\hbar^2 k^2}{2m^*(k)} \tag{3.1.57}$$

式中,$m^*(k)$ 称为有效质量,为波数 k 的函数,但含义与通常质量的含义明显不同。

下面进一步讨论有效质量。由周期势中的粒子能谱图(图 3.1.6)可见,对于每一个周期势,能带结构中都存在极值。在给定的极值 $E_0(k_0)$ 附近,进行泰勒展开:

$$E(k) = E_0 + (k - k_0)\frac{\mathrm{d}E}{\mathrm{d}k}\bigg|_{k=k_0} + \frac{1}{2}(k - k_0)^2 \frac{\mathrm{d}^2 E}{\mathrm{d}k^2}\bigg|_{k=k_0} + \cdots$$

如果能量 $E_0 = 0$,波数 $k_0 = 0$,由极值条件 $\dfrac{\mathrm{d}E(k)}{\mathrm{d}k} = 0$,得

$$E(k) = \frac{1}{2}k^2 \frac{\mathrm{d}^2 E}{\mathrm{d}k^2}\bigg|_{k=0} + \cdots$$

已略去了方次高于 k^2 的项。上式表示粒子能量为一个随 k^2 变化的抛物线形的能带,并与能量 E 随波数 k 变化的二阶导数成正比,这对于理解周期性晶格中粒子的能量有很大的帮助。

将(3.1.57)式代入上式,可知有效质量 m^* 满足

$$\frac{1}{m^*} = \frac{1}{\hbar^2}\frac{\mathrm{d}^2 E}{\mathrm{d}k^2}\bigg|_{k=0} = 常数$$

或有倒数关系:

$$m^* \equiv \left(\frac{1}{\hbar^2}\frac{\mathrm{d}^2 E}{\mathrm{d}k^2}\right)^{-1} \tag{3.1.58}$$

式(3.1.58)可看成粒子有效质量的定义。对于自由粒子,能量 $E = \hbar^2 k^2/2m$,于是,$m^* = m$,即自由粒子的有效质量就是通常意义上的质量。

比较图 3.1.6(a)和(b)可知,在能量极值点附近,周期势图(b)中 $E(k)$ 的二阶导数明显大于图(a)中自由粒子的情形(虚线所示),这表示在能量极值点附近,周期性势中粒子的有效质量远小于其自由情形中的惯性质量。而在远离极值点的中间区域,$E(k)$ 的二阶导数很小或等于零,此时有效质量很大。因此,在整个周期势中,粒子在某处可以比自由空间中"轻",在另一处也可以比在自由空间中"重"。此外,它甚至可以有负质量,即 $E(k)$ 的二阶导数为负或曲线向下凹的情形,例如,图 3.1.6(b)中第一布里渊区的右半面[k 位于 $\pi/(2a) \sim \pi/a$]。其实,负有效质量

并非真实存在,它只是粒子的一个特性,表示粒子同时与一个周期势和一个附加微扰势的相互作用。负质量意味着粒子的准动量在附加微扰势的作用下减小,这是由周期性边界的反射所造成的,从能谱图 3.1.6(a)也可以看出这一点。

由以上讨论可知,周期势中的粒子可由平面波来描述,该平面波受周期势的调制。准动量可用来描述粒子的状态,存在于一系列等间隔的布里渊区中,每个布里渊区中都包含许多不同的态。粒子能谱是由宽的连续带组成的,由于禁带间隔,带与带之间是分离的。粒子在周期势平面波中的运动为准自由运动,可以用有效质量来描述。有效质量是能量的函数,但在能量 $E(k)$ 的极值附近,有效质量可看成常数。

3.1.5　晶体中的电子

下面考虑原子周期性排列的理想晶体。

系统的哈密顿量应当包括所有电子的动能、所有原子核的动能、电子与电子之间相互作用的势能、电子与原子核之间的势能以及原子核与原子核之间的势能,与各项对应的哈密顿量为

$$\hat{H} = -\sum_i \frac{\hbar^2}{2m_0} \nabla_i^2 - \sum_a \frac{\hbar^2}{2M} \nabla_a^2 + \frac{1}{2} \sum_{i \neq j} U_1(\boldsymbol{r}_i - \boldsymbol{r}_j)$$
$$+ \sum_{i,a} U_2(\boldsymbol{r}_i - \boldsymbol{R}_a) + \frac{1}{2} \sum_{a \neq b} U_3(\boldsymbol{R}_a - \boldsymbol{R}_b) \qquad (3.1.59)$$

式中,m_0 和 M 分别表示电子和原子核的质量;r 和 R 分别为电子和原子核的半径向量;下角标 a、b 表示不同的原子核。显然,对于大量粒子的系统(约$10^{22}\,\mathrm{m}^{-3}$),实际上无法求解哈密顿方程。为了解决这个问题,需要用到如下几个近似。

(1) 原子核的质量比电子质量大很多,当研究电子性质时,认为原子核是静止的,即所谓的绝热近似或玻恩-奥本海默(Born-Oppenheimer)近似。波函数可以分成电子坐标系下和原子核坐标系下两部分,产生两个独立的薛定谔方程。电子的薛定谔方程为

$$-\frac{\hbar^2}{2m_0} \sum_i \nabla_i^2 \psi + \frac{1}{2} \sum_{i \neq j} U_1(\boldsymbol{r}_i - \boldsymbol{r}_j)\psi + \sum_{i,a} U_2(\boldsymbol{r}_i - \boldsymbol{R}_a)\psi = E_R \psi$$

$$(3.1.60)$$

式中,R_a 为非变量参量。波函数 ψ 依赖于电子的坐标系和核的坐标系,本征能量 E_R 与核坐标系有关。

(2) 内层电子紧密结合在原子核周围,外层电子(价电子)则以其他方式结合。内层电子与晶体性质(如导电性、光学跃迁等)无关,因此被视为晶格的组成部分。这实际上意味着研究的是离子核,而不是原子核。因此,在式(3.1.60)中,左边的第二项仅是价电子之间的相互作用,可以表示为

$$\frac{1}{2}\sum_{i\neq j}U_1(\boldsymbol{r}_i-\boldsymbol{r}_j)=\frac{1}{2}\sum_{i\neq j}\frac{e^2}{|\boldsymbol{r}_i-\boldsymbol{r}_j|} \tag{3.1.61}$$

(3) 在一定条件下,通过自洽场近似,可以把多粒子问题简化为一组单粒子问题。在此过程中,按照哈特里-福克(Hartree-Fock)方法,通过引入一个周期势 $u(r)$,使得每一个价电子都与其他价电子、所有离子核相互作用。这个周期势 $u(r)$ 可用晶格对称性和一些经验数据来进行修正,从而提供真实可观测的晶体能带结构。

在上述近似的基础上,薛定谔方程的哈密顿量式(3.1.59)可简化为单周期势的单粒子方程:

$$\left[-\frac{\hbar^2}{2m^*}\nabla^2+U(r)\right]\psi=E\psi \tag{3.1.62}$$

进一步,对于质量重整化的自由粒子问题:

$$-\frac{\hbar^2}{2m^*}\nabla^2\psi=E\psi \tag{3.1.63}$$

正如在 3.1.1 节所讨论的,电子的能谱由禁带间隙分离的能带组成。固体的电子性质取决于能带的布居,或者完全布居带(满带)与部分布居带或空带之间的禁带宽度。如果晶体能带为部分布居,由于能带中的电子具有导电性,它表现出金属性。如果能带为满带或者完全空带(温度 $T=0\text{K}$),晶体表现为绝缘特性。由泡利不相容原理可知,由于相邻的电子态都被填满,满带中的电子无法导电,外场无法改变满带中的电子能量。

能量最高的布居带称为价带,能量最低的未布居带称为导带。价带顶部 E_v 和导带底部 E_c 之间的间距称为禁带能或带隙能:

$$E_g=E_c-E_v \tag{3.1.64}$$

根据介电性质和带隙能 E_g 大小的不同,固体可以分为绝缘体和半导体。如果带隙能 $E_g<3\sim4\text{eV}$,导带在较高温度下有一定的布居,即称为半导体。

实际晶体的能带曲线 $E(k)$ 相当复杂,有效质量不是一个常数,在许多情况下是一个二阶张量。然而,在很多实际情况下,尤其是在 E_c 和 E_v 相当接近时,可以用常量有效质量来近似,但如果晶面方向不同则不能这样做。图 3.1.7 为两个有代表性的半导体晶体(CdS 和 Si)的能带结构。CdS 晶体的价带顶部和导带底部的波数相同,为直接带隙型的半导体。Si 的价带顶部和导带底部的波数不同,为间接带隙型半导体。

表 3.1.2～表 3.1.4 给出了常见半导体的带隙能及其他参量,表 3.1.5 列出了 Si 和 Ge 半导体性质的基本参量。

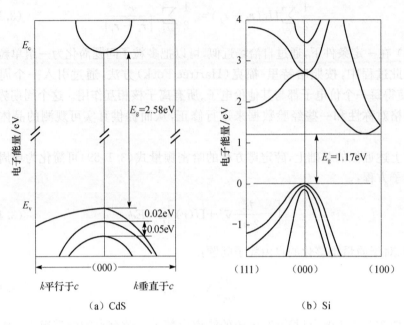

图 3.1.7　两类有代表性的半导体晶体 CdS 和 Si 的能带结构

表 3.1.2　常见的半导体材料参数(一)[2]

材料	带隙能 E_g/eV	激子里德伯能 Ry^*/meV	电子有效质量 m_e/m_0	空穴有效质量 m_h/m_0	激子玻尔半径 a_B/nm
Ge	0.744[c]		⊥0.19,//0.92	0.54[a],0.15[b]	
Si	1.17[c]	15	⊥0.081,//1.6	0.3[a],0.043[b]	4.3
GaAs	1.518	5	0.066	0.47[a],0.07[b]	12.5
CdTe	1.60		0.1	0.4	
CdSe	1.84	16	0.13	⊥0.45,//1.1	4.9
CdS	2.583	29		⊥0.7,//2.5	2.8
ZnSe	2.820	19	0.15	0.8[a],0.145[b]	3.8
AgBr	2.684[c]	16			4.2
CuBr	3.077	108	0.25	1.4[a]	1.2
CuCl	3.395	190	0.4	2.4[a]	0.7

注:a 为重空穴,b 为轻空穴,c 为间接带隙,m_0 为自由电子质量。

表 3.1.3 常见的半导体材料参数(二)[3]

材料	周期	带隙能 E_g/eV	带隙波长 /μm	激子玻尔半径 a_B/nm	激子里德伯能 Ry^*/meV
CuCl	I-VII	3.395	0.36	0.7	190
CdS	II-VI	2.583	0.48	2.8	29
CdSe	II-VI	1.89	0.67	4.9	16
GaN	III-V	3.42	0.36	2.8	—
GaP	III-V	2.26	0.55	10~6.5	13~20
InP	III-V	1.35	0.92	11.3	5.1
GaAs	III-V	1.42(1.52[4])	0.87	12.5	5
AlAs	III-V	2.16	0.57	4.2	17
Si	IV	1.11	1.15	4.3	15
Ge	IV	0.66	1.88	25	3.6
$Si_{1-x}Ge_x$	IV	$1.15-0.874x+0.376x^2$	$1.08-1.42x+3.3x^2$	$0.85-0.54x+0.6x^2$	$14.5-22x+20x^2$
PbS	IV-VI	0.41	3	18	4.7
AlN	III-V	6.026	0.2	1.96	80

表 3.1.4 常见的半导体材料参数(三)[5]

材料	结构(300K)	类型	带隙能 E_g/eV	晶格参数/nm	密度/(kg·m^{-3})
ZnS	闪锌矿	II-VI	3.61	0.541	4090
ZnSe	闪锌矿	II-VI	2.69	0.5668	5266
ZnTe	闪锌矿	II-VI	2.39	0.6104	5636
CdS	纤维锌矿	II-VI	2.49	0.4136(0.6714)	4820
CdSe	纤维锌矿	II-VI	1.74	0.43(0.701)	5810
CdTe	闪锌矿	II-VI	1.43	0.6482	5870
GaN	纤维锌矿	III-V	3.44	0.3188(0.5185)	6095
GaP	闪锌矿	III-V	2.27(间接带隙)	0.545	4138
GaAs	闪锌矿	III-V	1.42	0.5653	5318
GaSb	闪锌矿	III-V	0.75	0.6096	5614
InN	纤维锌矿	III-V	0.8	0.3545(0.5703)	6810
InP	闪锌矿	III-V	1.35(1.27[6])	0.5869	4787
InAs	闪锌矿	III-V	0.35(0.36[6])	0.6058	5667
InSb	闪锌矿	III-V	0.23	0.6479	5774
PbS	岩盐	IV-VI	0.41(0.5[6])	0.5936	7597
PbSe	岩盐	IV-VI	0.28(0.37[6])	0.6117	8260
PbTe	岩盐	IV-VI	0.31	0.6462	8219

表 3.1.5　Si 和 Ge 半导体的基本参量($T=300K$)[7]

参量	Si	Ge
晶格常数/nm	0.5431	0.5658
密度/(g·cm^{-3})	2.329	5.323
体原子密度/cm^{-3}	5.0×10^{22}	4.4×10^{22}
面原子密度/cm^{-3}	6.8×10^{14}	6.2×10^{14}
熔点/℃	1412	937
热胀系数/K^{-1}	4×10^{-6}	5.7×10^{-6}
本征载流子浓度/cm^{-3}	1.0×10^{10}	2.0×10^{13}
本征电阻率/(Ω·cm)	2.3×10^5	50

3.1.6　准粒子电子、空穴和激子

晶体导带中的电子可以描述成带$-e$电荷、自旋为$\frac{1}{2}$、质量为m_e^*、准动量为$\hbar k$的粒子。导带中粒子的性质是多体系统中大量正的原子核和负电子相互作用的结果。多体理论的标准做法是用少数无相互作用的准粒子代替大量具有相互作用的粒子,这些准粒子被看成由大量真实粒子组成的系统中的激子。在这个理论框架下,导带中的电子是准粒子,是导带中主要的激子。另一种准粒子是空穴,也是主要的激子,它与价带中的电子有关,其电荷符号与电子相反。

利用激子的概念,可以把晶体的基态看成一个真空态,即导带中既没有电子,价带中也没有空穴。第一激发态为导带中有一个电子,价带中有一个空穴或一个电子-空穴对(e-h 对)。由于外界某些因素,如吸收光子等,晶体从基态跃迁到第一激发态,如图 3.1.8 所示,并有能量和动量守恒:

$$\hbar\omega=E_g+E_{e,kin}+E_{h,kin}$$
$$\hbar\bm{k}=\hbar\bm{k}_e+\hbar\bm{k}_h \tag{3.1.65}$$

逆过程是从上向下的辐射跃迁过程,这相当于湮灭一个电子-空穴对,产生一个光子。在晶体里,空穴的有效质量m_h^*通常比电子的有效质量m_e^*大。电子和空穴是费米子,能量分布用费米-狄拉克(Fermi-Dirac)统计分布函数描述:

$$f_{FD}(E)=\frac{1}{\exp\left(\dfrac{E-E_F}{kT}\right)+1} \tag{3.1.66}$$

式中,E_F是费米能;$f_{FD}(E)$在 0~1 波动,当 $E=E_F$ 时,$f_{FD}=1/2$,即粒子布居费米能级的概率为 1/2。晶体的带隙能对应于足以产生一个电子-空穴对的最小能量,这实际上也可以看成带隙能 E_g 的定义。

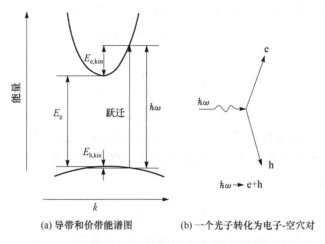

(a) 导带和价带能谱图　　　　(b) 一个光子转化为电子-空穴对

图 3.1.8　吸收一个光子产生一个电子-空穴对的过程

　　无相互作用的自由的电子-空穴对可以看成单粒子激子。实际上,由于电子和空穴的库仑吸引势的相互作用,形成了一个有库仑束缚的特殊的准粒子,这个准粒子就是激子。与氢原子类似,对于非简并态及各向同性的介质,空穴和电子相互作用的哈密顿量为

$$\hat{H}=-\frac{\hbar^2}{2m_e^*}\nabla_e^2-\frac{\hbar^2}{2m_h^*}\nabla_h^2-\frac{e^2}{\varepsilon\,|\,\boldsymbol{r}_e-\boldsymbol{r}_h\,|} \tag{3.1.67}$$

式(3.1.67)与库仑场中氢原子的哈密顿量[式(3.1.38)]相似,只是用有效质量 m_e^* 和 m_h^* 分别代替 m_0(自由电子质量)和 M_0(质子质量),并对晶体材料引入介电系数 $\varepsilon(\neq1)$。于是,类似于氢原子的玻尔半径,可定义激子玻尔半径为

$$a_B=\frac{\varepsilon\hbar^2}{e^2\mu}=0.0529\varepsilon\,\frac{m_0}{\mu}\ (\text{nm}) \tag{3.1.68}$$

式中, μ 是电子-空穴的折合质量:

$$\frac{1}{\mu}=\frac{1}{m_e^*}+\frac{1}{m_h^*} \tag{3.1.69}$$

激子里德伯能为

$$Ry^*=\frac{e^2}{2\varepsilon a_B}=\frac{\mu e^4}{2\varepsilon^2\hbar^2}=13.6\,\frac{\mu}{m_0\varepsilon^2}(\text{eV}) \tag{3.1.70}$$

　　在式(3.1.68)中,电子-空穴的折合质量 $\mu<m_0$,介电系数 ε 是真空介电系数的几倍,因此,激子玻尔半径比氢原子玻尔半径(0.0529nm)大很多,而激子的里德伯能比氢原子的里德伯能(13.6eV)小很多。常见半导体的激子玻尔半径 a_B(1~10nm)和激子里德伯能(1~100meV)示于表 3.1.2。

对于质量为 $M=m_e^*+m_h^*$ 的激子,质心作平移运动,平移波矢为 $\boldsymbol{K}$,应有类似于氢原子的束缚态解,其能量本征值可直接类比于氢原子能级,可以得到激子的能量为

$$E_n(\boldsymbol{K})=E_g-\frac{Ry^*}{n^2}+\frac{\hbar^2\boldsymbol{K}^2}{2M} \tag{3.1.71}$$

式中,E_g 为带隙能;Ry^*/n^2 为类氢粒子束缚能;$\hbar^2\boldsymbol{K}^2/2M$ 为平动动能。

对于激子,一般选择电子-空穴完全自由时的能量为激子的零点能,而这正相当于一个电子从价带激发到导带,即把能量零点取在导带底。由此可以得到一系列激子的能级分布:

$$E_n=E_g-\frac{Ry^*}{n^2} \tag{3.1.72}$$

注意到式(3.1.72)的激子能小于带隙能 E_g,在能带图中,激子能级位于导带底部之下和价带之上,即位于带隙之中。但由于激子的里德伯能 Ry^* 很小,激子的能级靠近 E_g。当激子能量大于带隙能 E_g 时,激子的能谱与未束缚的连续电子-空穴能谱重叠。

表 3.1.6 给出了几种不同材料量子点的玻尔半径的数据。空穴的玻尔半径与其基质材料的种类有关,例如,在硅酸盐玻璃基质和有机材料基质中空穴的玻尔半径是不同的,因此,表中的数据仅是一个估计值。表中的前三列数据引自文献[3]、[8]、[9]。

表 3.1.6　PbS、PbSe 和 CdSe 量子点的玻尔半径

玻尔半径	PbS[3,9]	PbSe[8]	CdSe[3,8]	CdS	CdTe
激子 a_B/nm	18	46	4.9	2.8[3]	约 8[10]
电子 a_e/nm	约 10	约 23	约 3	约 2.3*	约 6.1*
空穴 a_h/nm	约 10	约 23	约 1	约 0.5*	约 1.9*

* 由正文中的计算得出。

式(3.1.68)可重新改写为

$$a_{B,e,h}=\frac{\hbar^2\varepsilon}{e^2x}\quad(x=\mu,m_e,m_h) \tag{3.1.73}$$

由折合质量定义可知

$$a_B=a_e+a_h \tag{3.1.74}$$

式(3.1.74)表示激子的半径就是电子-空穴对之间的距离,而电子和空穴的玻尔半径分别是它们到电子-空穴对质心的距离。式(3.1.73)可改写为

$$\frac{a_e}{a_h}=\frac{m_h}{m_e} \tag{3.1.75}$$

于是

$$\begin{cases} a_e = \dfrac{m_h}{m_h + m_e} a_B \\[3mm] a_h = \dfrac{m_e}{m_h + m_e} a_B \end{cases} \qquad (3.1.76)$$

已知自由电子质量 $m_0 = 9.1095 \times 10^{-31}$ kg。在硅酸盐玻璃基质中,对于 CdTe:$m_e = 0.11 m_0$,$m_h = 0.35 m_0$[10];对于 CdS:$m_e = 0.19 m_0$,$m_h = 0.80 m_0$[9,11]。计算结果列于表 3.1.4 右侧两列。

激子或光子是玻色子,其能量分布满足玻色-爱因斯坦(Bose-Einstein)统计分布:

$$f_{BE}(E) = \frac{1}{A \exp(E/kT) - 1} \qquad (3.1.77)$$

对于光子,分母中 $A = 1$。与电子和空穴的费米-狄拉克统计分布式(3.1.66)相比较,分母的区别在于 -1。费米子遵从泡利不相容原理,即只能有一个粒子布居完全相同的量子态。玻色子不遵从泡利不相容原理,无穷多玻色子可以共存于同一量子态中。典型的激光光子的量子态是统一的,因此,光子是玻色子。

对于一个粒子体系,经典的热平衡统计分布为玻尔兹曼分布[12]:

$$f(E) = \frac{1}{A \exp(E/kT)} \qquad (3.1.78)$$

两者的比较示于图 3.1.9 中。

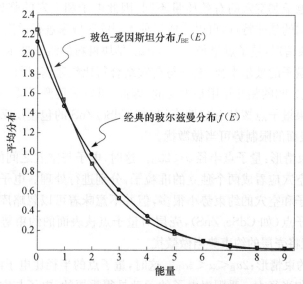

图 3.1.9 玻色-爱因斯坦分布与经典的玻尔兹曼分布的比较

在热平衡下,自由电子浓度 n_e 和空穴浓度 n_h 满足 $N=n_e=n_h$。于是,在电离-复合平衡的条件下,激子的浓度可由萨哈(Saha)方程简写为[12]

$$n_{exc}=N^2 \left(\frac{2\pi\hbar^2}{kT}\frac{m_e^*+m_h^*}{m_e^* m_h^*}\right)^{\frac{3}{2}} \exp\left(\frac{Ry^*}{kT}\right) \tag{3.1.79}$$

由式(3.1.79)可见,当热动能 $kT \gg Ry^*$ 时,电中性的激子大部分被电离,激子浓度 n_{exc} 很低,晶体中电子的性质主要由自由电子和空穴决定;相反,当 $kT \leqslant Ry^*$ 时,激子浓度 n_{exc} 将会高于自由电子和空穴的浓度 N。

3.2　有效质量近似

在大多数情况下,前面所讨论的如"球中的粒子"模型,其实并不适用。对于常见的半导体,准粒子的德布罗意波长和玻尔半径远大于晶格常数,因此,可以把具有大量原子的晶粒视为具有晶格性质的宏观晶体,把量子点视为电子和空穴的量子容器,具有"有效质量"的准粒子在量子容器里运动,从而引入有效质量近似(effective mass approximation,EMA)的概念。

有效质量的概念在前面的章节中已经作过介绍。EMA 是对"球中的粒子"模型的一种改进。目前有多种 EMA 理论,在最基本的 EMA 中,假定量子点具有抛物线形能带结构,并具有无限深的球形势阱。在弱约束和强约束两种情形下,可以用 EMA 来处理最简单的三维势阱中的电子-空穴对。

量子点中电子和空穴的有效质量不同,因此电子和空穴的临界半径也不同。根据量子点不同的禁戒特点,可以分成三种不同的区域来进行讨论。

(1) 弱约束情形:量子点半径 $a>4a_B$(a_B 是块材料的激子玻尔半径)。量子点的半径远大于激子的玻尔半径,电子与空穴结合得比较紧密,形成电子-空穴激子态,电子与空穴之间的相互作用是主要的,因此,可以采用激子质心运动的方法来进行研究。如果量子点核外有包覆壳层(如 CdSe/ZnS 的包覆层 ZnS),那么外壳层对 CdSe 核表面的限制势可当做微扰。

(2) 强约束情形:量子点半径 $a<2a_B$。这时,电子与空穴之间的关联很小,激子中的电子和空穴应看成两个独立的准粒子,分别进行处理。电子与空穴之间的库仑作用比电子和空穴的约束势小很多,但并不意味着可以忽略库仑作用。对于有外壳层的量子点(如 CdSe/ZnS),壳层对量子点核表面的约束势远大于库仑作用能,因而不能将壳层的约束势当做微扰。

(3) 中等约束情形:$2a_B<a<4a_B$。这时,量子点的半径比电子的玻尔半径小,但比空穴的玻尔半径大。受限对电子的运动是很重要的,电子与空穴之间的库仑作用对空穴的运动产生影响,空穴在受限的电子产生的库仑场中运动。

3.2.1　弱约束情形

当量子点半径 a 很小,但大于几倍的激子玻尔半径 a_B,即 $a \gg a_B$ 时,为弱约束。在这种情况下,量子化的激子的质心作平移运动。根据晶体中激子的能谱关系式(3.1.71),用"球中粒子"的动能 $E_{nl} = \dfrac{\hbar^2 \chi_{nl}}{2ma^2}$[式(3.1.31)]代替自由激子动能,得到激子能量:

$$E_{nml} = E_g - \frac{Ry^*}{n^2} + \frac{\hbar^2 \chi_{ml}^2}{2Ma^2} \qquad (3.2.1)$$

式中,E_g 为带隙能;a 为量子点半径;$M = m_e^* + m_h^*$ 为激子有效质量;球贝塞尔函数的根 χ_{ml} 见表 3.1.1。通过主量子数 n 来描述量子点中由内部电子-空穴的相互作用产生的激子态 1S,2S,2P,3S,3P,3D,$\cdots$,用磁量子数 m 和轨道量子数 l 描述由外部势垒引起的质心运动,态的标示为 1s,1p,1d,$\cdots$,2s,2p,2d,$\cdots$。为了区分内部作用与外部作用,这里用大写字母表示激子内部的电子-空穴的相互作用,用小写字母表示激子与外部势场的相互作用。

对于最低能态或基态($n=1, m=1, l=0$),能量为

$$E_{1S1s} = E_g - Ry^* + \frac{\pi^2 \hbar^2}{2Ma^2} \qquad (3.2.2)$$

或

$$E_{1S1s} = E_g - Ry^* \left[1 - \frac{\mu}{M} \left(\frac{\pi a_B}{a} \right)^2 \right] \qquad (3.2.3)$$

式中,电子-空穴的折合质量满足 $\mu^{-1} = m_e^{*-1} + m_h^{*-1}$,$\chi_{10} = \pi$。于是,第一激子共振需要的能量为

$$\Delta E_{1S1s} = \frac{\mu}{M} \left(\frac{\pi a_B}{a} \right)^2 Ry^* \qquad (3.2.4)$$

因为 $a \gg a_B$,共振能量远小于 Ry^*,所以称为弱约束。

光子吸收可以产生一个零角动量的激子,其吸收光谱有许多 $l=0$ 的态的谱线,根据式(3.2.1),并且 $\chi_{m0} = \pi m$,能谱可表示为

$$E_{nm} = E_g - \frac{Ry^*}{n^2} + \frac{\hbar^2 \pi^2}{2Ma^2} m^2 \qquad (3.2.5)$$

"自由"的电子和空穴的能谱分别为

$$E_{ml}^e = E_g + \frac{\hbar^2 \chi_{ml}^2}{2m_e a^2}$$

$$\qquad (3.2.6)$$

$$E_{ml}^h = \frac{\hbar^2 \chi_{ml}^2}{2m_h a^2}$$

于是，电子和空穴最低态 1s 与带隙之间的总能差为

$$\Delta E_{1S1s}=E_{1s}^{e}+E_{1s}^{h}-E_{g}=\frac{\hbar^2\pi^2}{2\mu a^2}=\left(\frac{\pi a_{B}}{a}\right)^2 Ry^{*}\ll Ry^{*} \qquad (3.2.7)$$

产生一个未束缚电子-空穴对所需的最小有效能量为

$$E_{g}^{eff}=E_{g}+\Delta E_{1S1s} \qquad (3.2.8)$$

由第一激子共振能式(3.2.3)，有效激子束缚能为

$$Ry^{eff}=Ry^{*}\left[1+\left(1-\frac{\mu}{M}\right)\left(\frac{\pi a_{B}}{a}\right)^2\right] \qquad (3.2.9)$$

可见，有效激子束缚能 Ry^{eff} 比 Ry^{*} 大。

3.2.2　强约束情形

强约束约束条件为 $a\ll a_{B}$，这意味着激子的受限电子和空穴没有束缚态，电子和空穴的零点动能明显大于 Ry^{*}。在这种情况下，电子和空穴的运动可视为互不相关，库仑相互作用可以忽略，于是，粒子可视为"自由"粒子，其能谱由式(3.2.6)描述，粒子跃迁的谱图如图 3.2.1 所示，其中图(a)是电子和空穴能级服从球形无限势阱中粒子的能态分布，跃迁为选择定则允许的具有相同量子数的空穴和电子态耦合的光学跃迁；图(b)是跃迁对应的吸收光谱带。由能量和动量守恒定律导致跃迁选择定则，即允许具有相同主量子数和轨道量子数的电子态和空穴态发生偶极跃迁。跃迁吸收光谱的能量为

$$E_{nl}=E_{g}+\frac{\hbar^2}{2\mu a^2}\chi_{nl}^2 \qquad (3.2.10)$$

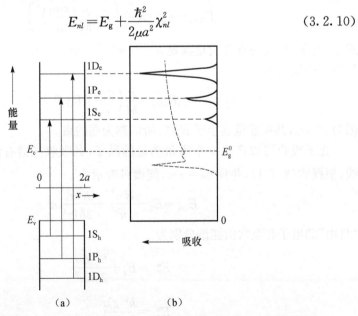

图 3.2.1　有效质量近似下电子和空穴无相互作用的理想球形量子点的光学跃迁

在强约束约束条件下,量子点有时被称为人造原子或者超原子,量子点表现出离散光谱,其受限于尺寸(即原子数)。而原子具有离散谱,其受限于核子数。

与理想无限大晶体中的激子基态相比,电子和空穴受到空间限制,因此不能对电子和空穴进行单独分析。体系的哈密顿量应该分别包含两个粒子的动能、库仑势和束缚势:

$$\hat{H} = -\frac{\hbar^2}{2m_e}\nabla_e^2 - \frac{\hbar^2}{2m_h}\nabla_h^2 - \frac{e^2}{\varepsilon\,|\,\boldsymbol{r}_e - \boldsymbol{r}_h\,|} + U(r) \tag{3.2.11}$$

与类氢粒子的哈密顿量[式(3.1.38)]不同,式(3.2.11)中多了最后一项势能 $U(r)$,因此不能采用质心整体运动的方法和折合质量粒子运动的方法来进行研究。采用变分法解薛定谔方程,可得到电子-空穴对基态能量表达式

$$E_{1S1s} = E_g + \frac{\pi^2\hbar^2}{2\mu a^2} - 1.786\frac{e^2}{\varepsilon a} \tag{3.2.12}$$

式中,$e^2/(\varepsilon a)$ 表示电子-空穴的有效库仑作用势,是负的吸引能;e 为电子电荷。

与激子里德伯能 Ry^* 相比,在强的尺寸约束条件下(库仑势不占主导地位),量子点中的库仑作用 $e^2/(\varepsilon a)$ 仍然存在,并且对能量的贡献为负,与正的尺寸约束项(第二项)形成对照。对于其他的晶体、量子阱和量子线,"自由"的电子-空穴对的库仑势为零,这是量子点与晶体、量子阱和量子线的主要区别之一。

在强约束的约束条件下,激子能量与带隙能之差可围绕小量 a/a_B 用泰勒级数展开:

$$E_{exc} - E_g = \left(\frac{a_B}{a}\right)^2 Ry^*\left[A_1 + \frac{a}{a_B}A_2 + \left(\frac{a}{a_B}\right)^2 A_3 + \cdots\right] \tag{3.2.13}$$

对于各能态,式(3.2.13)中第一项的系数 A_1 可由贝塞尔函数的根(表 3.1.1)和能量表达式(3.2.6)确定;第二项的系数 A_2 与式(3.2.12)的第三项库仑作用相对应,1S1s 态的系数 $A_2 = -1.786$,1P1p 态的 $A_2 = -1.884$,其他能态的值位于 $-1.8 \sim -1.6$[13];第三项系数,1S1s 态的 $A_3 = -0.248$[14]。于是,第一吸收峰的能量可写为

$$E_{1S1s} = E_g + \pi^2\left(\frac{a_B}{a}\right)^2 Ry^* - 1.786\frac{a_B}{a}Ry^* - 0.248Ry^* \tag{3.2.14}$$

式中,激子里德伯能 $Ry^* = e^2/(2\varepsilon a_B)$;激子玻尔半径 $a_B = \varepsilon\hbar^2/(\mu e^2)$;$a$ 为量子点半径。式(3.2.14)也可写为

$$E_{1S1s} = E_g + \frac{\pi^2\hbar^2}{2\mu a^2} - \frac{1.786e^2}{\varepsilon a} - 0.248\frac{e^4\mu}{2\varepsilon^2\hbar^2} \tag{3.2.15}$$

式(3.2.14)和式(3.2.15)都称为修正的 Brus 公式,它描述了在强量子约束下量子约束吸收带边能量的移动。设式(3.2.15)右侧的四项分别为 T_1、T_2、T_3、T_4,第一项 T_1 是块材料带隙能,在给定温度下是常量;第二项 T_2 是尺寸约束能,

$\propto 1/a^2$,当量子点尺寸很小时,该项起主要作用;第三项 T_3 是库仑势,$\propto 1/a$,当量子点尺寸较大时它将超过尺寸约束的第二项;最后一项 T_4 是与尺寸无关的里德伯常量项,它来自空间修正效应,对能量的修正远小于前两项。例如,对于直径 4.2nm 的 CdSe/ZnS(核/壳)量子点,各项数值之比为 $T_2 : T_3 : T_4 \approx 110 : 24 : 1$[10]。

修正的 Brus 公式是一个很有用的公式,目前被广泛使用。与量子点尺寸相关的基态能量 E_{1S1s} 如图 3.2.2 所示。可见,当量子点尺寸较小时,Brus 近似结果很好;当量子点尺寸较大时,采用中等约束近似更好。图中,跃迁为光学允许的第一偶极跃迁(选 $m_e/m_h = 0.3$)。黑点为 Kayanuma 的计算[15],长虚线为强约束的 Brus 近似式(3.2.15),短虚线为中等约束的式(3.2.19)。以 Ry^* 为能量单位,以 a_B 为长度单位,此时,跃迁能与材料无关。

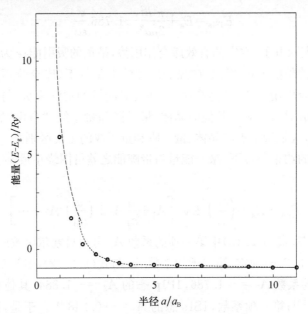

图 3.2.2　理想量子点的跃迁能和尺寸的关系[15]

另外,还有一些约束势下的薛定谔方程的解析解。考虑空穴的质量远大于电子的质量,即 $m_h \gg m_e$,相当于

$$\mu \approx m_e, \quad a_h \ll a_e, \quad a_h + a_e = a_B \gg a_h \qquad (3.2.16)$$

式中,电子和空穴的玻尔半径为

$$a_e = \frac{\varepsilon \hbar^2}{m_e e^2}, \quad a_h = \frac{\varepsilon \hbar^2}{m_h e^2} \qquad (3.2.17)$$

如果满足条件 $a_h \ll a \ll a_e, a_B$,可认为空穴固定在量子点的中心不动,这个假设和玻恩-奥本海默绝热近似相同,相应的电子-空穴态在半导体量子点中称为类施主激子(donor-like exciton)。此时,能态和吸收光谱主要取决于量子化的电子运

动[式(3.2.6)]，即激子质心运动量子化或电子-空穴运动量子化。然而，电子-空穴的库仑相互作用，导致每一个电子能级分裂成几个子能级。第一吸收峰的能量可描述为[15]

$$E_1 = E_g + 8\left(\frac{a}{a_B}\right)^2 Ry^* \exp\left(-\frac{2a}{a_B}\right) \tag{3.2.18}$$

式(3.2.18)与修正的 Brus 公式(3.2.14)有不同的形式，图 3.2.3 给出了两个不同方程结果的比较。

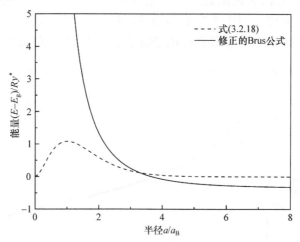

图 3.2.3　第一吸收峰能量随量子点半径的变化

弱约束和强约束约束条件下的量子尺寸效应的讨论是非常必要的，因为当研究纳米晶体的特性时，它提供了真实直观的结果，给出了基于初等量子力学宏观晶体的概念。实际上，量子点从类晶体过渡到团簇，其特性有一个平缓变化，这可在有效质量近似下通过哈密顿量[式(3.2.11)]的数值解得到证明。通过数值分析，人们可以直观地预见强约束和弱约束情形中的能量变化。数值计算表明，对于所有的半导体，普遍规律是尺寸依赖的吸收峰波长蓝移对质量 m_e 和 m_h 的绝对大小不敏感。注意到当 $1 \leqslant a/a_B < 2$ 时，能量 $(E-E_g)$ 对半径比 a/a_B 相当敏感。当 $a/a_B > 4$ 时，能量 $(E-E_g)$ 才不再变化。对于 $a/a_B > 4$ 或 $a/a_B < 1$ 的情形，简单的式(3.2.15)与精确的数值计算结果符合得很好。

3.2.3　中等约束情形

当量子点的半径位于 $2a_B < a < 4a_B$ 时，量子点处于中等限制区域。因为电子的有效质量小于空穴的有效质量，所以，空穴的临界半径小于电子的临界半径，而量子点半径处于空穴临界半径与电子临界半径之间。在这种情况下，量子点中电

子移动的速度比空穴的快,电子的运动被量子化,空穴处于禁戒量子点与快速移动的电子所形成的势阱之中。

在中等限制区,式(3.2.3)与数值计算的结果符合得很好。此外,还有一个更好的表达式:

$$E_{1S1s}=E_g-Ry^* + \frac{\pi^2\hbar^2}{2M(a-\eta a_B)^2} \tag{3.2.19}$$

式中,参数 $\eta \approx 1$。式(3.2.19)适用的量子点半径 a 比式(3.2.3)的小,这可能与激子的里德伯半径 a_B 的表面附近有一个禁区有关。式(3.2.19)的计算结果示于图3.2.2中(短虚线)。图 3.2.4 为在强约束[式(3.2.15)]和中等约束[式(3.2.19)]情况下,第一偶极跃迁能量随量子点尺寸变化的数值计算的结果。

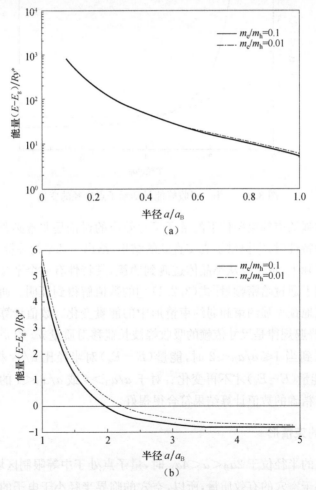

图 3.2.4　在电子-空穴库仑作用下第一偶极跃迁能量随量子点尺寸变化的数值计算结果[16]

3.3 表面极化效应

基体材料(如玻璃、有机溶剂和有机玻璃等)的介电系数一般与量子点材料不同,因此,在两者的交界面上会由于介电系数不同而产生表面极化效应,也称为介电受限效应。表面极化效应会对受限激子产生影响。研究表面极化效应,可以引入镜像电子、镜像空穴的概念,从研究电子、镜像电子、空穴、镜像空穴相互之间的库仑作用着手。

将介电系数为 ε_1 的量子点嵌入介电系数为 ε_2 的电介质中($\varepsilon_1 > \varepsilon_2$),量子点与介质之间的界面可看成一个无限势垒。由量子力学可知,如果势垒高度有限,那么系统的总能量将比无限势垒时降低。由于表面极化效应,电子-空穴的哈密顿量[式(3.2.11)]需增加一项来自诱导极化场的电子和空穴相互作用的势能:

$$U_{eh} = U_{ee'} + U_{hh'} + U_{eh'} + U_{he'} \tag{3.3.1}$$

式中,e、e′、h、h′分别表示电子、镜像电子、空穴、镜像空穴,并有

$$U_{ee'} = \frac{e^2}{2\varepsilon_1 a}\left(\frac{a^2}{a^2 - r_e^2} + \frac{\varepsilon_1}{\varepsilon_2}\right)$$

$$U_{hh'} = \frac{e^2}{2\varepsilon_1 a}\left(\frac{a^2}{a^2 - r_h^2} + \frac{\varepsilon_1}{\varepsilon_2}\right) \tag{3.3.2}$$

$$U_{eh'} = U_{he'} = -\frac{e^2}{2\varepsilon_1 a}\frac{a}{\sqrt{(r_e r_h/a)^2 - 2r_e r_h\cos\theta + a^2}}$$

式中,θ 为 r_e 和 r_h 的夹角。电子和空穴的哈密顿量为

$$\hat{H} = -\frac{\hbar^2}{2m_e^*}\nabla_e^2 - \frac{\hbar^2}{2m_h^*}\nabla_h^2 + U(r_e, r_h, \theta, a) \tag{3.3.3}$$

对于玻璃中的 CdS 量子点,取半径为 $a_h^* < a < a_e^*$,$\varepsilon_2 = 1.5$,$m_e^* = 0.205m_0$,$m_h^* = 5m_0$(m_0 为自由电子质量),计算结果与实验结果相差约 11%。人们发现,量子点的介电受限效应比量子阱和量子线更强烈。

在条件 $\varepsilon_1 \gg \varepsilon_2$,$m_h \gg m_e$,$a_e > a > a_h$ 下,极化效应更加明显。根据 Brus 公式[式(3.2.15)],电子和空穴与镜像电荷之间的相互作用导致能量与尺寸的关系产生偏差。当 $a < 10a_h$ 时,这个差异就不能忽略。Takagahara[17] 提出了形式与多项式(3.2.13)相近的解析表达式,介电约束效应使用不同的 A_2 和 A_3 值。当 $\varepsilon_1/\varepsilon_2$ 从 1 增大到 10 时,A_3 从 -0.248 到 -0.57 单调下降。

由于有限势垒效应,态能量随量子点半径的减小和量子数(对于给定的量子点半径)的增加而上升。数值求解哈密顿函数[式(3.2.11)],可得到在电子和空穴库仑相互作用势下的球形量子点的束缚能。例如,当 $a = 0.5a_B$ 时,束缚势 $U = 40Ry^*$,可使得电子-空穴对的基态能量($E_{1S1s} - E_g$)从约 $35Ry^*$ 减少到 $15Ry^*$。

在有限势垒的情况下，表面极化效应会导致量子点表面产生自捕获载流子。对于给定量子点半径而减小束缚势，或者给定束缚势而减小量子点半径，大多数电子-空穴对从原先位于量子点内部向表面捕获态变化，即径向电荷分布趋向集中在表面附近。重粒子(空穴)的捕获效果更加明显。在 m_e 和 m_h 相差很大的情况下，这个效应将使电荷分离，从而造成基态激子偶极矩的增强。

3.4 紧束缚近似

紧束缚法(tight-binding method,TBM)是量子点带隙能计算的另外一种方法。1928 年布洛赫第一次提出原子轨道线性叠加的紧束缚近似方法，现已广泛应用于晶体能级结构的计算中。

TBM 将量子点看成大分子，把晶体中电子运动的波函数表示为各原子波函数的线性叠加。它的本质是把原子之间的相互作用，看成对原子波函数的微扰，直接计算其哈密顿量。通常，在紧束缚法中只保留最邻近的相互作用项，每个原子只有少数几条轨道用于基本波函数。人们大多都将线性吸收光谱简单近似为最低能级电子态密度和最高能级空穴态密度的叠加。

对于简单晶格，电子波函数可以表示为布洛赫函数的形式：

$$\psi_k(\boldsymbol{r}) = \frac{1}{\sqrt{N}} \sum_m \mathrm{e}^{\mathrm{i}\boldsymbol{k}\cdot\boldsymbol{R}_m} \varphi_l(\boldsymbol{r} - \boldsymbol{R}_m) \tag{3.4.1}$$

式中，N 表示原胞总数。如果是复式晶格，晶体中电子的共有化波函数 $\psi_k(\boldsymbol{r})$ 可以表示为基矢 $\phi_{jk}(\boldsymbol{r})$ 的线性组合，即

$$\psi_k(\boldsymbol{r}) = \sum_j a_j \phi_{jk}(\boldsymbol{r}) \tag{3.4.2}$$

式中，布洛赫函数 $\phi_{jk}(\boldsymbol{r})$ 由原子轨道线性组合得到：

$$\phi_{jk}(\boldsymbol{r}) = \frac{1}{\sqrt{N}} \sum_l \mathrm{e}^{\mathrm{i}\boldsymbol{k}\cdot\boldsymbol{R}_l} \phi_n(\boldsymbol{r} - \boldsymbol{R}_l - \boldsymbol{r}_d) \tag{3.4.3}$$

式中，$\phi_{jk}(\boldsymbol{r})$ 是复式晶格中不同分格子的不同原子轨道的波函数；n 表示不同的原子轨道；d 表示不同的分格子。把式(3.4.2)代入晶体的薛定谔方程，得

$$\sum_j a_j (H_{j'j} - E_{nk}S_{j'j}) = 0 \tag{3.4.4}$$

式中

$$H_{j'j} = \langle \phi_{j'k} | \boldsymbol{H} | \phi_{jk} \rangle, \quad S_{j'j} = \langle \phi_{j'k} | \phi_{jk} \rangle \tag{3.4.5}$$

原子轨道处在不同的格点上，一般情况下，由它们组成的基函数是非正交的，因此在计算过程中必然会遇到多中心积分的问题，导致在实空间中矩阵元收敛很慢，计算量相当大，使得这种方法在实际中较难应用。为了克服这些计算困难，Slater 等[18]提出了一个简单的 LCAO 参量法。在计算过程中先将哈密顿量矩阵

元 H_{jj} 看成参量,然后根据布里渊区边界上或中心的高对称 k 点的实验值或理论值,对这些矩阵元的大小进行拟合,再求解矩阵的薛定谔方程,可得到任一 k 点所对应的矩阵的特征值,即电子的能级值,并最终得到晶体中电子的能带结构。所以,引入经验参数的 TBM 近似也称为半经验 TBM 近似。

TBM 法可用来研究理想量子点的表面效应,对真实表面条件的应用仍然比较困难。TBM 法的计算量很大,所能模拟计算的原子数不能太多(一般不多于1000 个),并且也只限于小尺寸的量子点。除了个别情况,用紧束缚法很难得到量子点光学性质的有用信息。

3.5　经验赝势法

经验赝势法(empirical pseudo-potential method,EPM)应用于半导体块材料的计算,可以很好地计算量子点的尺寸、形状、晶体结构和晶体常数对带隙、能带结构和激子能量的影响。EPM 可以分为两种类型,比较简单的一种为截断晶体法,它采用块材料赝势解的边界条件。这种方法只限应用于简单形状的量子点,而不能用于表面效应。第二类方法是在动量空间中使用连续的经验赝势,并在实空间中进行计算。所选择的经验赝势适用于实验获得的块材料参数,如能带结构、有效质量和表面参数等。

人们用 EPM 计算 CdSe、Si 和 InP 等量子点,其表面效应(如悬键)可以在赝势的构造中得到确定;计算球形 Si、CdSe 量子点的介电系数,都得到介电系数随量子点半径的减小而减小的结论;将用 EPM 计算的 CdSe 量子点的带隙与用有效质量近似计算的结果以及实验结果进行比较。结果表明,考虑介电系数随尺度变化的效应后,EPM 的计算结果比有效质量近似更符合实验结果。

EPM 原则上可用于计算高激发态和低激发态,主要适用于最低激发态,对较小量子点的计算结果很准确。EPM 的缺点是计算量很大,这限制了它在很小尺寸量子点中的应用,它实际上是有效质量近似的补充。文献[19]系统研究了 InAs/InP 量子点的单粒子能级、激子能量和寿命、多体效应等,详细介绍如何用 EPM 来计算 InAs/InP 和 InAs/GaAs 量子点的能级结构和光学性质,有兴趣的读者可参考。

另外,近年来也发展出了其他的一些方法,如有效键阶模型(effective bond order model,EBOM)。EBOM 方法实质上是两种方法的结合,对于价带应用紧束缚模型,对于导带则应用单带的有效质量近似。人们应用 EBOM 法,在有限势阱的模型下,计算直径在 $1\sim8$nm 的 CdS 和 ZnS 量子点的受限激子的能级,计算双激子的能级和其光学性质,研究 CdSe 量子点的激子受限情况,计算空穴能、激子能和激子的振子强度,并将计算结果与实验值以及用其他计算方法得到的结果进行比较。

　　由上所述,许多用于块材料计算的理论和方法都已成功地应用于量子点的计算中,每种方法都有各自的优缺点,针对计算方法的难易、所需的假设条件、复杂程度以及对量子点尺度的限制等,都有自己的适用领域。在量子点的尺度不是非常小的情况下,有效质量近似理论的物理概念清楚、简单、有效、实用。紧束缚近似(TBM)理论计算中用到一些参数,这些参数需要从实验中来。EBOM 理论在计算中也用到一些实验测量的参数。此外,理论计算结果表明:经验赝势方法(EPM)是一个很好且相对可靠的方法,但是它不是第一性原理计算的方法。

　　目前,量子点理论研究工作向量子点中的少电子体系、非均匀量子点、量子点之间的耦合作用、量子点晶格等方向发展。理论和实验发现,内部有结构的非均匀量子点中,载流子的能谱和波函数与均匀量子点的情形有很大的差别,这可能导致非均匀量子点出现新颖的光电性能。量子点的耦合结构具有库仑阻塞和单电子遂穿效应,在设计与制备单电子器件方面具有广泛的应用前景。在实验上,目前已制备出按晶格位置生长的量子点,这将开辟材料物理和材料光学的全新研究,对设计和制造新型材料及光电子器件具有重要意义。

参 考 文 献

[1] Klimov V I. Nanocrystal Quantum Dots[M]. 2nd ed. New York:CRC Press,2010.

[2] Gaponenko S V. Optical Properties of Semiconductor Nanocrystals[M]. Cambridge:Cambridge University Press,1998.

[3] Prasad P N. Nanophotonics[M]. Hoboken:John Wiley and Sons,2004.

[4] Brus L E. Electron-electron and electron-hole interactions in small semiconductor crystallites:The size dependence of the lowest excited electronic state[J]. Journal of Chemical Physics,1984,80(9):4403-4409.

[5] Reiss P. Synthesis of Semiconductor Nanocrystals in Organic Solvents[M]//Rogach A L. Semiconductor Nanocrystal Quantum Dots. New York:Springer,2008.

[6] Binks D J. Multiple exciton generation in nanocrystal quantum dots-controversy,current status and future prospects[J]. Physical Chemistry and Chemical Physics, 2011, 13 (28): 12693-12704.

[7] 陈治明,王建农. 半导体器件的材料物理学基础[M]. 北京:科学出版社,2003.

[8] Efros A L. Interband absorption of light in a semiconductor sphere[J]. Sovieit Physics Semiconductors USSR,1982,16(7):772-775.

[9] Zhang Z H,Chin W S,Vittal J J. Water-soluble CdS quantum dots prepared from a refluxing single precursor in aqueous solution[J]. Journal of Physical Chemistry B, 2004, 108 (48): 18569-18574.

[10] 徐天宇,吴惠桢,斯剑霄. PbTe/CdTe 量子点的光学增益[J]. 物理学报,2008,57(4): 2574-2581.

[11] Cheng C, Yan H Z. Bandgap of the core-shell CdSe/ZnS nanocrystal within the temperature range 300-373K[J]. Physica E,2009,41(5):828-832.

[12] 康寿万,陈雁萍. 等离子体物理学手册[M]. 北京:科学出版社,1981.

[13] Schmidt H M, Weller H. Quantum size effects in semiconductor crystallites: Calculation of the energy spectrum for the confined exciton[J]. Chemical Physics Letters,1986,129(6): 615-618.

[14] Kayanuma Y. Wannier exciton in microcrystals[J]. Solid State Communications,1986,59(6): 405-408.

[15] Kayanuma Y. Quantum-size effects of interacting electrons and holes in semiconductor microcrystals with spherical shape[J]. Physical Review B,1988,38(14):9797-9805.

[16] HuY Z, Lindberg M, Koch S W. Theory of optically excited intrinsic semiconductor quantum dots[J]. Physical Review B,1990,42(42):1713-1723.

[17] Takagahara T. Effects of dielectric confinement and electron-hole exchange interaction on excitonic states in semiconductor quantum dots[J]. Physical Review B, 1993, 47(8): 4569-4584.

[18] Slater J C, Koster G F. Simplified LCAO method for the periodic potential problem[J]. Physical Review,1954,94(6):1498-1524.

[19] 龚明. 量子点光学性质的经验赝势计算[D]. 合肥:中国科学技术大学,2010.

[19] Chen G, Yan H Y. Synthesis of the chrysalidll-like ZnS nanoparticles at room temperature[J]. Chinese J Chem, 2003, 21(5): 555-558.

[20] 杨合情. 纳米量子点的合成及性质[M]. 北京: 科学出版社, 2005.

[21] Schmidt H, Weller H. Quantum size effects in semiconductor crystals:Calculation of the energy spectrum for the confined exciton[J]. Chemical Physics Letters, 1986, 129(6): 615-618.

第 4 章　量子点的制备和表征

　　本章叙述量子点的制备和表征。纳米材料的制备方法五花八门,大致可以分为物理类和化学类两大类。从物理类和有序生长来看,目前最主要、应用最广的是分子束外延自组织生长法,还有离子注入法、激光溅射沉积法、电子束溅射法和蚀刻法等。化学类方法可统称为纳米化学法(nanochemistry),它也有许多种。从相或物质态的角度来分,有化学气相法、化学液相法、化学固相法和化学溶胶-凝胶法;从材料分类来看,有无机、有机、金属和半导体等几大类;从具体的制备过程来看,有本底聚合法、超声法和化学沉积法等。另外,还有一些物理与化学相结合的方法,如高温熔融法等。

　　通常,用许多方法(如自组织生长法、激光溅射法和溶胶-凝胶法等)制备得到的是纳米薄膜或附着在基底材料上生长的纳米颗粒,可以有几层甚至十多层不同材料的复合纳米薄膜。对于纳米薄膜,要得到量子点,需要通过蚀刻等方法,来得到一个个的“孤岛”量子点。这些量子点是矩阵,不是离散的。由于制备过程比较复杂,对设备和技术的要求比较高,或者无法得到小尺寸的量子点,对于需要考虑成本的大规模工业生产有一定的应用难度。

　　近年来,对于单分散性的量子点,纳米化学法得到了极大关注。纳米化学法可用来制备许多不同种类的材料,如金属、半导体、有机材料、无机材料以及有机无机混合材料等。纳米化学方法的优势在于纳米粒子表面功能化,制备得到的量子点具有单分散性,可将纳米粒子掺入各种介质(如水、有机溶剂、聚合物、生物体、光纤和光子晶体等)中,就像操作分子一样。与用物理方法制备的薄膜型量子点相比,单分散性是纳米化学法一个很大的优势。此外,纳米化学法可精确控制量子点的尺寸,粒度分布很窄,制备成本相当低廉。这些优点使得纳米化学法近年来表现出强大的生命力,很有希望在将来的大规模工业生产中得到推广。

　　本章及后面的几章中,如果没有特别提及,一般指的都是用纳米化学法制备的单分散的量子点,这类量子点常称为纳米晶体量子点(nanocrystal quantum dots),它们的制备方法与用物理方法沉积的量子点膜有很大的差别。

　　本章在量子点的制备部分,叙述了分子束外延生长法、脉冲激光沉积法、纳米化学法、高温熔融法等。量子点表征部分介绍量子点一些主要的表征手段:X 射线衍射、电子显微镜、扫描探针显微镜、激光粒度仪、吸收-辐射光谱等。后面介绍作者课题组的一些研究工作:用高温熔融法制备含 PbSe 量子点的硅酸盐玻璃,以聚甲基丙烯酸甲酯(polymethyl methacrylate,PMMA)为基底的 CdSe 量子点光纤材料 CdSe/PMMA 的制备和表征,由本体聚合法制备 PbSe/PMMA 量子点光纤材料,利用脉冲激光沉积技术在 Ar 环境下于 Si 基片上制备 Ge 纳米薄膜。

4.1　量子点制备

4.1.1　分子束外延生长

分子束外延生长(molecular beam epitaxy,MBE)是一种广泛应用的纳米结构生长的方法,广泛用于制备Ⅱ-Ⅵ族、Ⅲ-Ⅴ族元素以及硅、锗半导体的纳米结构。设备系统如图 4.1.1 所示。

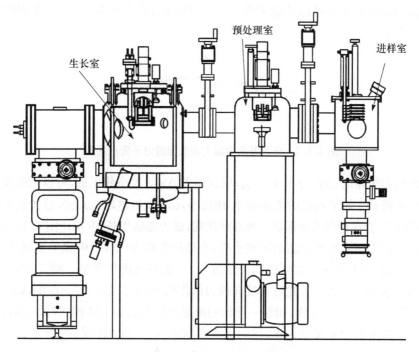

图 4.1.1　分子束外延生长系统示意图[1]

真空系统由三个真空室组成,从左到右分别为生长室、预处理室和进样室。三个室的极限真空分别为 4×10^{-8}Pa、8×10^{-7}Pa 和 5×10^{-6}Pa。三个室用闸板阀隔开,生长室和预处理室始终为高真空。进样室用来与外界连通,一次可放四片 2in(1in＝2.54cm)直径的硅片,这样的方式节省了取送样品时暴露大气和抽真空的时间,也减少了外界对于生长室污染的机会。预处理室用来给样品初步除气,对离子源进行表面清洁等。真空室之间通过机械传送杆进行样品的传递。

设备配有四个泵用来维持高真空,分别是机械泵、分子泵、离子泵和升华泵。机械泵的工作范围是从标准大气压到 1Pa,分子泵的工作范围是 $(1\sim1\times10^{-5})$Pa,之后

由离子泵可获得约 1.0×10^{-7} Pa 的高真空。在升华泵和液氮的辅助下,可以获得 10^{-8} Pa 的超高真空。在每次开舱后,从大气压抽气到超高真空通常需要 48h 以上。

薄膜外延有三种生长模式:岛状生长(volmer weber,VW)模式、层状生长(Frank-van der Merwe,FM)模式和层状-岛状生长(Stranski Krastanov,SK)模式,具体取决于 Young-Dupre 的势平衡方程[2]:

$$\gamma_s = \gamma_f \cos\varphi + \gamma_{fs} \tag{4.1.1}$$

式中,γ_s 是衬底的表面自由能;γ_f 是薄膜的表面能;γ_{fs} 是界面能;φ 为接触角(图 4.1.2)。当 $\varphi=0$ 时,为完全润湿,液体在固体表面铺展;当 $90° < \varphi < 180°$ 时,液体不润湿固体,如汞在玻璃表面上;当 $0 < \varphi < 90°$ 时,液体可润湿固体,并且 φ 越小,越润湿,如水在洁净的玻璃表面;当 $\varphi=180°$ 时,完全不润湿,液体在固体表面凝结成小球。

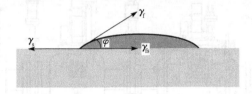

图 4.1.2　薄膜基底界面上表面能的力平衡示意图

由热力学理论,$\Delta\gamma = \gamma_f + \gamma_{fs} - \gamma_s$,根据能差 $\Delta\gamma$ 的大小和正负,可以判断薄膜的外延生长模式。如果衬底的表面能 γ_s 比较小,$\cos\varphi > 0$,这时 $\Delta\gamma > 0$,原子在正向 γ_f 力的作用下,会在衬底表面形成三维岛状结构,成为岛状生长(VW)[图 4.1.3(a)]。裸露的衬底表面的原子会逐渐形成小岛,小岛逐渐长大也会分解成单个原子,即在形成薄膜前,原子会进行大规模的重新排列,形成表面粗化现象。相反,如果衬底的表面能 γ_s 很大,$\Delta\gamma < 0$,此时在反向拉力的作用下,生长是一层一层的,即为 FM 模式[图 4.1.3(b)]。此外,如果一开始的单原子层生长为 FM 模式($\Delta\gamma < 0$),随着生长厚度的增加,$\Delta\gamma$ 又变为正,这时又有岛状出现,形成 SK 模式[图 4.1.3(c)]。

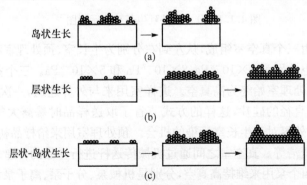

图 4.1.3　三种不同的纳米薄膜生长模式示意图

锗硅外延生长通常遵循 SK 模式,在膜层厚度增加到临界尺寸后,由于应力释放可形成岛状结构。

　　MBE 的主要优点是在实验腔的超高真空环境下,可保证纳米薄膜的纯度。它的生长速率较低,通常为 1μm/h,因此可以精确控制外延层的厚度。与 CVD 相比,MBE 无化学反应参与,适合较低衬底温度的生长,因此所形成的界面陡峭。此外,MBE 可以很方便地配备各种原位检测设备,如反射式高能电子衍射仪(reflection high-energy electron diffraction,RHEED),用来监控表面晶体生长的整合性和逐层沉积过程。为了有效控制生长速率、合金成分和掺杂度,可用分光技术对原子、分子流中的信息进行提取和监测等。MBE 技术很适用于量子阱、量子线和量子点的制备。通过控制层状生长、岛状生长或层状-岛状生长,来实现高质量纳米薄膜的制备。

　　对于排列有序的纳米薄膜,也可利用表面带有图案的模板,如多孔氧化铝薄膜覆盖技术,来生长制备。多孔氧化铝薄膜由于其自身具有良好的六角柱形周期结构,且周期尺寸和厚度可调,是一个很好的天然模板,现已广泛用于纳米微结构的制作。例如,文献[1]用多孔氧化铝作为模板,在衬底(SiO₂)上生长 Ge 量子点,得到了排列有序、均匀性好、量子点尺寸较小的 Ge 量子点薄膜。

　　MBE 的典型例子是生长用于半导体激光二极管的量子阱和量子点。图 4.1.4 所示为在 SiO₂ 衬底上沉积 Ge 量子点(3nm)的透射电镜表面形貌图,衬底温度分别为 600℃ 和 700℃。图 4.1.5 为 MBE 生长的 Ge 量子点的数密度以及平均直径随衬底温度的变化(由 RHEED 得到)。

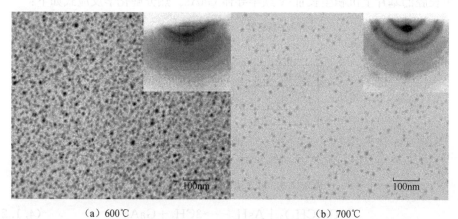

(a) 600℃ (b) 700℃

图 4.1.4　在 SiO₂ 衬底上生长 Ge 量子点(直径为 3nm)的透射电镜表面形貌图[1]

4.1.2　金属有机化学气相沉积法

　　金属有机化学气相沉积(metal-organic chemical vapor deposition,MOCVD)

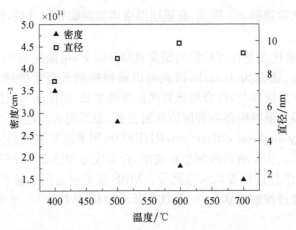

图 4.1.5　MBE 生长的 Ge 量子点的数密度以及平均直径随衬底温度的变化[1]

法是一种化学气相沉积方法,其中待生长纳米结构的前驱体是金属有机化合物,与分子束外延法的前驱体不同。当 MOCVD 技术用于基底的外延生长时,也称为金属有机气相外延生长(metal-organic vapor-phase epitaxy,MOVPE)。

图 4.1.6 所示为 MOCVD 生长腔的示意图。它由玻璃反应器、混合腔等组成,反应器上装有一个相对气流层有一定倾角的受热衬底,衬底的加热通过射频线圈来实现。反应源物质由承载气体(通常是氢)吹送到基底上。例如,$Ga(CH_3)_3$(作为 Ga 的前驱体)与 AsH_3(作为 As 的前驱体)在混合腔中混合后,送入生长腔,在生长腔的基片上沉积生长Ⅲ-Ⅴ族半导体 GaAs。热分解化学反应式如下:

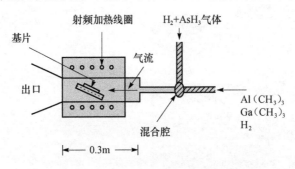

图 4.1.6　MOCVD 生长腔原理图[3]

$$Ga(CH_3)_3 + AsH_3 \longrightarrow 3CH_4 + GaAs \qquad (4.1.2)$$

同样,对于生长 AlAs,可用 $Al(CH_3)_3$ 和 AsH_3 作为前驱体。对于生长Ⅱ-Ⅵ族半导体 CdS,前驱体是 $Cd(CH_3)_2$ 和 H_2S。生长层的化学成分由金属有机前驱体在混合腔中的比例决定。对于多层生长,前驱体的预混合在预混合腔中进行。

金属有机化学气相沉积法的优点是生长技术简单,其生长速率往往是分子束外延法的十倍。但是,Ⅲ-Ⅴ族半导体的前驱体有毒,操作过程需要谨慎防毒。

4.1.3　脉冲激光沉积法

　　脉冲激光沉积(pulsed laser deposition,PLD)法作为制备薄膜的物理方法之一,是近年来快速发展起来的一种新型的薄膜制备方法。PLD 法是用高能量脉冲激光(通常是飞秒或纳秒级的准分子激光)入射到靶材表面,使靶材局部瞬间升温挥发,在靶材表面附近形成等离子体羽,从而将放置在靶附近的基底材料表面上溅射和沉积上一层或若干层纳米粒子层。激光源波长一般为紫外,典型的波长有193nm(ArF 气体准分子激光)、248nm(KrF 气体准分子激光)、308nm(XeCl 气体准分子激光)等。PLD 装置如图 4.1.7 所示。

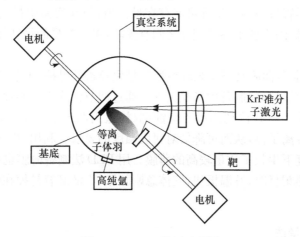

图 4.1.7　PLD 装置示意图

　　PLD 作用的物理过程很复杂,它涉及高功率脉冲辐射冲击固体靶时激光与物质之间的相互作用,包括等离子羽辉的形成、粒子通过等离子羽辉到达基片表面的溅射、膜的沉积和生成等过程。激光源参数(脉冲能量、重复率、作用时间)、靶材材料、基底温度、真空腔中的气体种类和压强等的选择对膜的沉积都有影响。PLD 过程可以分为以下四个阶段。

　　第一阶段:激光束与靶相互作用。激光束通过真空室的光学窗聚焦在靶的表面,当达到足够的高能量通量时,靶表面的物质会快速受热升温,达到蒸发温度。此时,靶材粒子从靶材表面溅射出来,溅射出来的物质成分与靶材相同。物质的瞬时熔化率取决于激光照射到靶上的能量密度。熔化机制涉及许多复杂的物理过程,如热吸收、电子与晶格热交换、电子激发和形成离子等。

　　第二阶段:靶材熔化,形成等离子体羽。根据气体动力学定律,溅射出来的物质粒子向基片喷流,激光光斑的面积、激光入射的角度、等离子体温度、靶材与基片的距离等对成膜有重要影响。

第三阶段和第四阶段：等离子体羽中的靶材粒子在基片中沉积和薄膜在基片表面的生成，这是两个决定薄膜性质的关键阶段。等离子体羽中的高能等离子体流撞击基片表面，等离子流与受溅射原子流之间形成一个碰撞区。在碰撞区内，随着粒子能量的降低，粒子会出现凝结。当凝结速率比溅射粒子的产生速率高时，粒子就能逐渐生长并长大。随着熔化粒子流减弱，膜就可在基片表面生成。晶体膜的成核和生成与许多因素有关，如密度、能量、电离率、凝结物质的种类、温度以及基片的物理化学特性等。

在沉积的过程中，人们可以控制真空度、腔体气压、基底温度、基底材料和结构、激光强度、光斑的大小、入射角度和靶材成分等许多参量，这些对薄膜的生长有重要的影响。尽管每一种参量都可能存在最佳值，但在实验中找到各个最佳参量的组合却很困难，因为各个参量相互之间有关联，单个参量的最佳并不意味着组合的最佳。

用 PLD 法制备薄膜具有生长环境稳定且生长条件可控、工艺参数可实现精确控制等优点，在纳米材料制备中备受关注。通过调节优化工艺参数，可以制备出高质量的纳米薄膜。PLD 法利用激光烧蚀靶材，适当调节工艺参数，能形成具有较高动能的高温等离子体，从而可降低对衬底温度的要求。利用 PLD 法已经成功地在较低衬底温度下生长了质量较高的薄膜。用 PLD 法制备薄膜也存在一些缺点，例如当激光加热靶材时，升温极快，气体急剧膨胀，小液滴容易掉在膜上，使膜产生缺陷等。

4.1.4　纳米化学法

通过化学方法制备纳米材料，统称为纳米化学法。纳米化学法在近年来受到极大的关注，它能制备出 $1\sim10\mathrm{nm}$ 单分散的量子点，可准确控制量子点的成分、尺寸和形状，可获得相当窄的粒度分布（$\pm2\%$）。此外，还可以制备金属、半导体、玻璃和高分子材料的量子点，具有多层膜、核/壳形量子点、表面纳米图案成形、表面功能化和在带有图案模板上结构的自组装等功能，可作为纳米探针和纳米传感器等。

有多种纳米化学方法可以制备量子点，下面介绍其中一些主要的方法。

1. 胶体合成法

胶体合成法是通过在溶液中无机材料（单质或化合物）前驱体的化学反应，来生长纳粒子。该方法无论在过去、现在还是今后都是制备具有均匀尺寸纳米晶体的一种非常有效的方法。

一般而言，当前驱体通过化学反应形成固体时，一开始快速形成大量的核，然后核缓慢生长。粒子在最终生长到所需的尺寸之前，通过合适的表面活性剂（通常是有一定功能团的长链有机分子)来包覆粒子表面,减缓粒子的结晶过程来得到纳晶体。在反应过程中是否加入表面活性剂,或采用原位生成还是添加后合成等,根据材料的不同而不同。此外,表面活性剂的选择也与形成纳米晶体材料的本性有关。图 4.1.8 为用胶体合成法制备的金(Au)纳米晶粒的透射电镜图,其中用来隔离和稳定的背景材料为巯基乙醇(mercaptohexanol,MH)[图 4.1.8(a)]、氨基苯硫酚(aminothiophenol,ATP)[4.1.8(b)]。

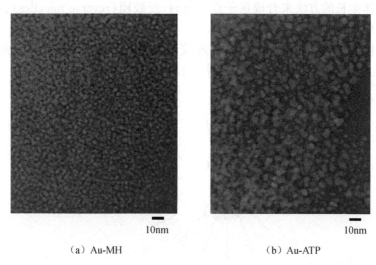

　　　　　(a) Au-MH　　　　　　　　　　　(b) Au-ATP

图 4.1.8　Au 粒子的透射电镜图[3]

　　在制备过程中,当反应加热到一定程度时,化合物先形成单体。当反应继续进行,单体浓度上升并达到超饱和临界点时,晶核形成,晶体生长开始。这个过程是由反应的动力学控制的,其中温度是控制生长速度的关键,即温度必须足够高以使得原子能够在退火中重新组合并形成晶体,但不能太高而导致晶体生长速度过慢。另一个控制晶体生长速度的重要参数是基底物的浓度。具体地说,纳米晶体的生长过程有可能出现两种情况:当基底物浓度足够高时,纳米晶体生长的临界尺寸(反应中晶核既不生长也不缩小)相对较小,这样,几乎所有晶体都能得到生长。此时较小的粒子生长速度较快,较大的粒子生长速度较慢,最终形成有很好单分散性的量子点。当基底物浓度随着量子点生长而下降时,晶体生长的临界尺寸增大,最终超过溶液中量子点的平均尺寸。由于奥斯瓦尔德熟化[①](Ostwald ripening),量子点尺寸分布增大,均一性变差。

---

①奥斯瓦尔德熟化(或称奥氏熟化)是一种可在固溶体或液溶胶中观察到的现象,描述了非均匀结构随时间流逝所发生的变化:溶质中较小型的结晶或溶胶颗粒溶解并再次沉积到较大型的结晶或溶胶颗粒上。

　　胶体合成法是目前最常用的一种量子点制备方法,相比较其他方法,该方法具有很大的实际应用优势。这种方法简便易行,能够大量合成尺寸均一、表面功能化的量子点。同时,制备过程中造成的环境毒性最小,安全性最高,因此被广泛使用。

　　2. 反胶团合成法

　　当反应底物的化学性质过于活泼,或者量子点组分单一(如硅量子点)时,便很难采用胶体生长的方法来合成量子点。这时,反胶团(reverse micelles)合成法是一种能够取代晶体生长的纳米化学法。

　　下面以 CdS 量子点为例来说明在反胶团腔中 CdS 量子点的合成。反胶团腔也常被称为微乳纳米反应器,原理如图 4.1.9 所示。

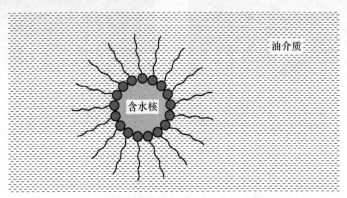

图 4.1.9　"油包水型"反相纳米胶粒合成原理示意图[3]

　　反胶团系统通常由两种互不相溶的液体(水和油)组成。水相以纳水滴形式分散在连续的非极性有机溶剂(如碳氢化合物油)中,该纳水滴被表面活化剂单分子薄膜包裹。油相通常是异辛烷(isooctane)或正己烷(hexane)。硫丁二酸钠(二乙基己基,Sodium bis(2-ethylhexyl) sulfosuccinate)气溶胶 OT 或 AOT 作为表面活性剂。除了水,在反胶团内还可加有多种可溶解盐类,如乙酸镉(cadmium acetate)和硫化钠(sodium sulfide)等。将还原剂或钝化剂(如 p-thiocresol)加到连续的油相中,反胶微粒的成分由于动态碰撞而不断发生交换。这种钝化剂能像 RS⁻阴离子一样进入水相中,并吸附在纳米晶体表面,使得纳米晶体表面表现出非亲水性或疏水性,最终可得到有外包覆层的 CdS 纳米晶粒。

　　金属纳米粒子通常是用这种方法制备的。通过选择合适的表面活性剂或者表面活性剂的混合比例,将腔的形状制成圆柱形,可制备得到纳米棒;做成球形,则可得到纳米球。除了单层包覆,反胶团合成法也适合用来制备多层核/壳结构的纳米粒子。

图 4.1.10 为采用反胶团法制备的 Si 量子点的透射电镜图,图 4.1.8(a)的比例尺为 50nm,图 4.1.8(b)是一个量子点内部的晶体结构,其比例尺为 2nm,合成的 Si 量子点的直径为 4~5nm。反胶团合成的方法来自文献[4]。

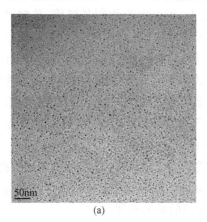
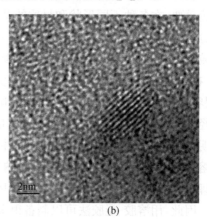

（a）　　　　　　　　　　　　　　　　　（b）

图 4.1.10　经过表面修饰的硅量子点的透射电镜图[5]

3. 溶胶-凝胶法

溶胶-凝胶法是最先发展起来的一种纳米化学法。胶体(colloid)是一种分散的直径介于粗分散体系和溶液之间的体系,属于多相不均匀体系,其分散的粒子直径为 1~100nm。常见的胶体有墨汁、碳素墨水和淀粉溶液等。凝胶(gel)亦称冻胶,是指胶体颗粒或高聚物分子相互交联,空间网络结构不断发展,使得溶胶液逐渐失去流动性,在网络结构的孔隙中充满了液体的非流动半固态的分散体系,它是含有亚微米孔和聚合链相互连接的坚实网络。常见的凝胶有果冻、豆腐等。

溶胶-凝胶法是将正硅酸乙酯、硼酸等所需物质溶于乙醇等溶剂,先按比例混合形成胶状溶液,然后在一定的温度下干燥,形成凝胶,最后在高温烧结的同时充入所需气体,反应生成相应量子点。溶胶-凝胶法有许多优点,如可低温合成、掺杂粒子比较均匀等。但缺点也非常明显,例如,胶凝的干燥阶段由于不均匀性收缩引起开裂,很难制备大块玻璃材料;制备过程复杂,对试剂的用量和加入时间有严格的要求,玻璃内部存在孔隙;制备的玻璃不能高温加工,以免破坏玻璃中量子点的晶体结构。因此,溶胶-凝胶法制备的玻璃很难应用于实际。

溶胶-凝胶法的应用之一是制备薄膜材料。将易于水解的金属化合物(无机盐或醇盐)在某种溶剂中与水发生反应,经过水解与聚缩过程而形成溶胶。将溶胶通过浸渍法或转盘法在基板上形成液膜,经凝胶化后,通过热处理可转变成无定形(或多晶态)薄膜。该方法主要用于制备减反射膜、波导膜、着色膜、电光效应膜、分离膜、保护膜、导电膜、敏感膜、热致变色膜和电致变色膜等。

　　溶胶-凝胶法制膜的优点是工艺设备简单,无需真空条件或昂贵的设备;工艺过程温度低,这对于制备有易挥发组分或在高温下易于发生相分离的多元组分来说尤为重要;在各种不同形状和材质的基底上,可以大面积制备薄膜,易制得均匀多组分氧化物膜,易于定量掺杂,可以有效控制薄膜成分及微观结构。其缺点是经过溶胶-凝胶过程而沉积到基板表面的凝胶膜,内部还含有溶剂,需对其进行干燥处理;在干燥处理过程中,往往伴随着很大的体积或面积收缩,在毛细管力的作用下,很容易导致干凝胶膜的开裂,最终影响涂层的完整性;一般溶胶-凝胶法很难得到粒径较小(小于玻尔半径)的量子点或量子点膜,因而其光学跃迁能级分立的现象不明显,限制了它在量子点光电子器件中的应用。

　　溶胶-凝胶法的另一个应用是制备纳米粉体。凝胶中含有大量液相或气孔,在热处理过程中不易使粉末颗粒产生严重团聚,同时,容易在制备过程中控制粉末的粒度。因此,用溶胶-凝胶法可以制备很多种类的纳米粉体。

4.1.5　高温熔融法

　　高温熔融法又称共熔法、二次热处理法,是把形成半导体量子点所必需的原料掺杂到玻璃配合料中,共同熔制得到玻璃后,通过不同的核化、晶化处理而得到相应的量子点玻璃的方法。

　　高温熔融法的优点是可以制备出任意大小和形状的玻璃,可以对掺杂量子点的基础玻璃先任意加工,再对其进行热处理;可以制备出 PbS 量子点玻璃光纤,先制备出掺杂 PbS 的玻璃光纤预制棒,再经高温拉制后对其进行热处理核化和晶化而得到量子点光纤;可以避免由于高温造成的量子点的结构及其光谱特性的破坏。后面将结合具体的 PbSe 量子点制备和表征进行详细介绍。

　　近年来,各种量子点的制备方法和表面修饰技术层出不穷,发展很快,限于篇幅,这里不能详细介绍,有兴趣的读者可参阅专门的文献。

4.2　实验室量子点光纤制备

　　有了可用的量子点之后,可以考虑如何制备掺量子点的光纤。作为探索性的实验室制备,有两条技术路线可供选择:一是采用空芯光纤,将含有均匀分布量子点的溶剂(胶)灌入空芯光纤并固化,从而得到量子点光纤;二是采用量子点玻璃,直接将其拉制成量子点光纤。为了将来能够应用到大规模工业生产中,量子点光纤及其器件的最终发展,应当是先将量子点直接生成在玻璃基底中,再通过类似于光纤棒拉制的工艺拉制成光纤。

下面介绍空芯光纤法,以及量子点玻璃光纤的拉制。

4.2.1 光纤纤芯本底材料的选择

对于空芯光纤,首先是光纤纤芯本底材料的选择。通常,量子点置于甲苯、正己烷等有机溶剂中。甲苯、正己烷在近红外波段有很强的吸收,且其折射率比普通石英光纤要低,因此,一般的量子点有机溶剂不能用于光纤本底。

合适的光纤纤芯的溶剂或溶胶应当具有以下四个特征。

(1) 折射率稍大于普通光纤的 SiO_2 包层,以便可作为纤芯材料灌入纤芯。但折射率又不能太大,否则会增大折射率差而形成纵模,并使泄漏增大,使得光纤由于无法满足弱导近似而复杂化。

(2) 对于通信光纤,在通信波带 1550nm 附近无吸收和辐射。对于光纤激光器,在激射波长附近应该无吸收。如果有吸收或辐射,则光传输将受到影响。

(3) 对光纤包层材料润湿。由于只有润湿才能使溶剂(胶)在形成凝胶或固化过程中只发生轴向收缩,而不会发生径向收缩,径向收缩会使包层与纤芯之间产生空隙。

(4) 胶凝(固化)的速率和温度要适当,胶凝(固化)速率应该比人工灌装的速率稍慢一些。

经过大量的实验探索,发现液态硅胶是一种比较好的光纤纤芯本底材料。液态硅胶可以自己制备,制备过程:将一定质量的 $Na_2SiO_4 \cdot 9H_2O$ 脱水后混合一定量的 CCl_3 置于烧杯中,搅拌升温至约为 76℃,经过约 30min 后回流,停止加热,搅拌降温。待降至常温后,烧杯中的物质分为两层,下层为黏稠液体,上层为透明液体。用阿贝折射率仪测得黏稠液体的折射率为 1.4658(在 12℃时测得),透明液体的折射率为 1.4453(在 12℃时测得)。黏稠硅胶的折射率稍高于 SiO_2 包层(折射率为 1.46 左右),且量子点掺入形成量子点胶体之后折射率会略为升高,硅胶从液态变为固态时折射率也略有升高。硅胶的材料与普通光纤一致,光学传输性能比较理想。因此,液态硅胶从折射率角度和对光的吸收与传输角度来看已经符合上述的掺杂要求。

此外,发现紫外固化胶(ultraviolet curable adhesive, UV 胶)也是一种很好的光纤本底材料。UV 胶的折射率略高于普通二氧化硅光纤包层(以便能产生全反射),在 400~2000nm 极宽的波带中的透光率均匀且很高(>90%),在紫外灯的照射下可快速固化,具有固化速率合适、稳定性好、无污染、实验操作方便等优点。以UV 胶作为纤芯本底的光纤制备及其特性测量,在第 8 章作详细介绍。

4.2.2 量子点胶体的制备

在制备出符合要求的溶胶之后,还需要注意掺杂量子点在溶胶中均匀分布、量子点不发生团聚、固化的速度能够控制等一些具体的工艺上的问题。

1) 掺杂以及均匀分布

为了将量子点掺入液态硅胶以便形成量子点胶体,可以先将含有量子点的正己烷溶剂隔氧蒸发以蒸发掉溶剂(正己烷挥发性非常强),获得纯净的量子点;然后掺入液态硅胶中,用超声波振荡器使其均匀分布,得到所需的量子点胶体。

还有一种方法是直接采用量子点粉末,这样就省去了蒸发溶剂的步骤。但据了解,目前国内很少有粉末状的量子点;国外大部分量子点也都混合在有机溶剂中以便于保存。国外有量子点粉末(如 PbS,它的第一吸收峰在 1550nm 处)成品出售。

2) 量子点团聚问题

对于有包覆层的量子点(如 CdSe/ZnS,外包覆层为 ZnS,核为 CdS,中国科学院上海技术物理研究所提供),曾有时间跨度超过半年的试验检验量子点是否发生团聚。最简单的方法就是检测它的吸收光谱与辐射光谱。结果表明:吸收峰与辐射峰均未发生漂移,说明量子点被配成胶体以后,没有发生团聚或团聚问题不严重。另外一种方法是用激光粒度仪对量子点直接进行粒度分布测定。如果量子点的粒度分布没有发生改变,说明量子点没有发生团聚;如果发生团聚,量子点直径必然增大,吸收峰与辐射峰波长也会发生红移。

3) 胶体固化速度

量子点掺入液态硅胶形成量子点胶体之后,由于液态硅胶在空气中能自动固化成固态硅胶,需要对量子点胶体的固化速度进行观察。常温下液态硅胶的固化时间为 24~72h,因此,在胶体灌装过程中不会产生凝固问题。

4.2.3 空芯光纤灌装方法探索

下面介绍几种实验室中量子点胶体灌入空芯光纤的方法。

1. 使用微型移液枪

实验所用的普通空芯石英光纤,即使是多模,其纤芯直径也只有 $125\mu m$,可用市售的微型移液枪来进行移液抽取。

微型移液枪是一种常见的移取非腐蚀性液体的装置(图 4.2.1),一般用于少量液体的移取。微型移液枪的规格有多种,量程通常在 $0.1\sim1000\mu L$,精度误差为 <1%。在使用时,根据需用液体的体积调整底部旋钮。当从小体积调至大体积时,为保证精度,可先顺时针旋转直到刻度稍微超过想要的值,再逆时针回转,但从大体积调整至小体积时则无需这样。在吸取时,应尽量让移液枪以竖直状态伸入液面下 3mm 左右,用大拇指按压底部按钮至第一停点,慢慢松开至原点。在排出时,应先用大拇指按压底部按钮至第一停点,再进一步按压至第二停点,直至排出

全部液体。微型移液枪使用的一次性枪头一般由聚酯塑料制成,应该尽量避免使用有机溶剂,以防枪头被溶解。

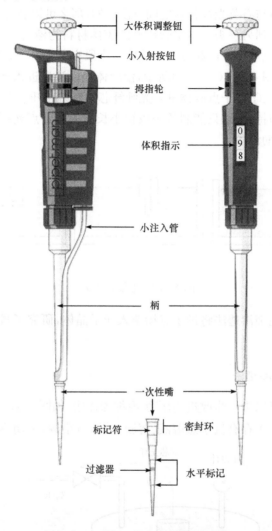

图 4.2.1　法国 GILSON 微型移液枪

微型移液器的针头直径很小,可以直接插入多模空芯光纤中。对于单模光纤,无法直接用微型移液器,这时需制备一个小型连接器用来连接针头和空芯光纤。此外,也可以在针头与空芯光纤之间加一个锥形连接头,连接头的一端外径略小于光纤内径,可深入空芯光纤,另一端的内径略大于微型移液器针头的外径,用于连接针头与空芯光纤。

2. 毛细渗透法

如果胶体材料与石英光纤材料之间是浸润的,那么可以利用毛细现象,使胶体从光纤的一头渗透到另一头。本实验研究的胶体材料为液态硅胶,石英光纤的成分为二氧化硅,因此可以采用此方法。截取一小段空芯光纤,放入 PbSe 量子点胶体中,放置顺序如图 4.2.2(a)~(c)所示,使胶体慢慢渗透进入光纤空芯部位。这种方法的缺点在于:①量子点胶体进入光纤纤芯时容易在纤芯内部产生空气泡,从而影响光纤的传输特性;②只能制备一段很小长度的量子点光纤。优点在于操作简单,无需任何辅助设备。

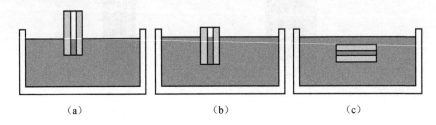

(a)   (b)   (c)

图 4.2.2　毛细渗透法

已有人采用毛细渗透法将量子点掺杂入光子晶体,研究了量子点在光子晶体中的光学特性[6]。

3. 压力-毛细渗透法

毛细渗透法可以进一步改进为压力-毛细渗透法,如图 4.2.3 所示。在密闭不锈钢容器中放置一个存有量子点溶液(溶胶)的开口小罐,密闭容器通有可调压力

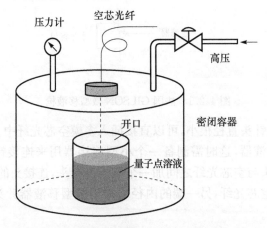

图 4.2.3　压力-毛细渗透法(由严金华博士提供)

的高气压,一般可用氮气等惰性气体。空芯光纤从密闭容器外伸入量子点溶液(溶胶)。通过高气压阀门调节密闭容器内的气体压强,使得量子点溶液(溶胶)被缓缓压入毛细管内。这种方法是以上几种方法中最好的,优点是简单可控,制备光纤的长度较长(可超过 1m),可用来制备单模光纤,产生气泡的可能性较小。

在灌装之前,需要计算或确定所需灌装的量子点浓度,因为不同的掺杂浓度对光增益的作用很不相同,不同的增益器件对量子点浓度有不同的要求。适用的掺杂浓度的计算和确定,可以参见第 6 章。

4.2.4　量子点玻璃光纤(空气包层)的制备

用高温熔融法制备得到量子点玻璃之后,在实验室中可以直接拉制成量子点玻璃光纤。下面以 PbSe 量子点玻璃为例进行介绍。

1. 拉制方法

1) 铁丝法

当装有玻璃配合料的坩埚从 1400℃温度的电炉中拿出时,将一根铁丝插入玻璃熔体中,待玻璃熔体达到一定温度时控制好黏度,以一定拉伸速度($0.1 \sim 1\text{m} \cdot \text{s}^{-1}$)将铁丝从熔体中竖直拉伸,从而形成光纤(不同的拉伸速度和玻璃熔体黏度,可得到不同直径的光纤)。具体过程如图 4.2.4 所示。

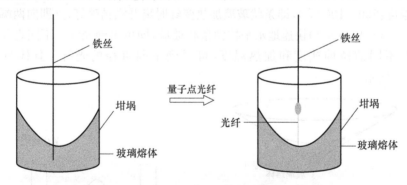

图 4.2.4　铁丝法拉制示意图

用此方法拉制的光纤,其直径均匀性和截面圆形度均很好,表面粗糙度小,但较难控制温度或黏度,直径较小。

2) 漏斗法

制作一个漏斗,其漏孔为圆形,直径最好小到 $100\mu\text{m}$ 量级。制作方法:将耐热材料——铁片(铁的熔点:1535℃)制作成漏斗形,采用高功率激光器(光斑大小为 $100\mu\text{m}$ 量级)对漏斗底部进行打孔,形成一个 $100\mu\text{m}$ 量级的圆孔,最终形成带有 $100\mu\text{m}$ 量级圆孔的漏斗。

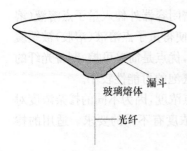

图 4.2.5　漏斗法制备示意图

将 1400℃下的玻璃熔体倒入漏斗中，由于重力，玻璃熔体从漏斗中自然流出，形成一条圆形的直径比较均匀的丝状玻璃，即为光纤。具体过程如图 4.2.5 所示。这种方法的缺点是小孔非常小，玻璃熔体有一定的黏度，较难从小孔中流出，或者流出的量很少。

用此方法拉制的光纤，其直径均匀性和截面圆形度均很好，表面粗糙度小，但需要使用特殊仪器（如漏斗等）。

3）漏斗-拉丝法

考虑到 100μm 量级的圆孔不容易实现和玻璃熔体不容易流出等原因，可制作一个孔稍大（直径在 1～4mm）的漏斗。制作方法：将耐热材料——铁片（铁的熔点：1535℃）制作成漏斗形，采用高功率激光器对漏斗底部进行打孔，形成一个直径为 1～4mm 的圆孔，或者直接采用刀具制作出直径为 1～4mm 的圆孔，最终形成带有 1～4mm 圆孔的漏斗。

首先将 1400℃下的玻璃熔体倒入漏斗中，由于重力，玻璃熔体从漏斗中自然流出，形成一条直径为 1～4mm 的条状的粗玻璃丝。然后取一小段玻璃丝，将其置于酒精喷灯（最高温度可达 1000℃）上进行加热，待条状玻璃温度达到拉伸温度（软化温度：700～1000℃），即条状玻璃加热变红时离开酒精喷灯，立即向两端以一定速度（0.1～1m·s^{-1}）快速地水平拉伸条状玻璃，即可得到光纤。不同直径的条状玻璃、不同的拉伸速度和加热温度，可得到不同直径的光纤。具体过程如图 4.2.6 所示。

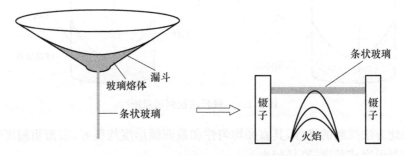

图 4.2.6　漏斗-拉丝法示意图

此方法形成的条状玻璃，其直径均匀性和截面圆形度均很好，表面粗糙度小，但也需要使用特殊仪器（如漏斗等）。另外，利用此方法拉制的光纤，需要在酒精喷灯上进行二次高温加热，有可能影响玻璃中量子点浓度以及热处理过程中量子点尺寸的控制。表 4.2.1 对上述三种方法进行了比较。

表 4.2.1　实验室量子点光纤拉制四种方案的比较

方法	直径尺寸/μm	直径均匀性	截面圆形度	表面粗糙度	特殊仪器	二次高温加热/℃
铁丝法	10~70	好	好	小	无	无
漏斗法	60~120	好	好	小	漏斗	无
漏斗-拉丝法	60~120	好	好	小	漏斗	700~1000

2. 性能分析

图 4.2.7 为热处理后 PbSe 量子点掺杂光纤(F2)的实物图。图 4.2.8 给出了普通 SiO₂ 光纤、未经热处理的量子点光纤(NF2)和经热处理的量子点光纤(F2)的实物对比,由上至下分别为普通 SiO₂ 光纤、未经热处理光纤 NF2 和经热处理 F2。普通光纤是已剥去外面涂覆层的 SiO₂ 光纤,其直径为 125 μm。由图可见,量子点光纤的颜色较深,呈棕色,直径约为 100 μm,均匀性好。未经热处理之前,量子点光纤的颜色为淡黄色。经过热处理后,颜色由淡黄色变为棕色。

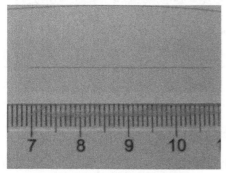

图 4.2.7　热处理后 PbSe 量子点掺杂光纤(F2)的实物图

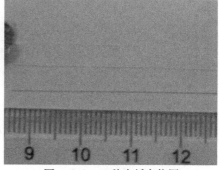

图 4.2.8　三种光纤实物图

图 4.2.9 为普通 SiO₂ 光纤(左)、未经热处理的光纤(NF2,中)、经热处理的光纤(F2,右)的光学显微图(20 倍光学放大)。由图可知,量子点光纤表面光滑、粗糙度小、无裂痕、直径均匀性好,光纤直径约为 100 μm(NF2)、70 μm(F2)。

图 4.2.10 为量子点光纤的弯曲实验。图 4.2.10(a)显示了光纤 NF2 的弯曲操作,当曲率半径达到 1cm 时,光纤仍未断裂;图 4.2.10(b)显示了光纤 F2 的弯曲操作,当弯曲半径达到 2cm 时,光纤仍未断裂,但当弯曲半径减小到 1cm 时,光纤断裂。这表明未经热处理的量子点光纤的韧性更好。经过热处理后,光纤的韧性下降,主要是因为光纤中有 PbSe 晶体析出,使得脆性增加而韧性降低。由此可见,利用高温熔融拉丝法制备的 PbSe 量子点光纤具有较好的韧性,其弯曲半径可达 1~2cm,与普通的 SiO₂ 光纤基本相当(弯曲半径约为 3 cm)。

图 4.2.9 三种光纤的光学显微图

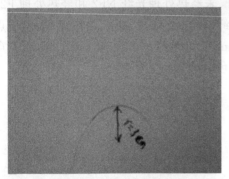

(a) 未经热处理光纤(NF2)的弯曲实验图

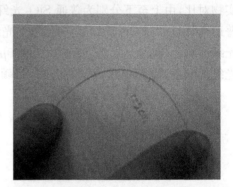

(b) 经热处理光纤(F2)的弯曲实验图

图 4.2.10 量子点光纤的弯曲实验[7]

制备得到量子点光纤之后,需要对光纤进行端口剪切、封装、熔接和检测等操作,这与普通光纤并无不同。检测主要是测量光纤的光学特性和力学特性,包括其吸收谱、折射率、发光效率、有无裂缝、内部有无气孔,以及它的耐久性、抗环境影响能力(紫外光照射)等,这些都属于常规检测,这里不再赘述。

4.3 量子点的表征

量子点的特殊性能是引起人们兴趣的重要原因,而量子点的性质依赖于其材料、尺寸、表面结构和粒子之间的相互作用。因此,对这些性能进行表征或描述是十分重要的。本节首先介绍量子点的各种表征手段,X 射线分析技术包括 X 射线衍射和 X 射线电子能谱分析,电子显微镜包括透射电镜和扫描电镜,扫描探针显微镜包括扫描隧道显微镜和原子力显微镜。然后,简单介绍激光粒度仪以及吸收-辐射光谱分析。

4.3.1　X 射线

1. X 射线衍射

X 射线衍射(X-ray diffraction, XRD)技术是指利用 X 射线的波动性和晶体内部结构的周期性进行晶体结构分析的技术。X 射线衍射仪是现在晶体结构分析的主要设备,具有快速、准确和方便等优点,可用来描绘纳米粒子的晶形特性和估测晶体尺寸,是许多科研机构及工厂实验室的必备仪器。

当一束单色 X 射线射入样本时,射线穿透样本,因晶体材料的晶格的周期性而发生衍射。X 射线衍射方程为著名的布拉格(Bragg)方程:

$$2d\sin\theta = n\lambda \quad (n=1,2,3,\cdots) \tag{4.3.1}$$

式中, d 为晶面之间的距离(晶格常数); θ 为掠入射角; λ 为入射波长。由布拉格方程,就可以用已知的 X 射线波长来确定晶体的晶格常数。此外,也经常利用 Debye-Scherrer 公式:

$$D = \frac{K\lambda}{\beta\cos\theta} \tag{4.3.2}$$

式中, D 是晶粒大小, nm; K 是与晶粒形状有关的常数因子; λ 为 X 射线波长, nm; β 为衍射峰的半高全宽; θ 为衍射角的半角。

通过 XRD 分析,就可以确定晶粒的大小,了解晶体的对称性和晶体内部的三维空间原子排布,得到晶体的分子结构式以及晶格参数等。另外,还可以定性和定量测量晶体的物质成分,能够说明样品中各种元素的存在状态以及样品晶粒的尺寸。

作为一个例子,这里给出 PbSe 量子点硅酸盐玻璃的 XRD 图(图 4.3.1),图中

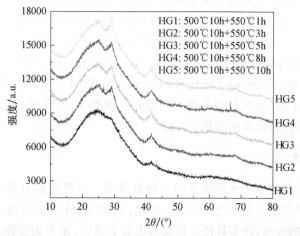

图 4.3.1　由高温熔融法制备得到的 PbSe 量子点玻璃的 XRD 图(对不同的热处理温度)[8]

的 2θ 为衍射峰所对应的衍射角。五个样品在衍射角为 25.178°、29.153°和41.699°时均出现了明显的衍射主峰。根据 X 射线衍射仪中的 JCPDS 标准卡片No.65-0136 可知,此衍射主峰为 PbSe 立方晶体,对应的晶面分别为(111)、(200)和(220),表明玻璃样品中析出了 PbSe 晶体。当热处理时间从 1h 延长到 3h 时,衍射主峰强度明显增强,表明玻璃中析出的 PbSe 晶体增多。当热处理时间从 3h延长到 10h 时,样品 HG3、HG4 和 HG5 的衍射主峰强度基本不变,表明玻璃中的PbSe 晶体不再增多。根据式(4.3.2),可以得到垂直于各个晶面方向晶粒的平均尺寸为 5~6nm。

2. X 射线能谱分析

X 射线能谱仪(X-ray energy dispersive spectrometry,EDS)用来分析样品中的元素及其相对含量。其工作原理是当电子束入射到样品上时,会与原子中的电子产生相互作用而出现非弹性散射,导致一些原子的内层电子被激发,形成内层电子的空位。这种空位结构显然是一种不稳定结构,处于外层的电子将向空位处跃迁,填补空位,同时放出一个光子,这种光子的频率范围都在 X 射线波段。对于一种特定的元素,其放出的光子能量是固定的。因此,收集并分析这些 X 射线的能量及强度,就可以对样品中的元素及组成进行检测。

4.3.2　电子显微镜

电子显微镜是一种强大的用于观测纳米结构形状和尺寸的工具。与光学显微镜一样,它可以直接成像。由经典光学的瑞利判据可知,显微镜可分辨的最小物距为 0.61λ/NA(NA 为光学系统物镜的数值孔径),即显微镜的分辨率反比于波长。对于光学显微镜,即使是短波长的紫外光,其分辨率最高也不超过 200nm。而电子显微镜的电子束的能量可达几千 eV,波长比可见光波长短很多,因此,它的分辨率比光学显微镜高很多。但由于电子显微镜也存在像差,实际可达到的分辨率约为 0.1nm。

下面介绍两种电子显微镜:透射电镜(transmission electron microscope,TEM)和扫描电镜(scanning electron microscopy,SEM)。TEM 和透射光学显微镜类似,它对电子束(而不是对光束)进行透射、聚焦。SEM 则是通过聚焦电子束扫描整个样本来获得样本的形貌。

1. 透射电镜

透射电镜是利用电子光源做成的一种显微镜。显微镜的分辨率反比于波长,而电子的德布罗意波长远小于可见光,因此,TEM 的分辨率远高于光学显微镜。随着 TEM 技术的发展,许多其他分析技术也有了发展,如 X 射线能量散射谱,可利用 TEM 来确定微小区域的材料组分;再如电子能量损失谱(electron energy loss spectrum,EELS),可以利用 TEM 来确定微区材料的组分与元素的化合态等。

　　TEM 的构造和原理与光学显微镜类似,外形如图 4.3.2 所示。一束电子束(类似于光学显微镜中的光束)射入样本,并受到样本的影响,样本放在高真空环境中。透射的电子束被电磁聚光镜聚焦,电磁透镜由环铁载流线圈组成。聚束孔用来消除大角度的衍射,通过电磁物镜将电子束聚焦并传送到数据处理和成像的计算机上。

图 4.3.2　高分辨透射电镜

　　图 4.3.3 是 PbSe 量子点的 TEM 形貌图,其本底为 UV 胶,在粒子内部可见有较明显的超精细晶体结构。透射电镜为荷兰 Philips-FEI 公司生产的 Tecnai G2 F30 S-Twin,主要技术参数:分辨率极限为 0.14nm;点分辨率为 0.12nm;线分辨率为 0.10nm;样品最大倾角为 ±40°。

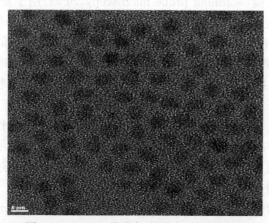

图 4.3.3　PbSe 量子点(黑圆点)的 TEM 图

2. 扫描电镜

扫描电镜也是一种电子显微镜,与透射电镜不同的是,它是通过电子束对样本进行扫描来获得图像的。图 4.3.4 所示的 SEM 图是由多层排列有序、密集堆积的聚苯乙烯球体形成的,图中的比例尺标准为 $1\mu m$。和 TEM 相比,SEM 的优点是聚焦长度很长,可以得到如图 4.3.4 所示的三维剖面图。相比较而言,TEM 的聚焦长度较短,只能提供薄样本的透射对比度。但是 TEM 的分辨率明显比 SEM 高,SEM 标准的分辨率大约 10nm,TEM 的分辨率可达 0.1nm。因此,要观测尺寸小于 10nm 的量子点,TEM 比 SEM 更适合。

图 4.3.4　密集堆积聚苯乙烯球的 SEM 剖面图[3]

4.3.3　扫描探针显微镜

扫描探针显微镜(scanning probe microscopy,SPM)用于获取纳米结构的三维实空间图,并可进行局部电子态密度等物理性质的测量。SPM 是利用一个小尺寸电极(直径在纳米级)和样本表面之间的相互作用来进行绘图的。根据所观测粒子的性质,可以得到粒子的表面空间形貌、电子结构、磁结构和其他许多局部特性的图像。SPM 的主要优势是能提供样本的多种信息(如局部物理性质、黏合性等),有接近单原子水平的分辨率,并可不破坏样本。

前面叙述的电子显微镜需要特别的样本准备和高的真空条件,SPM 只要探头和样品表面之间存在物理相互作用,如使电极充分接近表面,就可成像。纳米级探针尖端在样品表面上进行光栅式扫描,扫描移动也为纳米级,通过在不同位置和恒定高度的扫描探测来获取样品的表面形貌图。

扫描探针显微镜包括扫描隧道显微镜(scanning tunneling microscopy,STM)和原子力显微镜(atomic force microscopy,AFM)。下面对这两种显微镜分别进行叙述。

(1) 扫描隧道显微镜(STM)是可应用在各种环境条件下,如空气、水、油和电解质溶液等。STM 中有一枚做工极其精细的直径为 10nm 级的金属探头。探头上置以电压,工作在距样本表面 0.5～5nm 处。在该距离内,探针和样本的电子波函数的重叠部分出现隧道效应。对隧道电流进行测量,从而获得样品的形貌。图 4.3.5 是 STM 的一个例子,在样品和探针间加偏压,探针从左向右扫描。

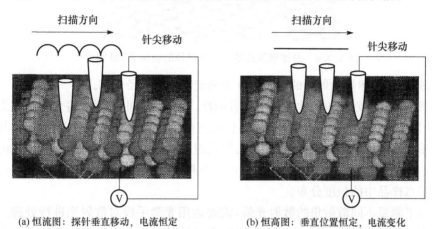

(a) 恒流图:探针垂直移动,电流恒定 (b) 恒高图:垂直位置恒定,电流变化

图 4.3.5　STM 示意图

(2) 原子力显微镜(AFM)通过测量探针和样本间的吸引力和排斥力进行运作。探头和样品之间有多种力,例如,当探头极其接近样本表面时,为短程排斥的范德瓦耳斯力;当探头略微离开表面时,长程吸引力起主要作用。

AFM 并不依赖于样本的导电性。在结构上,AFM 的探针连接在悬臂式弹簧上,样本表面施加在探头上的力使悬臂弯曲。由已知弹性系数 C 的悬臂和悬臂弯曲量 Δz,根据 $F=C\Delta z$,可直接得到静力 F。探针有接触式和非接触式两种。对于接触式,探针工作在排斥力状态下;对于非接触式,它工作在吸引状态。接触式探针能用于空气和液体中的样本上,而非接触式探针不能用于液体中。常用的探针直径为 10～50nm。近年来,随着作为 AFM 或 STM 探针的碳纳米管的引入,探针直径已经减小到 1～2nm。

图 4.3.6 给出了一个密排聚苯乙烯球(直径为 200nm)的光子晶体的表面 AFM 图,这是一张高度有序的近乎完美的光子晶体表面图。

4.3.4　激光粒度仪

激光粒度仪是测量量子点粒径分布的仪器,其基本原理是激光穿过微粒群会

图 4.3.6　密排聚苯乙烯球光子晶体的表面 AFM 图[3]

产生散射,通过测量散射光的相对强度来确定微粒的粒径分布。

　　激光具有很好的单色性和极强的方向性,在自由空间中,激光将会照射到无穷远,并且没有散射。在散射介质中,部分激光束将发生散射,散射角 θ 的大小与散射介质中颗粒的大小有关。研究表明:粒径越大,散射角 θ 越小;粒径越小,散射角 θ 越大。散射光强代表该粒径粒子的数量,测量不同散射角的散射光强,就可以得到量子点样品中的粒度分布。

　　为了测量不同散射角的散射光强,需要运用光学手段对散射光进行处理。一般在光束的适当位置放置一个富氏透镜,在透镜的后焦平面放置一组多元光电探测器,不同角度的散射光通过富氏透镜照射到光电探测器阵列上,经光电转换后传送到计算机中,对这些信号进行处理,就可得到准确的粒度分布。

　　激光粒度仪可测粒径的范围很宽,一般可以达到 $0.02 \sim 2000 \mu m$,其缺点是分辨率不是很高,可测的最小粒径比较大(约 $0.02 \mu m$),因此难于测量位于红外以及可见光区域的只有几个纳米的量子点。图 4.3.7 为目前测量精度较高的普瑞赛斯 Saturn DigiSizer 5205 型超高分辨率数字式激光粒度分析仪,测量范围为 $0.02 \sim 2000 \mu m$。仪器采用半导全固体激光器作为光源,激光输出功率为 $5 \sim 7.5 mW$,配备有 130 万检测像素的高精度动态 CCD 检测器,可用于测量纳米材料的粒度大小和分布。

图 4.3.7　普瑞赛斯 Saturn DigiSizer 5205 型超高分辨率数字式激光粒度分析仪

4.3.5 吸收-辐射光谱

吸收-辐射光谱的测量是表征量子点光学性质的重要手段。前面所述的如 XRD、TEM 等只能观测量子点的形貌或尺寸大小等，无法测量量子点的发光情况。研究者最终关心的是量子点能否发光，以及发光的光谱和光强等特性，因此，吸收-辐射光谱的测量就显得格外重要。典型的 UV-3600 型可见-红外吸收光谱仪如图 4.3.8 所示，可用来测量量子点的吸收光谱。典型的 FLS980 型可见-近红外荧光光谱仪如图 4.3.9 所示，可用来测量量子点的辐射荧光光谱。

图 4.3.8 UV-3600 型可见-红外吸收光谱仪

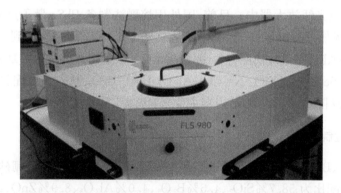

图 4.3.9 FLS980 型可见-近红外荧光光谱仪

在光谱测量中，最关心的是其吸收谱、辐射谱及其峰值波长所在的位置。由于量子点的尺寸效应以及量子点材料的多样性，量子点的光谱范围相当宽广，覆盖从紫外到红外的极宽的区域，人们可以利用这些光谱制备出性能独特的量子点光电子器件。另外，由于量子尺寸效应，吸收光谱的带边移动反映了量子点尺寸的改变。由吸收带边和粒径的定量关系，也可以通过吸收光谱来确定量子点的粒径，从而与 XRD 等技术形成相互印证。

在第 5 章中,将重点分析和讨论量子点的光学光谱特性,包括吸收、辐射和散射特性等,这里不再详叙。

4.4　熔融法制备 PbSe 量子点玻璃

制备量子点掺杂玻璃的方法有熔融法、溶胶-凝胶法和离子注入法等,但目前用于制备红外 PbSe、PbS 量子点玻璃的只有熔融法和溶胶-凝胶法。

熔融法是一种传统的玻璃制备方法,具有工艺简单、价格低廉等特点,可制备出任意大小和形状的玻璃,通过改变热处理时间和温度来控制量子点的尺寸。熔融法制备量子点掺杂玻璃是近年来人们关注的热点之一,它的一个很大的优势是可以用与现今光纤制备技术相兼容的方式——光纤棒拉制,来直接拉制成量子点光纤。量子点本身是在高温环境下制备得到的,经过拉制后量子点的光学特性不会发生改变,这是用分子束外延以及溶胶-凝胶法合成的量子点所不具备的。量子点掺杂玻璃为量子点光电子器件,特别是光纤型量子点光电子器件(如 PbSe 量子点掺杂的光纤放大器和激光器)的实际研制和应用,打开了一扇大门。

国内外对于利用熔融法制备 PbS 量子点掺杂玻璃有过一些报道(如文献[9]、[10])。但 PbS 的荧光产率或发光效率很低,对于实际器件,如量子点光纤放大器,所需的激励功率很大,缺陷明显。荧光产率比较高的是 PbSe 量子点,它很适合用在量子点光纤放大器中。目前,国外用熔融法制备 PbSe 量子点掺杂玻璃的报道不多,例如,Kolobkova 等[11]用熔融法将 PbO 和 ZnSe 掺杂到 $Na_2O-P_2O_5-Ga_2O_3-ZnO-AlF_3$ 基础玻璃配合料中,获得了 PbSe 量子点磷酸盐玻璃;Silva 等[12]用熔融法将 Se 掺杂到 $SiO_2-Na_2CO_3-Al_2O_3-PbO_2-B_2O_3$ 基础玻璃配料中,获得了 PbSe 量子点硅酸盐玻璃。本节内容主要来自文献[8]和文献[9]。

4.4.1　实验制备

以 SiO_2、B_2O_3、Al_2O_3、ZnO、AlF_3 和 Na_2O 为基础成分的钠铝硼硅酸盐玻璃,其玻璃组分配比为 58.7% SiO_2、4.5% B_2O_3、4.0% Al_2O_3、8.9% ZnO、2.2% AlF_3、15.7% Na_2O、3.0% PbO 和 3.0% Se(质量分数)。原料分别为 SiO_2、B_2O_3、Al_2O_3、ZnO、$AlF_3 \cdot 3H_2O$、Na_2CO_3、PbO 和 Se 粉,其中,$AlF_3 \cdot 3H_2O$ 为化学纯试剂,其余均为分析纯试剂。SiO_2 和 B_2O_3 为网络形成体,Al_2O_3、ZnO 为网络中间体,Na_2O 为网络外体。Al_2O_3 用来调节玻璃的形成能力,ZnO 有助于量子点尺寸的分布均一化,Na_2O 作为助溶剂,AlF_3 用来加速玻璃形成的反应,降低玻璃液的黏度和表面张力,促进玻璃液的澄清和均化。PbO 和 Se 作为量子点 PbSe 的引入物。为了提高 PbSe 量子点在玻璃中的含量,防止玻璃熔体中的 Se 被氧化,以及 Se 和 Pb

元素被部分挥发,可同时采取两种方法,一方面加入过量的 Se 粉,同时在配合料中加入一定量的碳起还原作用,防止 Se 被氧化。

首先将混合好的配合料搅拌均匀,取出后置于刚玉坩埚中,而后放入箱式电炉 1400℃高温熔融 1h,将熔体倾倒在金属模上,急速冷却到室温,玻璃呈浅棕色,此样品记为 G_0,此时玻璃中应无 PbSe 晶体生成。接着分别在 500℃、550℃、600℃和 650℃下热处理 5h,加强 Pb^{2+} 和 Se^{2-} 扩散,样品分别记为 G_1、G_2、G_3 和 G_4,经热处理后得到黑色不透明玻璃。

用荷兰 PNAlytical 公司生产的 X'Pert PRO 型 X 射线衍射仪分析样品 G_0、G_1、G_2、G_3 和 G_4 的结晶情况以及 PbSe 量子点的晶粒大小,X 射线源为 Cu 靶 Kα 射线($\lambda = 0.154056$nm)。采用荷兰 Philips-FEI 公司生产的 Tecnai G2 F30 S-Twin 型 300kV 高分辨透射电子显微镜分析样品 G_2、G_3 和 G_4 中 PbSe 量子点的分布情况和尺寸大小。采用日本岛津公司生产的 UV-3150 型紫外可见近红外分光光度仪测量样品 G_0、G_2 和 G_3 的近红外吸收谱(near-infrared absorption spectrum,NIRAS),其测量范围为 900～2700nm,扫描精度为 1nm。采用英国 Edinburgh Instruments 公司生产的 FLSP 920 型荧光光谱仪测量样品 G_0、G_2、G_3 和 G_4 的荧光辐射谱(photoluminescence spectrum,PL 谱),测量范围为 1200～3500nm,扫描精度为 1nm,激发波长为 1064nm(采用 Nd^{3+} : YAG 激光器)。

4.4.2 结果与分析

1. XRD 分析

图 4.4.1 为不同热处理温度条件下制得的 PbSe 量子点玻璃的 XRD 图谱,图(a)中样品 G_0 为未经热处理的玻璃样品。从图中可以看出,该样品出现了弱而窄的PbSe的(200)和(220)衍射峰,根据 Scherrer 公式

$$L = K\lambda / \beta \cos\theta$$

可得 PbSe 的(200)和(220)方向的平均晶粒大小分别为 37.7nm 和 44.9nm,说明未经热处理的玻璃样品中析出了少量 PbSe 晶体,可能是由于玻璃熔体冷却速度不够快而有晶体析出,或者是由挥发的 PbSe 冷却形成的。G_1 为经 500℃热处理后的玻璃样品,从图 4.4.1(a)可以看出,样品 G_1 的衍射峰未发生明显的变化,由 Scherrer 公式可知,其 PbSe 的(200)和(220)方向的平均晶粒大小分别为 40.6nm 和 48.9nm,说明经过 500℃热处理 5h 后,玻璃中晶粒的形状大小和含量基本上无明显变化,也说明 500℃温度条件下 Pb^{2+} 和 Se^{2-} 不发生明显扩散,从而不发生析晶现象。

图 4.4.1(b)中样品 G_2、G_3 和 G_4 分别为经 550℃、600℃和 650℃热处理后的

玻璃样品。从图中可以看出，样品 G_2、G_3 和 G_4 仅出现 PbSe 晶体衍射峰，但其衍射峰发生明显的变化，尤其样品 G_2 与样品 G_1 之间的衍射峰发生了转折性变化，样品 G_2 的衍射峰半高全宽明显变宽。随着热处理温度的增加，样品 G_2、G_3 和 G_4 的衍射峰强度变强、半高全宽变窄，晶粒尺寸变大。此外，也说明经过 550℃、600℃ 和 650℃ 热处理 5h 后，玻璃中析出 PbSe 晶体。结果表明，当热处理温度大于等于 550℃ 时，该基础玻璃中的 Pb^{2+} 和 Se^{2-} 发生明显扩散，其玻璃中析出 PbSe 晶体。

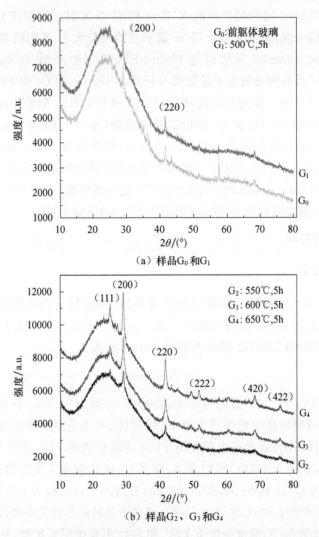

（a）样品 G_0 和 G_1

（b）样品 G_2、G_3 和 G_4

图 4.4.1　不同热处理条件下的 PbSe 量子点玻璃的 XRD 图谱

图 4.4.2 为样品 G_1 的 EDX 图谱。由图可见，玻璃样品中含有 Zn、Pb、Cu、Se

等元素和 PbSe 晶体。测量使用的是由荷兰 Philips-FEI 公司生产的 Tecnai G2 F30 S-Twin 型 300kV 高分辨透射电子显微镜附带的一个 EDS 分析仪。

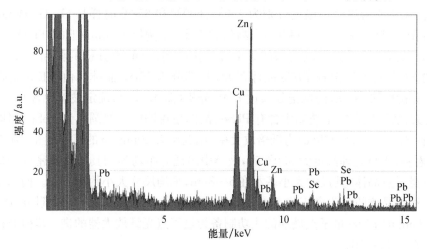

图 4.4.2　550℃热处理条件下样品 G_1 的 EDX 图谱

样品 G_2、G_3 和 G_4 中 PbSe 的每个晶面方向的平均晶粒大小如图 4.4.3 所示。由图可见,晶粒的平均尺寸较为均匀,各个晶面的平均晶粒大小基本稳定在 6～9nm、11～17nm 和 16～22nm,且其平均晶粒大小分别为 7.35nm、13.8nm、18.7nm。在考虑微观应变的情况下,其平均晶粒大小分别为 7.1nm、10.0nm、13.9nm,均小于 PbSe 激子玻尔半径(46nm,见表 3.1.4)。结果表明,经过热处理后,玻璃样品中能析出 PbSe 量子点晶粒。从图中也可以清楚地看到,热处理温度升高,玻璃样品中的 PbSe 量子点晶粒大小随之增加。

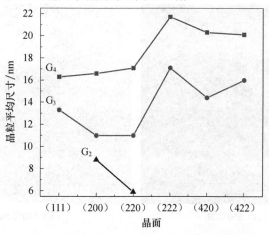

图 4.4.3　样品 G_2、G_3 和 G_4 的 PbSe 晶面晶粒大小

2. TEM 分析

图 4.4.4 为热处理温度分别为 550℃、600℃和 650℃时样品 G_2、G_3 和 G_4 的 TEM 图。其中，图(b)、(d)和(f)为高倍放大率(比例尺为 5nm)下的 TEM 图，从图中可以清楚地看到颜色较深部分出现晶格结构，由前面分析的样品 G_2、G_3 和 G_4 的 XRD 图中仅出现 PbSe 晶体可知，此部分为 PbSe 晶体。由 TEM 附带的 EDX 分析可知，图(a)的标记处通过 EDX 分析(图 4.4.2)，确定玻璃中含有 Pb 和 Se 元素，从而更肯定了玻璃中含有 PbSe 晶体，也说明图中黑圆点为 PbSe 晶体。

图 4.4.4(a)、(c)和(e)为低倍放大率(比例尺为 20nm)下的 TEM 图。从图中可以看到，当热处理温度为 550℃时，玻璃中出现分布均匀的具有一定密度的球状 PbSe 量子点晶体，其尺寸大小基本在 5~8nm，平均尺寸大小约为 6nm。而 5.5nm PbSe 纳米晶体的吸收谱正好落在常规的光纤通信中心波长 1550nm 附近，因此，约为 6nm 的 PbSe 量子点玻璃的成功制备为量子点光纤放大器的进一步研究提供了良好的实验基础。

随着热处理温度的升高，PbSe 量子点尺寸大小随之增加。样品 G_3 和 G_4 的 PbSe 量子点尺寸大小分别为 7~11nm 和 10~15nm，平均尺寸大小约为 9nm 和 13nm，其尺寸大小与前面 XRD 分析(在考虑了微观应变的情况下)得到的结果基本一致。随着热处理温度的升高，玻璃中的 PbSe 量子点分布密度减小，这是因为热处理过程是 Pb^{2+} 和 Se^{2-} 离子扩散的过程，是两个小尺寸量子点合为一个新的量子点和大的量子点吞并小的量子点的过程[13]，通过提高热处理温度来加强 Pb^{2+} 和 Se^{2-} 离子的扩散，加速小尺寸量子点的合并，从而使玻璃中的 PbSe 量子点密度减小，尺寸变大。

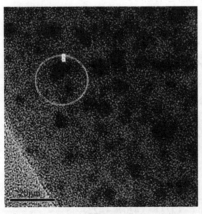
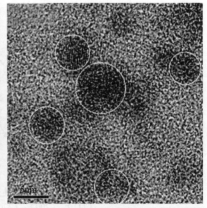

(a) 550℃,5h　　　　　　　　　(b) 550℃,5h

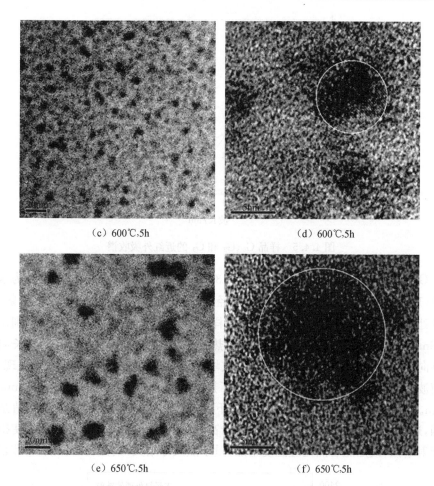

（c）600℃，5h　　　　　　　　　（d）600℃，5h

（e）650℃，5h　　　　　　　　　（f）650℃，5h

图 4.4.4　不同热处理温度条件下的 PbSe 量子点（黑圆点）玻璃的 TEM 图

3. 近红外吸收谱

图 4.4.5 为未经热处理和经 550℃、600℃ 热处理 5h 后玻璃样品的吸收谱。由图可见，在 900～2700nm 波长范围内样品 G_0 未出现吸收峰，而样品 G_2 和 G_3 分别在 1566nm 和 2190nm 波长处出现明显的吸收峰。这说明通过热处理可以在 PbSe 掺杂玻璃中析出量子点晶体，随着热处理温度的升高，PbSe 量子点的吸收峰值波长出现红移。直径为 6nm 和 9nm 的 PbSe 分别在 1566nm 和 2190nm 处出现吸收峰，从而显示了 PbSe 量子点的量子尺寸效应。

4. 荧光辐射(PL)谱

图 4.4.6 为未经热处理玻璃样品（G_0）和经不同热处理温度下的玻璃样品

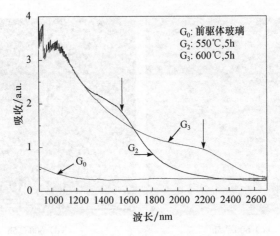

图 4.4.5　样品 G_0、G_2 和 G_3 的近红外吸收谱

（G_2、G_3、G_4）的 PL 谱。图中，2129nm 和 3188nm 波长处出现较窄的激励峰为激励光源（1064nm）的倍频光。由图可见，未经热处理的玻璃样品 G_0 没有荧光辐射，经过热处理的玻璃样品出现 PL 荧光辐射，样品 G_2、G_3 和 G_4 的 PL 辐射峰分别位于 1676nm、2210nm 和 2757nm 波长。随着热处理温度的升高，其 PL 峰值波长向长波方向移动，这与吸收谱中所显示的吸收峰红移是一致的。由吸收峰波长发现 PL 峰值波长相对于吸收峰有红移，即出现了斯托克斯位移，红移量分别为 110nm 和 20nm。同时，在量子点尺寸较小的情况下，随着热处理温度的升高，PL 峰值强度增强，这可能是因为随着热处理温度的升高，量子点晶体的析出增多，从而使得荧光辐射增强；或是随着热处理温度增加，量子点尺寸增大，其比表面积减小，非辐射

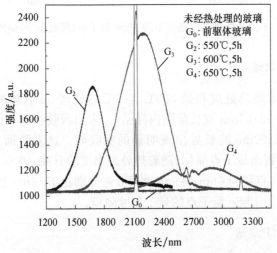

图 4.4.6　样品 G_0、G_2、G_3 和 G_4 的荧光辐射谱

俄歇效应减弱,从而使得荧光辐射增强。此外,随着热处理温度的升高,PL 峰的半高全宽(FWHM)也随之增加,其值分别为 275nm、506nm 和 808nm。这说明随着热处理温度的升高,量子点粒度的分布范围变宽。

由上可见,利用熔融法在钠铝硼硅酸盐玻璃(SiO_2-B_2O_3-Al_2O_3-ZnO-AlF_3-Na_2O)中成功合成了 PbSe 量子点晶体,量子点分布较均匀、单分散性较好。当热处理温度≥550℃时,该硅酸盐玻璃中的 Pb^{2+} 和 Se^{2-} 离子发生明显扩散,其玻璃中析出 PbSe 晶体。通过热处理条件(如热处理温度、热处理时间)可控制玻璃中 PbSe 量子点的尺寸,随着热处理温度的升高,PbSe 量子点的尺寸增加,密度变小,其吸收峰值波长和荧光辐射峰值波长向长波方向移动。

4.4.3　熔融二次热处理优化制备 PbSe 量子点荧光玻璃

用前面介绍的熔融法制备得到的 PbSe 量子点的粒径稍大,它们的辐射峰位于长波长区,不宜用在 1550nm 通信波带,粒径和数密度分布也较难控制。下面讨论两个问题。

(1) 如何控制量子点数密度和量子点尺寸?

玻璃中量子点数密度应当合适,不宜太高或太低。掺杂浓度体积比控制在略高于前述的激射浓度阈值 0.2%～0.5%,这时的增益与吸收比合适,饱和光纤长度为几十厘米,方便进行实验。

PbSe 量子点玻璃的析晶过程是 Pb^{2+} 和 Se^{2-} 的扩散复合过程,包括晶核形成(C)和晶体生长(B)两个阶段,如图 4.4.7 所示。当温度较低时,晶体成核速率较快,而晶体生长速率较慢,以晶核形成过程为主;当温度较高时,成核速率减慢,而生长速率加快,以晶体生长过程为主。其中,晶核形成过程(C)主要决定量子点的数密度,晶体生长过程(B)主要决定量子点的尺寸。可先用较低的核化温度进行第一次热处理,通过控制核化时间来实现 PbSe 晶核的适度形成;然后,在较高的晶化温度下进行二次热处理,通过调整晶化时间来控制 PbSe 量子点生长的尺寸,从而获得合适的量子点数密度和量子点尺寸。

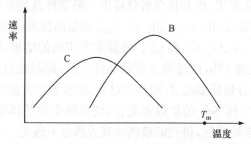

图 4.4.7　PbSe 量子点玻璃的析晶过程(T_m 为熔点)

由于量子点的成核及晶化机理比较复杂,Pb^{2+}和Se^{2-}的扩散复合和生长过程与本底材料成分及含量、温度、时间等许多因素有关,目前还没有令人信服的理论计算,主要通过实验加以解决。

(2) 如何使量子点尺寸均一?

影响量子点尺寸均一的因素主要有 ZnO 含量、玻璃样品的尺寸、配合料是否纯净以及混合是否均匀充分等。

实验发现:适当提高 ZnO 掺入量,例如,当 ZnO 含量占总玻璃配料质量比为9.4％时,可提高量子点尺寸的均一性。这是因为在 1400～1500℃高温下,ZnO 与Se 结合充分,形成具有高熔点且较难挥发的 ZnSe,减少了低熔点 Se 元素的挥发,使得留在基底中的Pb^{2+}和Se^{2-}能够充分扩散复合。

此外,小体积玻璃(如光纤)在高温炉中的温度梯度很小,离子在相同的温度下扩散,复合速率均匀、析晶均匀,量子点尺寸易于均一,采用光纤形式(不采用块玻璃)进行析晶是达到量子点尺寸均一的有效途径。另有文献报道,较低的温度和长时间的保温,也有利于量子点尺寸的均一。

具体实验过程如下。

(1) 玻璃基础配料。

配合料的配方与 4.4.1 节的基本相同,不同的是 PbO 和 Se 粉的质量各占1.5％。PbO 和 Se 作为 PbSe 量子点的引入体,为了提高 PbSe 量子点在玻璃中的浓度,防止在玻璃熔体中 Se 被氧化、Se 元素被部分挥发,可在配合料中加入过量Se 粉的同时加入一定量的 C 粉以起到还原作用,提高量子点在玻璃中的浓度。

(2) 制备。

首先,把配合好的基础原料搅拌均匀、充分混合,放入刚玉坩埚中盖上盖子,保持清洁,减少挥发,放入电烤炉,保持 1400℃高温熔融 1h。然后将熔体倾倒在金属模上,急速冷却到室温,玻璃呈透明浅棕色,将此样品标记为S_0,此时样品中应该没有量子点生成。经测量,此玻璃的吸收光谱与没有掺杂的玻璃吸收光谱一致。接着,经历二次热处理。

第一次热处理温度T_1由差热分析仪得出。根据样品的差热分析图,取T_1为500℃,分别热处理 3h、3.5h、4h、4.5h、5h,该过程是晶核形成过程,即核化过程,所得样品分别记为G_1、G_2、G_3、G_4 和G_5。根据多次实验的结果,第二次热处理温度T_2 定为540℃,热处理 10h,该过程主要是晶体生长,即晶化过程。在这两步热处理过程中,玻璃先经过较低温度T_1的核化过程,使玻璃中大量形成晶核;再在较高温度T_2下,强化Pb^{2+}和Se^{2-}的扩散和复合,使玻璃中的晶体生长,以达到完全析晶的目的。经两步热处理后,得到的玻璃外观为黑色不透明。

(3) 差热分析。

合成量子点的热处理温度范围可由差热分析得出(图 4.4.8)。图中在

802.8℃有一个明显的放热峰，在 935.5℃有一个明显的吸收峰。由此可推断掺杂玻璃的结晶温度 T_c＝789～830℃，该温度范围与 Ma 等[14]通过经典成核理论计算得到的结果一致；熔化温度 T_m＝935.5℃，钠硼铝硅酸盐 PbSe 掺杂玻璃的转化温度 T_g≈475℃[14]。为了尽可能使 PbSe 量子点在基底玻璃中沉积，退火温度应高于玻璃转化温度，可设定最佳的第一次热处理温度 T_1＝500℃；为了避免玻璃基底的脱玻化，退火温度不能接近玻璃结晶温度，经过多次实验，确定第二次理想热处理温度 T_2＝540℃。

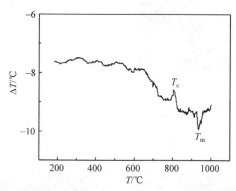

图 4.4.8　钠硼铝硅酸盐 PbSe 量子点掺杂玻璃的差热分析图

（4）TEM 分析。

图 4.4.9(a)为 G_3 样品经过 500℃/4h 和 540℃/10h 两步热处理后的 TEM 图。由图可见，玻璃中析出了大量尺寸均一的黑色圆点，内部有清晰的晶格结构 [图(b)、(c)]，其尺寸在 3.1～6.7nm，平均尺寸为 4.76nm。晶体粒径和激子玻尔半径之比 a/a_B＝0.07～0.15≪1，说明制备得到的为强约束量子点。图 4.4.9(d)显示了量子点尺寸的统计分布情况。

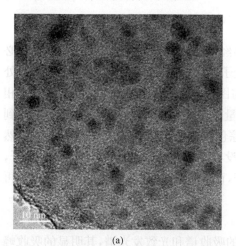

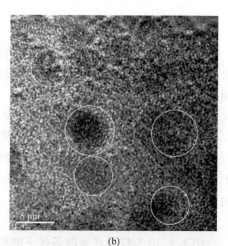

(a)　　　　　　　　　　　　　　　　(b)

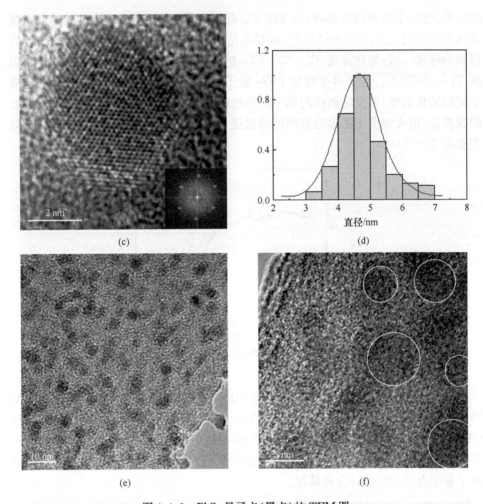

图 4.4.9　PbSe 量子点(黑点)的 TEM 图

　　量子点光纤有可能是将量子点玻璃再经过二次高温熔融拉制而成,因此有必要研究二次高温熔融是否会破坏原有的量子点。图 4.4.9(e)、(f)为经过二次热处理再经 1400℃二次熔融后的 TEM 图。与图 4.4.9(a)(未经 1400℃二次熔融)相比较,PbSe 量子点(黑圆点)的数量减少,量子点晶体的掺杂体积比从 2%下降到 1.4%,玻璃颜色也由黑色退回到半透明棕色。但图 4.4.9(f)中的量子点内仍然可见清晰的晶格结构,即晶体自身的结构没有遭到破坏。因此,拉制量子点光纤,不宜将量子点玻璃直接经高温拉制成光纤,而应先制成基础玻璃后拉制成光纤,再对光纤进行二次退火热处理。

　　(5) 光谱分析。

　　图 4.4.10 为样品在室温条件下测得的吸收谱和光致发光谱,其明显的吸收峰

和荧光辐射峰表明样品中存在 PbSe 量子点晶体。由图 4.4.10(a)可见,样品 G_2、G_3、G_4 在近红外区域有一个明显的吸收峰,其峰值波长与块材料带隙能所对应的波长相比发生了蓝移。此外,随着热处理温度的提高,其峰值波长有微小红移,吸收峰波长分别为 1043nm(G_2)、1064nm(G_3)和 1102nm(G_4)。由于第一次热处理时间延长间隔为 0.5h,时间较短,导致峰值波长红移量较小。同样的现象在 PL 谱中也观察到了。图 4.4.10(b)为样品 G_1、G_2、G_3 和 G_4 的 PL 谱,其波峰分别位于 1109nm(G_1)、1220nm(G_2)、1229nm(G_3)、1279nm(G_4)。峰值强度与一次热处理(540℃)制备得到的量子点玻璃 PL 峰值强度相比增大了 3～5 倍。G_5 没有荧光辐射峰。由图可见,晶体的生长速率与第一次热处理的温度、时间有关。吸收峰与辐射峰相比较出现蓝移(斯托克斯频移),频移约 170nm。与文献[9]报道的热处理温度越低斯托克斯频移(Stokes shift)越大的现象一致。

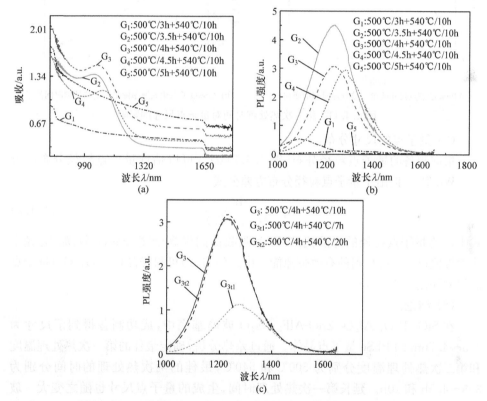

图 4.4.10　不同热处理时间的 PbSe 量子点玻璃的吸收谱和 PL 谱

为了考查延长第二次热处理时间对量子点形成的影响,缩短样品 G_4 第二次热处理时间至 7h,标记为 G_{3t1};延长样品 G_4 第二次热处理时间至 20h,标记为 G_{3t2}[图 4.4.10(c)]。结果表明:样品 G_{3t1} 的荧光辐射峰强度小于 G_4 样品,而 G_{3t2} 的荧光辐射峰强度和峰值波长与样品 G_4 相比均无变化。因此,最佳的第二次热处理时间可选为 10h。

（6）第一次热处理时间对量子点尺寸的影响。

图 4.4.11(a)给出了实验的量子点尺寸随第一次热处理时间的变化,离散的实验数据可拟合为指数曲线

$$D = 5(1 - e^{-0.45t}) \tag{4.4.1}$$

式中,D 为量子点直径,nm;t 为第一次热处理时间,h。由此可得,量子点生长速率如图 4.4.11(b)所示。

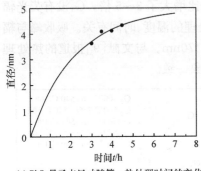

(a) PbSe量子点尺寸随第一热处理时间的变化　　(b) PbSe量子点生长速率随第一次热处理时间的变化

图 4.4.11　第一次热处理时间对量子点尺寸的影响

（7）量子点的尺寸分布。

根据制备的量子点粒径分布[图 4.4.9(d)],可以估计量子点粒径分布的方差。Wu 等[15]提出了量子点粒径分布方差公式

$$\xi = \frac{W}{4(\hbar\omega - E_g)} \tag{4.4.2}$$

式中,ξ 为量子点粒径的标准偏差;W 为吸收谱的半高全宽(FWHM);$\hbar\omega$ 为光子能量峰值;E_g 是块材料的有效带隙能。由式(4.4.2)可得样品(G_2、G_3、G_4)量子点的尺寸偏差 ξ 约为 5%。

（8）结论。

在 SiO_2-B_2O_3-Al_2O_3-ZnO-AlF_3-Na_2O 玻璃基底中,成功制备得到了尺寸为 3.5~4.7nm 的 PbSe 量子点晶体。通过差热分析,确定最佳的第一次热处理温度和第二次热处理温度分别为 500℃ 和 540℃,最佳的两次热处理的时间分别为 3.5~4.5h 和 10h。延长第一次热处理时间,生成的量子点尺寸也随之变大。玻璃中量子点数密度分布均匀,尺寸分布较窄(ξ 约为 5%),掺杂体密度高达 2%,有利于实现粒子数密度反转,从而容易形成激射。量子点玻璃具有明显的吸收峰和强荧光辐射,辐射峰波长位于 1220~1279nm。量子点 PL 谱的 FWHM 达约 200nm,且斯托克斯频移十分明显(170nm),这对于提高无吸收波带内(1220~1279nm)光辐射的增益有积极意义。

半导体量子点掺杂玻璃具有广泛的应用前景,但目前在制备上还存在一些有待解决的问题,例如,玻璃中量子点的尺寸、密度分布等较难准确控制,离实用型光子器件的需求还有一段距离;在激光辐照下,玻璃往往会产生光暗效应;在辐照过程中及辐照以后,玻璃中的离子会沉积在生成的量子点上,从而增大了量子点的尺寸,减弱量子约束效应。对于这些问题,需要进行更深入的研究和探讨。

4.5　本体聚合法制备 PbSe/PMMA 量子点光纤材料

4.5.1　概述

众所周知,在光纤通信领域,直径为 4~7nm 的 PbSe 量子点在传统的光通信波段(1.2~1.8μm)处有明显的吸收和辐射谱。Cheng 等对量子点掺杂的光纤放大器进行了比较深入的理论分析和探索[16,17]。相比于现在广泛应用于通信领域的掺铒光纤放大器,量子点光纤放大器具有宽波带、高增益、低噪声等优点,有可能成为一种新型的光纤放大器。

需要指出,量子点表面能很高,且表面效应非常强烈,因此极易团聚。团聚的存在不但使量子点的尺寸变大,而且会产生较多的结构缺陷,从而影响了量子点的发光特性。将 PbSe 量子点掺杂到构成塑料光纤的 PMMA 中,制备出 PbSe/PMMA 量子点光纤材料,一方面可以利用 PMMA 大分子聚合物分子链之间的排斥作用,有效防止 PbSe 量子点的团聚;另一方面,PMMA 塑料光纤具有柔韧性好、易耦合、数值孔径大、质量轻、成本低等优点,在未来的短距离光通信领域中将起到很大的作用,因此 PbSe/PMMA 是一种有潜力的光纤基底材料。

近年来,以 PMMA 为基底的纳米复合材料得到了许多研究,例如,在 PMMA 材料中原位合成了 CdSe 纳米颗粒,发现其在 PMMA 基底中的 PL 峰要比在甲苯等基底中的 PL 峰强;采用溶胶-凝胶法制备了 TiO_2/PMMA 有机无机杂化玻璃,发现其具有一定的热致变色效应。但是,对于量子点掺杂的 PMMA 塑料光纤的制备及其光学特性的研究很少,目前尚未见有相关报道。

我们在利用超声电化学法制备出水相 PbSe 纳米晶体的基础上,通过本体聚合法,首次制备出 PbSe/PMMA 量子点光纤材料。用透射电镜观测了 PbSe/PMMA 的形貌特征,用紫外可见近红外分光光度仪和荧光光谱仪分析了吸收谱和荧光辐射谱。结果表明:在 PMMA 基底中生成了 PbSe 量子点。量子点的平均尺寸为 5~10nm,尺寸随 PbO 和 Se 反应温度的升高而增大。吸收峰位于近中红外的 1359~2340nm,荧光辐射峰位于 1431~2365nm。辐射峰的半高全宽为 100~300nm,辐射与吸收波长峰值存在 16~72nm 的斯托克斯频移。

这些工作为今后将 PbSe/PMMA 量子点光纤材料拉制成 PbSe 量子点塑料光

纤,从而进一步制备 PbSe 量子点塑料光纤放大器提供了基础。

4.5.2　制备

1. 材料及仪器

甲基丙烯酸甲酯(MMA)、偶氮二异丁腈(AIBN)、氧化铅(PbO)、硒(Se)粉、液体石蜡、油酸、丙酮、正己烷、乙醇,这些试剂均为分析纯,实验用水为蒸馏水。仪器包括 GL-4 型磁力加热搅拌器(矛华仪器有限公司)、TDL80-2B 台式离心机(上海安亭科学仪器厂)、202-1 型电热恒温干燥箱(上海锦屏仪器仪表有限公司)、DK-824 电热恒温水域锅(上海精宏实验仪器有限公司)。

2. PbSe 量子点的制备

取 2mL 油酸和 8mL 液体石蜡放入三口烧瓶 1 中,加入 0.223g PbO 粉末,加热到 190℃,待充分溶解后,在 190℃下保温备用。取 20mL 液体石蜡,放入三口烧瓶 2 中,并加入 0.064g Se 粉,快速搅拌下加热到 170℃,充分溶解后保持在相应温度下备用。在烧瓶 1 中取 5mL 的反应液体,加入烧瓶 2 中。反应 5min 后从烧瓶 2 中取出 2mL 反应液体,快速注入甲醇和丙酮的混合液中,猝灭反应,冷却,静置。将样品离心处理后,去掉下层沉淀。用甲醇和丙酮重复清洗两次后,溶于正己烷中。在保持上述其他实验条件相同的情况下,通过改变 PbO 与 Se 粉的反应温度(170~240℃),制备出一批 PbSe 量子点样品。

3. PbSe/PMMA 量子点光纤材料制备

在烧杯中加入 25mL 除去阻聚剂后的甲基丙烯酸甲酯(MMA)和 0.25g 用乙醇重结晶提纯后的偶氮二异丁腈(AIBN),室温下在可加热的磁力搅拌机上以 75℃ 的温度强搅拌预聚合 15min,使其达到一定的黏度后冷却至室温,分别将上述制备的 PbSe 量子点样品加入。强搅拌 60min,再超声振荡 30min,使量子点在 PMMA 胶状体中均匀分布。将量子点分布均匀的 PMMA 胶状体再次放入恒温干燥箱中以 50℃的温度聚合 72h,便得到 PbSe 纳米晶体均匀掺杂的固体 PbSe/PMMA 量子点光纤材料。

4. 测试

采用荷兰 Philips-FEI 公司生产的 Tecnai G2 F30 S-Twin 型 300kV 高分辨透射电子显微镜分析样品中 PbSe 纳米晶体的尺寸以及分布情况。采用日本岛津公司生产的 UV-3150 型紫外可见近红外分光光度仪测量样品的近红外吸收谱(near-infrared absorption spectrum, NIRAS),测量范围为 900~2700nm,扫描精度为 1nm。采用英国 Edinburgh Instruments公司生产的 FLSP 920 型荧光光谱仪测量样品的荧光辐射谱,测量范围为 1200～3500nm,扫描精度为 1nm,激励波长为 1064nm(采用 Nd³⁺ : YAG 激光器)。

4.5.3 结果与分析

1. TEM 分析

图 4.5.1(a)～(c)分别为 PbO 与 Se 粉在反应温度为 170℃、200℃和 235℃时样品的 TEM 图,样品分别标记为 B₁、B₂、B₃。图片中的背景为 PMMA,颜色较深的为 PbSe 量子点,均匀分散在 PMMA 基底中。量子点呈近似球状,颗粒的边缘轮廓较明显,内部有较为清晰的晶格结构,晶格常数约为 0.6nm。

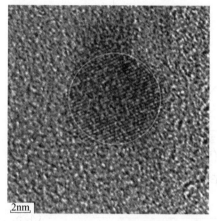

（a）反应温度为170℃时样品B₁的TEM图

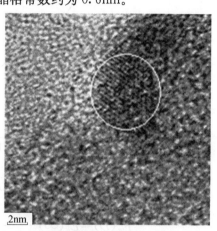

（b）反应温度为200℃时样品B₂的TEM图

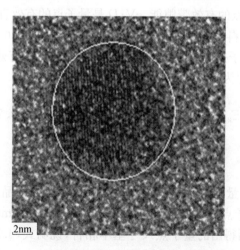

（c）反应温度为235℃时样品B₃的TEM图

图 4.5.1 PbSe/PMMA 量子点光纤材料 TEM 图

由 TEM 图可估计样品中的量子点尺寸大致为 5nm(B_1)、7nm(B_2)及 10nm
(B_3)。这证明随着 PbO 与 Se 粉反应温度的升高,生成的 PbSe 量子点尺寸将
增大。

2. 近红外吸收谱分析

图 4.5.2 为 PbSe/PMMA 材料样品的吸收谱,分别位于 1359nm(B_1)、
1823nm(B_2)和 2340nm(B_3)。PbSe 量子点的尺寸可由 Brus 公式[式(3.2.15)]确
定,也可用以下形式略为不同的方程进行计算[18]:

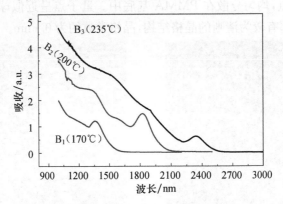

图 4.5.2　PbSe/PMMA 量子点光纤材料的吸收谱

$$E_g(D) = E_g(\infty) + \frac{1}{0.0105D^2 + 0.2655D + 0.0667} \tag{4.5.1}$$

式中,$E_g(D)$是量子点的有效带隙能,eV;D是量子点的有效直径,nm;等号右侧第
一项为 PbSe 块状材料的带隙能(0.25eV);右侧分母中的 $0.0105D^2$ 为量子局域受
限项,$0.2655D$ 为电子-空穴间库仑屏蔽作用项,0.0667 为有效里德伯能。为了方
便,式(4.5.1)可改写为与吸收峰值波长直接相关的形式:

$$\Delta E_g = E_g(D) - E_g(\infty) = \frac{hc}{1.6 \times 10^{-19}\lambda} - 0.25$$

$$= \frac{1}{0.0105D^2 + 0.2655D + 0.0667} \tag{4.5.2}$$

式中,h 为普朗克常量;c 为光速;λ 为吸收峰波长。将样品的吸收峰波长代入
式(4.5.2),可得量子点的尺寸分别为 4.85nm(B_1)、6.87nm(B_2)、9.83nm(B_3)。
这些结果与 TEM 图得出的量子点尺寸基本相符,说明式(4.5.1)或式(4.5.2)有
较高的适用性。

3. 荧光辐射谱分析

实验观测到 PbSe/PMMA 材料具有强烈的荧光辐射,如图 4.5.3 所示。在 2129nm 波长处出现的窄峰为激励光(1064nm)的半频光。

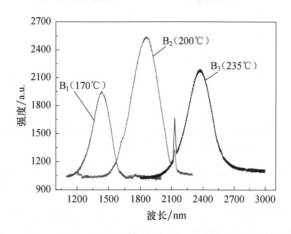

图 4.5.3　PbSe/PMMA 量子点光纤材料的荧光辐射谱强度

由图 4.5.3 可见,PL 辐射峰为单峰,呈左右大致对称的形状,辐射谱平滑。峰值强度最大的是样品 B_2,其次是 B_3,最小的是 B_1。PL 峰值波长分别位于 1431nm (B_1)、1857nm(B_2)和 2365nm(B_3)。PL 峰值波长随量子点尺寸的增大而红移,与吸收谱峰的红移现象一致。PL 峰的 FWHM 分别为 306nm(B_2)、247nm(B_3)、102nm(B_1)。由实测的 FWHM 以及式(4.5.2),可估计量子点尺寸分布的最大涨落为(4.85±0.23)nm(B_1)、(6.87±0.81)nm(B_2)、(9.83±0.78)nm(B_3)。由于荧光辐射强度与跃迁载流子数密度成正比,图 4.5.3 中的荧光辐射谱也可看成量子点的粒度分布。例如,对于 B_1 样品,在(4.85±0.23)nm 处,粒子分布为零。

在图 4.5.3 中,样品 B_2(反应温度 $T=200℃$)有最强的 PL 辐射。当反应温度低于 200℃时,随着温度的降低,量子点晶体析出减少,从而使得荧光辐射强度变弱。另外,此时生成的量子点尺寸较小,其比表面积很大,因此非辐射俄歇复合效应增强,荧光辐射强度变弱。当反应温度高于 200℃时,随着温度的增加,量子点尺寸增大,量子约束效应减弱,形成激子的概率减小,从而使得荧光辐射强度减弱。因此,在本书的实验范围内,200℃是可获得最强 PL 辐射的反应温度。

表 4.5.1 列出了实验中的 PbSe/PMMA 量子点材料的有关数据。

表 4.5.1　PbSe/PMMA 量子点材料的各有关数据

序号	样品标号	实验的反应温度 T/℃	量子点尺寸* D/nm	实测吸收峰波长 λ/nm	实测辐射峰波长 λ/nm	辐射峰的 FWHM/nm	斯托克斯频移 $\Delta\lambda$/nm
1	B_1	170	4.85	1359	1431	102	72
2		180	5.65	1582	—	—	—
3		185	6.09	1674	—	—	—
4		195	6.34	1726	—	—	—
5	B_2	200	6.87	1823	1857	306	34
6		215	8.61	2145	—	—	—
7	B_3	235	9.83	2340	2365	247	16

*量子点尺寸由实测的吸收峰波长以及式(4.5.2)确定。

如表 4.5.1 所示,比较辐射谱与吸收谱可知,每个样品都存在斯托克斯频移,其大小分别为 72nm(B_1)、34nm(B_2)、16nm(B_3)。斯托克斯频移的产生是因为导带上的电子没有跃迁回价带,而是跃迁到一个较高的能级(由材料表面缺陷所致)。在本实验中,随着反应温度的升高,量子点尺寸增大,斯托克斯频移量将减小。这种现象曾有过较多的报道,例如 Silva 等[12]用 Kubo 理论来解释此现象。当粒子尺寸进入纳米量级时,由于量子尺寸效应,原来块材料的准连续能级产生离散现象,其相邻电子能级间隔 ΔE 和颗粒直径的关系为

$$\Delta E = \frac{4}{3}\frac{E_F}{N} \propto V^{-1} \qquad (4.5.3)$$

式中,N 为一个纳米粒子的总导电电子数;V 为纳米粒子的体积;E_F 为费米能级。当粒子为球形时,随着粒径的减小,能级间距增大。因此,随着反应温度的升高,量子点尺寸增大,相邻两能级的间隔减小,使得斯托克斯频移量减小。

4. PbO 和 Se 的反应温度与量子点尺寸的关系

实验发现,量子点的大小主要与 PbO 和 Se 的反应温度有关。随着反应温度的升高,生成的量子点尺寸变大。为了进一步探讨反应温度对生成量子点尺寸的影响,我们对实验数据进行数值拟合,得到如下的近似表达式:

$$D \approx 1.5527 \times 10^{-4} T^2 + 1.5016 \times 10^{-2} T - 2.1672 \quad (170℃ < T < 240℃)$$

$$(4.5.4)$$

式中,D 是 PbSe 量子点的有效直径,nm;T 是 PbO 与 Se 粉的反应温度,℃。其对应的拟合曲线如图 4.5.4 所示。

根据表 4.5.1 的实验数据,还得出 PbSe 量子点吸收峰值波长关于反应温度

的拟合曲线(图 4.5.5),并有如下的近似表达式:

$$\lambda \approx -3.3912 \times 10^{-2} T^2 + 28.725 T - 2523.8 \quad (170℃ < T < 240℃) \quad (4.5.5)$$

式中,λ 是 PbSe 量子点的吸收峰值波长,nm。由式(4.5.5),可直接得到用本体聚合法制备 PbSe 量子点的吸收峰值波长与反应温度的关系。

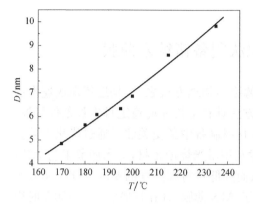

图 4.5.4　PbSe 量子点尺寸
关于反应温度的拟合曲线

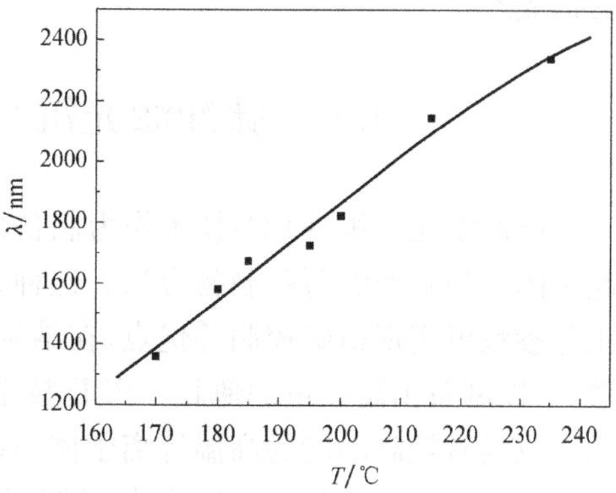

图 4.5.5　PbSe 量子点吸收峰值波长
关于反应温度的拟合曲线

由图 4.5.4 和图 4.5.5 可见,量子点尺寸、吸收峰值波长随温度的变化大致呈弱线性关系[方程(4.5.4)、(4.5.5)中的二次方系数很小],图 4.5.4 中的曲线略微上翘,图 4.5.5 中的曲线略微下弯。对于辐射峰值波长,也有类似的弱线性关系,但变化的斜率由于斯托克斯频移而变得平坦。

在本实验中,PbSe 量子点尺寸随 PbO 和 Se 粉反应温度的升高而增大,这一结果与 Cumberland 等[19]在不同的反应温度下利用 CdO 和 Se 粉制备油相 CdSe 量子点时所观察到的结果类似。在较高的反应温度下会生成较大颗粒的机理,可以用纳米粒子形成的动力学过程来解释。半导体纳米粒子在一种对应的配位分子壳内生长,如果包覆分子的包覆力太强,颗粒生长就会被强有力包覆的配位分子所阻碍。另外,对应的弱的配位分子会导致量子点快速生长,形成大的颗粒。当配位分子分离时,颗粒开始生长,所暴露的表面就会和溶液中 Pb 或 Se 的前驱体发生反应。温度越高,配位分子越容易分离,且分离速度越快,使得被包覆颗粒表面越快速地暴露,从而越快与溶液中的 Pb 或 Se 的前驱体发生反应,导致更快的生长速率、生成更大的颗粒。

4.5.4　结论

通过本体聚合法,首次制备出以聚甲基丙烯酸甲酯(PMMA)为基底的 PbSe 量子点光纤材料 PbSe/PMMA。在 PMMA 基底中,PbSe 量子点分布较均匀、单分散性较好、不团聚。量子点尺寸的大小主要与 PbO 和 Se 粉的反应温度有关。

随着反应温度的提高，量子点尺寸增大。实验观测到 PbSe/PMMA 量子点有强的荧光辐射，荧光峰值波长与量子点尺寸密切相关。当反应温度为 170～200℃ 时，生成的量子点尺寸为 4.85～6.87nm，荧光峰值波长为 1431～1857nm。荧光峰波长正好位于常规的光通信波带内，因而可望作为新型的光增益介质用于通信光纤。

4.6 脉冲激光沉积法制备锗纳米薄膜

脉冲激光沉积(PLD)技术作为制备薄膜的物理方法之一，是近年来快速发展起来的一种新型的薄膜制备方法。这种方法具有生长环境稳定且生长条件可控、工艺参数可实现精确控制等优点，在纳米材料制备中备受关注。通过优化工艺参数，可以制备出高质量的薄膜。PLD 技术利用激光烧蚀靶材，适当调节工艺参数，能形成具有较高动能的高温等离子体，从而降低对衬底温度的要求。Okamoto 等首次在 Fe(110)衬底上用 PLD 技术沉积了 AIN 薄膜，并在衬底温度为 430℃时得到单晶 AIN 薄膜[20]。Shahrjerdi 等[21]用金属和应力诱导方法，在 130℃下于塑料衬底上得到结晶的锗薄膜。Hekmatshoar 等[22]用电子束蒸发的方法，在玻璃衬底上使锗薄膜结晶温度降低到 100℃。对 PLD 技术在室温下沉积 Ge 纳米薄膜晶化的研究，国内外很少有报道。用其他的方法，在室温下制备锗纳米晶体薄膜的研究也几乎没有报道。

下面介绍用 PLD 法在室温条件下于单晶 Si 衬底上沉积制备结晶的 Ge 纳米薄膜，以及用 PLD 法沉积 Ge 纳米薄膜的过程中脉冲激光能量密度和衬底温度对薄膜微观结构的影响[23,24]。

4.6.1 实验

实验装置如图 4.6.1 所示。激光器为德国的 KrF 受激准分子激光器(Lamda Compero-201 型)，脉宽为 30ns，激光波长为 248nm，输入电压为 20kV。靶材选用高纯 Ge 靶(99.999%)，衬底为单晶硅。样品清洗按照常规方法：首先，用氢氟酸、蒸馏水体积比为 1∶10 的溶液浸泡 20min，以除去 Si 表面黏附的氧化物。然后，依次用丙酮、乙醇超声清洗 30min，用去离子水冲洗后，在高纯氮气中吹干。将吹干的衬底放在生长室内的样品台上。生长室内配备有可旋转的靶托架和放置衬底的样品台，样品台和靶材之间的距离为 5cm。脉冲频率为 5Hz，实验中靶材和衬底均匀速转动，沉积时间均为 30min。待本底真空度高于 6.0×10^{-4}Pa 后，充入高纯度氩气(99.999%)，当氩气压强为 2.0Pa 并稳定后开始沉积。首批共有九个样品，第二批有五个样品。样品制备的条件如表 4.6.1 和表 4.6.2 所示。

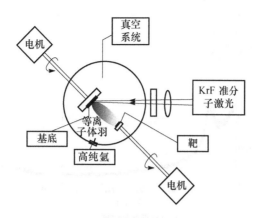

图 4.6.1　实验用的 PLD 装置示意图

表 4.6.1　样品制备的条件(一)

样品	No. 1	No. 2	No. 3	No. 4	No. 5	No. 6	No. 7	No. 8	No. 9
能量密度/$(J \cdot cm^{-2})$	0.50	0.63	0.94	1.13	1.31	1.13	1.13	1.13	1.13
温度/℃	室温	室温	室温	室温	室温	室温	100	200	450

表 4.6.2　样品制备条件(二)

样品	No. 1	No. 2	No. 3	No. 4	No. 5
气压/Pa	0.6	20	60	100	150
温度/℃	室温	室温	室温	室温	室温

采用德国布鲁克公司的 X 射线衍射仪(CuKα,D8 Discover 型)分析薄膜的结晶结构,X 射线源为 Cu 靶 Kα 射线($\lambda = 0.154056nm$),采用原子力显微镜(SPA 400 型)观察样品表面形貌,所有测试均在室温下进行。

4.6.2　结果与分析

1. 不同脉冲激光能量密度下制备 Ge 纳米薄膜

图 4.6.2 为在不同激光能量密度下制备样品的 XRD 图谱,脉冲激光能量密度分别为 $0.5J \cdot cm^{-2}$、$0.63J \cdot cm^{-2}$、$0.94J \cdot cm^{-2}$、$1.13J \cdot cm^{-2}$、$1.31J \cdot cm^{-2}$。

从图 4.6.2(a)可以清楚地看到:在低激光能量密度为 $0.5J \cdot cm^{-2}$ 时,沉积的薄膜 No. 1 仅出现衬底 Si 和 Ge 的(220)衍射峰。随激光能量密度的升高,No. 2 出现了(111)衍射峰。当激光能量密度升高到 $1.31J \cdot cm^{-2}$ 时,能清晰地看到样品 No. 3~No. 5 的(111)、(220)衍射峰和微弱的(311)、(400)、(331)、(442)衍射峰。随着激光能量密度的升高,各衍射峰强度有所增加,其中(111)衍射峰强度明显增加。实验所得各衍射峰的强度关系如图 4.6.3 所示。

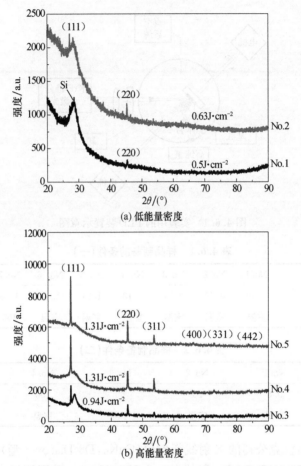

图 4.6.2　在不同脉冲激光能量密度下沉积的 Ge 纳米薄膜的 XRD 图谱

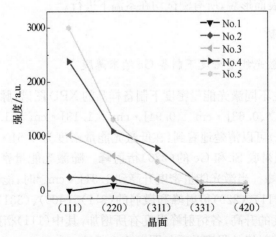

图 4.6.3　样品的晶面衍射强度

通过与无择优取向时 Ge 薄膜的衍射峰强度(图 4.6.4)相比较,可以看出:在激光能量密度较低时,呈(220)面择优生长趋势;当能量密度较高时,呈(111)面择优生长趋势,且衍射半高全宽逐渐减小。根据 Debye-Scherrer 公式:

$$L = \frac{K\lambda}{\beta \cos\theta} \tag{4.6.1}$$

式中,L 为晶粒大小,nm;K 是一与晶粒形状有关的常数因子(取 0.89);λ 为 X 射线波长(0.15405nm);β 为衍射半高全宽;θ 为相应的衍射峰所对应的衍射角的半角。

由式(4.6.1)可得三个样品 No.3～No.5 的平均晶粒大小,如表 4.6.3 所示。可见激光能量密度较高时,随着激光能量密度的增强,薄膜平均晶粒度也跟着增大。

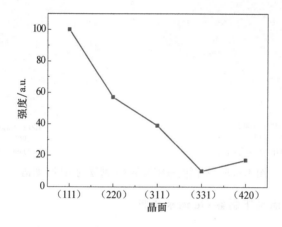

图 4.6.4 无择优取向时 Ge 薄膜的衍射强度

表 4.6.3 不同激光能量密度下 Ge 晶粒的平均尺寸[由式(4.6.1)计算]

样品	No.3	No.4	No.5
晶粒尺寸/nm	13.2	45.4	56.0

从图 4.6.2 的 XRD 图谱可知,激光能量密度较低时,No.1 样品的 XRD 图谱只出现一个微弱的(220)衍射峰。这是因为激光能量密度太低,无法使靶材消融溅射,低激光脉冲能量下激光与靶材的作用深度不够,从而在向衬底喷射的等离子体羽辉中抑制了动能较大的团簇或小颗粒的出现。原子扩散能力比较弱,在经过与气体原子、离子等的碰撞到达衬底表面时能量就更低,因此,与衬底表面的相互作用较弱,在衬底上呈自由堆积。当激光能量密度增大到某一临界值时,大部分原子扩散能力仍比较低,难以形成大的成核中心,从而只凝聚生长形成较小的晶粒。当激光能量密度进一步增大时,到达衬底的粒子动能大,它会对衬底表面有大的冲击力,与衬底结合紧密,可以提高薄膜的致密度;同时高能粒子将一部分能量传给其

他粒子,这样,粒子获得高能量后会在晶格位置上重新排列并形成较大的成核中心,原子团可以长成大晶粒,最终形成结晶性好的 Ge 薄膜。

图 4.6.5 是激光能量密度分别为 $0.94\mathrm{J} \cdot \mathrm{cm}^{-2}$、$1.31\mathrm{J} \cdot \mathrm{cm}^{-2}$ 时 No.3 和 No.5 的原子力显微镜(AFM)图谱。能量密度为 $0.94\mathrm{J} \cdot \mathrm{cm}^{-2}$ 时,Ge 薄膜晶粒较小,整体上表面相对比较平整致密;能量密度为 $1.31\mathrm{J} \cdot \mathrm{cm}^{-2}$ 时,生长的 Ge 薄膜晶粒较大,表面起伏大,比较粗糙。结果表明:在较高的能量下可得到晶粒较大的 Ge 晶化的纳米薄膜,这与 XRD 图谱分析情况一致。

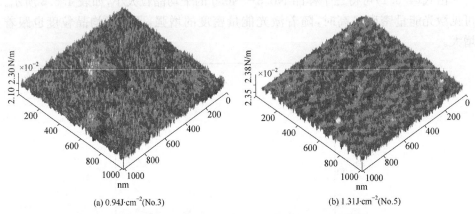

(a) 0.94J·cm^{-2}(No.3)　　　　　　　(b) 1.31J·cm^{-2}(No.5)

图 4.6.5　不同能量密度下 Ge 薄膜的 AFM 图谱

2. 不同衬底温度下制备 Ge 纳米薄膜

图 4.6.6 为不同衬底温度下沉积 Ge 纳米薄膜的 XRD 图谱。由 XRD 图谱可知,从室温开始就形成多个衍射峰,对应块材料 Ge 的金刚石结构的(111)、(220)、(311)面,还有微弱的(331)、(422)衍射峰。上述现象表明:从室温开始已有 Ge 晶

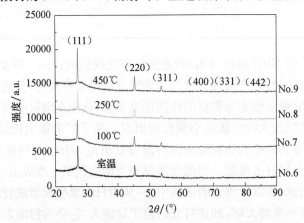

图 4.6.6　不同衬底温度下沉积 Ge 纳米薄膜的 XRD 图谱

粒生成,进一步提高衬底温度,衍射峰的半高全宽逐渐变窄,强度增强。由 Debye-Scherrer 公式可估算出晶粒的平均尺寸由 44.5nm(样品 No. 6)增大到 50.2nm(样品 No. 9)。

薄膜的成核和生长都是以沉积粒子的表面迁移为基础的。当基片温度较低时,吸附于衬底表面的原子能量较低,原子在衬底表面的迁移能力较差,以弥散的原子团簇分布为主,没有较大的成核中心,平均晶粒尺寸也较小;当基片温度升高时,到达衬底表面的原子具有较大的动能,这时,只有大的势阱才能束缚住粒子,从而有较大的成核中心,形成晶粒的平均尺寸亦增大。

3. 不同环境气压下制备 Ge 纳米薄膜

在环境压强为 0.6Pa 时,样品 No. 1 出现了 Ge 的(111)、(220)、(311)、(400)、(331)衍射峰(图 4.6.7)。随着环境压强的升高,样品 No. 2、No. 3 的(400)、(331)衍射峰消失。当环境压强分别升高到 100 Pa 和 150 Pa 时,样品 No. 4、No. 5 的(311)衍射峰也消失。随着环境气压升高,各衍射峰强度有所降低,其中(111)衍射峰强度明显降低。实验所得各衍射峰的 FWHM 随着环境压强的增大而逐渐增大(图 4.6.8)。由式(4.6.1)可知,这时晶粒尺寸逐渐变小。

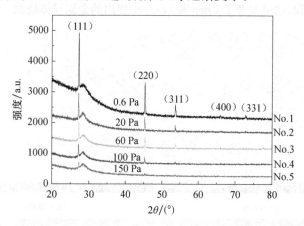

图 4.6.7　不同环境气压条件下沉积的 Ge 纳米薄膜的 XRD 图

Ge 纳米薄膜表面形貌的扫描电镜(SEM)照片如图 4.6.9 所示。由图可见,环境压强对薄膜的形貌有着很大的影响。当环境压强低于 60Pa 时,所制备的 Ge 纳米薄膜面表现为常规的量子点镶嵌结构,其中图 4.6.9(a)的表面比较粗糙,随着压强升高,图 4.6.9(b)的表面变得比较平整,且颗粒尺寸变小;当气压达到 60Pa 时,图 4.6.9(c)薄膜表面除了颗粒还出现少量的类网状结构;当环境压强进一步增大时,类网状絮状物增大且其孔隙逐渐变大,如图 4.6.9(d)、4.6.9(e)所示。

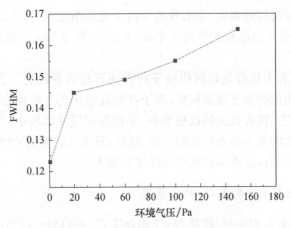

图 4.6.8　样品 X 射线衍射的 FWHM

　　上述现象的出现与脉冲激光作用在靶材上产生高温等离子体膨胀沉积过程密切相关。脉冲激光作用在靶材上产生 Ge 原子(团)，Ge 原子(团)与环境中的 Ar 原子或离子碰撞，经冷却、成核、凝聚和长大过程，沉积于衬底上。研究激光在背景气体环境下烧蚀靶产生等离子体的膨胀沉积比在真空中要复杂很多，为了建立烧蚀粒子在环境气体中的输运过程，这里参考了 Chen 和 Bogaert 提出的金属导体烧蚀一维模型[25]。

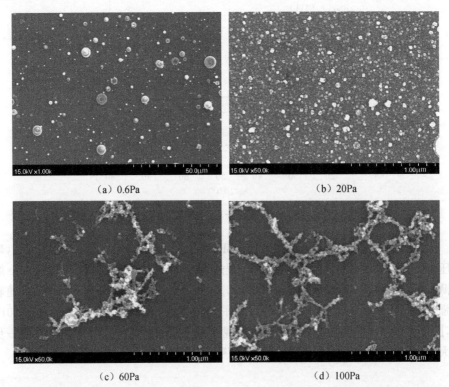

　　　　　　(a) 0.6Pa　　　　　　　　　　　　　　　(b) 20Pa

　　　　　　(c) 60Pa　　　　　　　　　　　　　　　(d) 100Pa

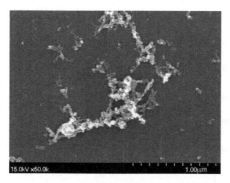

（e）1520Pa

图 4.6.9　不同环境压强条件下沉积的 Ge 纳米薄膜的 SEM 照片

脉冲激光光束作用在靶材上,在靶材表面形成所谓的 Knudsen 层[26]。Knud-sen 层中反射和碰撞的发生使得等离子体趋于热平衡,并降低了它们的离化程度。随着等离子体的空间膨胀,等离子体中的粒子与环境气体粒子发生碰撞。在稀薄等离子体羽中,压强 P 可以用理想气体状态方程来描述:

$$P = n_a k T \tag{4.6.2}$$

式中,n_a、k、T 分别为粒子数密度、玻尔兹曼常量、温度。显然,当温度一定时,压强越大,粒子数密度越高,于是 Ge 原子(团)损失的能量越多。由动能 $E = m_{Ge} v^2 / 2$ 可知,在相对低的环境压强下,碰撞不充分,Ge 原子或原子团由于碰撞损失的能量较少,到达衬底的粒子动能大,造成对衬底表面大的冲击力,使之与衬底结合紧密,从而可提高薄膜的致密度,使膜表面呈现颗粒状[图 4.6.9(a)、(b)]。同时,高能粒子将一部分能量传给其他粒子,这样,粒子获得高能量后会在晶格位置上重新排列并形成较大的成核中心,原子团可以长成较大晶粒,这与 X 射线衍射图谱得到的结论相一致。随着压强的升高,Ge 原子或原子团与环境中的 Ar 原子或离子剧烈碰撞,有一部分 Ge 粒子还没有到达衬底表面就失去了动能,或者碰撞使它的速度方向发生改变而不能到达衬底,使得膜厚随着环境压力的增大有所减小(图 4.6.10)。到达衬底的粒子动能较小,与衬底表面的相互作用就较弱,在衬底上呈自由堆积,于是随气压升高,逐渐出现了多孔结构甚至类似网状的结构[图 4.6.9(c)～(e)]。

4.6.3　结论

(1) 应用脉冲激光沉积方法,在不同的激光能量密度、衬底温度和氩气环境压强条件下,在 Si 衬底上可以成功制备出 Ge 纳米薄膜。

(2) Ge 薄膜在室温下可以结晶。

(3) 激光能量对薄膜的纳米结构有显著影响。激光能量增大,衍射峰的半高全宽逐渐减小,平均晶粒尺寸增大,薄膜结晶质量提高。

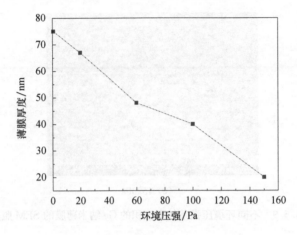

图 4.6.10　样品薄膜厚度随环境气压的变化

　　(4) 衬底温度对晶粒平均尺寸也有影响。衬底温度升高,平均晶粒尺寸增大;相反,则平均晶粒尺寸减小。

　　(5) 环境压强对薄膜的晶粒尺寸、表面形貌以及膜厚均有显著影响。随着环境压强的增大,Ge 纳米薄膜的晶粒尺寸逐渐减小;薄膜表面由常规的量子点镶嵌结构演变为类网状结构;膜厚随着环境压强的增大而减小。

参 考 文 献

[1] 张磊. 锗硅低维量子结构制备研究[D]. 杭州:浙江大学,2011.

[2] Motta N. Self assembling and ordering of Ge/Si(111) quantum dots:Scanning microscopy probe studies[J]. Journal of Physics:Condensed Matter,2002,14(35):8353-8378.

[3] Prasad P N. Nanophotonics[M]. New York:John Wiley and Sons,2004.

[4] Wang J,Sun S,Peng F,et al. Efficient one-pot synthesis of highly photoluminescent alkyl-functionalised silicon nanocrystals[J]. Chemical Communications,2011,47(17):4941-4943.

[5] Cheng X Y,Gondosiswanto R,Ciampi S,et al. One-pot synthesis of colloidal silicon quantum dots and surface functionalization via thiol-ene click chemistry[J]. Chemical Communications,2012,48(97):11874-11876.

[6] Meissner K E,Holton C,Spillman W B. Optical characterization of quantum dots entrained in microstructured optical fibers[J]. Physica E,2005,26(1/2/3/4):377-381.

[7] Cheng C,Jiang H L,Ma D W,et al. An optical fiber glass containing PbSe quantum dots[J]. Optics Communications,2011,284(19):4491-4495.

[8] 江慧绿,程成,马德伟. PbSe 量子点掺杂玻璃的制备及表征[J]. 光电子·激光,2011,22(6):872-875.

[9] 程成,江慧绿,马德伟. 熔融法制备 PbSe 量子点钠硼铝硅酸盐玻璃[J]. 光学学报,2011,31(2):0216005-1-0216005-7.

[10] Huang W,Chi Y Z,Wang X,et al. Tunable infrared luminescence and optical amplification in PbS doped glasses[J]. Chinese Physics Letters,2008,25(7):2518-2520.

[11] Kolobkova E V,Lipovskii A A,Petrikov V D,et al. Fluorophosphate glasses containing Pb-Se quantum dots[J]. Glass Physics and Chemistry,2002,28(4):246-250.

[12] Silva R S,Morais P C,Alcalde A M,et al. Optical properties of PbSe quantum dots embedded in oxide glass[J]. Journal of Non-Crysalline Solids,2006,352(32/33/34/35):3522-3524.

[13] Dantas N O,Qu F,Monte A F G,et al. Optical properties of Ⅳ-Ⅵ quantum dots embedded in glass:Size-effects[J]. Journal of Non-Crysalline Solids,2006,352(32/33/34/35):3525-3529.

[14] Ma D W,Zhang Y N,Xu Z S,et al. Influence of intermediate ZnO on the crystallization of PbSe quantum dots in silicate glasses[J]. Journal of American Chemical Society, 2014, 97(8):2455-2461.

[15] Wu W Y,Schulman J N,Hsu T Y. Effect of size nonuniformity on the absorption spectrum of a semiconductor quantum dot system[J]. Applied Physics Letters, 1987, 51 (10): 710-712.

[16] 程成,张航. 半导体纳米晶体 PbSe 量子点光纤放大器[J]. 物理学报,2006,55(8): 4139-4144.

[17] Cheng C,Zhang H. Characteristics of bandwidth,gain and noise of a PbSe quantum dot-doped fiber amplifier[J]. Optics Communications,2007,277(2):372-378.

[18] Allan G,Delerue C. Confinement effects in PbSe quantum wells and nanocrystals[J]. Physical Review B,2004,70(24):245-321.

[19] Cumberland S L,Hanif K M,Javier A,et al. Inorganic clusters as single-source precursors for preparation of CdSe, ZnSe, and CdSe/ZnS nanomaterials[J]. Chemistry of Materials, 2002,14(4):1576-1584.

[20] Okamoto K,Inoue S,Matsuki N,et al. Characteristics of single-crystal AIN films grown on ferromagnetic metal substrates[J]. Physica Status Solidi (A),2005,202(14):149-151.

[21] Shahrjerdi D,Hekmatshoar B,Rezaee L,et al. Low temperature stress-induced crystallization of germanium on plastic[J]. Thin Solid Films,2003,427(1):330-334.

[22] Hekmatshoar B, Khajooeizadeh A, Mohajerzadeh S. Low-temperature non-metal-induced crystallization of germanium for fabrication of thin-film transistors[J]. Materials Science in Semiconductor Processing,2004,7(41516):419-422.

[23] 程成,薛催岭,宋仁国. 脉冲激光沉积制备 Ge 纳米薄膜的研究[J]. 光电子激光,2009, 20(2):204-207.

[24] 程成,薛催岭,宋仁国. 不同环境气压下激光沉积制备锗纳米薄膜的研究[J]. 材料工程, 2008,(10):268-271.

[25] Chen Z Y,Bogaerts A. Laser ablation of Cu and plume expansion into 1 atm ambient gas[J]. Journal of Applied Physics,2005,97(6):063305.

[26] 孙承伟,陆启生,范正修,等. 激光辐照效应[M]. 北京:国防工业出版社,2002.

[10] Zhang W, Chu Y & Wang X, et al. Tunable infrared luminescence and optical amplification in Ho³⁺-doped glass[J]. Chinese Physics Letters, 2012, 5 (9): 097802.

[11] Krasil'nikov S V, Laptev V D, Perfilov V D, et al. Fluorophosphate glasses containing Po......[J]. Inorganic Materials, ..., ...: 246-250.

[12] Silva R S, Mu is P C A, Nakamura M, et al. Optical properties of Pb...... doped......[J]. Superlattices and Journal of......, ..., 38(8): 825-828.

[13] Franzo V, Co P M, Mu......, et al. Optical properties of n-II quantum dots embedded n lasers glass[J]. Journal of Non-Crystalline Solids, 2006, 352(c): 1347-1349.

[14] Mu D W, Zhang Y S, V V, Spatial behavi......of nanorods......d ZnO quantum ......[J]. Physica E: ......, 30.3 30.1- 30.3.

第 5 章　量子点光谱

5.1　量子点的发光

5.1.1　发光模式

在介绍量子点的发光模式之前,先简单介绍块半导体材料的发光模式。

如图 5.1.1(a)所示,当光照射到体半导体材料上时,通过吸收光子,其价带上的电子跃迁到导带并回落到价带而发射光子。但是,电子也有可能落入半导体材料的陷阱中,当落入较深的电子陷阱时,大部分电子以非辐射的形式猝灭,只有极少数的电子以光子的形式回落到价带。因此,当半导体材料的陷阱较深时,它的发光效率会明显降低。

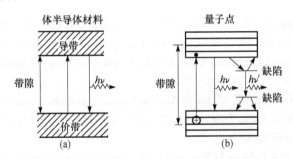

图 5.1.1　半导体块材料与量子点发光模式比较示意图

对于半导体量子点,由于受到尺寸的约束影响,原来连续的能带变成准分立的类分子能级[参考图 5.1.1(b)]。量子点受光激发产生的空穴-电子对(即激子)复合的途径主要有以下三种。

(1) 电子和空穴直接复合,产生激子态发光。在这种模式下,发光比较明显。由于量子尺寸效应,所发射的光波波长随着粒子尺寸的减小而蓝移。

(2) 通过表面缺陷态间接复合发光,这种模式的发光比较弱。纳米颗粒的表面存在许多悬键,从而存在许多表面缺陷态。当半导体纳米晶体受光的激发后,光生载流子以极快的速度受限于表面缺陷态而产生表面态发光。量子点的表面越完整,表面对载流子的捕获能力就越弱,表面态的发光也就越弱。

(3) 通过杂质能级复合发光,光强比较强。

以上三种情况的发光相互竞争,如果量子点的表面缺陷较多,对电子和空穴的俘获能力很强,电子和空穴一旦产生即被俘获,此时,电子-空穴复合的概率很小,激子态的发光很弱。因此,为了消除表面缺陷态,需要制备表面完整的量子点,或者通过对量子点的表面进行修饰来减少其表面缺陷,从而使电子-空穴能够有效地直接复合发光,增大发光效率。

量子点的发光效率可以用量子产率(quantum yield,QY)来描述。量子产率定义为一个入射光子被物体吸收后发射出来的光子数,有内部量子产率和外部量子产率两种。内部量子产率是材料本身固有的,由于半导体材料高折射率的影响,在半导体内部发射出来的光子只有少数几个能到达材料表面,通常实际测量到的只是外部量子产率。当然,厂家给出的应当是内部量子产率。

5.1.2　俄歇复合

俄歇复合(Auger recombination)是半导体中的一种俄歇效应(Auger effect),属于无辐射的复合。俄歇复合是指半导体中载流子从高能级跃迁到低能级,电子与空穴直接复合,将能量通过碰撞转移给另一个电子使其处于高能态,同时也可通过热动平衡把多余的能量传递给晶格或者空穴。俄歇复合涉及三个粒子(或空穴)的相互作用,其逆过程为碰撞电离。由于俄歇复合过程涉及三体,在高密度电子(空穴)情况下,俄歇复合过程变得重要,而在低电子(空穴)密度情况下,俄歇复合过程不重要。

半导体量子点光学增益的大小取决于其带间跃迁时的辐射复合和无辐射复合这两个过程的相互竞争,光学增益的寿命取决于无辐射俄歇复合的弛豫时间,而俄歇复合的弛豫时间则与量子点的尺寸有关。

俄歇效应是指在高能入射光子作用下,原子内壳层上的束缚电子被发射出来,在内壳层上出现空位。外壳层上高能态的电子向下跃迁填补低能态的空位,同时以发射光子或电子(称为俄歇电子)的形式向外释放能量。俄歇电子的动能等于第一次电子跃迁的能量与俄歇电子的离子能之间的差,这些能量差的大小与原子类型和原子所处的环境有关。俄歇效应以发现者法国人 Auger 的名字命名。

5.1.3　量子点光谱的频移

频移主要是指量子点的光谱吸收峰值波长发生蓝移或者红移。光谱的频移与量子点中的激子密切相关,激子可以简单理解为束缚的电子-空穴对。从价带激发到导带的电子通常是自由的,在价带自由运动的空穴和在导带自由运动的电子,通过库仑相互作用束缚在一起,就形成了束缚的电子-空穴对,即激子。量子点的量子尺寸效应和量子约束效应,使得量子点能级分裂加大,带隙加宽,其吸收光谱峰值波长以及谱带向短波长区移动(蓝移)。这种蓝移本质上属于斯托克斯频移,如图 5.1.2 所示。

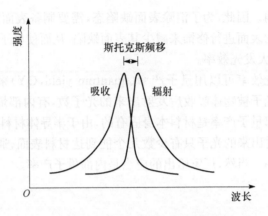

图 5.1.2　斯托克斯频移光谱图

　　蓝移是由量子尺寸约束效应引起的,在天然元素铒离子或块材料中不存在,但在量子点中却很明显。另外,由于量子点表面或界面效应,量子点的有效势能降低、带隙变窄,吸收光谱峰值波长以及谱带向长波长区移动(红移)。一般量子点吸收谱的红移远小于蓝移,或者说量子点的吸收光谱主要是蓝移。

　　下面从能级角度分析斯托克斯频移,参照图 5.1.3(a)。当外来激光以角频率 ω_p 射入量子点介质后,光子被吸收,量子点由基态 E_1 激发到高能态 $E_3 = E_1 + \hbar\omega_p$。位于高能态的分子不稳定,它将很快跃迁至一个较低的亚稳态能态 E_2 并发射出一个光子,其角频率 $\omega_s < \omega_p$,称为斯托克斯光。E_2 能级弛豫到基态 E_1,并产生一个能量为 $\hbar\Omega$ 的光学声子[①],光学声子的角频率由量子点的谐振频率决定。这个过程总能量守恒,即 $\hbar\omega_p = \hbar\omega_s + \hbar\Omega$。在光谱图上,斯托克斯频移表现为吸收峰向短波长区移动,或者说频移等于吸收峰和辐射峰之间的波长之差(图 5.1.2)。

　　此外,还可能存在一个相反的散射过程。如果少数量子点在吸收光子能量之前已经处在激发态 E_2,则它吸收光子能量以后将被激发到一个更高的能级 $E_4 = \hbar\omega_p + \hbar\Omega$ 上,量子点从能级 E_4 直接跃迁回基态 E_1,同时发射一个反斯托克斯光子。反斯托克斯光子有更高的频率:$\omega_s = \omega_p + \Omega$,如图 5.1.3(b)所示。在光谱图上,反斯托克斯频移(anti-Stokes shift)表现为吸收峰向长波长区移动,即红移。

　　①声子(phonon)是一种非真实的准粒子,是用来描述晶体中的原子热振动规律的能量量子($\hbar\Omega$)。在固体物理学中,晶体中的原子围绕着其平衡位置不断振动,它们各自的振动不是独立的,相互之间存在作用,这种相互作用在振动不太强烈时可用弹性力描述,即原子振动是一系列基本振动(简正振动)的叠加。振动的能量是量子化的,只能取 $\hbar\Omega$ 的整数倍,系统振动能量为 $E_n = (n+1/2)\hbar\Omega$,这种量子化的弹性波的最小能量单位就称为声子。声子可以产生和消灭,有相互作用,但声子数不守恒,并且不能脱离固体而存在。声子本身并不具有物理动量,但携带准动量,并具有能量。在多体理论中,声子称为集体振荡的元激发或准粒子。声子的化学势为零,属于玻色子,服从玻色-爱因斯坦统计。

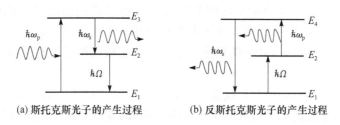

(a) 斯托克斯光子的产生过程　　　(b) 反斯托克斯光子的产生过程

图 5.1.3　斯托克斯频移(蓝移)和反斯托克斯频移(红移)的能级跃迁

反斯托克斯频移一般观测不到,在热平衡下,量子点激发态能级数密度 n_2 和基态能级数密度 n_1 之比 $n_2/n_1 \ll 1$,因而,产生反斯托克斯光子的概率比产生斯托克斯光子的概率要小得多,通常可以忽略。

5.2　量子点的吸收、辐射和散射特性

量子点的光学特性很大程度上取决于它们的吸收、辐射和散射特性,而吸收、辐射和散射之间相互存在关联。详细的讨论留待介绍跃迁截面之后来进行,这里先进行概念性的介绍。

5.2.1　吸收

光通过物质时,某些波长的光被介质吸收,其光谱称为吸收光谱。量子点的吸收光谱与其本身的结构特点有关。量子点在结构上与常规的体相晶态和非晶态有很大的差别,对光的吸收通常比块体材料强,表现为量子点材料对某些光波长的不透射、不反射。

对于最低激子态,光学吸收峰的蓝移是其最显著的特点。由于载流子的量子约束,载流子被约束在很小的空间里,波函数的曲率和动能都增加了。对于小于激子玻尔半径的量子点,动能在库仑相互作用中占支配地位,并引起带隙的蓝移。前面提到的理论都能定量描述带隙移动随量子点尺寸变化的趋势。

对于较高激子态,如 CdSe 量子点,其密集的能级结构使得均匀和非均匀谱线展宽变得复杂,实验上很难分辨来自带间电子-空穴跃迁的单个激子的共振。而窄谱线技术[如烧孔和光致荧光激发(PLE)]在观察高激子态的 CdSe 量子点的尺寸变化时是必要的。

在第 3 章所述的几种理论方法中,实际上只有有效质量近似(EMA)的结果与实验结果相近。对于 CdSe 量子点,如果考虑三个价带(重穴、轻穴、分离型)间的耦合作用,EMA 法可得到较高激子态精确的跃迁波长,并与实验观察到的跃迁定性相符。然而,由于激子态间的库仑混合,定量计算值与实验观察并不相符。事

实上,CdSe 量子点的库仑相互作用能的大小与激子态间的能量差比较接近(表5.7.1),因此,库仑作用的微扰处理也不尽适用。由于 CdSe 量子点的空穴态可能不是奇偶本征态(由 CdSe 偶极子场引起),确定较高激子的共振将更加复杂和困难。

　　图 5.2.1 为实测的在 UV 胶基底中 PbSe 量子点($d=5.2$nm)的吸收光谱和辐射光谱图。量子点的第一吸收峰位于 1469.30nm,并有一定的谱宽(FWHM 约为180nm),说明在该波长区有一个吸收能级跃迁,该跃迁为量子点价带顶部附近与导带底部附近之间的吸收跃迁。在长波长区,吸收很小,说明在量子点价带顶部与导带底部之间的吸收跃迁概率很小。在短波带区,量子点表现出较强的连续吸收现象,说明在短波长区量子点的能级为连续能级分布,能级分立不明显。正是这种在短波长区的连续强吸收,实验上给激励量子点的泵浦波长的选择带来了极大的方便,这是用量子点来构成增益型器件的优点之一。

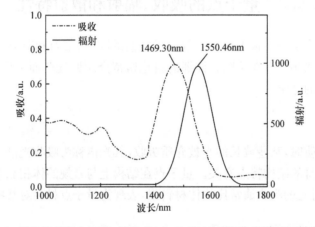

图 5.2.1　UV 胶基底中 PbSe 量子点($d=5.2$nm)的吸收光谱和辐射光谱图[1]

　　图 5.2.2 为通过反胶团法制备的 Si 量子点的吸收谱图。量子点在短波长区的吸收很大,吸收峰值波长低于 300nm。随着波长的增大,吸收迅速减小,在400nm 处,吸收已经降到了极小。与 PbSe 量子点的吸收谱相比较,区别是 Si 量子点没有"第一吸收峰",吸收谱呈现连续光滑下降。

5.2.2　辐射

　　从激励源的不同来看,量子点的发光有光致发光和电致发光两种。

　　光致发光是指由光激励产生激发态电子跃迁回低能态,被空穴捕获而发光的过程。在激发过程中发射的光称为荧光,而在激发停止后还继续发射的光称为磷光。量子点受激后,产生光的机理有三种:电子与空穴直接复合产生激子态发光,光强明显;通过量子点表面缺陷态间的复合发光,光强较弱;通过杂质能级复合发

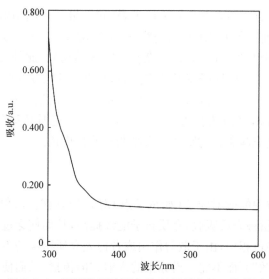

图 5.2.2　用反胶团法制备的 Si 量子点的吸收谱图

光,光强较强。要想有效地产生激子态发光,就要设法制备表面完好的量子点纳米微粒,或通过表面修饰来减少表面缺陷,使电子与空穴能够有效地直接复合而发光。

电致发光是指在电场作用下的发光。纳米硅薄膜有明显的电致发光现象,其发光机理是量子约束效应使纳米硅岛的禁带宽度较体硅材料增加很多,导致可见的电致发光。量子点纳米晶和导电聚合物的复合层结构也有电致发光的现象,如 CdSe 量子点与具有电荷输运特性的聚乙烯咔唑(polyvinyl carbazole)有机聚合物材料的复合结构,聚合物复合量子点结构器件的电致发光强度随外加电压的增加而增加。

对于荧光辐射来源的看法,目前仍有争议。表面钝化的 CdSe 量子点的带边荧光显示了高量子产额和窄光谱宽度,这些都是本征态发光的特点。同样,共振和非共振的斯托克斯频移有明显的尺寸依赖($\propto a^{-3}$),这可由电子-空穴交换相互作用导致的能级分裂来解释。然而,在非共振激发下,实验观测到反常的长复合时间(10K 温度下约 $1\mu s$),斯托克斯频移过大,本征态发光对此无法解释。人们曾用表面态模型来解释带边荧光,假定表面缺陷(如悬键)导致表面态很接近于本征态,由于 CdSe 量子点中的空穴比电子重很多,局域的表面态捕获了空穴。这种捕获减少了载流子间的重合,增加了辐射的复合时间,从而使得辐射增强。

最初的有效质量近似(EMA)理论不能解释带边荧光辐射。近年来发展起来的 EMA 理论考虑了空穴能级的分裂(来自量子点的纤维锌矿结构和非球形),这种分裂增强了量子点中电子-空穴的短程相互作用($\propto a^{-3}$),并将激子能级分裂为旋光和非旋光的次能级。这种模型可用来解释辐射复合时间长和尺寸依赖的斯托克斯频移。当量子点中的大部分原子位于表面时,量子点的辐射荧光可由本征态来描述。然而,目前这种 EMA 理论仍然有一些问题。例如,它关联于复杂的能级分裂(尤其是类似于 CdSe 量子点的复杂空穴能级结构)。此外,EMA 无法解释非共振带边荧光的异常大的斯托克斯频移。例如,PbSe 量子点(直径 5.2nm)的荧光(PL)辐射谱,如图 5.2.1(实线)所示。由图可见,PL 谱呈典型的高斯单峰分布,FWHM 约为 160nm,峰值波长为 1550.46nm。斯托克斯频移(与吸收峰波长间隔)为 81.16nm,这意味着辐射跃迁比吸收跃迁波长更长。

5.2.3　散射

散射是指介质中的散射粒子(如量子点)对光的衰减。散射与吸收的机理不同,吸收是指光能量被介质吸收,介质粒子能级提高,从而使穿过介质的光强衰减。散射是指光在传播过程中,由于散射作用或者传光介质密度的不均匀性(即密度涨落),向各个方向"散"开而不完全沿原来的入射方向传播,从而使得光强被衰减,如图 5.2.3 所示。

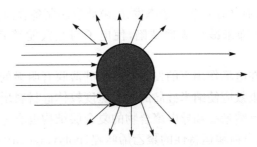

图 5.2.3　粒子的散射示意图

从散射的机理上看,传光介质一般由中性粒子(如原子、分子、量子点等)构成,粒子的尺寸远小于光波波长,因此光波对粒子的作用可看成准静态电场的作用。粒子被极化成电偶极子,并随着光波场的传播作时谐变化,进而辐射出次级波,成为散射。

根据散射粒子的尺度与入射波长大小的比较,散射可分成两类。

1. 瑞利散射

当散射颗粒的尺寸远小于入射光波的波长时,散射为瑞利散射(Rayleigh scattering)。瑞利散射截面远小于粒子的几何截面。散射规律是散射光的波长和入射光相同,散射光的强度与散射方向有关,并与波长的四次方成反比。在均匀介质中,球形散射粒子的瑞利散射截面为(参见 5.4.4 节)

$$\sigma_{sca} = \frac{8\pi a^2}{3} x^4 \left| \frac{\widetilde{m}^2 - 1}{\widetilde{m}^2 + 2} \right|^2 \tag{5.2.1}$$

式中,a 为散射粒子的半径;$x \equiv ka$(k 为光波波数);$\widetilde{m} \equiv \bar{n}_1/\bar{n}$($\bar{n}_1$ 是散射粒子的复折射率,$\bar{n}$ 是背景材料的复折射率)。详细推导见 5.4.4 节。在很多情况下,复折射率的虚部为零,有 $\widetilde{m}^2 = (\bar{n}_1/\bar{n})^2 \to (n_1/n)^2 = \varepsilon_1/\varepsilon$($\varepsilon$ 为介电系数),于是,式(5.2.1)可表达为另一个方便使用的形式[2]:

$$\sigma_{\text{sca}} = \frac{128\pi^5 a^6}{3}\frac{1}{\lambda^4}\left|\frac{\varepsilon_1/\varepsilon - 1}{\varepsilon_1/\varepsilon + 2}\right|^2 \tag{5.2.2}$$

由此可知,短波光的散射比长波光要强很多,这可以解释为什么太阳光中蓝色光被微小尘埃的散射要比红色光强很多。按瑞利定律,太阳光中的短波成分更多地被散射掉了,在直射的太阳光中剩余较多的是长波成分,因此天空呈现蓝色。

根据实验观测,量子点掺杂的介质中存在散射。当量子点浓度很高时,散射现象比较明显(图 5.2.4)。注意图中看到的散射实际上来自两个方面:一是量子点的瑞利散射,二是由于光纤纤芯的折射率(纤芯为液态的甲苯)低于光纤包层 SiO_2 的折射率,肉眼见到的散射现象很明显。实际上,量子点本身造成的散射没有那么强烈,在 5.4.4 节中将进行详细讨论。

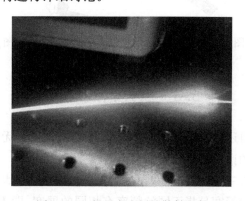

图 5.2.4　量子点光纤的散射现象

2. 拉曼散射

光通过介质时,入射光与粒子相互作用,分子的振动能量或转动能量和光子能量叠加,光波在被散射后频率发生了变化,即为拉曼散射(Raman scattering),又称为拉曼效应。利用拉曼散射,可以把处于红外区的分子能谱频率转移到可见光区来观测,因此,拉曼光谱作为红外光谱的补充,是研究分子结构的有力武器。

拉曼效应的机理和荧光不同。拉曼效应不吸收激励光,因此不能用实际的上能级来解释,而是用"虚能级"概念来解释拉曼效应。假设散射物分子原来处于基态,当入射光照射时,激励光作用于分子引起分子的极化,这可以看做一种"虚吸收",即电子跃迁到虚态(virtual state)。虚能级上的电子跃迁到下能级并辐射出散射光子。散射光中有与入射光频率相同的光谱,也有与入射光频率不同的光谱,前者称为瑞利谱,后者称为拉曼谱。拉曼谱线中频率小于入射光频率的谱线称为斯托克斯谱线,频率大于入射光频率的谱线称为反斯托克斯谱线。拉曼散射的光强比瑞利散射要弱很多。在量子点掺杂的光纤介质中,迄今为止尚未在实验中观察到拉曼散射。然而,对于表面等离激元,有明显的拉曼散射增强现象,甚至于增强数百万倍(可参见 10.3 节等)。图 5.2.5 为红外光谱的吸收和拉曼散射的示意图。

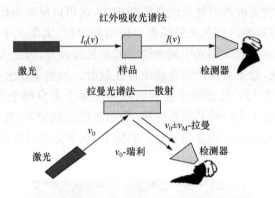

图 5.2.5　红外光谱的吸收和拉曼散射的示意图

5.3　跃迁谱线展宽

　　无论在块体材料还是在纳米材料中,其辐射光谱都不是无穷窄的,而是具有一定的展宽或有一定的谱线展宽。本节讨论谱线展宽。

　　谱线展宽主要有三类:均匀展宽、非均匀展宽,以及含有均匀展宽和非均匀展宽的综合展宽。均匀展宽是指不同的频率有相同的展宽,即不同的原子或原子群的谱线展宽相同;非均匀展宽是指不同的频率有不同的展宽,或不同的原子、原子群的谱线展宽不同。它们的谱线轮廓如图 5.3.1 所示。谱线均匀展宽由相同跃迁频率和寿命的粒子构成;非均匀展宽由一系列均匀展宽谱组成,这些均匀展宽有不同的中心频率和线宽。

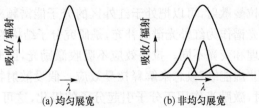

图 5.3.1　均匀展宽和非均匀展宽的谱线轮廓

5.3.1 均匀展宽

1. 原子能级自然展宽

均匀展宽一个最容易理解的例子是谱线的自然展宽。自然展宽是指展宽由物质的自然属性决定,这种展宽属性可由海森堡测不准关系来解释。自然展宽的特点是同类原子或量子点中的每个原子的展宽相同,因此自然展宽是一种均匀展宽,其能级宽度满足 $\delta E = \dfrac{h}{2\pi} A$($A$ 为自发辐射跃迁频率,h 为普朗克常量)。

考虑均匀展宽的二能级系统能级如图 5.3.2 所示,其中上下能级分别用符号 2 和 1 表示,它们均具有一定的能量宽度。上下能级中心分别为 E_{20} 和 E_{10},最大值和最小值分别为 E_{2M}、E_{1M} 和 E_{2m}、E_{1m},能级宽度分别为 $\delta E_2 = E_{2M} - E_{2m}$ 和 $\delta E_1 = E_{1M} - E_{1m}$。这时,由于能级宽度的存在,与原子系统发生作用的相干辐射不再是单色光,而是有一定的频率分布。中心频率 $\nu_0 = (E_{20} - E_{10})/h$,上下边缘的频率分别为 $\nu_+ = (E_{2M} - E_{1m})/h$ 和 $\nu_- = (E_{2m} - E_{1M})/h$。于是,均匀展宽的频率展宽为

$$\Delta\nu = \nu_+ - \nu_- = \frac{1}{h}(\delta E_2 + \delta E_1) = \frac{1}{2\pi}\left(\sum_i A_{2i} + \sum_j A_{1j}\right)$$

$$(5.3.1)$$

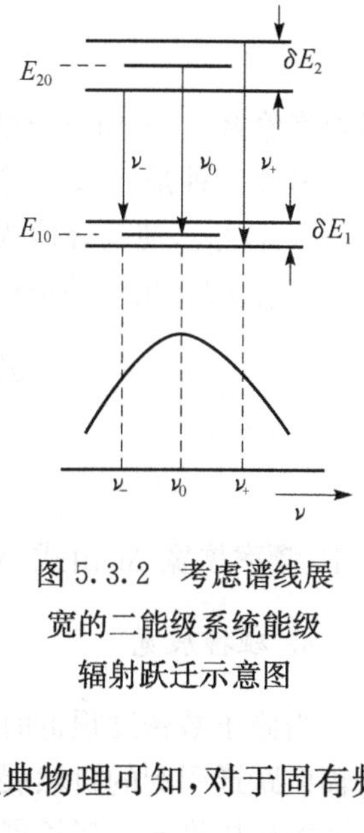

图 5.3.2　考虑谱线展宽的二能级系统能级辐射跃迁示意图

由于所有的跃迁都有频率展宽,总展宽对式(5.3.1)中所有跃迁频率进行求和。

下面讨论一个激发态原子自发辐射的谱分布。由经典物理可知,对于固有频率为 ν_0 的谐振子,其激发态电子的运动微分方程为

$$\ddot{x} + 2\pi\gamma\dot{x} + 4\pi^2\nu_0^2 x = 0 \qquad\qquad (5.3.2)$$

式中,第二项为阻尼项;γ 为阻尼常数。由于一般原子系统对电子的阻尼很小,即 $\gamma \ll$ 振动频率,这时,式(5.3.2)的解可写为

$$x(t) = x_0 e^{-\pi\gamma t}\cos(2\pi\nu_0 t) \qquad\qquad (5.3.3)$$

式中,跃迁中心频率 $\nu_0 = \Delta E/h$(ΔE 为跃迁能级差)。

式(5.3.2)表示振幅随时间减小,经傅里叶变换到频率空间,就不是单色的振荡,振幅随频率具有一个分布:

$$A(\nu) = \frac{1}{\sqrt{2\pi}}\int_{-\infty}^{+\infty} x(t)e^{-i2\pi\nu t}\,dt = \frac{x_0}{2\,(2\pi)^{3/2}}\left[\frac{1}{i(\nu - \nu_0) + \gamma/2} + \frac{1}{i(\nu + \nu_0) + \gamma/2}\right]$$

$$(5.3.4)$$

式中,谱分布的频率展宽 $\Delta\nu = \gamma$。在中心频率 ν_0 附近,$(\nu - \nu_0)^2 \ll \nu_0^2$,因而最后一项

可忽略,强度谱分布函数可写为

$$g_N(\nu-\nu_0)=A(\nu)A^*(\nu)=\frac{C}{(\nu-\nu_0)^2+(\Delta\nu/2)^2} \tag{5.3.5}$$

式中,下角标 N 表示自然(nature);C 通常有两种定义:一种是定义正则化谱线强度的线型函数 $f_N(\nu-\nu_0)=g_N(\nu-\nu_0)/g_0$,使其归一化,即

$$\int_{-\infty}^{\infty}f_N(\nu-\nu_0)\mathrm{d}\nu=\int_{-\infty}^{\infty}f_N(\nu-\nu_0)\mathrm{d}(\nu-\nu_0)=1 \tag{5.3.6}$$

代入式(5.3.5)可解得 $C=g_0\Delta\nu/2\pi$。注意,g_0 不是谱线强度分布的峰值,而是它的积分值,于是正则化谱线强度的线型函数为

$$f_N(\nu-\nu_0)=\frac{\Delta\nu/2\pi}{(\nu-\nu_0)^2+(\Delta\nu/2)^2} \tag{5.3.7}$$

即为洛伦兹(Lorentz)线型函数[3]。

另外一种是定义一个形式不同的正则化谱线强度线型函数 $f'_N(\nu-\nu_0)=g'_N(\nu-\nu_0)/g_0$,使其峰值为 1,于是 $C=g_0\gamma^2/4$,这里谱线强度分布峰值为 g_0,积分值为 $\pi\gamma g_0/2$。相应的洛伦兹线型和正则化洛伦兹线型分别为

$$g'_N(\nu-\nu_0)=g_0\frac{(\Delta\nu/2)^2}{(\nu-\nu_0)^2+(\Delta\nu/2)^2} \tag{5.3.8}$$

$$f'_N(\nu-\nu_0)=\frac{(\Delta\nu/2)^2}{(\nu-\nu_0)^2+(\Delta\nu/2)^2} \tag{5.3.9}$$

式中,频率展宽 $\Delta\nu$ 由式(5.3.1)给出。

2. 碰撞展宽

当原子数密度很低时,原子与原子之间的碰撞机会很少,均匀展宽主要是由自发辐射跃迁引起的自然展宽。当原子数密度很高时,原子之间的频繁碰撞会引起所谓的碰撞展宽。碰撞展宽有以下两种方式:

(1) 由于碰撞,高能态 2 的粒子在发生自发辐射之前跃迁到较低能态 1,这相当于使能级衰减速率增加,或使能级寿命缩短,因而使辐射线宽变宽。气体中的电子碰撞及固体中的声子碰撞均属于这一类。用 τ_1 表示这类碰撞的特征衰减时间,对不同的能级,τ_1 有不同的值。

(2) τ_2 展宽,其特点是碰撞并不直接增加粒子的衰减速率,而是以 $1/\tau_2$ 的速率干扰辐射原子的相位,从而使辐射谱线变宽,能级的衰减时间变短。通常,τ_2 对上下能级的贡献相同,因此寿命应有一个 2 的因子。

考虑以上所述的自然展宽和碰撞展宽,总的均匀展宽可表示为

$$\Delta\nu_H=\frac{1}{2\pi}\Big(\sum_i A_{2i}+\sum_j A_{1j}+\frac{1}{\tau_{1,1}}+\frac{1}{\tau_{1,2}}+\frac{2}{\tau_2}\Big) \tag{5.3.10}$$

式中,前两项为式(5.3.1)的自然展宽;后面的三项为碰撞展宽,其中 $\tau_{1,2}$ 和 $\tau_{1,1}$ 分

别表示上能级 2 和下能级 1 的 τ_1 类展宽。

5.3.2　非均匀展宽

非均匀展宽主要是因为发光粒子在空间中的位置不同,位置或环境不同,介质对粒子能级的影响也不同,所以观察到的发光和吸收就会出现展宽。

对于非均匀展宽,在气相介质中,比较典型的是多普勒(Doppler)展宽,它来自发光粒子在气体中存在的不同的速度分布。在固相介质中,非均匀展宽主要是由非晶态或晶格缺陷引起的。

1. 多普勒展宽

声学中的多普勒效应早已为读者所熟悉,光学中也有类似现象。多普勒展宽的线型函数为[4]

$$g_D(\nu) = \frac{c}{\nu_0}\sqrt{\frac{M}{2\pi kT}}\exp\left(-\frac{Mc^2}{2kT\nu_0^2}(\nu-\nu_0)^2\right) \tag{5.3.11}$$

式中,c 为光速;ν_0 为静止辐射粒子的辐射频率;M 为粒子的质量;k 为玻尔兹曼常量;T 为温度;下角标 D 表示多普勒。式(5.3.11)也可表示为

$$g_D(\nu) = \frac{2}{\Delta\nu_D}\sqrt{\frac{\ln 2}{\pi}}\exp\left(\frac{-4(\ln 2)(\nu-\nu_0)^2}{\Delta\nu_D^2}\right) \tag{5.3.12}$$

式(5.3.11)和式(5.3.12)表明,多普勒展宽为高斯(Gauss)分布,其半高全宽(FWHM)为

$$\Delta\nu_D = 2\nu_0\sqrt{\frac{2(\ln 2)kT}{Mc^2}} = (7.16\times10^{-7})\nu_0\sqrt{\frac{T}{M_N}} \tag{5.3.13}$$

式中,M_N 为粒子的相对原子质量。

多普勒展宽(非均匀展宽)与自然展宽(均匀展宽)机理的比较:每个原子的辐射跃迁都有自然展宽,以不同速度运动的原子辐射被探测到的辐射中心频率不同,与这些中心频率对应的辐射强度的轨迹便形成高斯型的总辐射谱,即多普勒展宽型辐射谱。图 5.3.1(b)表示这两种展宽之间的关系,一般总有非均匀展宽远大于均匀展宽。

2. 非晶态展宽

非晶态材料,如玻璃等,是由分子的浆状混合物凝结在固体中形成的,导致一些小区域中的分子有稍微不同的取向。这样,由于应力的不同,每个粒子的能级略有差别,材料的不同部分其辐射频率也不同,致使总的辐射线宽具有高斯型,且展宽谱远大于具有单晶结构的洛伦兹线型。

对于玻璃,其均匀展宽和非均匀展宽都比晶体要大很多。当两个能级非常接

近且不能直接跃迁时,能级为均匀展宽,展宽主要取决于非辐射跃迁。在硅光纤中,如果声子能量非常强,电子声子耦合非常显著,那么均匀展宽就会非常大。当离子所处的环境有明显多样性时,非均匀展宽就会很显著。

就某种具体的非晶态材料来说,多数情况下在各种展宽机制中总有一种起主要作用,因而可以单独用洛伦兹函数(均匀展宽)或高斯函数(非均匀展宽)来描述。但是当均匀展宽与非均匀展宽具有相同量级时,谱线的展宽就不能单独用洛伦兹函数或高斯函数来描述了,而应当用下面给出的综合展宽来描述。

3. 量子点辐射谱展宽

量子点的能级跃迁和辐射与原子有较大的区别。量子点的辐射谱宽度很大,是一种非均匀展宽,其展宽量与量子点的种类、能带、粒径以及量子点所处的寄主介质等有关。根据实验观测,即使是窄粒径分布的量子点,其辐射谱的 FWHM 也可达到几十纳米,甚至上百纳米。

不考虑量子点所处背景材料的影响,量子点的吸收谱和辐射谱线展宽可从两个方面来分析:

(1) 量子点的粒径。由前面几章的讨论知道,量子点的吸收谱和辐射谱与量子点的粒径密切相关,不同粒径的量子点有不同的吸收峰波长和辐射峰波长。量子点的粒径不同,因此有一定的粒径分布(高斯分布),其吸收谱和辐射谱被展宽。

(2) 量子点的能带结构。对于半导体量子点,其辐射跃迁是一种导带与价带之间的跃迁,而导带是由一系列间隔极小的能级构成的。由于热运动,导带内的跃迁概率极大,导带内很容易达到热平衡,或者说导带的带宽很宽。从宽导带向下跃迁至价带,其能量差别很大,因此,辐射谱就很宽。5.3.4 节将详细讨论量子点的粒度分布对谱展宽的影响。

5.3.3　综合展宽

如果辐射粒子跃迁既有均匀展宽,又有非均匀展宽,则总的综合展宽可用 Voigt 函数描述,它定义为

$$g(\nu_0, \nu) = \int_{-\infty}^{+\infty} g_{\text{Inh}}(\nu'_0, \nu) g_H(\nu'_0, \nu) \, \mathrm{d}\nu'_0 \tag{5.3.14}$$

式中,g_{Inh} 为非均匀展宽因子;g_H 为均匀展宽因子。总展宽为非均匀展宽和均匀展宽的归一化积分。一般,$g(\nu_0, \nu)$ 具有误差函数的形式。

1. 气相介质的综合展宽

气相介质的展宽主要是碰撞均匀展宽和多普勒非均匀展宽,它们的线型函数具有前面所述的解析形式。同时考虑这两种展宽因素,综合展宽的线型函数由

式(5.3.14)描述。

2. 固相介质的综合展宽

在一般情况下,固相介质的谱线展宽主要是晶格热振动引起的均匀展宽和晶格缺陷引起的非均匀展宽,它们的机制较复杂,很难从理论上求得线型函数的具体形式,一般通过实验确定它们的谱线宽度。

固相介质的谱线宽度一般都比气相大很多。例如,室温下的红宝石 694.3nm 谱线,其谱线宽度约为 $9\mathrm{cm}^{-1}$,波长展宽 $\Delta\lambda=\Delta(1/\lambda)\lambda^2=9\mathrm{cm}^{-1}(0.69\times10^{-4}\mathrm{cm})^2\approx$ 0.4nm,或频率展宽 $\Delta\nu=c\Delta(1/\lambda)\approx2.7\times10^5\mathrm{MHz}$。

在钕玻璃中,配位场不均匀引起的非均匀展宽和玻璃网格热振动引起的均匀展宽是主要的展宽机制,二者的相对比例因材料而异。在室温下,$1.06\mu\mathrm{m}$ 谱线的非均匀展宽在 $40\sim120\mathrm{cm}^{-1}(120\sim3600~\mathrm{GHz})$,均匀展宽在 $20\sim75\mathrm{cm}^{-1}(60\sim225~\mathrm{GHz})$。虽然其非均匀展宽大于均匀展宽,但由于交叉弛豫过程,其增益饱和特性与均匀展宽工作物质相似。

当输入的信号能量很强而使跃迁饱和时,吸收或辐射谱线线型可能是均匀展宽或非均匀展宽的。即在均匀展宽中,谱线随着反转粒子数的减少而均匀饱和;而在非均匀展宽中,反转粒子数的变化是不均匀的,增益谱也不再均匀变化,在反转粒子数被耗尽的能级附近的增益会出现凹陷。这两种不同的饱和增益现象如图 5.3.3 所示,实线为非饱和增益,虚线为强信号存在时的饱和增益,强信号的中心波长由箭头指示。

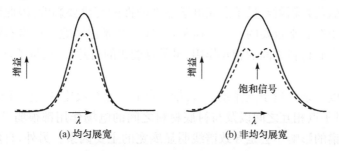

(a) 均匀展宽　　　　　　　　　(b) 非均匀展宽

图 5.3.3　展宽谱线的增益饱和

5.3.4　量子点的粒度分布对荧光辐射谱的影响

量子点的谱线展宽,除了前面所述的几个块体材料的经典展宽机制,由于辐射谱依赖于粒子尺寸,还有一个重要的展宽机制——粒度展宽,即量子点尺寸分布引起的辐射谱线展宽。

根据纳米光子学理论及实验观测,单粒径量子点的吸收和辐射光谱均为单一波长。例如,Kummell 等[5]利用电子束刻蚀的方法,得到了单个 CdSe/ZnSe 量子点,测得类 δ 函数的单尖峰的发光光谱。Tang 等[6]在稀疏量子点表面体系中 $(0.12\sim0.5\mu m^{-2})$,于非共振激励下也得到了尖锐的峰值结构,记录的荧光谱线宽仅约为 0.2 meV。然而,在通常的实验条件下,量子点是具有一定浓度的量子点体系,实验测量得到的吸收谱和辐射谱都不是类 δ 函数的尖峰结构,而有明显谱宽。例如,程成等[7]报道了粒径为 2.4~4.9nm 的 PbSe 量子点,实验测量的辐射谱的 FWHM 达到 23~185meV。文献[8]报道在有机溶剂里按比例掺入 Cd(SA₂) 和 Se 粉末,在用纳米化学法合成的 CdSe 量子点体系中,实验观察 FWHM 为 123meV。在吸收谱方面,Hawrylak 等[9]利用空间分辨显微技术,从理论和实验方面研究了单量子点激子吸收谱的性质,并给出谱线精细结构劈裂的理论解释;Peng 等[10]系统研究了 II-VI 和 III-V 胶状量子点体系的生长过程,得出在不同生长条件下粒径为 2.1~3.9nm 的 CdSe 量子点体系吸收谱有效带宽的变化规律。这些宽光谱实验现象与单一尺寸的量子点具有单一波长的吸收和辐射光谱相矛盾。

对于量子点的吸收谱展宽的原因已有一些研究报道,认为主要是量子点粒径的粒度分布[11-13]。例如,Wu 等[11]由有效质量模型,假定量子点的粒度分布呈高斯型,求解了无限深势阱下立方形量子点的能级结构,利用已有的单量子点吸收系数公式,得出量子点体系平均吸收系数与粒度分布关系式,理论上解释了量子点体系宽吸收谱的原因。一般情况下,量子点吸收谱表现出短波长区连续、长波长区有单峰或双峰、吸收范围覆盖达数百纳米等特点,与荧光光谱是光滑单峰、有几十纳米的斯托克斯频移、FWHM 为 20~30nm 的特点有很大区别。

量子点的荧光辐射对量子点光电子器件的性能有重要影响,因此研究量子点荧光谱的性质有非常重要的意义。通常,导致荧光光谱展宽的因素有量子点之间或量子点与本底材料之间的相互作用、量子点能级的自然展宽、量子点粒度分布的影响。

在低密度掺杂的量子点体系中,若量子点的介电系数比基质材料大,由于介电限域效应,量子点相互之间以及与衬底材料之间的电场作用都很弱[14],它们对量子点荧光光谱的影响不会是导致谱线明显展宽的主要因素。另外,自然展宽与能级宽度直接相关,而能级宽度受海森堡测不准关系的约束,自然展宽量级很小,也无法解释明显的谱展宽现象。因此,研究量子点粒度分布对低浓度掺杂的量子点体系荧光光谱展宽的影响具有重要的研究意义。

本节从有效质量模型出发,在基质材料介电系数较小、低浓度掺杂的量子点体系中,采用修正的 Brus 公式,假设量子点为球形且粒度分布为高斯分布,得到量子点荧光辐射线型函数,给出荧光谱线非均匀展宽的结论;分析荧光峰值强度、峰值波长以及 FWHM 随平均尺寸和涨落参量而变化的关系,得到量子点粒度分布是影响荧光谱线线型的主要因素;根据实验测量的量子点的粒度分布和荧光辐射谱线线型,实例计算了 II-VI 族 CdSe 量子点和 IV-VI 族 PbSe 量子点体系荧光光谱随波长的变化,解释了量子点荧光辐射宽光谱产生的原因,并与实验结果进行比较。

这里给出的量子点荧光辐射线型函数,可通过测量的荧光光谱来准确给出量子点的粒度分布,也可以与 TEM 一起对量子点的尺寸进行定量估算和验证。这种估算量子点粒度分布的方法具有更直观、简单及有效的特点。

1. 理论模型

假设单量子点为球形,且受强量子约束,即载流子电子-空穴对的动能远大于库仑约束势,库仑势作为微扰。采用微扰理论中的变分法,求解无限深势阱薛定谔方程,考虑高介电系数的量子点受外界弱静电场的影响,可得到量子点导带基态能量为式(3.2.14)。为了方便,这里重新写出

$$E(a) = E_g + \pi^2 \left(\frac{a_B}{a}\right)^2 Ry^* - 1.786 \frac{a_B}{a} Ry^* - 0.248 Ry^* \qquad (5.3.15)$$

式中,E_g 是块材料带隙;$a_B = \dfrac{4\pi\varepsilon_0\varepsilon\,\hbar^2}{\mu e^2}$ 为激子玻尔半径(μ 为激子折合质量,$\hbar$ 为普朗克常量);a 为量子点半径;$Ry^* = \dfrac{e^2}{8\pi\varepsilon_0\varepsilon a_B}$ 为激子里德伯能(e 为电子电荷,ε_0、ε 分别为真空介电系数和相对介电系数)。式(5.3.15)为修正的 Brus 公式,其中右边的第一项为块材料带隙能,第二项为量子点尺寸约束能,第三项为激子库仑势,第四项是与表面极化效应有关的修正势。

由式(5.3.15)可见,能量是粒径的单一函数。荧光辐射谱线线型(即辐射强度随波长的变化)与粒径或导带基态能量不直接相关,而与量子点产生跃迁的上能级数密度相关,因此,无法直接从式(5.3.15)得到荧光谱线线型与粒度分布之间的关系。

根据大量的量子点制备的实验(如文献[15]、[16])发现,采用不同方式制备的量子点,其体系的粒度均呈高斯函数分布,如图 5.3.4 所示。

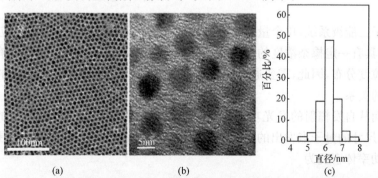

图 5.3.4　纳米化学法制备的 CdSe 量子点体系的 TEM 图和对应的粒度分布[15]

根据实验结果，设归一化高斯函数如下：

$$f(a) = \frac{1}{\sqrt{2\pi\sigma^2}}\exp\left[-\frac{(a-\bar{a})^2}{2\sigma^2}\right] \tag{5.3.16}$$

式中，a、$\bar{a}$ 和 σ 分别表示量子点半径、半径平均值和尺寸涨落。在低浓度掺杂条件下（如掺杂体积比 $\xi < 1\%$），可忽略量子点之间的耦合效应以及其他谱线展宽效应。舍去无物理意义的解，由式(5.3.15)可得粒径为

$$a(E) = a_B \frac{2A_2}{A_3 + \sqrt{\Delta(E)}} \tag{5.3.17}$$

式中，$\Delta(E) = A_3^2 - 4A_2(A_1 - A_4 - E)$，$A_1 = E_g$，$A_2 = \pi^2 Ry^*$，$A_3 = 1.786Ry^*$，$A_4 = 0.248Ry^*$。

由式(5.3.17)可知，量子点粒径与导带基态能量有关，即 $a = a[\Delta(E)] \rightarrow a(E)$。量子点数密度有一个按尺寸的粒径分布，即 $n = n[a(E)]$，于是，由式(5.3.16)可得数密度分布函数为

$$f(E) = f(a)\left|\frac{\mathrm{d}a}{\mathrm{d}E}\right| = \frac{1}{\sqrt{2\pi\sigma^2}}\frac{4A_2^2 a_B}{(A_3 + \sqrt{\Delta})^2\sqrt{\Delta}}\exp\left[-\left(a_B\frac{2A_2}{A_3 + \sqrt{\Delta}} - \bar{a}\right)^2 / 2\sigma^2\right]$$

$$\tag{5.3.18}$$

式中，微分取绝对值是为了避免出现激发态能量随量子点尺寸增大而减小的无意义情况。式(5.3.18)是量子点数密度按能量分布的一个重要的函数。

量子点体系的荧光发光机制：在外泵浦源的激励下，量子点价带中的电子吸收泵浦源的能量，被激励到高能级（导带）。导带中的电子以极快的速率（约 ps 量级[17]）通过热碰撞在导带内布居，之后以几十至数百纳秒[18]的速率向下跃迁回价带并辐射出荧光光子。根据实测的量子点的吸收谱和辐射谱，量子点的能级可用三能级来描述。由于量子点的带内跃迁速率远高于带间跃迁速率，量子点的能级实际可用二能级系统来近似，亦可用实测的量子点体系的辐射为单峰辐射来证实。

对于二能级系统，单个量子点的最低激发态能量就是辐射峰波长对应的能量。然而，在具有一定掺杂浓度的量子点体系中，量子点并非单一尺寸，尺寸有一个不均匀的粒度分布，因此，需要通过粒度分布来讨论辐射谱线线型与粒子数按能量分布之间的关系。

下面从自发辐射的发光功率入手。量子点具有如式(5.3.18)所示的能量分布，不同尺寸的量子点发出的光子能量不同，因此，处于频率 $\nu \sim \nu + \mathrm{d}\nu$ 范围内的自发辐射功率体密度为

$$P(\nu)\mathrm{d}\nu = h\nu A_{21} n_2(\nu)\mathrm{d}\nu = h\nu A_{21} N_2 f(\nu)\mathrm{d}\nu \tag{5.3.19}$$

式中,$n_2(\nu)$、N_2、A_{21} 分别表示量子点的上能级粒子数密度、上能级总粒子数密度、上能级自发辐射跃迁概率;$f(\nu)$ 是量子点数密度的频率分布。

由跃迁谱线线型函数的定义 $g(\nu) = P(\nu)/P$(式中,P 为辐射总功率体密度,$P(\nu)$ 是按频率分布的功率体密度,$g(\nu)$ 为归一化跃迁谱线线型函数,可知

$$P(\nu) = g(\nu)P = g(\nu)h\nu A_{21} N_2 \tag{5.3.20}$$

比较式(5.3.19)和式(5.3.20)的右边,可得

$$g(\nu) \equiv f(\nu) \quad 或 \quad g(E) \equiv f(E) \tag{5.3.21}$$

即实验观测到的辐射谱线线型即为量子点粒子数按能量分布的函数。实际上,这也可从荧光辐射的定义中直接写出。

需要指出:量子点粒子数按能量分布的函数 $f(E)$ 并不等于粒度分布函数 $f(a)$,或者说实验观测到的量子点辐射谱轮廓并不直接与粒度分布相吻合。对于粒度为高斯分布的量子点体系,它们之间的关系由式(5.3.16)和式(5.3.18)决定。

以上结论利用了光滑的球形的量子点体系的粒度分布是高斯分布这样的假定。同时,在低浓度掺杂的条件下,忽略了量子点之间的相互作用,并没有对量子点的类型或性质作特别约定,因此,在一定程度上可视为一般的结论。此外,谱线线型函数仅与量子点尺寸非均匀相关,因此,这种形式的谱展宽是非均匀展宽。

2. 计算实例

为了检验上述所得的结果,对实验室常用的 Ⅱ-Ⅵ 族 CdSe 量子点、Ⅳ-Ⅵ 族 PbSe 量子点进行了实例计算。这两种量子点的性质差异很大,又具有代表性,因此,本书的计算不失一般性。计算采用了上述提及的三个假定或条件:①常温,这意味着量子点中只发生最低激发态的单峰辐射跃迁,以便与大多数实验观测相符;②忽略量子点相互之间的耦合作用,即低浓度掺杂(掺杂体积比 ξ 约小于 1%);③$a/a_\mathrm{B} < 1$,即量子点是强约束型量子点。

1) CdSe 量子点体系

CdSe 量子点激子的玻尔半径 $a_\mathrm{B} = 4.9\mathrm{nm}$(表 3.1.4),里德伯能 $Ry^* = 25.33\mathrm{meV}$,块材料带隙 $E_\mathrm{g} = 1.74\mathrm{eV}$。定义尺寸涨落参量 $\xi(\equiv \sigma/\bar{a})$,根据上述参量,由式(5.3.18)等可以得到荧光光谱强度随荧光波长的变化关系,结果如图 5.3.5 所示。其中,图 5.3.5(a)、(b)、(c)为本书的计算,平均半径尺寸依次为 3nm、3.4nm、3.8nm。为了方便和实验结果进行对比,式(5.3.18)中 $f(E)$ 已转换成 $f(\lambda)$。

从图 5.3.5(a)可以看出,当量子点尺寸相同时,尺寸涨落参数不同会使量子点的辐射光谱发生变化。荧光辐射光谱呈单峰光滑结构,并随涨落的增大,光谱的 FWHM 随之变宽,峰值强度逐渐增大,峰值波长向长波方向移动(红移),这与实

验观测到的光谱现象[8,19]一致。

　　比较图 5.3.5(a)、(b)和(c)可知,当平均尺寸不同、涨落相同时,其荧光峰值强度以及峰值波长位置都会发生变化。在同一涨落参量下,随着平均尺寸的增大,荧光峰值强度增强,同时 PL 峰值波长发生红移。这与平均尺寸相同、涨落不同时的现象一致,但变化量的大小不同。

　　图 5.3.5(d)是 Zhong 等[15]制备 CdSe 量子点的实验结果,图中给出了制备过程中对前驱体处理不同时间合成的量子点的 PL 谱的变化。当 $\xi=4\%$,$\bar{a}=3$、3.4、3.8nm 时,本书计算得到的 PL 峰值波长、FWHM 与实验 0.5min、2min 和 5min 时的荧光光谱图相符,意味着实验制备量子点的尺寸随前驱体处理时间的延长而增大。图 5.3.5(d)中,随着峰值波长的增加,对应的荧光强度减小,与图 5.3.5(a)~(c)中的计算结果不一致。这可能因为计算是针对理想的表面光滑的球形量子点,而实验中,量子点表面缺陷会随处理时间的延长而变化,从而使得导带中的电子有可能跃迁到带隙间的缺陷态,直接复合荧光辐射的 PL 强度降低,两者其实并不相悖。

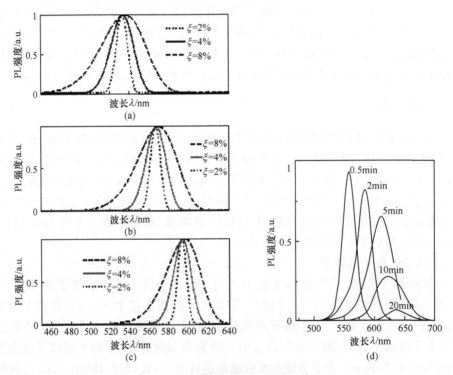

图 5.3.5　具有不同尺寸涨落 CdSe 量子点体系的 PL 谱
以及实验制备量子点的前驱体在不同热处理时间时的 PL 谱[15]

2) PbSe 量子点体系

PbSe 量子点激子的玻尔半径 $a_B=46nm$,里德伯能 $Ry^*=0.068meV$,块材料

带隙 $E_g = 0.28\mathrm{eV}$。采用相同的计算,同样可得 PL 强度随荧光波长的变化,如图 5.3.6(a)～(c)所示,其中平均半径依次取 1.4、1.6、1.8nm;图 5.3.6(d)为实验测量,其中 G_1、G_2、G_3、G_4、G_5 分别表示不同的二次热处理时间。

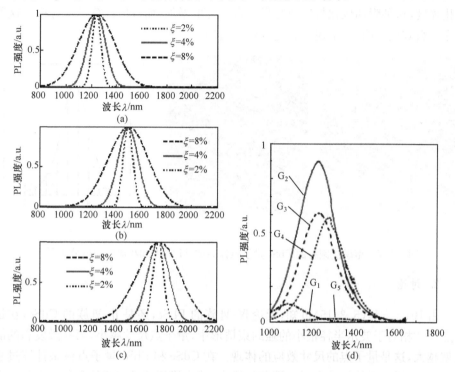

图 5.3.6　具有不同尺寸涨落 PbSe 量子点体系的 PL 谱
以及量子点前驱体在不同热处理时间的 PL 谱[16]

图 5.3.6(a)、(b)、(c)分别表示当平均半径 $\bar{a} = 1.4\mathrm{nm}$,$1.6\mathrm{nm}$,$1.8\mathrm{nm}$、涨落参量 $\xi = 2\%$,4%,8% 时的 PL 谱。由图可见,对于同一平均尺寸,由不同尺寸涨落导致的 FWHM、荧光峰值强度以及峰值波长的变化趋势与 CdSe 量子点一致。对于不同平均尺寸、相同涨落的参量,也会得到类似的结果。仔细观察发现,在相同涨落参量和 $a/a_B < 1$(强约束)的条件下,CdSe 量子点的 FWHM、PL 峰值波长均大于 PbSe 量子点,这与实验观测到的现象[7,8,16,19]一致。

图 5.3.6(d)是利用熔融法制备的 PbSe 量子点荧光光谱[16]。与本书的计算结果相比,实验得到 G_2、G_3 和 G_4 的 PL 谱,与 $\bar{a} = 1.4\mathrm{nm}$,$\xi = 8\%$、4% 和 2% 时在峰值波长以及 FWHM 上基本一致。其中,G_2、G_3 和 G_4 二次热处理事件依次为 3.5h、4h 和 4.5h,这意味着在一定温度下热处理时间的延长,将使得量子点尺寸的涨落减弱。

图 5.3.7(a)、(b)是制备 PbSe 样品的 TEM 图,图(c)是根据 TEM 图统计记

录的粒度分布图。由图可见,粒度分布呈高斯型。另外,实验粒度分布的平均尺寸半径在 1.75~2.25nm,比图 5.3.6(a)中 $\bar{a}=1.4$nm 大;由于实验测量的量子点 PL 光谱是在钠硼铝酸盐基底材料中得到的,钠硼铝酸盐增强了 PbSe 量子点的表面极化强度,这种附加极化势等效为量子点尺寸的增加,而数值计算过程忽略了这种基底材料效应。因而,上述计算过程仍然适用。

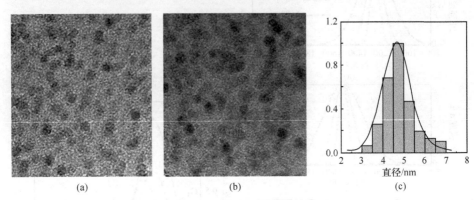

(a)　　　　　　　　　　(b)　　　　　　　　　　(c)

图 5.3.7　熔融法制备的 PbSe 量子点体系的 TEM 图和相应的粒度分布[16]

3. 讨论

由 Brus 方程(5.3.15)可知,无论Ⅳ-Ⅵ族的 PbSe,还是Ⅱ-Ⅵ族的 CdSe,在量子点尺寸相对于玻尔半径很小的强约束情形中,量子点尺寸越小,第一激发态的能量就越大,这是量子点的尺寸效应的体现。在 CdSe 和 PbSe 量子点体系计算过程中,随着量子点平均尺寸和尺寸涨落的增大,荧光峰值波长红移的现象是由量子点尺寸效应引起的。

PL 的谱线线型是具有尺寸涨落的量子点从高能级(导带底部附近)向基态(价带顶部附近)跃迁辐射的叠加结果。在低浓度掺杂忽略耦合场作用时,它反映的是量子点体系中量子点粒度的分布状况。粒度分布越宽,荧光光谱越宽,相应的 FWHM 也越宽;或者说,荧光光谱线型直接依赖于量子点的粒度分布。这很好地解释了数值计算 CdSe 和 PbSe 量子点体系时随着量子点尺寸涨落增大而 FWHM 变宽的现象。

根据 Takagahara 等[20]的研究,当 $a/a_B<1$ 时(强约束),由于量子点的尺寸限域效应,量子点内部载流子的跃迁振子强度与尺寸的关系为

$$\frac{f}{f_0} \approx 2\pi^4 \alpha a$$

式中,f_0 是块材料的跃迁振子强度;α 是比例常数;a 是量子点半径。

由此可知,跃迁振子强度随着量子点尺寸的增加而增大,这是图 5.3.5 和图 5.3.6中 PL 强度随着量子点平均尺寸和尺寸涨落的增加而变大的原因。

对比图 5.3.5 中的 CdSe 量子点体系和图 5.3.6 中的 PbSe 量子点体系,PbSe 量子点的玻尔半径远大于 CdSe 量子点的玻尔半径,而里德伯能和块材料带隙能却小于 CdSe 量子点,使得 PbSe 量子点中的载流子会受到更强的尺寸约束,因而表现出更窄的 FWHM 以及更长的 PL 峰值波长。

4. 结论

量子点荧光辐射谱的展宽主要来自量子点尺寸的粒度分布。在基质材料介电系数较小、低浓度掺杂的条件下,如果量子点体系的粒度分布为高斯分布,那么由量子点粒径和导带基态修正的 Brus 关系可得到量子点数密度按能量分布的一般表达式,从而可得到量子点荧光辐射谱的线型函数。该荧光辐射谱为非均匀展宽谱。但是实验观测到的量子点辐射谱轮廓,并不直接与粒度分布相吻合。

实例计算的 II-VI 族 CdSe 量子点和 IV-VI 族 PbSe 量子点的荧光辐射谱线线型的结果表明:无论哪种量子点,随着量子点平均尺寸的增加或者尺寸涨落的增大,均呈现荧光光谱 FWHM 变宽、峰值波长红移的现象。峰值光强则随着尺寸涨落的增大而变强。

这里给出的量子点荧光辐射谱线线型函数,可以通过测量的荧光光谱来准确给出量子点的粒度分布,并与 TEM 一起对量子点的尺寸进行进一步的定量估算和验证。这种估算量子点粒度分布的方法具有更直观、简单及有效的特点。

5.4　跃迁截面

5.4.1　截面的概念

在经典的辐射理论中,假设辐射的基本单元是一个谐振子,谐振子振动引起辐射的发射和吸收。对于任何一个共振频率,每一个原子具有 f 个简谐振动的经典振子,但 f 并不一定为整数。f 是一个零量纲的物理量,称为振子强度。

量子辐射理论把振子强度和能级的跃迁概率联系起来。如果将低能级标记为 i,高能级标记为 j,则 $i \rightarrow j$ 跃迁的吸收振子强度 f_{ij} 与爱因斯坦吸收系数 B_{ij} 之间的关系为

$$f_{ij} = \frac{h\nu m_e}{\pi e^2} B_{ij} \tag{5.4.1}$$

根据原子辐射理论,真空中的自发辐射吸收系数 A_{ij} 与爱因斯坦吸收系数 B_{ij} 的关系为

$$A_{ij} = \frac{8\pi h\nu^3}{c^3} B_{ij} = \frac{8\pi h}{\lambda^3} B_{ij} \tag{5.4.2}$$

由式(5.4.1)和式(5.4.2)可知,自发辐射吸收系数正比于吸收振子强度:

$$A_{ij} = \frac{8\pi^2 e^2 \nu^2}{m_e c^3} f_{ij} = 4.3 \times 10^7 f_{ij} \Delta E^2 (\mathrm{s}^{-1}) \tag{5.4.3}$$

式中，ΔE 为 j 和 i 之间能级差，eV；e 为电子电荷。

吸收与辐射互为反过程，在热平衡条件下，发射振子强度 f_{ji} 和吸收振子强度 f_{ij} 之间满足

$$f_{ji} = -\frac{g_i}{g_j} f_{ij} \tag{5.4.4}$$

或

$$B_{ji} = -\frac{g_i}{g_j} B_{ij} \tag{5.4.5}$$

式中，负号仅表示过程相反；g 为能级的统计权重。

对于核外有 N 个电子的原子体系，k 能级跃迁的振子强度满足库恩·托马斯(Kuhn Thomas)求和定则，即

$$\sum_{i,j} (f_{ik} + f_{jk}) = N \quad (i < k < j) \tag{5.4.6}$$

在光学频段，振子强度的量级为 1。对于满足跃迁定则的允许跃迁(如电偶极跃迁)，振子强度的值在 1 附近；对于不满足跃迁定则的禁戒跃迁(如磁偶极跃迁、电四极子跃迁等)，振子强度的值小于或远小于 1。

当只考虑自发辐射时，发光光源中 $j \rightarrow i (j > i)$ 能级跃迁所辐射的功率密度(单位时间、单位体积中的辐射能量)为

$$p_{ji} = N_j h \nu_{ji} A_{ji} = 1.6 \times 10^{-19} N_j A_{ji} \Delta E (\mathrm{W \cdot cm^{-3}}) \tag{5.4.7}$$

式中，N_j 是上能级 j 的粒子数密度，$\mathrm{cm^{-3}}$；ΔE 的单位为 eV。注意到辐射功率的大小与上能级的粒子数有关，而与下能级粒子数无关。

为了进一步描述能级跃迁，下面引入跃迁截面的概念。跃迁截面是光学中描述原子发光性质的一个基本物理量，它代表了原子在两个状态之间跃迁的能力，或者吸收或发射一个光子而跃迁的概率。跃迁截面的量纲是面积量纲。

这里考虑一个二能级系统 E_1、E_2($E_1 < E_2$)。系统吸收一个能量为 $h\nu_{21} = E_2 - E_1$ 光子的概率与截面 σ_{12} 成正比，而发射一个光子的概率与发射截面 σ_{21} 成正比。当光入射到原子时吸收的光功率可写为

$$P_a = \sigma_{12} I \tag{5.4.8}$$

式中，I 表示入射光强，$\mathrm{W \cdot cm^{-2}}$ 或 $\mathrm{J \cdot s^{-1} \cdot cm^{-2}}$。于是，单位时间内入射光子被吸收的概率($\mathrm{s^{-1}}$)为

$$\delta = \sigma_{12} \frac{I}{h\nu} = \sigma_{12} \frac{\rho c}{n} \tag{5.4.9}$$

式中，吸收光强 $I = \rho h \nu c / n$(ρ 为光子数密度，c 为光速，n 为介质的折射率)。这里，吸收光强 I 直接关联于吸收光子数密度 ρ，这在实验中是一个很有用的关联表达

式。同样,可得辐射的光功率 P_e 和辐射概率。

吸收截面相当于一个靶,当光子穿过它时就会被吸收。辐射截面也可以用同样的方式来理解。对于一个种类相同的粒子群,设低能态的粒子数为 N_1,高能态的粒子数为 N_2,那么当强度为 I 的光束穿过此粒子群时,光功率的变化为

$$\Delta P = P_e - P_a = (N_2 \sigma_{21} - N_1 \sigma_{12}) I \tag{5.4.10}$$

式中,右边第一项是光的辐射,第二项是光的吸收。需要指出,辐射和吸收的概率与光强成正比,而不是与光功率成正比。光束越集中或光强越强,辐射和吸收的概率就越高。

对于两个非简并态 1 和 2,辐射和吸收截面相等,即 $\sigma_{12} = \sigma_{21}$。在大多数简单情况下,都可以将两个单独的能级直接与截面、爱因斯坦系数 A 和 B 以及辐射寿命联系在一起。对于复杂情形,例如,固体中的稀土离子 Er^{3+},辐射截面和吸收截面是不同的。原因是在稀土离子 Er^{3+} 中,热扰动对它的多重态(如 $^4I_{15/2}$ 和 $^4I_{13/2}$)能级宽度的影响不同,对子壳层的热扰动使得两个多重态之间的吸收和辐射谱不同。只有当两个多重态内子壳层的能级数相等时,辐射和吸收截面在某特定的频率下才可能相等。在量子点中,吸收和辐射截面有很大的差别(图 5.2.1),其根本的原因除了上述的热扰动的影响,还包括量子点的成分、结构和粒径等因素。

在介质的光学性质分析中,经常需要用到截面。截面一般可通过实验测量,在一定的温度下,测量粒子跃迁的吸收和发射强度来确定。关键问题是如何从观测到的吸收和荧光光谱中正确地计算吸收和辐射截面。下面从能级跃迁的爱因斯坦关系出发介绍更普遍的 Mc Cumber(MC)方法。

5.4.2　爱因斯坦系数和 Ladenburg-Fuchtbauer 关系

在简并的二能级系统中,假定能级 1 的简并度为 g_1,能级 2 的简并度为 g_2,光子的发射和吸收可以直接用量子力学原理来处理。能级 1 和 2 的粒子数改变,取决于每一个子能级间的跃迁强度,这些子能级构成了这两个多重能态。

两个假定:①所有子能级的粒子数都相等;②两个子能级之间的跃迁强度相等。

以上两个假定条件中只要满足任意一个,爱因斯坦系数 A 和 B 就可以写成如下形式:

$$\left(\frac{dN_2}{dt}\right)_a = B_{12} \rho_o(\nu) N_1 \tag{5.4.11}$$

$$\left(\frac{dN_2}{dt}\right)_e = -[A_{21} + B_{21} \rho_o(\nu)] N_2 \tag{5.4.12}$$

式中,N_1、N_2 分别是下、上能级的粒子数密度;$\rho_o(\nu)$ 是单位频率的光子能量密度;A_{21} 是自发辐射跃迁概率;B_{21}、B_{12} 分别是爱因斯坦受激辐射系数和受激吸收系数;

$B_{21}\rho_0(\nu)$、$B_{12}\rho_0(\nu)$ 分别表示受激辐射概率和受激吸收概率；下角标 a、e 分别表示吸收（absorption）、辐射（emission）。图 5.4.1 给出了二能级系统中的跃迁与爱因斯坦系数的关系。

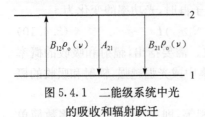

图 5.4.1　二能级系统中光的吸收和辐射跃迁

如果能级是简并的，下能级有 g_1 个子能级 m_1，上能级有 g_2 个子能级 m_2，那么 $(\mathrm{d}N_2/\mathrm{d}t)_a$ 和 $(\mathrm{d}N_2/\mathrm{d}t)_e$ 包含对所有能级跃迁的求和。把子能级 m_1 和 m_2 的受激跃迁概率写为 $R(m_1,m_2)$，可得由吸收引起的上能级粒子数密度的变化为

$$\left(\frac{\mathrm{d}N_2}{\mathrm{d}t}\right)_a = \sum_{m_1,m_2} R(m_1,m_2)N_{m_1}$$

(5.4.13)

相应的由辐射引起的粒子数变化为

$$\left(\frac{\mathrm{d}N_2}{\mathrm{d}t}\right)_e = -\sum_{m_1,m_2}[A(m_1,m_2)+R(m_1,m_2)]N_{m_2}$$

(5.4.14)

式中，$A(m_1,m_2)$ 表示 m_1 壳层和 m_2 壳层之间的自发辐射跃迁概率。跃迁概率与两个能态之间的跃迁（如电偶极跃迁）光子的矩阵元成正比。可以看出，如果每个子能级的粒子数相等，那么下能级的子能级 m_1 上的粒子数为 $N_{m_1}=N_1/g_1$（g 为能级的统计权重，即简并度），上能级的子能级 m_2 上的粒子数为 $N_{m_2}=N_2/g_2$。于是

$$B_{21}\rho_0(\nu) = \frac{1}{g_2}\sum_{m_1,m_2} R(m_1,m_2)$$

(5.4.15)

$$B_{12}\rho_0(\nu) = \frac{1}{g_1}\sum_{m_1,m_2} R(m_1,m_2)$$

(5.4.16)

由式(5.4.15)和式(5.4.16)可知，受激吸收系数 B_{12} 可以用来表示能级 1 的各子能级的平均跃迁强度。对于能级 2 的所有子能级，同样可以得到 B_{21}。于是

$$g_1 B_{12} = g_2 B_{21}$$

(5.4.17)

表示受激吸收与受激辐射之间呈简单的线性关系，形式与式(5.4.5)一致。推导中关键的假设是能级粒子数在每一个能级中是平均分配的。

下面由谱线扩展到谱带。这时，频率 ν 应当看成以 ν 为中心、具有有限带宽的某个频率分布。由爱因斯坦吸收系数 B_{12} 以及吸收截面的概念，有

$$\sigma_{12}(\nu) = \frac{h\nu n}{c}B_{12}g_{12}(\nu) = \frac{h}{\lambda}B_{12}g_{12}(\nu)$$

(5.4.18)

式中，n 为介质的折射率；$g_{12}(\nu)$ 为吸收谱线的线型函数；$g_{12}(\nu)$ 是对频率的积分归一化（见 5.2 节）。同样，对于辐射截面，有

$$\sigma_{21}(\nu) = \frac{h\nu n}{c}B_{21}g_{21}(\nu) = \frac{h}{\lambda}B_{21}g_{21}(\nu)$$

(5.4.19)

式中，$g_{21}(\nu)$ 是辐射谱线线型函数。

假定任一子能级粒子数相等，则辐射谱线的线型和吸收谱线的线型相同，即 $g_{21}(\nu) = g_{12}(\nu)$。然而，正如很多实验所证实的那样，即使在 $g_{21}(\nu) \neq g_{12}(\nu)$ 的情况下（如量子点的情形），式(5.4.18)和式(5.4.19)依然是正确的。在这种情况下，粒子数分布一般不再是平均分布。后面将讨论在 Mc Cumber 理论中是如何处理这个问题的。

对式(5.4.18)和式(5.4.19)进行频率积分，得

$$g_1 \int \sigma_{12}(\nu)\,\mathrm{d}\nu = g_2 \int \sigma_{21}(\nu)\,\mathrm{d}\nu \tag{5.4.20}$$

如果仅考虑光子的自发辐射，上能态 2 的辐射寿命为 τ_{21}，辐射和吸收截面直接与该寿命的倒数相关联。由于这三个参量都是从同一个量子力学矩阵元中推导出来的，可以把辐射寿命写成如下形式：

$$\frac{1}{\tau_{21}} = A_{21} = \frac{8\pi}{\lambda^2} \int \sigma_{21}(\nu)\,\mathrm{d}\nu = \frac{8\pi}{\lambda^2} \frac{g_1}{g_2} \int \sigma_{12}(\nu)\,\mathrm{d}\nu \tag{5.4.21}$$

式中，λ 是介质中跃迁的中心波长；g 是能级统计权重。

能级的辐射寿命有另一种表达形式：

$$\frac{1}{\tau_{21}} = \frac{8\pi n^2}{c^2} \int \nu^2 \sigma_{21}(\nu)\,\mathrm{d}\nu \tag{5.4.22}$$

式(5.4.21)和式(5.4.22)也称为 Ladenburg-Fuchtbauer 关系。由此可知，由辐射或吸收截面对频率的积分可以得到辐射寿命或自发辐射跃迁概率。

对于吸收截面，先测量光穿过材料中光强的衰减，得到吸收系数，再由样品中吸收粒子的浓度等数据来确定吸收截面。用不同的波长进行测量，就可以得到不同波长下的吸收截面。此外，由式(5.4.21)或式(5.4.22)的吸收截面积分得到自发辐射跃迁概率 A_{21} 之后，还可由式(5.4.2)得到爱因斯坦受激辐射系数 B_{21} 和受激吸收系数 B_{12}。

通过辐射寿命的测量，Ladenburg-Fuchtbauer 近似曾经被广泛用来计算各种粒子的辐射截面，如 Er^{3+} 离子。后来，人们发现这样计算所得到的辐射截面与实验并不完全相符，对此 Mc Cumber 给出了合理的解释[21]。

5.4.3　辐射截面的 Mc Cumber 理论

对于二能级多重态系统，随着能级 1 和 2 简并度的增大，应当考虑每一个子能级的粒子数不相等。固体中的电子数满足费米-狄拉克统计分布[见式(3.1.66)]，为了使讨论更加合理，设导带中电子的能量较高而数密度较低，这时，电子数密度分布可用玻尔兹曼分布来近似代替费米-狄拉克分布。参考图 5.4.2，对满足玻尔兹曼分布的子能级之间的跃迁截面进行加权求和，可以得到能级 1↔2 跃迁的总辐

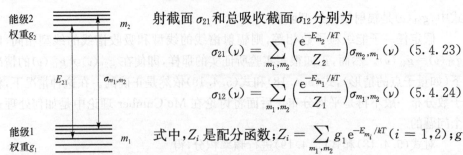

能级2 权重g_2 m_2

E_{21} σ_{m_1,m_2}

能级1 权重g_1 m_1

图 5.4.2 多重态二能级图

E_{21}是两个多重态之间的平均能量差

射截面 σ_{21} 和总吸收截面 σ_{12} 分别为

$$\sigma_{21}(\nu) = \sum_{m_1,m_2} \left(\frac{e^{-E_{m_2}/kT}}{Z_2} \right) \sigma_{m_2,m_1}(\nu) \quad (5.4.23)$$

$$\sigma_{12}(\nu) = \sum_{m_1,m_2} \left(\frac{e^{-E_{m_1}/kT}}{Z_1} \right) \sigma_{m_1,m_2}(\nu) \quad (5.4.24)$$

式中，Z_i 是配分函数；$Z_i = \sum_{m_1,m_2} g_1 e^{-E_{m_i}/kT}$ $(i=1,2)$；g 是统计权重。子能级之间的跃迁截面 $\sigma_{m_2,m_1}(\nu)$ 应当包含所有谱线的线型函数 $g_{12}(\nu)$、$g_{21}(\nu)$。

如果热能 $kT \to \infty$，则所有子能级的粒子数都相等，式(5.4.23)和式(5.4.24)可简化为

$$\sigma_{21}(\nu) = \frac{1}{g_2} \sum_{m_2,m_1} \sigma_{m_2,m_1}(\nu) \quad (5.4.25)$$

$$\sigma_{12}(\nu) = \frac{1}{g_1} \sum_{m_1,m_2} \sigma_{m_1,m_2}(\nu) = \frac{g_2}{g_1} \sigma_{21}(\nu) \quad (5.4.26)$$

当子能级粒子数相等时，归一化谱线线型函数 $g_{12}(\nu) = g_{21}(\nu)$，也可以由式(5.4.18)和式(5.4.19)得到与式(5.4.25)和式(5.4.26)相同的结果。

对于量子点的导带，导带中的子能级能量间隔非常小，通常远小于热能，因此，式(5.4.25)和式(5.4.26)容易得到满足；相反，对于有些子能级间隔较大的多重态，如果多重态能级的能量展宽比热能 kT 大，那么式(5.4.25)和式(5.4.26)就不成立了，即每一子能级粒子数相等的假定就不正确了。

在一般情况下，定义两个多重态之间的平均跃迁能为 $E_{21} = E_{m_1} - E_{m_2} + h\nu$，由式(5.4.23)、式(5.4.24)可得

$$\frac{\sigma_{21}(\nu)}{\sigma_{12}(\nu)} = \frac{Z_1}{Z_2} \frac{\sum\limits_{m_1,m_2} e^{-E_{m_2}/kT} \sigma_{m_2,m_1}(\nu)}{\sum\limits_{m_1,m_2} e^{-E_{m_1}/kT} \sigma_{m_1,m_2}(\nu)} = \frac{Z_1}{Z_2} e^{(E_{21}-h\nu)/kT} \quad (5.4.27)$$

式(5.4.27)成立的前提是多重态内必须达到热平衡。实际上，在掺铒玻璃或其他大多数介质中，多重态在很短的时间内(短于所有多重态的寿命)都可以迅速达到热平衡。对于典型的 PbSe 量子点，其导带内(上能态)粒子数达到热平衡的特征时间为极短的 4ps[22] 量级。这时，可认为多重态内有相同的粒子数或相同的能级差，上下能级的配分函数等于统计权重之比，即 $Z_1/Z_2 = g_1/g_2$。将辐射截面 σ_{21} 换写为 σ_e，吸收截面 σ_{12} 换写为 σ_a，式(5.4.27)可重写为

$$\sigma_e(\nu) = \frac{g_1}{g_2} \sigma_a(\nu) \exp\left(\frac{E_{21}-h\nu}{kT} \right) \approx \sigma_a(\nu) \exp\left(\frac{E_{21}-h\nu}{kT} \right) \quad (5.4.28)$$

称为 Mc Cumber 关系,它给出了辐射截面与吸收截面之间的关系,可用来取代爱因斯坦系数 A 与 B 之间的关系。

对于铒离子,式(5.4.28)中两个多重态之间的平均跃迁能 E_{21} 对应于 $^4I_{13/2} \leftrightarrow ^4I_{15/2}$ 跃迁(波长 1535nm)(图 5.4.3)。注意到只有在一个频率上($h\nu_0 = E_{21}$),辐射截面和吸收截面才相等。当频率高于或低于 ν_0 频率时,吸收截面和辐射截面都不相等。频率 ν_0 可以由实验测得。

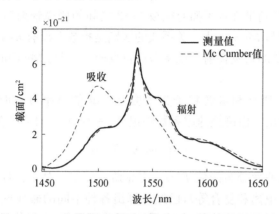

图 5.4.3　Er^{3+} 的 $^4I_{13/2} \leftrightarrow ^4I_{15/2}$ 跃迁理论计算的辐射截面以及实验测量值[23]

人们经常只知道粒子的吸收截面或辐射截面,由 Mc Cumber 关系就可以确定未知的辐射截面或吸收截面。在后面的章节中将会用到 Mc Cumber 关系式。

另外,也可以通过原子分子碰撞理论中的碰撞速率系数,来导出 Mc Cumber 关系式。粒子碰撞速率系数的概念与爱因斯坦受激辐射(吸收)系数 B 的概念类似,但碰撞速率系数定义为碰撞截面 σ 对碰撞相对速率 υ 的平均,即 $r = \langle \sigma \upsilon \rangle$。对于如图 5.4.1 所示的二能级系统,在细致平衡下(多重态内达到热平衡),单位时间内通过碰撞从上能级向下跃迁(辐射)的粒子数与从下能级向上跃迁(吸收)的粒子数相等:

$$\langle \sigma_a \upsilon \rangle N_1 = \langle \sigma_e \upsilon \rangle N_2 \quad 或 \quad r_a N_1 = r_e N_2 \tag{5.4.29}$$

式中,r_e、r_a 分别为碰撞辐射速率系数和碰撞吸收速率系数,$m^3 \cdot s^{-1}$ 或 $cm^3 \cdot s^{-1}$,若对于三体碰撞,则单位为 $m^6 \cdot s^{-1}$ 或 $cm^6 \cdot s^{-1}$。碰撞辐射使得上能级粒子数减少,又称为去激发或退激发(de-excitation);碰撞吸收使得上能级粒子数增多,又称为激发(excitation)。热平衡时,上下能级粒子数密度满足玻尔兹曼分布:

$$\frac{N_2}{N_1} = \frac{g_2}{g_1} \exp\left(-\frac{E_{21}}{kT}\right) \tag{5.4.30}$$

式中,g 是能级的统计权重;E_{21} 为能级差;kT 为热能。将式(5.4.30)代入式(5.4.29),即得

$$r_e = r_a \frac{g_1}{g_2} \exp\left(\frac{E_{21}}{kT}\right) \tag{5.4.31}$$

注意式中的指数为正。如果截面不随碰撞速率变化（即对温度不敏感或温度变化不大），则有

$$\sigma_e = \sigma_a \frac{g_1}{g_2} \exp\left(\frac{E_{21}}{kT}\right) \tag{5.4.32}$$

式(5.4.32)是满足细致平衡时能级 1↔2 之间的碰撞辐射截面和碰撞吸收截面之间的关系，它与 Mc Cumber 关系式的区别是指数上没有 $h\nu$，这是因为在热平衡时没有考虑光子的自发辐射。如果考虑自发辐射，则与 Mc Cumber 关系式完全相同。

应当指出，在建立和求解粒子数密度 dN/dt 的速率方程时，碰撞速率系数 $r(\mathrm{cm}^3 \cdot \mathrm{s}^{-1})$ 更常用。由碰撞速率系数的定义 $r = \langle \sigma\upsilon \rangle$，它可表达为

$$r = \int_0^\infty \upsilon \sigma(\upsilon) f(\upsilon) d\upsilon \tag{5.4.33}$$

在热平衡下，速率分布函数 $f(\upsilon)$ 为麦克斯韦分布。对于各种不同的碰撞过程（如激发、去激发、电离和复合等），已经计算出各种不同的碰撞速率系数曲线。在宽温度范围内，一般是碰撞伙伴（如电子、离子或原子等）入射能量的函数。具体内容可参阅专门的书籍（如文献[4]、[24]），也可参阅中国科学院数据云（http://www.nsdb.cn/）。

在实验上，由吸收截面的测量来确定辐射寿命和辐射截面的研究取得了很大的成功。图 5.4.3 给出了 Er^{3+} 的 $^4I_{13/2} \leftrightarrow {}^4I_{15/2}$ 跃迁由 Mc Cumber 理论吸收截面计算的辐射截面和实验测量值。由图可见，理论计算和实验测量相当接近。

5.4.4 截面的确定

本节介绍截面的确定方法，可采用经典的散射理论，也可通过实验来确定截面。

严格的理论计算依赖于量子力学，以及量子点精确电子结构的确定，这已经超出本书的范畴。下面采用经典的散射理论来确定截面。经典理论计算的结果与详细的量子电子结构计算、实验观测的结果基本相符，差别在于经典理论计算得到的截面没有出现峰值，而量子点无论吸收还是辐射，都有峰值出现。

1. Mie 散射理论

在非均匀介质中，消光（extinction）主要是由散射和吸收造成的。在米氏(Mie)散射理论中，由散射和吸收组成的消光截面为两者之和[25,26]：

$$\sigma_{ext} = \sigma_{abs} + \sigma_{sca} \tag{5.4.34}$$

式中,下角标 ext 表示消光;下角标 abs 表示吸收;下角标 sca 表示散射。

Bohren 和 Huffman 给出了消光截面的计算公式[25]:

$$\sigma_{\text{ext}} = \frac{2\pi}{k^2} \sum_{n=1}^{\infty} (2n+1) \text{Re}[a_n + b_n] \qquad (5.4.35)$$

式中,Re 表示实部;a_n、b_n 为米氏散射系数,其表达式为

$$a_n = \frac{\widetilde{m}\psi_n(\widetilde{m}x)\psi_n'(x) - \psi_n(x)\psi_n'(\widetilde{m}x)}{\widetilde{m}\psi_n(\widetilde{m}x)\xi_n'(x) - \xi_n(x)\psi_n'(\widetilde{m}x)} \qquad (5.4.36)$$

$$b_n = \frac{\psi_n(\widetilde{m}x)\psi_n'(x) - \widetilde{m}\psi_n(x)\psi_n'(\widetilde{m}x)}{\psi_n(\widetilde{m}x)\xi_n'(x) - \widetilde{m}\xi_n(x)\psi_n'(\widetilde{m}x)} \qquad (5.4.37)$$

式中,$x \equiv ka$(a 为散射粒子的半径,k 为光波波数);复相对折射率 $\widetilde{m} \equiv \widetilde{n}_1/\widetilde{n}$,$\widetilde{n}_1$ 是散射粒子的复折射率,$\widetilde{n}$ 是背景的复折射率。

函数 ψ_n 和 ξ_n 由 Riccati-Bessel 公式确定:

$$\psi_n(\rho) = \rho j_n(\rho) \qquad (5.4.38)$$

$$\xi_n(\rho) = \hat{\rho} h_n^{(1)}(\rho) \qquad (5.4.39)$$

式中,j_n 为 n 阶球贝塞尔(Bessel)函数;$h_n^{(1)}$ 为第一类 n 阶汉克尔(Hankel)函数。它们与贝塞尔函数 J 和诺伊曼函数 y_n 之间满足以下关系:

$$j_n(\rho) = \sqrt{\frac{\pi}{2\rho}} J_{n+1/2}(\rho) \qquad (5.4.40)$$

$$h_n^{(1)}(\rho) = j_n(\rho) + iy_n(\rho) \qquad (5.4.41)$$

并有级数展开式

$$j_n(\rho) = \frac{\rho^n}{1 \cdot 3 \cdot 5 \cdot \cdots \cdot (2n+1)} \left[1 - \frac{1/2\rho^2}{1!(2n+3)} + \frac{(1/2\rho^2)^2}{2!(2n+3)(2n+5)} - \cdots \right]$$
$$(5.4.42)$$

$$y_n(\rho) = -\frac{1 \cdot 3 \cdot 5 \cdot \cdots \cdot (2n-1)}{\rho^{n+1}} \left[1 - \frac{1/2\rho^2}{1!(1-2n)} + \frac{(1/2\rho^2)^2}{2!(1-2n)(3-2n)} - \cdots \right]$$
$$(5.4.43)$$

于是,函数 ψ_n 和 ξ_n 的前几项为

$$\psi_1(\rho) \approx \frac{\rho^2}{3} - \frac{\rho^4}{30}, \quad \psi_1'(\rho) \approx \frac{2\rho}{3} - \frac{2\rho^3}{15} \qquad (5.4.44)$$

$$\xi_1(\rho) \approx -\frac{i}{\rho} - \frac{i\rho}{2} + \frac{\rho^2}{3}, \quad \xi_1'(\rho) \approx \frac{i}{\rho^2} - \frac{i}{2} + \frac{2\rho}{3} \qquad (5.4.45)$$

$$\psi_2(\rho) \approx \frac{\rho^3}{15}, \quad \psi_2'(\rho) \approx \frac{\rho^2}{5} \qquad (5.4.46)$$

$$\xi_2(\rho) \approx -\frac{3i}{\rho^2}, \quad \xi_2'(\rho) \approx \frac{6i}{\rho^3} \qquad (5.4.47)$$

代回到式(5.4.36)和式(5.4.37),得到低阶的米氏散射系数为

$$a_1 = -\frac{\mathrm{i}2x^3}{3}\frac{\widetilde{m}^2-1}{\widetilde{m}^2+2} - \frac{\mathrm{i}2x^5}{5}\frac{(\widetilde{m}^2-2)(\widetilde{m}^2-1)}{(\widetilde{m}^2+2)^2} + \frac{4x^6}{9}\left(\frac{\widetilde{m}^2-1}{\widetilde{m}^2+2}\right)^2 + \mathrm{O}(x^7) \tag{5.4.48}$$

$$b_1 = -\frac{\mathrm{i}x^5}{45}(\widetilde{m}^2-1) + \mathrm{O}(x^7) \tag{5.4.49}$$

$$a_2 = -\frac{\mathrm{i}x^5}{15}\frac{\widetilde{m}^2-1}{2\widetilde{m}^2+3} + \mathrm{O}(x^7) \tag{5.4.50}$$

$$b_2 = \mathrm{O}(x^7) \tag{5.4.51}$$

于是,消光截面式(5.4.35)可简写为

$$\sigma_{\mathrm{ext}} = \frac{2\pi}{k^2}\left[3\mathrm{Re}(a_1+b_1) + 5\mathrm{Re}(a_2+b_2)\right] \tag{5.4.52}$$

或

$$\sigma_{\mathrm{ext}} = \frac{6\pi a^2}{x^2}\mathrm{Re}(a_1+b_1) + \frac{10\pi a^2}{x^2}\mathrm{Re}(a_2+b_2) \tag{5.4.53}$$

式中

$$a_1+b_1 = -\frac{\mathrm{i}2x^3}{3}\frac{\widetilde{m}^2-1}{\widetilde{m}^2+2} - \frac{\mathrm{i}2x^5}{5}\frac{(\widetilde{m}^2-2)(\widetilde{m}^2-1)}{(\widetilde{m}^2+2)^2} - \frac{\mathrm{i}x^5}{45}(\widetilde{m}^2-1) + \frac{4x^6}{9}\left(\frac{\widetilde{m}^2-1}{\widetilde{m}^2+2}\right)^2$$

$$\tag{5.4.54}$$

$$a_2+b_2 = -\frac{\mathrm{i}x^5}{15}\frac{\widetilde{m}^2-1}{2\widetilde{m}^2+3} \tag{5.4.55}$$

对于两个复数 $A=a_1+\mathrm{i}b_1, B=a_2+\mathrm{i}b_2$,有 $\mathrm{Re}(\mathrm{i}f(A,B)) = -\mathrm{Im}f(A,B)$(Re 表示实部,Im 表示虚部)。经过整理,消光截面式(5.4.53)可写为

$$\sigma_{\mathrm{ext}} = 4\pi a^2 x\mathrm{Im}\left\{\frac{\widetilde{m}^2-1}{\widetilde{m}^2+2}\left[1 + \frac{x^2}{15}\left(\frac{\widetilde{m}^2-1}{\widetilde{m}^2+2}\right)\left(\frac{\widetilde{m}^4+27\widetilde{m}^2+38}{2\widetilde{m}^2+3}\right)\right]\right\} + \frac{8\pi}{3}a^2 x^4\mathrm{Re}\left[\left(\frac{\widetilde{m}^2-1}{\widetilde{m}^2+2}\right)^2\right]$$

$$\tag{5.4.56}$$

当散射粒子尺寸很小时,可取一级近似,式(5.4.56)只剩下第一项:

$$\sigma_{\mathrm{ext}} = 4\pi a^2 x\mathrm{Im}\left(\frac{\widetilde{m}^2-1}{\widetilde{m}^2+2}\right) \tag{5.4.57}$$

式中,复相对折射率 $\widetilde{m} \equiv \tilde{n}_1/\tilde{n}, \tilde{n}_1$ 是散射粒子的复折射率,$\tilde{n}$ 是背景的复折射率。此外,散射截面可由以下展开式描述[25]:

$$\sigma_{\mathrm{sca}} = \frac{2\pi}{k^2}\sum_{n=1}^{\infty}(2n+1)(|a_n|^2 + |b_n|^2) \tag{5.4.58}$$

如果散射粒子的球半径 a 小到 $x^2 = (ka)^2 \ll 1$,则式(5.4.58)只需要考虑第一项 a_1,其他项可以忽略,于是

$$\sigma_{\mathrm{sca}} = \frac{2\pi}{k^2}\times 3|a_1|^2 = \frac{6\pi a^2}{x^2}\left|-\frac{\mathrm{i}2x^3}{3}\frac{\widetilde{m}^2-1}{\widetilde{m}^2+2}\right|^2 \tag{5.4.59}$$

最终得散射截面为

$$\sigma_{\text{sca}}=\frac{8}{3}\pi a^2 x^4 \left|\frac{\widetilde{m}^2-1}{\widetilde{m}^2+2}\right|^2=\frac{8}{3}\pi a^6 k^4 \left|\frac{\varepsilon_1-\varepsilon}{\varepsilon_1+2\varepsilon}\right|^2 \qquad (5.4.60)$$

上面用到了复折射率与介电系数之间的关系 $\widetilde{m}^2\equiv(\widetilde{n}_1/\widetilde{n})^2=\varepsilon_1/\varepsilon$。

对于吸收截面，由式(5.4.34)和式(5.4.56)可得

$$\sigma_{\text{abs}}=4\pi a^2 x\,\text{Im}\left\{\frac{\widetilde{m}^2-1}{\widetilde{m}^2+2}\left[1+\frac{x^2}{15}\left(\frac{\widetilde{m}^2-1}{\widetilde{m}^2+2}\right)\left(\frac{\widetilde{m}^4+27\widetilde{m}^2+38}{2\widetilde{m}^2+3}\right)\right]\right\} \qquad (5.4.61)$$

对于常见的 CdSe、CdS 和 CdTe 球形量子点，量子点直径 $2a=3\sim4\text{nm}$，光波波长约为 500nm，于是，式(5.4.61)只有第一项：

$$\sigma_{\text{abs}}=4\pi a^2 x\,\text{Im}\left(\frac{\widetilde{m}^2-1}{\widetilde{m}^2+2}\right)=4\pi a^3 k\,\text{Im}\left(\frac{\varepsilon_1-\varepsilon}{\varepsilon_1+2\varepsilon}\right) \qquad (5.4.62)$$

常用光纤材料的折射率如图 5.4.4 所示，其中在 $300\sim875\text{nm}$ 波段 SiO_2 与 PMMA 的折射率虚部为零[27]。背景材料对量子点散射截面和吸收截面的影响由复折射率之比 $\widetilde{m}(\equiv\widetilde{n}_1/\widetilde{n})$ 决定。对于不同的光纤材料，其折射率相差很小，折射率对截面的影响也很小，故此处以光纤材料 PMMA 为例来进行计算。

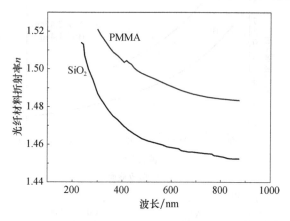

图 5.4.4　常用光纤材料 SiO_2 和 PMMA 的折射率[27]

三种量子点 CdS、CdSe 和 CdTe 的复折射率如图 5.4.5 所示。对量子点取不同的半径，由式(5.4.60)和式(5.4.62)可得散射截面和吸收截面。图 5.4.6 给出了两个不同半径 CdSe 量子点在 PMMA 基底中吸收截面和散射截面随波长的变化。

比较图 5.4.5 和图 5.4.6，可见散射截面远小于吸收截面，两者相差约四个数量级，消光主要来自吸收。在不引起混淆的情况下，本书也经常用吸收截面来代替消光截面。

在先前的实验中[28]，测量了直径为 4.9nm、浓度为 $0.4\text{mg}\cdot\text{mL}^{-1}$ 的 CdSe 量子点，其吸收峰位于 584.2nm 处，吸收截面的峰值为 $\sigma_{\text{abs}}=5.07\times10^{-20}\text{m}^2$。由 Brus

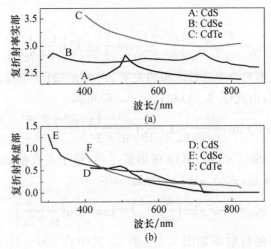

图 5.4.5　CdS、CdSe 和 CdTe 量子点的复折射率

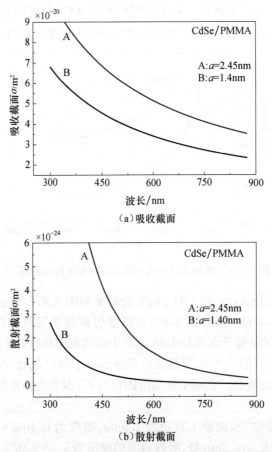

图 5.4.6　CdSe 量子点在 PMMA 背景中的吸收截面和散射截面

公式(3.2.15)，也可以确定直径在 4.9nm 的 CdSe 量子点的吸收峰波长为 584nm。根据米氏散射式(5.4.62)计算的吸收截面峰值为 $\sigma'_{abs}=6\times10^{-20}\mathrm{m}^2$，可见米氏散射理论的计算结果与实测结果相当符合。但两者有一个明显的区别，实测截面有一个明显的吸收峰(在约 562nm 处)，而计算的截面呈平缓下降，没有吸收峰出现。产生差别的根本原因在于以上的计算是基于能量连续的经典电磁理论，没有能态的跃迁，实际上仅对块材料有效；而量子点存在尺寸约束效应，电子能态出现了明显的离散，因而有分立的能级跃迁。

当掺杂体积比很小时(如 $\xi<1\%$)，背景材料的介电系数的影响可以忽略，因此，消光截面就等于吸收截面。然而，随着掺杂体积比 ξ 的增大，当 $\xi>5\%$ 或更大时，背景材料折射率的影响开始变得重要起来，这时，散射截面逐渐增大，直至大到接近吸收截面，散射的作用就不能忽略了。有兴趣的读者可以进一步参阅文献[25]和[26]，考察掺杂体积比对折射率的影响。

下面以 CdSe/ZnS 量子点为例结合实验测量来介绍吸收截面的估算。

2. 由消光系数来确定吸收截面

如果实验测得了量子点的消光系数，则可以借此来确定吸收截面。对于辐射峰位于 597nm 的量子点，由表 1.3.4 可知，其直径约为 4.9nm，摩尔质量近似为

$$M_q=1.2\times10^8\mathrm{mg\cdot mol^{-1}} \tag{5.4.63}$$

实验中量子点溶液的浓度 $c'=0.4\mathrm{mg\cdot mL^{-1}}$[28]，将浓度单位化为 $\mathrm{mol\cdot L^{-1}}$：

$$C=\frac{c'}{M_q}=\frac{0.4\mathrm{mg\cdot mL^{-1}}}{1.2\times10^8\mathrm{mg\cdot mol^{-1}}}=3.33\times10^{-6}\mathrm{mol\cdot mL^{-1}} \tag{5.4.64}$$

(1) 量子点质量：

$$m_q=\frac{M_q}{N_A}=\frac{1.2\times10^8\mathrm{mg\cdot mol^{-1}}}{6.022\times10^{23}\mathrm{mol^{-1}}}=1.99\times10^{-16}\mathrm{mg} \tag{5.4.65}$$

式中，N_A 为阿伏伽德罗常量。

(2) 已知 CdSe/ZnS 量子点实测的吸收系数为 1.02cm^{-1}[28]，对应于每摩尔吸收系数为

$$\varepsilon=\frac{\alpha}{C}=\frac{1.02\mathrm{cm^{-1}}}{3.33\times10^{-6}\mathrm{mol\cdot L^{-1}}}=3.06\times10^5\mathrm{L\cdot cm^{-1}\cdot mol^{-1}} \tag{5.4.66}$$

式(5.4.66)的每摩尔吸收系数值对应于表 1.3.4 中的辐射峰波长为 580～600nm 的情形。这里，量子点的峰值波长是 597nm，与表 1.3.4 的数据相当接近。

(3) 量子点数密度和吸收截面。

① 量子点数密度：

$$n_q = \frac{c'}{m_q} = \frac{0.4\text{mg} \cdot \text{mL}^{-1}}{1.99 \times 10^{-16}\text{mg}} = 2.01 \times 10^{15}\text{cm}^{-3} \qquad (5.4.67)$$

② 量子点的吸收截面峰值：

$$\sigma = \frac{\alpha}{n_q} = \frac{1.02\text{cm}^{-1}}{2.01 \times 10^{15}\text{cm}^{-3}} = 5.07 \times 10^{-16}\text{cm}^2 \qquad (5.4.68)$$

由式(5.4.68)可见，CdSe/ZnS 量子点的吸收截面峰值高达 10^{-16}cm^2 量级，它比铒离子的吸收截面(约 10^{-21}cm^2)大了约五个量级，这与量子点由数百个原子构成、本身体积比铒离子大很多等有关。

有了吸收截面的峰值，就可以由吸收谱分布来确定其他波长处的吸收截面。对于辐射截面，可以由 Mc Cumber 公式，通过已知吸收截面的波长分布，来确定辐射截面随波长的变化。

表 5.4.1 给出计算的 CdSe/ZnS 的原子分子数据以及与量子点数据的对比。已知相对原子质量 $M_{Cd} = 112.4$，$M_{Se} = 78.96$，$M_{Zn} = 65.39$，$M_S = 32.07$，原子质量单位 $m_u = 1.66 \times 10^{-24}\text{g}$，分子质量 $m_a = m_u \sum_i M_i$，摩尔质量 $M_a = N_A m_a$，分子数密度 $n_a = c'/m_a$，溶液浓度 $c' = 0.4\text{mg} \cdot \text{mL}^{-1}$。由表可见，每量子点中包含的分子数有 415 个。

表 5.4.1　CdSe/ZnS 的分子数据以及与量子点数据的对比

粒子种类	质量/mg	摩尔质量/(mg·mol⁻¹)	数密度/cm⁻³
分子	$m_a = 4.79 \times 10^{-19}$	$M_a = 2.89 \times 10^5$	$n_a = 8.34 \times 10^{17}$
量子点	$m_q = 1.99 \times 10^{-16}$ [式(5.4.65)]	$M_q = 1.2 \times 10^8$ [式(5.4.63)]	$n_q = 2.01 \times 10^{15}$ [式(5.4.67)]
质量比(分子/量子点)	2.41×10^{-3}	2.41×10^{-3}	415

3. 经验公式法

文献[29]通过实验测量 CdTe、CdSe 和 CdS 量子点的 PL 谱，提出了截面估算的经验公式。由实验得到的量子点尺寸对吸收峰值波长的关系，通过曲线拟合，可得到量子点直径 D(nm)随波长变化的经验公式为

CdTe：$D = 9.8127 \times 10^{-7}\lambda^3 - 1.7147 \times 10^{-3}\lambda^2 + 1.0064\lambda - 194.84$

CdSe：$D = 1.6122 \times 10^{-9}\lambda^4 - 2.6575 \times 10^{-6}\lambda^3$
$\qquad\qquad + 1.6242 \times 10^{-3}\lambda^2 - 0.4277\lambda + 41.57$ 　　　(5.4.69)

CdS：$D = -6.6521 \times 10^{-8}\lambda^3 + 1.9557 \times 10^{-4}\lambda^2 - 9.2352 \times 10^{-2}\lambda + 13.29$

式中，λ 为第一吸收峰波长，nm。实验采用量子点的尺寸：CdTe 为 3～10nm；CdSe 为 0.5～10nm；CdS 为 0.5～6nm，因此，这也可视为式(5.4.69)适用的范围。

量子点第一吸收峰波长处的吸收本领 A 由 Lambert-Beer 定律确定：

$$A=\varepsilon CL \tag{5.4.70}$$

式中,吸收本领 A 的量纲为零；ε 是每摩尔量子点的消光系数,L · cm^{-1} · mol^{-1}；C 是量子点溶液的摩尔浓度,mol · L^{-1}；L 是荧光辐射通过样品的长度,cm。

图 5.4.7 给出了实验得到的每摩尔量子点的消光系数随量子点直径的变化。由指数函数拟合图中的实线,可得消光系数的经验公式为[29]

$$\begin{aligned} &CdTe：\quad \varepsilon=3450\Delta E \cdot D^{2.4}\\ &CdSe：\quad \varepsilon=1600\Delta E \cdot D^{3}\\ &CdT：\quad \varepsilon=5500\Delta E \cdot D^{2.5} \end{aligned} \tag{5.4.71}$$

式中,ΔE 是第一吸收峰的跃迁能,eV；D 是量子点直径,nm。

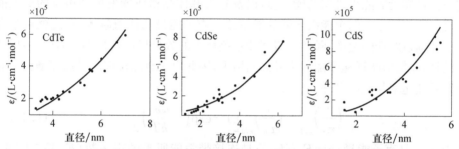

图 5.4.7　实验得到的每摩尔量子点的消光系数随量子点直径的变化[29]

对于图 5.4.7 中每摩尔消光系数 ε 的实验值,同样也可通过指数函数拟合,结果为

$$\begin{aligned} &CdTe：\quad \varepsilon=10043D^{2.12}\\ &CdSe：\quad \varepsilon=5857D^{2.65}\\ &CdT：\quad \varepsilon=21536D^{2.3} \end{aligned} \tag{5.4.72}$$

由图 5.4.7 或式(5.4.71),对于直径为 4.9nm 的 CdSe/ZnS 量子点,可知每摩尔消光系数 $\varepsilon=3.95\times10^{5}$ L · cm^{-1} · mol^{-1},与实验测量得到的消光系数 $\varepsilon=3.06\times10^{5}$ L · cm^{-1} · mol^{-1}[式(5.4.66)]相当接近。进一步,根据样品的浓度和数密度等,就可确定消光截面或吸收截面。

以上两种方法其实都利用了 Lambert-Beer 定律,两者并无本质区别。

5.4.5　能级寿命

能级寿命与激发态的粒子辐射速率成反比。对于所有的激发态粒子,给定能级的粒子数随时间以指数形式减少,减少的快慢与能级寿命有关。如果粒子存在多种方式跃迁,则总的跃迁速率等于所有跃迁速率之和。对一种跃迁方式,可以定义一个寿命。一般而言,量子点和稀土离子中存在着辐射和非辐射两种过程,能级

的寿命可表示为

$$\frac{1}{\tau} = \frac{1}{\tau_r} + \frac{1}{\tau_{nr}} \tag{5.4.73}$$

式中,τ 是能级的总寿命;τ_r 是辐射寿命;τ_{nr} 是非辐射寿命。辐射寿命来于激发能级向低能级的荧光辐射跃迁,可以由 Judd-Ofelt 分析来计算[30]。如果辐射跃迁根据第一性原理是禁止的,则辐射寿命就会很长,甚至可以达到毫秒到微秒的数量级。

非辐射寿命主要受玻璃、晶体基底材料性质以及粒子能级状态与晶格振动之间的耦合等因素的影响,量子点的非辐射寿命还与量子点的表面缺陷、尺寸效应等有关。在非辐射过程中,辐射的变慢会伴随发射一个或几个声子。对于稀土离子掺杂的系统,人们对非辐射跃迁已经有了详细的研究,主要考虑位于激发态能级与它下面最靠近的能级之间的能量差,以及它与基体晶格所能发射的声子的最大能量之间的能量差。两个能级之间的能量差与声子能量的比值越大,跃迁就越难发生。非辐射跃迁的速率,随两能级间能量差声子的数目呈指数减小。另外,根据玻色统计,非辐射跃迁速率随温度升高而增大,因此声子数随温度的升高而增大。非辐射跃迁速率与温度 T 的关系如下:

$$\left(\frac{1}{\tau_{nr}}\right)_{n,T} = \left(\frac{1}{\tau_{nr}}\right)_{n,0} \left[1 - \exp\left(-\frac{\hbar\omega_q}{kT}\right)\right]^{-n} \tag{5.4.74}$$

式中,$\hbar\omega_q$ 是声子能量;$n = E_g/(\hbar\omega_m)$ 是连接带隙能所需的声子数(E_g 是带隙能,$\hbar\omega_m$ 是最大声子能);$(1/\tau_{nr})_{n,0}$ 是 $T=0K$ 时的非辐射跃迁速率,随连接带隙能所需的声子数呈指数变化。式(5.4.74)也可由参数 B 和 α 写为如下形式:

$$\left(\frac{1}{\tau_{nr}}\right)_{n,T} = B\exp(-\alpha E_g)\left[1 - \exp\left(-\frac{\hbar\omega_q}{kT}\right)\right]^{-n} \tag{5.4.75}$$

表 5.4.2 给出了参数 B 和 α 以及非辐射跃迁过程中占主导地位的声子能量值。无论是高能态粒子向下跃迁还是低能态粒子被激励到高能态,在跃迁吸收或辐射过程中都可能会出现声子辐射或吸收。当辐射过程释放的能量不等于跃迁能级差时,就会辐射或吸收一个或几个声子,以保持跃迁能量守恒。声子的频率远低于光频率(表 5.4.2)。

表 5.4.2　不同玻璃基底中 Er^{3+} 的非辐射跃迁[由式(5.4.75)计算][31]

基底	$B/(\times 10^{10}\,s^{-1})$	$\alpha/(\times 10^{-3}\,cm)$	声子能量 $\hbar\omega_q/cm^{-1}$
亚碲酸盐	6.3	4.7	700
磷酸盐	540	4.7	1200
硼酸盐	290	3.8	1400
硅酸盐	140	4.7	1100
锗酸盐	3.4	4.9	900

续表

基底	$B/(\times 10^{10}\,\text{s}^{-1})$	$\alpha/(\times 10^{-3}\,\text{cm})$	声子能量 $\hbar\omega_q/\text{cm}^{-1}$
ZBLA	1.59	5.19	500
ZBLA	1.88	5.77	460~500
氟化物晶体	90	6.3	500

图 5.4.8 给出了 Er^{3+} 掺杂在几种玻璃中的非辐射跃迁速率。

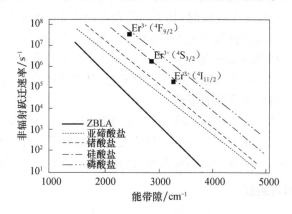

图 5.4.8　Er^{3+} 在不同玻璃基底中的非辐射跃迁速率随能带隙的变化[31]

对于光电子器件,人们一般不希望有非辐射跃迁。但在某些情况下,反而希望得到较高的非辐射跃迁。例如,在 Yb-Er 离子共掺杂的光纤中,希望 Er^{3+} 上下能级尽可能形成粒子数反转,因此,需要共掺杂的 Yb^{3+} 能够更多地吸收泵浦能量并传递给 Er^{3+} 的上能级 $^4I_{11/2}$,而不是辐射跃迁回基态。采用的一种方法是通过选用声子能量大于硅的寄主材料,来增加 Er^{3+} 的上能级 $^4I_{11/2}$ 到下能级 $^4I_{13/2}$ 的衰减速率,使得 Er^{3+} 能量不返回给 Yb^{3+}。磷铝硅酸盐(phosphor-aluminosilicate)玻璃的声子能量很大,最大可达 $1330\,\text{cm}^{-1}$,是 Yb-Er 放大器一种很好的寄主材料。

5.5　室温下正己烷本底中 PbSe 量子点的荧光寿命

荧光辐射寿命是量子点的基本特性,其寿命的长短对于量子点的荧光增益及其构成的器件至关重要。由于量子点结构的复杂性以及其明显的尺寸效应和表面效应等,虽然对于量子点荧光寿命已有一些近似理论估计方法,如 Ladenburg-Fuchtbauer 关系(5.4.2 节)、Perrin 方程[32]等,但目前比较有效的手段还是实验测量,尤其是通过光谱来测量。

对于制备技术已经比较成熟的Ⅱ-Ⅵ族 CdSe、CdS 等量子点,对寿命已经有了较多的测量。例如,Wang 等[33]测试了真空条件下 CdSe 量子点的荧光寿命,发现其荧光寿命中的长寿命成分(15~20μs)相对于短寿命成分(2~5μs)的比例会随着样品量子产率的增加而变大,量子点表面的电子和空穴的复合会使与表面激射相关的长寿命部分增加。对于IV-VI族 PbSe、PbS 等量子点,其中有代表性的是 Yanover 等[34]报道的工作,他们在室温、真空条件下测量了不同尺寸(2~5nm)Pb-Se 量子点的荧光寿命,当量子点粒径从 2nm 增大至 3nm 时,平均荧光寿命从6.5μs 迅速减小至 3.5μs,之后随着粒径的增大,样品的平均荧光寿命改变幅度变小。Kigel 等[35]研究了低温条件下不同尺寸、不同介质中 PbSe 量子点的荧光寿命,当温度从 7 K 变化至 150 K 时,其平均荧光寿命从 6μs 减小至 1μs。在较高温度时,本底材料的不同会引起荧光寿命的微小改变。Zaiats 等[36]研究了真空、低温条件下核/壳型 PbSe/CdSe 量子点(2.0/1.6nm)的荧光寿命随温度的变化,其平均荧光寿命约为 40μs,当温度升高至 300K 时,其寿命减小为 9μs。国内尚未见到有关 PbSe 量子点荧光寿命的报道。

由以上工作可见,虽然对于 PbSe 量子点的荧光寿命已有实验报道,但是寿命数据离散度很大,上下可达 4.5~40μs,且荧光寿命与量子点所处的本底材料以及温度有关,因此,对 PbSe 量子点的荧光寿命的研究亟须进一步开展。

5.5.1 实验材料与表征

1. 样品配制

实验采用十种半径不同的 PbSe 量子点,为了减少制备技术不同可能引起的对寿命的影响,分别采用由苏州星烁纳米科技有限公司和杭州纳晶科技股份有限公司提供的量子点。实验中,先用电子分析天平称取适量的 PbSe 原粉,用微型移液器(法国 Gilson 公司生产)移取适量分析纯的正己烷,配置成浓度为 1mg·mL^{-1}的量子点溶液,存储在棕色试剂瓶中,并用 Parafilm 封口膜(美国 Bemis 公司生产)封口。接着用超声波振荡仪对其进行充分振荡,使量子点分布均匀,分别标记为样品 1,2,3,…,10,密封储存在 277~281K 的环境中。量子点浓度的选取对于寿命的测量没有影响,这里选择 1mg·mL^{-1}是因为该浓度区的光谱变化明显,可形成光增益[37,38],这有利于后续实验的开展。

2. 表征

吸收谱的测量采用紫外-可见-近红外分光光度计(UV-3600 型,日本岛津公司生产),荧光光谱和荧光寿命的测量采用稳态/瞬态荧光光谱仪(FLS920 型,英国爱丁堡公司生产),用高分辨 TEM(Tecnai G2 F30 S-Twin 型,荷兰 Philips-FEI 公司生产)观测量子点的粒径和形貌。取样前先用超声波振荡仪将样品振荡 30min 以上,确保 PbSe 量子点在正己烷中分布均匀。实验温度恒定在 300K。

在进行 TEM 测试时,由于正己烷为有机溶剂,且量子点样品的粒径为 2~

6nm,最终选择超薄碳膜作为载体。对于每个样品,在 5nm 为标度尺的条件下随机对不同的视场区拍摄尽可能多的照片,用于对样品的粒径进行统计分析。

吸收谱测试时,样品池和对比池中先不放任何样品进行基线扫描,然后在样品池用石英比色皿装取适量正己烷进行扫描,最后用同样规格的石英比色皿装取配制的 1～10 号样品进行扫描,利用 UV-3600 自带软件 UVProbe 2.43 将样品的吸收谱数据集减去正己烷的吸收谱数据集,即得量子点的吸收谱数据集。

样品的荧光峰位于近红外 1000～1600nm 区域,近红外探测器的本底噪声会影响测量结果,因此,实验之前用液氮将近红外探测器的探头冷却并把温度恒定在 195K。测试时激励光源为氙灯,通过前期实验发现,光源波长选在 470nm 得到的荧光光谱强度最佳。此外,选择 470nm 光源波长的另一个好处在于它是可见光,方便调节光路使光束能准确地打到样品上。

经过前期摸索,发现 PbSe 量子点的荧光寿命处于微秒量级,因此,测试的激励光源选择纳秒快脉冲闪光灯(脉冲宽度为 0.8ns,脉冲周期为 100μs 可调,英国爱丁堡公司生产)。每次实验时都要进行背景噪声扫描(IRF)以消除本底和仪器噪声的影响。实验时,以 5000 个光子数作为衰减的截止条件,图像用 FLS920 荧光光谱仪匹配的软件 F900 进行拟合、记录和保存。

5.5.2　结果与分析

1. TEM 分析

利用高分辨 TEM 分别测量 1～10 号样品的形貌,以 4 号样品为例,TEM 图示于图 5.5.1,图(a)圆圈内显示出清晰的量子点晶格结构,图(b)可见样品中量子点的粒径大小基本一致,分布均匀。

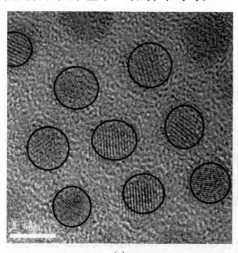
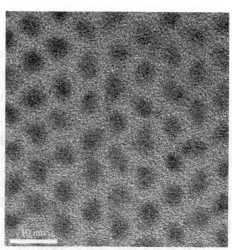

(a)　　　　　　　　　　　　　　　(b)

图 5.5.1　4 号样品的 TEM 图

通过对量子点 TEM 图中大量量子点的统计分析,可得量子点粒径分布如图 5.5.2 所示。由图可见,粒径为高斯分布,通过数值拟合可得其分布函数为

$$f(d) = \exp[-8.667(x-3.57)^2 + 0.0009] \tag{5.5.1}$$

其中心粒径为 3.57nm,在 ±0.3nm 处量子点的占比下降到不足 15%。

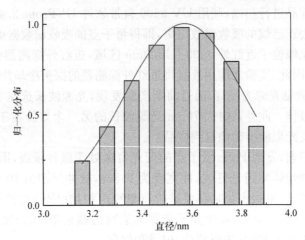

图 5.5.2　　4 号样品的粒径分布统计图

利用同样的方法,可得到 1~10 号样品中量子点的粒径(表 5.5.1)。

表 5.5.1　各样品对应的量子点中心粒径

样品	1	2	3	4	5	6	7	8	9	10
直径/nm	2.75	3.02	3.36	3.57	3.98	4.10	4.28	4.73	5.24	5.61

2. 近红外光谱分析

量子点的荧光吸收的衰减主要来自吸收和散射。本实验量子点的尺寸远小于入射光波长,散射属于瑞利散射。根据米氏散射理论,瑞利散射的散射截面远小于吸收截面,因而可以忽略散射效应,仅考虑吸收。

图 5.5.3 为各个样品的近红外光谱。表 5.5.2 为各个样品的第一吸收峰波长 λ_A 和荧光峰波长 λ_P,$\Delta\lambda$ 为斯托克斯频移。由表 5.5.2 可知,PbSe 量子点的荧光峰与吸收峰之间的斯托克斯频移约为 80nm。斯托克斯频移与量子点中的激子有关,由于量子点的尺寸效应和量子约束效应,量子点能级分裂增大,带隙增宽,导致吸收光谱产生蓝移,从而产生斯托克斯频移,这是量子点区别于块材料的一个重要特征。

由表 5.5.2 和图 5.5.3 可给出第一吸收峰波长 λ_A 和荧光峰波长 λ_P 随粒径的变化,如图 5.5.4 所示,图中还给出了文献[39]~[41]的测量结果以进行比较。

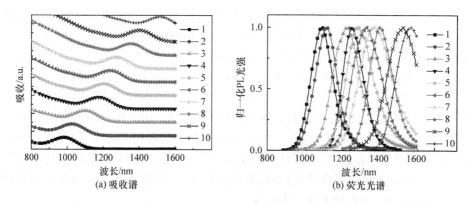

图 5.5.3　不同尺寸 PbSe 量子点样品的近红外吸收谱和荧光光谱

表 5.5.2　各样品第一吸收峰和荧光峰波长

样品	1	2	3	4	5	6	7	8	9	10
直径/nm	2.75	3.02	3.36	3.59	3.98	4.10	4.28	4.73	5.24	5.61
λ_A/nm	992	1027	1130	1175	1203	1239	1273	1354	1422	1516
λ_P/nm	1090	1118	1224	1254	1288	1322	1372	1406	1526	1567
$\Delta\lambda$/nm	98	91	94	79	85	83	99	52	104	51

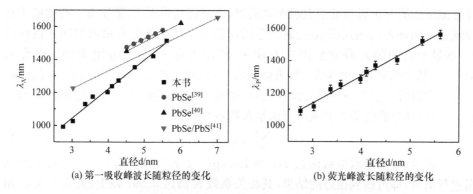

图 5.5.4　PbSe 量子点第一吸收峰和荧光峰波长随粒径的变化

由图 5.5.4 可见,峰值波长随粒径线性增大,其经验公式可表达为

$$\begin{cases} \lambda_A = 176.9d + 514.2(\text{nm}) \\ \lambda_P = 167.2d + 638.1(\text{nm}) \end{cases} \quad (2.7 < d < 5.7\text{nm}) \qquad (5.5.2)$$

文献[39]通过实验给出了 PbSe 量子点在 UV 胶中第一吸收峰随粒径变化的经验公式为 $\lambda_A = 104d + 1006.2(\text{nm})$。文献[40]通过实验给出了核/壳型量子点 PbSe/PbSe$_x$S$_{1-x}$ 在油酸等有机溶剂中的第一吸收峰随粒径变化的经验公式为 $\lambda_A = 114d + 939(\text{nm})$。文献[41]通过实验给出了在磷酸盐玻璃中的裸核量子点

PbSe 第一吸收峰随粒径变化的经验公式为 $\lambda_A = 108d + 900 (nm)$。与本书相比,这些经验公式均为线性,只是斜率略有不同,当粒径较小时相差较大,当粒径较大时则比较接近。产生差别的主要原因在于:文献[39]和[40]测量的量子点直径分别为 4.5~5.6nm、4.5~6nm,粒径分布较窄,两者皆未涉及小粒径的情形。而本实验中量子点的粒径分布较宽(2.7~5.7nm),这有利于实验统计数据准确度的提高。此外,本底材料不同,本实验的本底材料为正己烷,而文献[39]和[40]中用到的本底材料分别为 UV 胶和油酸。本底材料的介电系数相差较大,使得其表面产生的极化效应也相差较大,从而对峰值波长产生了不同的影响。文献[41]研究的则是 PbSe/PbS 核/壳型量子点,外面有包覆层 PbS,结构不同。更深层次的原因分析及定量计算,还有待于进一步确认。

3. 荧光寿命分析

利用荧光光谱仪测量样品荧光寿命时,探测器记录每一时刻样品的荧光强度。当脉宽为 0.8 ns 量级的尖顶快脉冲光入射到样品中时,迅速将量子点价带顶部附近的电子激励到导带上去。脉冲结束,导带中的电子在导带内快速弛豫布居(特征时间为 4ps[22]),电子跃迁回价带并辐射出荧光光子,荧光强度随时间的变化为

$$I(t) = I_0 \exp(-t/\tau) \tag{5.5.3}$$

式中,$I(t)$ 表示某一时刻检测到的荧光强度;I_0 是初始光强;τ 为荧光寿命。由于导带能级的简并布居和量子点表面缺陷等,当激励光熄灭后,激发态上有的电子立即跃迁回到基态,有的电子通过缺陷态跃迁迟至几倍于荧光寿命的时间才返回基态,即量子点的荧光寿命是由长寿命 τ_1 和短寿命 τ_2 两部分组成的。研究表明[32,42]:长寿命来自表面效应(如表面缺陷、空位和杂质等)造成的诱捕态慢衰减;短寿命来自带边激子态的直接跃迁辐射,即从导带底部附近直接跃迁回价带的辐射。于是,测量到的荧光衰减应当满足多指数衰减:

$$I(t) = \sum B_1 \exp(-t/\tau_1) \tag{5.5.4}$$

经过尝试,采用双指数函数 $I(t) = B_1 \exp(-t/\tau_1) + B_2 \exp(-t/\tau_2)$ 对实验数据进行拟合,即可得到很好的结果,其相关系数 R 高达 0.997 以上(表 5.5.3)。相关系数 R 定义为

$$R = \left(1 - \sum (I_t - \hat{I}_t)^2 \Big/ \sum (I_t - \bar{I}_t)^2\right)^{0.5} \tag{5.5.5}$$

式中,I_t 为某时刻测量的荧光光强;$\hat{I}_t$ 为拟合计算的荧光光强;$\bar{I}_t$ 为荧光光强的平均值。R 越接近 1 表示拟合精度越高。

图 5.5.5(a)为各个样品实测的荧光寿命(已归一化),图 5.5.5(b)给出了对应的拟合曲线,其中平均荧光寿命定义为

$$\tau_{avg} = \frac{B_1 \tau_1^2 + B_2 \tau_2^2}{B_1 \tau_1 + B_2 \tau_2} \tag{5.5.6}$$

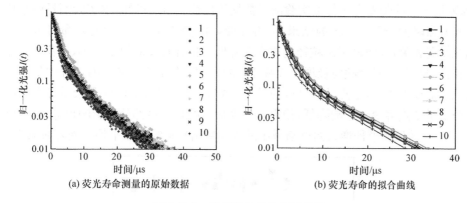

(a) 荧光寿命测量的原始数据　　(b) 荧光寿命的拟合曲线

图 5.5.5　各样品的荧光衰减曲线

荧光寿命 τ_1、τ_2 所占权重分别为 ϕ_1、ϕ_2：

$$\begin{cases} \phi_1 = \dfrac{B_1\tau_1}{B_1\tau_1 + B_2\tau_2} \\[3mm] \phi_2 = \dfrac{B_2\tau_2}{B_1\tau_1 + B_2\tau_2} \end{cases} \tag{5.5.7}$$

于是，平均荧光寿命可用 $\tau_{\text{avg}} = \phi_1\tau_1 + \phi_2\tau_2$ 来计算，具体结果见表 5.5.3。

表 5.5.3　各个样品的荧光寿命数据分析

样品	$\phi_1/\%$	$\tau_1/\mu s$	$\phi_2/\%$	$\tau_2/\mu s$	R	$\tau_{\text{avg}}/\mu s$
1	48.24	11.95951	51.76	2.2868	0.99826	6.953135
2	52.86	11.59077	47.14	2.22084	0.99761	7.173414
3	54.33	11.18953	45.67	1.82005	0.9981	6.910198
4	51.31	11.6116	48.69	1.83307	0.99786	6.850821
5	51.77	11.5394	48.23	2.28103	0.99702	7.073966
6	51.24	11.5249	48.76	1.9298	0.99829	6.839011
7	53.94	10.9877	46.06	2.0784	0.99836	6.883758
8	51.35	11.59831	48.65	1.90454	0.99762	6.881878
9	53.98	11.0333	46.02	2.05903	0.99784	6.902974
10	57.65	10.5979	42.35	1.44252	0.99787	6.720302

结合表 5.5.3，对图 5.5.5 中的实验数据进行数值拟合，可知平均荧光寿命与粒径之间满足以下的线性关系：

$$\tau_{\text{avg}} = 7.2537 - 0.082d \,(\mu s) \quad (2.7 < d < 5.7\text{nm}) \tag{5.5.8}$$

迄今为止，对于 PbSe 量子点的荧光寿命，除了 Yanover 等[34]最近有过报道，尚无其他类似的工作报道。图 5.5.6 给出了 Yanover 在真空、室温条件下测量的

PbSe 量子点的荧光寿命与本实验测量数据的比较。由图可知,本实验测量的平均荧光寿命略大于 Yanover 的结果,但寿命变化的趋势相近,即荧光寿命与量子点的粒径弱相关,且随量子点粒径的增大而降低。拟合直线的斜率很小,即荧光寿命与粒径弱相关。寿命随粒径增大而减小,主要是因为在粒径增大的过程中量子点的比表面积缩小,量子点的尺寸效应趋于稳定,表面缺陷、空位以及杂质等慢衰减成分对量子点寿命的影响降低,使得荧光寿命中的长寿命部分的影响也降低(这可由 $\phi_1 \times \tau_1$ 乘积随半径增大而逐渐减小的规律看出),最终导致平均荧光寿命减小。

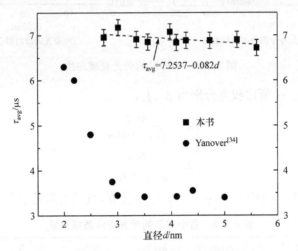

图 5.5.6　量子点的平均荧光寿命随粒径的变化

为了对荧光寿命的组成有一个更清楚的了解,根据表 5.5.3 中长寿命和短寿命各自所占的权重以及不同的粒径,考虑两种极限状态:当跃迁仅为带间直接跃迁而无缺陷态跃迁时($\phi_2 = 1, \phi_1 = 0$),荧光寿命 $\tau = 1.44 \sim 2.29 \mu s$(对不同粒径);当跃迁仅为缺陷态跃迁而无带间直接跃迁时($\phi_1 = 1, \phi_2 = 0$),$\tau = 10.60 \sim 11.96 \mu s$(对不同粒径)。由此可见,PbSe 量子点的荧光寿命最宽的分布区间应当为 $1.44 \sim 11.96 \mu s$(在本文粒径范围内)。例如,当粒径 $d = 4.1 nm$,量子点缺陷所占的权重 $\phi_1 = 16.38\%$ 时,$\tau_{avg} = 3.5 \mu s$,该寿命与 Yanover 的数据相符。

寿命有不同的数据,主要考虑以下三个原因:

(1) 不同制备工艺的量子点的表面效应不同,如表面缺陷、空位和杂质等造成的慢衰减,使得实验测量的寿命发生变化。

(2) 实验的本底材料不同,本实验的样品本底是正己烷,Yanover 的实验无本底材料(纯 PbSe 粉末)且测试条件为真空。在不同的本底中,量子点与本底介电系数不同而产生的表面极化效应会对受限激子产生不同的影响。如果将 PbSe 量子点掺杂在正己烷中,大多数电子-空穴对将从原先位于量子点内部向表面捕获态变化,即径向电荷分布趋向集中在表面附近,这个表面极化效应将使电荷分离和能级分离加大,从而造成基态激子偶极矩的增强和寿命的加大。

(3) 实验误差。

4. 误差分析

误差来源主要有以下几个方面:

(1) 用 TEM 图对粒径进行统计测量时的误差。根据 Wu 等[43]的量子点粒径分布方差公式 $\xi = W/4(\hbar\omega - E_g)$($\xi$ 为量子点粒径的标准偏差,W 为吸收谱的 FWHM,$\hbar\omega$ 为光子能量峰值,E_g 是块材料的有效带隙能),该项误差为 $\pm 7\%$。

(2) 测量误差。测量误差来自仪器测量误差、读数误差以及数据处理误差等,这部分误差较小,估计小于 $\pm 1\%$。

总误差 $\eta \approx \pm 8\%$,误差棒已标于各图。最终的寿命数据需乘以因子 $(1+\eta)$。

5.5.3 结论

室温下,在正己烷有机溶剂本底中,通过测量不同粒径的 PbSe 量子点的吸收谱、荧光光谱及其时间衰减,得到量子点的荧光寿命、吸收峰波长和荧光峰波长随粒径的变化。荧光强度随时间的变化为多指数衰减类型。测量的平均荧光寿命与量子点的表面缺陷有关。在本书粒径范围内,由荧光跃迁仅为带间直接跃迁和仅为缺陷态跃迁两种极端情形,可得荧光寿命最宽的分布区间位于 $1.44 \sim 11.96\mu s$。荧光寿命与量子点的粒径弱相关,并呈现线性减小的规律。当量子点粒径 $d = 2.7 \sim 5.7nm$ 时,实测的平均荧光寿命为 $7.17 \sim 6.72\mu s$。

5.6 CdSe/ZnS 量子点的吸收与折射率色散关系的确定

尽管人们对量子点的光学特性有了比较多的研究,但迄今为止尚未见到关于量子点的吸收系数与其折射率之间关系的研究成果。实验发现,量子点的吸收系数与波长有关,而折射率也与波长相关,因此,是否可以通过吸收系数来直接表达量子点的折射率是一项有意义的工作。

本节通过测量和比较 UV 胶基底中的 CdSe/ZnS 量子点的吸收系数和折射率,来得到随波长和掺杂浓度变化、吸收系数直接关联于折射率的经验公式;用经典的谐振子模型散射理论得出的吸收系数与本书经验公式进行比较,得到 CdSe/ZnS 量子点的谐振频率和阻尼系数等参量,与块体材料 CdSe 和 ZnS 进行比较;简要讨论经典散射理论可适用于该量子点的原因。

5.6.1 实验

实验采用的 CdSe/ZnS(核/壳)量子点总粒径为 10nm,其中核 CdSe 粒径约为

6nm。量子点原溶液为正己烷，由杭州纳晶科技有限公司提供。吸收谱的测量采用 UV-2550 型紫外可见光分光光度计(日本岛津公司生产)，测量范围为 200～900nm，扫描精度为 1nm。PL 辐射谱的测量采用 RF-5301 型荧光光谱仪(日本岛津公司生产)，测量范围为 280～800nm，扫描精度为 1nm。折射率的测量采用 2WAJ 型阿贝折射率仪(上海光学仪器厂生产)，用不同波长的滤光片选择单波长光作为折射率实验的光源。

　　图 5.6.1 是由分光光度计测量得到的(CdSe/ZnS)/UV 量子点的吸收谱图。由图可见，在可见光区域量子点没有明显的吸收峰，这是因为在量子点制备的过程中采用了目前较为先进的 Q 频移技术，即将吸收峰蓝移到远离辐射峰波长区的技术。

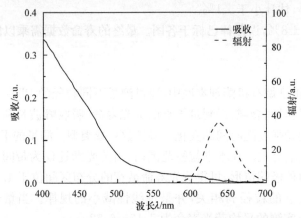

图 5.6.1　UV 胶基底中 CdSe/ZnS 量子点的吸收谱和辐射谱

　　实验所采用的量子点掺杂浓度分别为 $0.073\mathrm{mg \cdot mL^{-1}}$、$0.220\mathrm{mg \cdot mL^{-1}}$、$0.294\mathrm{mg \cdot mL^{-1}}$、$0.367\mathrm{mg \cdot mL^{-1}}$。当 $c=c_0=0$ 时，为无量子点掺杂的 UV 胶本底。实验在室温下进行。

　　实验安排如图 5.6.2 所示。复色光源(400～800nm)通过单色分光器选频，单色光由切光器平均分为两束，分别入射到参比池和样品池。参比池为空比色皿，样品池中放置(CdSe/ZnS)/UV 溶液。实验步骤：先在参比池和样品池中都放置空比色皿，用来扫描校准基线，再在样品池中放入样品进行检测。通过样品池和参比池后的光强分别为 I、I_0，经检测器处理，可得 I_0/I 之比的对数值。如此逐一扫描 400～800nm 各个波长，即可得到样品在此波长范围内的吸收系数。

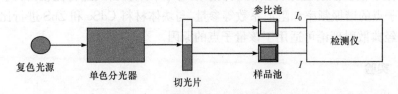

图 5.6.2　吸收系数测量的实验安排

用阿贝折射率仪测量量子点 UV 胶溶液在不同浓度和波长下的折射率。滤光片选择的入射光波长分别为 450nm、470nm、490nm、510nm、535nm、550nm、565nm、580nm。

5.6.2 结果与分析

在均匀介质中,由吸收引起的非饱和光强的变化满足 Lambert-Beer 定律:

$$I = I_0 \exp(-\alpha L) \tag{5.6.1}$$

式中,I_0 为入射光强;L 为光路长度;α 为吸收系数。

实测的 α 随波长的变化示于图 5.6.3。图中靠近横轴的水平线 c_0 为本底 UV 胶的吸收,它几乎不随波长变化。对不同的掺杂浓度,浓度越大,吸收越大;对于不同的波长,吸收随波长的增加呈非线性减小。在 450～850nm 内,吸收系数的变化为 0.038～0.25cm^{-1}。

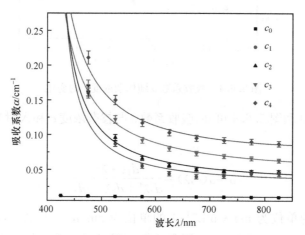

图 5.6.3 吸收系数 α 随波长 λ 的变化

吸收系数随波长变化的实验值可用如下的经验公式表示(除 c_0 外):

$$\alpha = \frac{\lambda^2}{b_0 + b_1 \lambda^2 + b_2 \lambda^4} \tag{5.6.2}$$

式中,α 的单位为 cm^{-1};λ 单位为 nm;b_0、b_1 和 b_2 为与浓度相关的参量,具体数值见表 5.6.1。

表 5.6.1 式(5.6.2)中的 b_0、b_1、b_2 参量值

浓度/(mg·mL^{-1})	$b_0/(\times 10^{-8}\text{cm}^3)$	b_1/cm	$b_2/(\times 10^9\text{cm}^{-1})$
c_1	−0.6744	−4.6323	6.3576
c_2	−1.6443	5.6913	3.6351
c_3	−2.0327	12.6988	1.0576
c_4	−1.7478	11.7299	0.4575

　　吸收系数随掺杂浓度的变化如图 5.6.4 所示。图中给出了四个波长的情况，其他波长情况类似，不再详举。由图可见，吸收系数随掺杂浓度呈线性变化，浓度越高，吸收系数越大，其变化的速率（斜率）基本恒定。由图容易估推出该掺杂浓度范围之外的吸收系数。

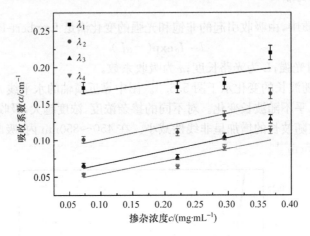

图 5.6.4　吸收系数 α 随掺杂浓度 c 的变化

　　由图 5.6.3 和图 5.6.4 可知，吸收系数 α 与掺杂浓度 c 和入射光波长 λ 有关，即有

$$\alpha = \alpha(c,\lambda) = \frac{d_1 c \cdot \lambda^2}{d_2\lambda^4 + d_3\lambda^2 + d_4} \tag{5.6.3}$$

式中，浓度 c 的单位为 mg·mL^{-1}；λ 的单位为 nm；$d_1 = 4.0278$，$d_2 = 2.8795 \times 10^9\,\text{mg}\cdot\text{cm}^{-4}$，$d_3 = 6.3719\,\text{mg}\cdot\text{cm}^{-2}$，$d_4 = 1.5248 \times 10^{-8}\,\text{mg}$［为了与后面的理论公式进行比较，保留了式 (5.6.3) 分子中的 d_1］。介质的折射率与介质散射粒子数密度、入射波长有关。为了探索量子点溶液吸收与折射率之间的关系，测量了 (CdSe/ZnS)/UV 的折射率在不同浓度条件下随波长的变化，结果如图 5.6.5 所示。

　　由图 5.6.5 可见，(CdSe/ZnS)/UV 的折射率 n 随波长 λ 的变化属正常色散。图中的折射率 n 随波长 λ 的变化，可数值拟合为 $n = A + \dfrac{B}{\lambda^2}$，参量 A、B 的数值见表 5.6.2。该表达式与柯西（Cauchy）色散经验公式 $\left(n = A + \dfrac{B}{\lambda^2} + \dfrac{C}{\lambda^4}\right)^{[44]}$ 形式相近，但这里不包含 λ^{-4} 项，即 $C = 0$。

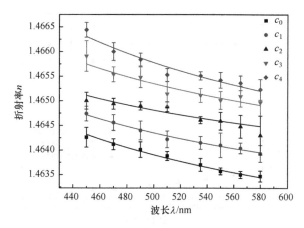

图 5.6.5　折射率 n 随波长 λ 的变化

表 5.6.2　图 5.6.5 中折射率拟合表达式的 A、B 参量值

掺杂浓度/(mg·mL^{-1})	A	B/nm^2
c_0	1.4622	424.3286
c_1	1.4628	392.8940
c_2	1.46343	337.57182
c_3	1.4636	449.8306
c_4	1.4635	558.9261
$c_{\max}$	3.1018	403.8541

表 5.6.2 中，$c_{\max}$ 是掺杂浓度最大时的折射率，即纯量子点的折射率(数据由实验结果推算得到)。进一步可将其与块体材料的折射率进行比较，结果如图 5.6.6 所示。由于没有核/壳结构的 CdSe/ZnS 块体材料，故将其与 CdSe[45] 和 ZnS[46] 块体材料分别进行比较。由图可见，CdSe/ZnS 量子点的折射率要比 ZnS 块材料大很多，和 CdSe 块材料较为接近。对于由核/壳结构构成的 CdSe/ZnS 量子点，可见光的吸收和散射主要来自核 CdSe 的作用。

实验发现，量子点 UV 胶溶液的折射率随掺杂浓度呈线性增加(图 5.6.7)，且增加的速率(斜率)几乎相同。对照图 5.6.4 与图 5.6.7 可知，吸收系数和折射率都随掺杂浓度呈线性变化，两者的区别在于：吸收系数的线性变化与波长弱相关，而折射率的线性变化与波长几乎无关。

上述实验结果表明，量子点掺杂溶液的折射率可写为 $n=n(c,\lambda)$。结合图 5.6.5 和图 5.6.7，有

$$n=n(c,\lambda)=1.4623+0.0049c+\frac{403.8541}{\lambda^2} \tag{5.6.4}$$

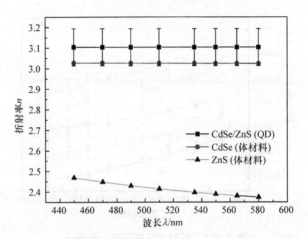

图 5.6.6　CdSe/ZnS 量子点折射率与 CdSe 和 ZnS 块体材料折射率的比较

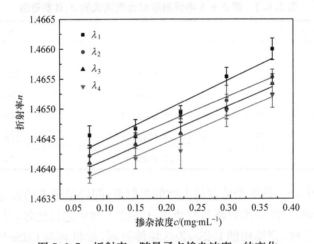

图 5.6.7　折射率 n 随量子点掺杂浓度 c 的变化

比照式(5.6.3)、式(5.6.4)可知,吸收系数 α 与折射率 n 同样为掺杂浓度和波长的函数,于是

$$\alpha = \alpha(n(c,\lambda)) = \frac{a_0 c\,(n-0.0049c-1.4623)}{a_1 + a_2\,(n-0.0049c) + a_3\,(n-0.0049c)^2} \qquad (5.6.5)$$

式中,常数 $a_0 = 4.0278$, $a_1 = -8082.7966$, $a_2 = 11048.5528$, $a_3 = -3775.6209$; c 的单位为 mg·mL^{-1}。为了清楚,给出实验测量和按式(5.6.5)计算的吸收系数 α 与折射率 n 的关系(图 5.6.8)。图中离散点是实验数据,曲线是计算得到的值。由图可见,实验测量的结果与计算值基本相符。

由图 5.6.8 可知,吸收系数直接关联于折射率,即可以直接由吸收系数来确定折射率,或者由折射率来确定吸收系数。

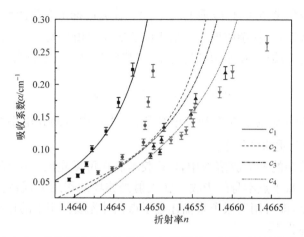

图 5.6.8　实验测量的吸收系数 α 与折射率 n 的关系以及拟合曲线

在同一浓度下,吸收系数随折射率的增加呈非线性增大,且折射率越大曲线越陡。随着浓度的增加,吸收系数的变化趋于平缓,也即增加的速率变小。以上两种变化趋势,都可以由量子点非线性吸收截面的特点(图 5.6.1)结合柯西色散公式得到解释。例如,对于同一浓度,随着折射率 n 的增大(对应于波长减小、吸收截面增大),式(5.6.5)的变化率 $\partial\alpha/\partial n$ 增大,即吸收系数的曲线变陡;对于同一折射率,随着浓度 c 的增大(对应于波长增大、吸收截面减小),变化率 $\partial\alpha/\partial c$ 减小,即吸收系数曲线的变化趋于平缓。

量子点吸收截面的非线性与量子尺寸效应有关。当量子点的尺寸小到可与电子的德布罗意波长、相干波长及激子玻尔半径相比时,电子受限在纳米空间,电子输运受到限制,电子平均自由程缩短,电子的局限性和相干性增强,很容易形成激子,产生激子吸收带。随着粒径的进一步减小,激子带的吸收系数增加,出现激子强吸收,使得激子能量向高能方向移动(蓝移)。

图 5.6.8 中,拟合曲线和实验结果在较高浓度下差异增大,导致这一差异的原因除了实验误差,还可能是在 $n\lambda$ 曲线拟合时为求数据处理简洁而忽略了前述的 λ^{-4} 项。下面分析实验误差及来源。

(1) 量子点的原溶液为正己烷,易挥发,这使得实验中所用溶液的实际浓度比厂家提供的原溶液浓度高,估计增大 $0.2\mu\text{mol}\cdot\text{L}^{-1}$(误差 $+2\%$)。

(2) 实验中,使用精密微量移液器来稀释溶液或量取 UV 胶,微量移液器接口内壁有微量残留($\pm 5\mu\text{L}$),其误差大小 $\pm 1.5\%$。

(3) 仪器测量精度误差,约为 $\pm 1\%$。折射率实验中的阿贝折射率仪可能存在读数误差,约为 $\pm 0.5\%$。

于是,实验得到的吸收系数误差为 $\eta_1=(+4.5\sim-2.5)\%$,折射率误差为 $\eta_2=(+4.9\sim-2.9)\%$。考虑误差,吸收系数的经验公式(5.6.3)应乘上误差因子($1\pm$

η_1）；折射率经验公式(5.6.4)应乘上$(1\pm\eta_2)$。误差已标示在前述相关的图中。

下面对吸收系数、掺杂浓度及入射光波长之间的相互关系进行进一步讨论。

在线性均匀介质中，在非饱和情况下，经典的光学吸收系数为

$$\alpha(\omega)=\omega\sqrt{\frac{\mu}{\varepsilon}}\,\mathrm{Im}\big[\varepsilon_0\chi(\omega)\big]\tag{5.6.6}$$

式中，μ、ε分别为介质的磁导率和介电系数；ε_0为自由空间介电系数；ω为入射光圆频率，$\chi(\omega)$为介质的极化率。

在量子点掺杂的 UV 胶溶液中，UV 胶本底在可见光区域没有吸收，因此，测量得到的主要是量子点本身的吸收。在入射光波场的作用下，假定量子点满足洛伦兹谐振子模型，即可用谐振子来描述量子点在外光场作用下的振动。于是，量子点的极化率可写为[47]

$$\chi(\omega)=\frac{Ne^2}{\varepsilon_0 m}\frac{1}{\Omega^2-2\mathrm{i}\gamma\omega-\omega^2}\tag{5.6.7}$$

式中，N为量子点数密度；e、m为电子电荷和质量；Ω为量子点谐振频率；γ为量子点谐振阻尼系数；i 为虚数单位。

量子点数密度N和掺杂浓度c(质量浓度)满足如下关系：

$$N=\frac{c}{m_q}=\frac{cN_A}{M_q}\tag{5.6.8}$$

式中，m_q、M_q分别为量子点质量和摩尔质量；N_A为阿伏伽德罗常量。

将圆频率ω换成波长λ(用v_0表示光速)，于是，量子点溶液的吸收系数α与掺杂浓度c、入射波长λ之间的关系为

$$\alpha(\lambda)=\sqrt{\frac{\mu}{\varepsilon}}\frac{N_A e^2}{m M_q}\frac{8\pi^2 v_0^2\gamma\cdot c\lambda^2}{\Omega^4\lambda^4+8\pi^2 v_0^2(2\gamma^2-\Omega^2)\lambda^2+16\pi^4 v_0^4}\tag{5.6.9}$$

式(5.6.9)可简写为

$$\alpha(\lambda)=\frac{a_1\cdot c\lambda^2}{a_2\lambda^4+a_3\lambda^2+a_4}\tag{5.6.10}$$

式中，常量a_1、a_2、a_3、a_4与量子点的性质有关，与掺杂浓度c和入射光波长λ无关。

式(5.6.10)是从经典理论得到的。与实验中得到的经验公式(5.6.3)比较，两者的形式一致，说明量子点材料的吸收系数也可从经典的散射理论获得。事实上，本书采用的量子点核 CdSe 的尺寸为 6.8nm，略大于其玻尔半径（4.9nm，表3.1.4)，是一种中等偏弱约束的量子点，即其量子效应较弱，这是可从经典散射理论入手来解释其吸收系数随波长变化规律的主要原因。

对于 CdSe/ZnS 量子点，理论表达式(5.6.10)中的待定常数a_1、a_2、a_3、a_4可由式(5.6.3)中的实验数据来确定。比较两式各系数并消去常数a_1，可得到量子点的谐振频率$\Omega=3.9294\times10^{15}\mathrm{Hz}$，谐振阻尼系数$\gamma=3.3811\times10^{15}\mathrm{Hz}$。

由于目前尚未见有量子点 CdSe/ZnS 材料的相关数据,无法对上述的谐振频率和谐振阻尼系数的数值进行比较。

对于块体材料 CdSe 和 ZnS,根据已有的比热容、密度及分子质量等数据[48,49],计算得到其谐振频率 Ω 的数量级为 10^{14} Hz[50],比本书得到的量子点的谐振频率小一个数量级。这与 CdSe/ZnS 量子点的量子效应有关,详细的机理尚不得知,留待以后解决。

5.6.3　结论

本节采用吸收光谱法,通过测量 UV 胶溶液中的 CdSe/ZnS 量子点的吸收系数以及 CdSe/ZnS 量子点 UV 胶溶液的折射率,给出吸收系数直接关联于折射率的经验公式。由此经验公式,可以通过吸收系数来确定折射率,反之,也可以由折射率来确定吸收系数。

对比由经典散射理论谐振子模型得出的吸收系数和本书的经验公式,得到 CdSe/ZnS 量子点的谐振频率为 3.9294×10^{15} Hz,谐振阻尼系数为 3.3811×10^{15} Hz。

5.7　PbSe、PbS 和 CdSe、CdS 量子点的比较

尽管经过了十多年的大量研究,仍然有大量与量子点光学性质有关的关键理论问题没有得到解答,特别是对于 CdS 和 CdSe。相比较而言,PbS、PbSe 量子点的情况要简单一些。下面将两者的情况进行一个简单的比较。

(1) 在能带上,PbS、PbSe 只具有简单、非简并的导带和价带,这种简单的能带结构可转化为稀疏的能带并可应用简单的光学选择定则,但是 CdSe 量子点的价带是复杂、简并的。

(2) PbS 和 PbSe 量子点中电子和空穴的有效质量相近,其电子和空穴几乎完全对称,小的电子和空穴的有效质量以及大的介电系数,加上其电子和空穴的玻尔半径较大,使得它很容易被强约束;相反,CdSe 空穴的玻尔半径很小,仅约为 1nm,这就很难有强约束。或者说在相同约束程度的情况下,PbS、PbSe 量子点的尺寸可以大于 CdSe 量子点,从而减少不可控的表面效应。

(3) PbS、PbSe 量子点中的库仑相互作用可以看成微扰,因为它的电子、空穴、激子的能量间隔(ΔE_e、ΔE_h、ΔE_{ex})远小于电子-空穴对库仑相互作用能(E_c)(表 5.7.1)。而在 CdSe 量子点中,库仑作用混合了不同的激子态,电子结构复杂化,因此,不能简单地将库仑相互作用看成微扰。

表 5.7.1　PbS、PbSe 和 CdSe 量子点(直径 5nm)的电子(ΔE_e)、空穴(ΔE_h)、
激子(ΔE_{ex})的能量间隔和电子-空穴对库仑相互作用能(E_C)[51]

	PbS	PbSe	CdSe
ΔE_e/meV	200	280	350
ΔE_h/meV	250	470	120
ΔE_{ex}/meV	450	750	120
E_C/meV	50	40	150

参 考 文 献

[1] Cheng C,Bo J F,Yan J H,et al. Experimental realization of a PbSe-quantum-dot doped fiber laser[J]. IEEE Photonics Technology Letters,2013,25(6):572-575.

[2] 程成,张航,许周速. 电磁场和电磁波[M]. 北京:机械工业出版社,2012.

[3] 赫兹堡·G. 分子光谱与分子结构:第一卷[M]. 王鼎昌,译. 北京:科学出版社,1983.

[4] 程成. 气体激光动力学及器件优化设计[M]. 北京:机械工业出版社,2008.

[5] Kummell T,Weigand R,Bacher G,et al. Single zero-dimensional excitons in CdSe/ZnSe nanostructures[J]. Applied Physics Letters,1998,73(21):3105-3107.

[6] Tang J S,Li C F,Gong M,et al. Direct observation of single InAs/GaAs quantum dot spectrum without mesa or mask[J]. Physica E,2009,41(5):797-800.

[7] 程成,王若栋,严金华. 本体聚合法制备 PbSe/PMMA 量子点光纤材料[J]. 光学学报,2011,31(6):178-182.

[8] Zhang B,Shen Y T,Feng Y Y,et al. Bowl-shape superstructure of CdSe nanocrystals with the narrow-sized distribution for a high-performance photoswitch[J]. Chemical Physics Letters,2015,633(16):76-81.

[9] Hawrylak P,Narvaez G A. Excitonic absorption in a quantum dot[J]. Physical Review Letters,2000,85(2):389-392.

[10] Peng X G,Wickham J,Alivisatos A P. Kinetics of Ⅱ-Ⅵ and Ⅲ-Ⅴ colloidal semiconductor nanocrystal growth:"Focusing" of size distributions[J]. Journal of the American Chemical Society,1998,120(21):5343-5344.

[11] Wu W Y,Schulman J N,Hsu T Y,et al. Effect of size nonuniformity on the absorption spectrum of a semiconductor quantum dot system[J]. Applied Physics Letters,1987,51(10):710-712.

[12] Ferreira D L,Alves J L A. The effects of shape and size nonuniformity on the absorption spectrum of semiconductor quantum dots[J]. Nanotechno,2004,15(8):975-981.

[13] Kumar S,Biswas D. Effects of gausssian size distribution on the absorption spectra of Ⅲ-Ⅴ semiconductor quantum dots[J]. Journal of Applied Physics,2007,102(8):084305-1-084305-5.

[14] Rupasov V I. Electronic structure and optical properties of quantum-confined lead salt

nanowires[J]. Physical Review B,2009,80(11):115306-1-115306-10.

[15] Zhong X H,Feng Y Y,Zhang Y L. Facile and reproducible synthesis of red-emitting CdSe nanocrystals in amine with long-term fixation of particle size and size distribution[J]. Journal of Physical Chemistry C,2007,111(2):526-531.

[16] 程成,黄吉,徐军. 熔融二次热处理优化制备近红外钠硼铝硅酸盐 PbSe 量子点荧光玻璃[J]. 光学学报,2015,(5):272-278.

[17] Klimov V I,McBranch D W. Femtosecond 1P-to-1S electron relaxation in strongly confined semiconductor nanocrystals[J]. Physical Review Letters,1998,80(18):4028-4031.

[18] Lee M H,Chung W J,Park S K,et al. Structural and optical characterizations of mutil-layered and mutil-stacked PbSe quantum dots[J]. Nanotechno,2005,16(8):1148-1152.

[19] 程成,王孙德,马德伟. PMMA 基底 CdSe 量子点光纤材料的制备及其光谱[J]. 光学学报,2011,31(3):173-178.

[20] Takagahara T. Nonlocal theory of the size and temperature-dependence of the radiative decay-rate of excitons in semiconductor quantum dots[J]. Physical Review B,1993,71(21):3577-3580.

[21] Mc Cumber D E. Theory of phonon-terminated optical masers[J]. Physical Review,1964,134(2A):A299-A306.

[22] Wehrenberg B L,Wang C,Guyot-Sionnest P,et al. Interband and intraband optical studies of PbSe colloidal quantum dots[J]. Journal of Physical Chemistry B, 2002, 106(41):10634-10640.

[23] Miniscalco W J,Quimby R S. General procedure for the analysis of Er^{3+} cross sections[J]. Optics Letters,1991,16(4):258-260.

[24] 康寿万,陈雁萍. 等离子体物理学手册[M]. 北京:科学出版社,1981.

[25] Bohren C F,Huffman D R. Absorption and Scattering of Light by Small Particles[M]. New York:John Wiley and Sons,1983.

[26] 马克斯·玻恩. 光学原理[M]. 杨葭荪,译. 北京:电子工业出版社,2006.

[27] Palik E D. Handbook of Optical Constants of Solids[M]. London:Academic Press,1998.

[28] 程成,曾凤,程潇羽. 较高掺杂浓度下 CdSe/ZnS 量子点光纤光致荧光光谱[J]. 光学学报,2009,29(10):2698-2704.

[29] Yu W W,Qu L H,Guo W Z,et al. Experimental determination of the extinction coefficient of CdTe,CdSe,and CdS nanocrystals[J]. Chemistry of Materials,2003,15(14):2854-2860.

[30] 程成,程潇羽. 光纤放大原理及器件优化设计[M]. 北京:科学出版社,2011.

[31] Becker P C,Olsson N A,Simpson J R. Erbium-doped Fiber Amplifiers Fundamentals and Technology[M]. New York:Academic Press,1999.

[32] Lakowicaz J R. Principle of fluorescence spectroscopy[M]. 2nd ed. New York:Academic Press,1999.

[33] Wang X Y,Qu L H,Peng X G,et al. Surface-related emission in highly luminescent CdSe quantum dots[J]. Nano Letters,2003,3(8):1103-1106.

［34］Yanover D,Vaxenburg R,Lifshitz E,et al. Significance of small-sized PbSe/PbS core/shell colloidal quantum dots for optoelectronic applications[J]. Journal of Physical Chemistry C, 2014,118(30):17001-17009.

［35］Kigel A,Brumer M,Maikov G,et al. Thermally activated photoluminescence in lead selenide colloidal quantum dots[J]. Small,2009,5(14):1675-1681.

［36］Zaiats G,Yanover D,Vaxenburg R,et al. PbSe/CdSe thin-shell collidal quantum dots[J]. Zeitschrift für Physikalische Chemie,2015,229(1/2):3-21.

［37］Kilmov V I,Mikgailovsky A,Xu S,et al. Optical gain and stimulated emission in nanocrystal quantum dots [J]. Science,2000,290(5490):314-347.

［38］Kilmov V I. Mechanisms for photogeneration and recombination of multiexcitons in semi-conductor,nanocrystals:Implications for lasing and solar energy conversion[J]. Journal of Physical chemistry B,2006,110(34):16827-16845.

［39］Cheng C,Xu Y H,Cheng X Y. Near-infrared absorption-emission cross-sections of PbSe quantum dots doped in UV gel[J]. Optics Communication,2015,347(14):108-112.

［40］Brumer M,Sirota M,Kigel A,et al. Nanocrystals of PbSe core, PbSe/PbS, and PbSe/Pb-Se$_x$S$_{1-x}$ core/shell as saturable absorbers in passively Q-switched near-infrared laser[J]. Applied Optics,2006,45(28):7488-7497.

［41］Lipovskii A,Kolobkova E,Petrikov V,et al. Synthesis and characterization of PbSe quantum dots in phosphate glass[J]. Applied Physics Letters,1997,71(23):3406-3408.

［42］Schlegel G,Bohnenberger J,Potapova I,et al. Fluorescence decay time of single semiconductor nanocrystals[J]. Physical Review Letters,2002,8(13):137401-137404.

［43］Wu W Y,Schulman J N,Hsu T Y,et al. Effect of size nonuniformity on the absorption spectrum of a semiconductor quantum dot system[J]. Applied Physics Letter,1987,51(10): 710-712.

［44］Smith W J. Modern Optical Engineering[M]. New York:McGraw-Hill,2008.

［45］Gopal C B,Ghosh G C. Temperature dependent phase-matched nonlinear optical devices using CdSe and ZnGeP$_2$[J]. IEEE Journal of Quantum Electronics,1980,8(16):838-843.

［46］Palink E D. Handbook of Optical Constants of Solids[M]. London:Academic Press,1998.

［47］Saleh B E A,Teich M C. Fundamentals of Photonics[M]. New York:John Wiley & Sons,1991.

［48］Kittel C. Introduction to Solid Physics[M]. New York:John Wiley & Sons,2005.

［49］Baysinger G,Berger L I,Goldberg R N,et al. Handbook of Chemistry and Physics[M]. Boca Raton:CRC Press,2005.

［50］程成,翟诗滔. UV胶基底中 CdSe/ZnS 量子点的吸收与色散非线性关系的确定[J]. 光学学报,2014,34(6):0612009-1-0612009-7.

［51］Kang I. Electronic structure and optical properties of lead sulphide and lead selenide nano-crystal quantum dots[D]. Michigan:Bell and Howell InformationCompany,1998.

第6章 量子点的温度特性

量子点应用在光电子器件中,须具有较高的发光稳定性和发光效率。影响量子点发光稳定性的,有环境因素和量子点本身的因素。对于环境因素的影响,例如,量子点用于生物标签,溶液的 pH 值对光谱有影响;用于探测器的激发波长的选择,对光致发光谱有影响等。对于量子点自身的因素,一方面,量子点的热动能使量子点的辐射光谱不可避免地存在热漂移;另一方面,由于量子点中的载流子在激发态与基态间跃迁,相当于存在本底暗电流,热噪声不可避免。显然,在影响量子点器件稳定性的因素中,量子点自身的热稳定性是最重要的。

本章首先介绍量子点 PL 谱温度特性的理论分析,包括温度对 PL 谱的峰值强度、PL 谱的峰值波长、PL 谱的半高全宽的影响。然后,讨论 CdSe/ZnS 量子点的热稳定性,通过量子点光谱的实验测量,应用固体热膨胀理论,详细研究了核/壳结构的 CdSe/ZnS 量子点的热稳定性。最后,介绍 CdSe/ZnS 核/壳量子点薄膜型的荧光温度传感器,利用量子点的荧光波长对温度敏感且线性变化的特点,提出一种新型的量子点温度传感器并进行相关的实验。

6.1 量子点 PL 谱的温变特性理论

量子点 PL 谱随温度变化具有一定的规律性。PL 谱有三个典型参量:峰值强度、峰值波长、半高全宽[1-4]。

6.1.1 量子点 PL 峰值强度随温度的变化

量子点中载流子数密度随时间的变化用如下公式表示:

$$\frac{\mathrm{d}n}{\mathrm{d}t} = g(t) - \frac{n}{\tau_{\mathrm{rad}}} - \frac{n}{\tau_{\mathrm{act}}} - \frac{n}{\tau_{\mathrm{esc}}} \equiv g(t) - \frac{n}{\tau} \tag{6.1.1}$$

式中,$n=n(t)$ 为载流子数密度;$g(t)$ 为载流子产生的速率(与外激励因素有关);$1/\tau_{\mathrm{rad}}$ 为辐射复合速率;$1/\tau_{\mathrm{act}}$ 为非辐射热激活弛豫速率;$1/\tau_{\mathrm{esc}}$ 为非辐射热逃逸弛豫速率;$1/\tau = 1/\tau_{\mathrm{rad}} + 1/\tau_{\mathrm{act}} + 1/\tau_{\mathrm{esc}}$ 为载流子的衰减总速率。

在载流子产生的速率 $g(t)$ 恒定的情况下,式(6.1.1)的解为

$$n(t) = n_0 \mathrm{e}^{-t/\tau} \tag{6.1.2}$$

式中,n_0 为初始载流子数密度。

根据统计力学,在温度 T 下,激活能为 E_a 的载流子被激活的概率为 $\mathrm{e}^{-E_\mathrm{a}/kT}$($k$

为玻尔兹曼常量),于是

$$\frac{1}{\tau_{\text{act}}} = \frac{1}{\tau_{\text{a}}} e^{-E_{\text{a}}/kT} \tag{6.1.3}$$

式中,$1/\tau_{\text{a}}$ 是载流子热激活的待定参量。

　　在温度 T 下,载流子吸收 m 个光学声子而逃逸的概率为 $(e^{E_{\text{LO}}/kT}-1)^{-m}$ (E_{LO} 是一个光学声子的能量),于是,量子点载流子非辐射热逃逸的弛豫速率为

$$\frac{1}{\tau_{\text{esc}}} = \frac{1}{\tau_0} (e^{E_{\text{LO}}/kT}-1)^{-m} \tag{6.1.4}$$

式中,$1/\tau_{\text{a}}$ 是载流子热逃逸的待定参量。量子点 PL 谱辐射强度 $I_{\text{PL}}(t)$ 主要由载流子数密度 $n(t)$ 和载流子辐射复合速率 $1/\tau_{\text{rad}}$ 决定,结合式(6.1.2),有

$$I_{\text{PL}}(t) = \frac{n(t)}{\tau_{\text{rad}}} = \frac{n_0}{\tau_{\text{rad}}} e^{-t/\tau} \tag{6.1.5}$$

　　实验测量得到的 PL 谱的强度是时间累积的,对式(6.1.5)求时间积分,可得到随温度 T 变化的 PL 谱的强度:

$$I_{\text{PL}}(T) = \int_0^\infty I_{\text{PL}}(t)\mathrm{d}t = \frac{n_0}{1 + \tau_{\text{rad}}/\tau_{\text{act}} + \tau_{\text{rad}}/\tau_{\text{esc}}}$$

$$= \frac{n_0}{1 + \dfrac{\tau_{\text{rad}}}{\tau_{\text{a}}} e^{-E_{\text{a}}/kT} + \dfrac{\tau_{\text{rad}}}{\tau_0} (e^{E_{\text{LO}}/kT}-1)^{-m}} \tag{6.1.6}$$

　　为了方便起见,可令式中的 $I_0 = n_0$,$\tau_{\text{rad}}/\tau_{\text{a}} = A$,$\tau_{\text{rad}}/\tau_0 = B$,式(6.1.6)改写为

$$I_{\text{PL}}(T) = \frac{I_0}{1 + Ae^{-E_{\text{a}}/kT} + B(e^{E_{\text{LO}}/kT}-1)^{-m}} \tag{6.1.7}$$

式中,$Ae^{-E_{\text{a}}/kT}$ 为非辐射热激活弛豫因子;$B(e^{E_{\text{LO}}/kT}-1)^{-m}$ 为非辐射热逃逸弛豫因子。为了看出 PL 谱强度随温度的变化,取 $I_0=1$,$A=1$,$B=1$,$E_{\text{a}}=1$,$k=1$,$E_{\text{LO}}=1$,$m=1$,结果如图 6.1.1 所示。

　　由图可见,在室温-高温范围内,随着温度 T 的增大,PL 谱强度减小。这是因为非辐射热激活弛豫因子 $Ae^{-E_{\text{a}}/kT}$ 和非辐射热逃逸弛豫因子 $B(e^{E_{\text{LO}}/kT}-1)^{-m}$ 增大,即激子发生非辐射热激活弛豫和非辐射热逃逸弛豫的过程均增强,最终 PL 谱强度减小。

6.1.2　量子点 PL 峰值波长随温度的变化

　　半导体块材料的禁带宽度(带隙)随温度的变化可用 Varshni 关系来表示:

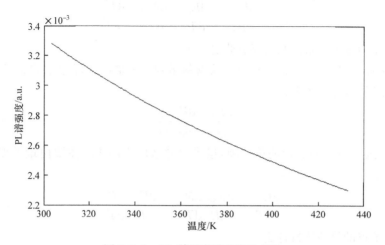

图 6.1.1 PL 谱强度随温度的变化

$$E_g(T) = E_g^0 - \alpha \frac{T^2}{T+\beta} \qquad (6.1.8)$$

式中，$E_g(T)$ 为温度 T 时的块材料带隙；E_g^0 为温度 0K 时的带隙能；α 和 β 是与材料本身有关的参数，称为 Varshni 系数，α 代表带隙能的线性移动，β 基本代表了材料的德拜温度[1]，两者都能通过实验和理论计算来确定。

半导体量子点相对于块材料来说，尺寸很小，量子尺寸效应使得量子点能级发生分裂，其光电子特性发生了很多改变，包括带隙等。研究表明，量子点带隙 $E_{g,q}$ 可以用块材料带隙 E_g、量子尺寸效应带隙 E_{conf} 和激子-声子耦合作用带隙 $J_{e\text{-}p}$ 来表示[5-7]：

$$E_{g,q} = E_g + E_{conf} + J_{e\text{-}p} \qquad (6.1.9)$$

式(6.1.9)两边对温度 T 求微分，可得量子点带隙的温度系数：

$$\frac{dE_{g,q}}{dT} = \frac{dE_g}{dT} + \frac{dE_{conf}}{dT} + \frac{dJ_{e\text{-}p}}{dT} \qquad (6.1.10)$$

式中，dE_g/dT 表示块材料带隙温度系数；dE_{conf}/dT 表示量子尺寸效应带隙温度系数；$dJ_{e\text{-}p}/dT$ 表示激子-声子耦合作用带隙温度系数。式(6.1.10)也可写为

---

①德拜温度是固体比热理论中按德拜假设时产生的一个参量。当温度远高于德拜温度时，固体的热容遵循经典规律，热容是与构成固体物质无关的常量，即 $C_v = 3R$（C_v 为定容比热，R 为气体摩尔恒量）。反之，当温度 T 远低于德拜温度时，热容将遵循量子规律，$C_v \propto T^3$，且当温度接近 0K 时，热容迅速趋近于零，这又称为德拜定律。

$$\Delta E_{g} \equiv \frac{dE_{g,q}}{dT} - \frac{dE_{g}}{dT} = \frac{dE_{conf}}{dT} + \frac{dJ_{e\text{-}p}}{dT} \tag{6.1.11}$$

式中，ΔE_{g} 为量子点带隙与块材料带隙之差。

对于式(6.1.10)右边的第一项，块材料带隙主要取决于晶格常数 a，而晶格常数依赖于温度(通常很弱)，于是

$$\frac{dE_{g}}{dT} = \frac{dE_{g}}{da}\frac{da}{dT} \tag{6.1.12}$$

对于式(6.1.10)右边的第二项，量子尺寸效应带隙 E_{conf} 主要由量子点半径 R 决定，且 $E_{conf} \propto 1/R^{2}$，于是

$$\frac{dE_{conf}}{dT} = \frac{dE_{conf}}{dR}\frac{dR}{dT} = -\frac{2E_{conf}}{R}\frac{dR}{dT} \tag{6.1.13}$$

此外，量子点的热膨胀规律为

$$\frac{dR}{dT} = \alpha R \tag{6.1.14}$$

式中，α 为热膨胀系数。

结合式(6.1.13)和式(6.1.14)，式(6.1.13)可改写为

$$\frac{dE_{conf}}{dT} = -2\alpha E_{conf} \tag{6.1.15}$$

式(6.1.15)中，量子尺寸效应带隙温度系数 dE_{conf}/dT 是负值，说明随着温度的升高，量子点因热膨胀而体积变大，量子尺寸效应变弱，从而使得量子尺寸效应对带隙改变的贡献变小。

对于式(6.1.10)右边的第三项，激子-声子耦合作用带隙 $J_{e\text{-}p}$ 主要由激子-声子耦合作用的强弱决定。温度升高，激子的平均动能增大，声子的平均动能和数密度均增大，导致激子-声子耦合作用增强，从而使得激子-声子耦合作用带隙 $J_{e\text{-}p}$ 增大，即激子-声子耦合作用带隙温度系数是正值。于是有

$$\frac{dJ_{e\text{-}p}}{dT} = S(R)\langle\hbar\omega\rangle\frac{dn}{dT} \xrightarrow{T\to\infty} S(R)k_{B} \tag{6.1.16}$$

式中，$S(R)$ 表示激子-声子耦合系数；$\langle\hbar\omega\rangle$ 为声子的平均能量；k_{B} 为玻尔兹曼常量。

由以上内容可知，量子点带隙主要受量子尺寸效应、激子-声子耦合作用、晶格常数三个因素的影响。在量子点尺寸范围内，相对于量子尺寸效应和激子-声子的耦合作用，晶格常数对量子点带隙的影响很小，可以忽略。影响量子点带隙的主要因素是量子尺寸效应和激子-声子耦合作用。

对于式(6.1.11)，由于量子尺寸效应带隙温度系数 dE_{conf}/dT 为负，其右边的正负取决于 dE_{conf}/dT 负值的大小。对于小尺寸量子点，量子尺寸效应明显，量子

尺寸效应带隙很大,dE_{conf}/dT 远小于零,因此式(6.1.11)的右边变为负,即量子点带隙随温度升高而变小,PL 谱峰值波长增大(红移,与块材料相比较);相反,对于大尺寸量子点,量子点尺寸效应的贡献很小,式(6.1.11)的右边为正,随温度的升高,量子点带隙变大,PL 谱峰值波长减小(蓝移)。注意到式(6.1.11)存在一个变化率为零的状态,在该点,量子点的带隙与块材料相同,即量子点的 PL 谱与块材料相同。

6.1.3　量子点 PL 谱的半高全宽随温度的变化

量子点 PL 谱的展宽含有非均匀展宽和均匀展宽两部分。非均匀展宽主要是由量子点尺寸分布、量子点形状不同以及量子点组成成分的差异造成的,这部分展宽随温度变化很小,可认为是常数。均匀展宽主要是由激子-光学声子耦合散射和激子-声学声子耦合散射造成的,这部分展宽随温度变化很明显。前者(激子-光学声子耦合散射)的温度依赖主要发生在高温区,后者(激子-声学声子耦合散射)的温度依赖主要发生在低温区。在室温-高温范围内,量子点 PL 谱的半高全宽随温度的升高而增大。

对于一个量子体系,只要微扰波函数 $\hat{H}$ 确定,就可以计算出从一个初始本征态 $|i\rangle$ 跃迁到终末本征态 $|f\rangle$ 的跃迁概率 $W^{(j)}$。对于由多种散射机制导致的量子点荧光光谱展宽,其半高半宽(half-width at half maximum,HWHM)可表述为

$$\Gamma_j = \hbar W^{(j)}/2 \tag{6.1.17}$$

式中,$W^{(j)}$ 为激子-声子相互作用转换概率。于是,对于谱宽的计算,归结到激子-声子相互作用转换概率的计算上。

1. 声学声子色散

声学声子色散主要有两类:①由量子点压电效应引起;②由量子点形变引起。

(1) 对于压电效应色散,转换概率为

$$W_{\pm}^{(pz)}(K_i) = \frac{1}{\hbar} \frac{1}{(2\pi)^2} \left(\frac{4\pi e}{\varepsilon}\right)^2 \left(\frac{k_B T}{2\rho u^2}\right) \left(\frac{4M\beta^6}{L^2 \hbar^3}\right)$$

$$\times \int_0^{2\pi} d\theta I \left[k=(\pi/L),q\right] \left(\frac{h^{(e)}}{[\beta^2+(qm_h/M)^2]^{3/2}} - \frac{h^{(h)}}{[\beta^2+(qm_e/M)^2]^{3/2}}\right)^2 \tag{6.1.18}$$

式中

$$I(k,q) = \frac{\pi}{2q^2} \frac{1}{(k^2+q^2)^2} \left(\frac{(2k^2+3q^2)\pi}{k} - \frac{k^4(1-e^{-2\pi q/k})}{q(k^2+q^2)}\right) \tag{6.1.19}$$

并有 $\pm q = K_f - K_i$(此处 K_f、K_i 分别为终态和初态波矢);$\hbar^2 K_f^2/2M = \hbar^2 K_i^2/2M \pm \hbar u q$(激子质量 $M=m_e+m_h$);θ 为 K_i 与 K_f 之间的夹角;ρ 为质量密度;u 为声速;

$h^{(e)}$($h^{(h)}$)为电子(空穴)压电常数；ε 为介电系数；k_B 为玻尔兹曼常量；β 为变参量，表示激子在垂直于势阱界面方向(z 轴方向)的空间扩展，不同的激子有不同的变参量；L 为 z 轴方向有源层的厚度；$\pm$ 表示吸收或发射声子。对于小尺寸量子点，波数 $k \gg q$，且 $K_i \approx 0$，式(6.1.18)可以简化为

$$W_{\pm}^{(pz)}(0) = \frac{k_B T e^{-2MuL/\hbar}}{24\rho u^3 \hbar^2} \left(\frac{4\pi e}{\varepsilon}\right)^2 [h^{(e)} - h^{(h)}]^2 \tag{6.1.20}$$

式中，$K_i = 0$ 时不允许发射声子，于是 $W_{-}^{(pz)}(0)$ 不存在。

(2) 对于形变色散，转换概率为

$$W_{\pm}^{(df)}(K_i) = \left(\frac{3\beta^6 k_B T}{4\pi\hbar\rho u^2 L}\right)\left(\frac{M}{2\hbar^2}\right)\int_0^{2\pi} d\theta \left(\frac{E_c}{[\beta^2 + (qm_h/M)^2]^{3/2}} - \frac{E_v}{[\beta^2 + (qm_e/M)^2]^{3/2}}\right)^2 \tag{6.1.21}$$

当 $K_i = 0$ 时，式(6.1.21)可以简化为

$$W_{+}^{(df)}(0) = \frac{3k_B T M}{4\hbar^3 \rho u^2 L}(E_c - E_v)^2 \tag{6.1.22}$$

式中，E_c 和 E_v 分别表示导带和价带的形变势能。

2. 光学声子色散

由于光学声子能量 $\hbar\omega_0$ 比激子禁带能 $E_{ex}(L)$ 大，当激子和光学声子碰撞作用后，激子会被离子化或者激发到激发态。激子被离子化的转换概率为

$$W_{+}^{(pop)}(0) = \frac{32e^2\omega_0\beta^4 m_e N_Q}{\pi\hbar^2 L^2}\left(\frac{1}{\varepsilon_\infty} - \frac{1}{\varepsilon}\right)\int_0^{K_{max}} dk_h k_h \int_0^{2\pi} d\theta I(k,q)[(4k_h^2 + \beta^2)^{-3/2}$$
$$- (4k_0^2 + \beta^2)^{-3/2}]^2 \tag{6.1.23}$$

式中

$$\begin{cases} k_0 = \left(\frac{2m_e}{\hbar^2}\right)^{1/2}\left(-E_{ex} + \hbar\omega_0 - \frac{\hbar^2 k_h^2}{2m_h}\right)^{1/2} \\ K_{max} = \left(\frac{2m_h}{\hbar^2}\right)^{1/2}(-E_{ex} + \hbar\omega_0)^{1/2} \\ q^2 = k_h^2 + k_0^2 + 2k_0 k_h \cos\theta \end{cases} \tag{6.1.24}$$

式中，N_Q 为光学声子数；ε_∞ 为高频介电系数；ε 为静态介电系数；k_h 为自由空穴波数。在 $K_i = 0$ 时，只有声子吸收过程才被允许，因此 $W_{-}^{(pop)}(0)$ 不存在。

对于激子被激发到激发态，当光学声子能量被激子吸收后，激子质心会发生移动，此时，计算量子点辐射谱的半高全宽相当复杂，这里不再涉及。

由上所述，根据式(6.1.20)、式(6.1.22)、式(6.1.23)等可得量子点 PL 谱展宽的半高全宽为

$$\Gamma(T) = \Gamma_{inh} + \zeta T + \Gamma_{LO}[\exp(E_{LO}/k_B T) - 1]^{-1} \tag{6.1.25}$$

式中，Γ_{inh} 为非均匀展宽；ζ 为激子-声学声子耦合散射系数；Γ_{LO} 为激子-光学声子耦合散射系数；E_{LO} 为一个光学声子的能量；k_B 为玻尔兹曼常量。

为了能清楚看出 PL 谱的半高全宽随温度的变化，取式中的 $\Gamma_{inh}=1$，$\sigma=1$，$\Gamma_{LO}=1$，$E_{LO}=1$，$k_B=1$，结果如图 6.1.2 所示。

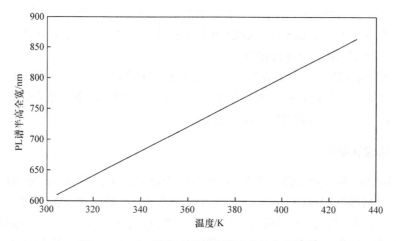

图 6.1.2　PL 谱的半高全宽随温度的变化趋势

由图可见，在室温-高温范围内，随着温度升高，激子-光学声子耦合散射和激子-声学声子耦合散射均增强，导致量子点 PL 谱均匀展宽增大。由于量子点尺寸、形状以及组成成分随温度变化不大，PL 谱非均匀展宽随温度变化也不大，可认为是一个常数[8]。从式(6.1.25)可知，温度 T 增大，Γ_{inh} 不变，激子-声学声子耦合散射因子 ζT 和激子-光学声子耦合散射因子 $\Gamma_{LO}[\exp(E_{LO}/k_BT)-1]^{-1}$ 均增大，这表示两者的散射效应均增强，从而导致量子点 PL 谱均匀展宽增大，最终使得 PL 谱的半高全宽增大。

以上对量子点的温变特性进行了理论分析。下面通过实验测量有代表性的核/壳结构 CdSe/ZnS 量子点的荧光光谱等，对温变特性进行进一步的研究。

6.2　CdSe/ZnS 量子点的热稳定性研究

在研究半导体带隙与温度关系的过程中，人们发现很多半导体块材料的带隙随着温度的上升而变窄，并符合 Varshni 经验公式[9]。在 Varshni 经验公式中，不同的半导体材料有两个不同的经验系数 α 和 β。近年来，随着半导体纳米晶体研究的迅速发展，人们已找到可用于 GaN、AlN、InAs 等纳米晶体的 Varshni 公式中的经验系数，但用于核/壳结构的 CdSe/ZnS 量子点的尚未有报道。

已有的研究表明，核/壳结构的 CdSe/ZnS 量子点的表面缺陷很少，荧光辐射效率较高。但是，它的带隙特性是否仍可用 Varshni 经验公式描述，两个 Varshni 经验系数 α 和 β 是多少，这是值得研究又令人感兴趣的问题。

下面介绍 CdSe/ZnS 量子点热稳定性的测量实验[10]。首先，用 X 射线衍射仪测量确定样品的结构。然后通过光谱测量，得到量子点的吸收谱、荧光光谱在 300～373K 范围内随温度的变化。最后根据光谱波长随温度变化的漂移量，确定 Varshni 公式中 CdSe/ZnS 量子点的两个经验系数 α 和 β，并与用有效质量近似 (EMA) 理论计算的结果进行比较。

实验得到的结果可为油溶性量子点用于光电子器件（尤其是对温度稳定性要求较高的器件）提供依据或参考。对于系数 α 和 β，可用 Varshni 经验公式来估算 CdSe/ZnS 量子点的带隙宽度随温度的变化。

6.2.1　实验和结果

CdSe/ZnS 量子点分散在甲苯溶剂中，量子点是由美国 Evident 公司提供的。首先，用 X 射线衍射仪（Thermo ARL）测量量子点的衍射谱，以确定量子点的晶体结构。然后，用 UV-2550 型紫外可见吸收光谱仪（日本岛津公司生产）测量吸收谱，该光谱仪的分辨率为 0.5nm，扫描范围为 200～800nm。用 RF-5301 型荧光光谱仪（日本岛津公司生产）测量荧光光谱，光谱仪的激励源波长为 350nm。量子点溶剂放于一石英比色皿中，并用锡纸封口，放入一台电热恒温鼓风干燥箱（DHG-9023A，上海精宏实验设备有限公司生产）进行加温。由于石英比色皿的热容比溶剂大很多，在比色皿移出加热干燥器之后，在光谱测量的短时间内可认为量子点溶剂的温度保持不变。

1. CdSe/ZnS 量子点结构

图 6.2.1 为 CdSe/ZnS 量子点的 X 射线衍射图。与 JCPDS 数据库中 ZnS 的标准衍射图谱（No. 02-0330）和 CdSe 的标准衍射图谱（No. 02-1310）比较可知，图 6.2.1 的衍射图更接近于 CdSe 而不是 ZnS，即该图谱主要是由 CdSe 决定的。此外，所测得 CdSe/ZnS 量子点样品具有六角形纤锌矿的结构。

量子点的平均尺寸可以由 Debye-Scherrer 方程 $D = K\lambda/\beta\cos\theta$[式(4.3.2)]估计，其中 D 是量子点直径，$K(=0.89)$ 是形状和尺寸常数，β 是衍射峰的半高全宽，θ 是衍射半角，λ 是 X 射线波长。考虑斯托克斯修正，Debye-Scherrer 方程可以写成

$$D = \frac{0.89\lambda}{\sqrt{\beta^2 - \beta_0^2}\cos\theta} \tag{6.2.1}$$

式中，β_0 是衍射峰 FWHM 的斯托克斯修正。

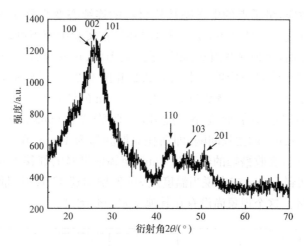

图 6.2.1 CdSe/ZnS 量子点的 X 射线衍射图

在图 6.2.1 中,有六个分别与 β 和 θ 相关的峰。对于 4.2nm 量子点样品的直径,可得量子点的平均直径是 8.95nm,其中外包覆层 ZnS 的厚度是 2.37nm。

2. 吸收和荧光光谱

图 6.2.2 为实测的 CdSe/ZnS 量子点的吸收谱,温度的变化范围为 300～373K,PL 峰值为归一化值。为了集中研究温度对波长的影响,这里不考虑影响峰值强度的其他因素,如溶剂蒸发、量子点浓度的变化等。

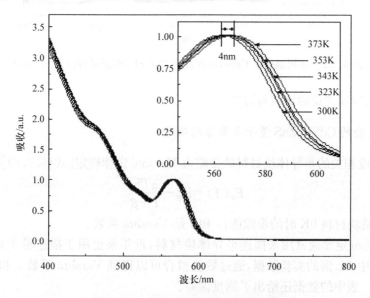

图 6.2.2 CdSe/ZnS 量子点的吸收谱

　　由于约束效应,量子点的电子态从块材料的连续态变为分立态。当 CdSe 量子点的尺寸接近玻尔半径(4.9nm,表 3.1.4)时,在实验中应当可以观测到激子分立的吸收谱。然而,各种展宽因素,如量子点的形状、尺寸分布、表面缺陷等,都会对观测到的离散谱线带来影响。由图 6.2.2 和图 6.2.3 可见,随着温度从 300K 提高到 373K,吸收谱和辐射谱都观测到有 4~6nm 的波长红移,波长红移意味着量子点的带隙随温度增加而变小。此外,吸收峰波长(563nm)与辐射峰波长(575nm)之间有 12nm 的波长间隔,即斯托克斯频移为 12nm(在 300K 时)。当温度增加到 373K 时,吸收谱峰的红移为 4nm,而辐射谱峰的红移为 6nm,对应的斯托克斯频移增加到 14nm;或者说当温度从 300K 增加到 373K 时,量子点的波长红移增加了约 17%。这个现象尚没有在其他文献中介绍过。

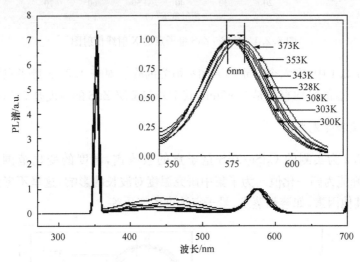

图 6.2.3　不同温度下 CdSe/ZnS 量子点的 PL 谱(激励源位于 350nm)

6.2.2　实验和理论的比较与讨论

1. 实验的 CdSE/ZnS 量子点带隙的确定

与温度相关的半导体块材料的带隙由 Varshni 定律确定[式(6.1.8)]:

$$E_g(T) = E_g^0 - \frac{\alpha T^2}{T + \beta} \tag{6.2.2}$$

式中,E_g^0 是块材料 0K 时的带隙能;α 和 β 是 Varshni 系数。

　　Varshni 定律通常用来描述半导体块材料,近年来也用于描述量子点。利用图 6.2.3 中 PL 谱的实验数据,通过数值拟合可以得到 Varshni 系数 α 和 β 值,见表 6.2.1。表中的数据还给出了测量误差。

表 6.2.1　Varshni 系数

Varshni 系数	No.1 CdSe/ZnS QD[10] ($T=300\sim373K$)	No.2 CdSe/ZnS QD ($T=45\sim295K$)[1]	No.3 CdSe 块材料 (室温)[11]
$\alpha/(eV \cdot K^{-1})$	$(2.0\pm0.2)\times10^{-4}$	$(3.2\pm0.2)\times10^{-4}$	$(2.8\pm4.1)\times10^{-4}$
β/K	200 ± 30	220 ± 30	$181\sim315$

将实验测量的 α 和 β 值代入式(6.2.2),可得作为温度函数的带隙,如图 6.2.4 所示。当温度从 300K 增加到 373K 时,最大带隙移动是 0.0224eV。图 6.2.4 给出了由最小二乘法拟合的曲线,它是一条斜率为 $\Delta E_g/\Delta T=-0.2712\text{meV} \cdot \text{K}^{-1}$ 的斜直线,这意味着带隙随温度的增加呈线性减小。比较表 6.2.1 中的数据,发现这里得到的带隙能小于室温下的块材料 CdSe 和低温下 CdSe/ZnS 量子点的相关带隙能,如图 6.2.5 所示。

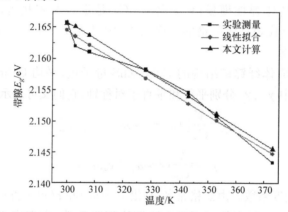

图 6.2.4　CdSe/ZnS 量子点的带隙随温度的变化

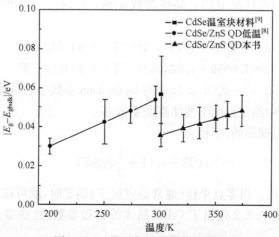

图 6.2.5　量子点相对带隙的比较

　　这里得到的 Varshni 系数 β 值在三种情形(表 6.2.1)中基本相同,但是系数 α 值是最小的。例如,α 值与其他两种情形下的比是 0.625 和 0.488~0.714。由式(6.2.2)可知,α 值越小,带隙的移动越小;或者说,温度变化对量子点离散态的导带和价带的底部之间的能量差的影响,比连续态的块材料要小一些。从这个意义上说,量子点的热稳定性好于块材料。

　　2. 与理论计算的比较和讨论

　　与温度有关的带隙移动来自两个方面的原因:热膨胀和电子-声子耦合效应。电子-声子耦合效应已经在半导体实验中观测到了。根据晶体的热膨胀理论,体膨胀系数为[12]

$$\xi_V = \frac{\gamma}{K}\frac{C_V}{V} \tag{6.2.3}$$

式中,K 是块材料体弹性模量;V 是体积;C_V 是定容摩尔热容;γ 是无量纲的 Grüneisen 参数;γ 代表晶体晶格的非简谐度,定义为 $\gamma = (\mathrm{dln}\omega)/(\mathrm{dln}V)$,其中 ω 是每振动模的频率。

　　对于具有六面体纤锌矿结构的 CdSe/ZnS 量子点,平均 Grüneisen 参数 $\gamma = (\gamma_\parallel + \gamma_\perp)/2$,其中 $\gamma_\parallel$、$\gamma_\perp$ 分别平行和垂直于对称轴,它们又可表示为[10]

$$\gamma_\perp = \frac{V}{C_V}\left[(c_{11}+c_{12})\alpha_\perp + c_{13}\alpha_\parallel\right] \tag{6.2.4}$$

$$\gamma_\parallel = \frac{V}{C_V}(2c_{13}\alpha_\perp + c_{33}\alpha_\parallel) \tag{6.2.5}$$

式中,c_{ij} 为弹性刚度系数。由晶格常数 a(沿 a 方向)和 c(沿 c 方向)的定义,可知式(6.2.4)和式(6.2.5)中的 $\alpha_\perp$ 和 $\alpha_\parallel$ 就是热膨胀系数,它们定义为 $\alpha_\perp = (1/a)(\mathrm{d}a/\mathrm{d}T)$ 和 $\alpha_\parallel = (1/c)(\mathrm{d}c/\mathrm{d}T)$。晶格常数 a 和 c 可由一个温度的二次函数表达如下[13]:

$$a = 4.2963 + 1.197\times10^{-5}T + 9.64\times10^{-9}T^2 \tag{6.2.6}$$

$$c = 7.0059 + 1.584\times10^{-5}T + 5.84\times10^{-9}T^2 \tag{6.2.7}$$

　　于是,由式(6.2.4)~式(6.2.7)中的 Grüneisen 参数 γ 和晶体的物理参数,可以得到式(6.2.3)中给定温度下的体膨胀系数 ξ_V。

　　假定量子点是球形的,半径为

$$r(T) = r_0\left(1 + \frac{1}{3}\xi_V\Delta T\right) \tag{6.2.8}$$

式中,r_0 是零点半径。当零点半径(通常是室温下)确定时,就可以得到随温度变化的量子点半径。表 6.2.2 列出了 CdSe 晶体的物理参数,这些参数在计算中经常用到。

表 6.2.2　CdSe 晶体的物理参数

参数	数值	参数	数值
E_g/eV	2.2*	$c_p/(cal** \cdot g^{-1} \cdot K^{-1})$	0.086[13]
c_{11}/GPa	74.9[13]	K/GPa	53.7[14]
c_{12}/GPa	46.1[13]	m_e	$0.11m_0$[14]
c_{13}/GPa	39.3[13]	m_h	$0.44m_0$[14]
c_{33}/GPa	84.5[13]	ε_r	5.8(CdSe 的相对介电系数)[15]

* 本书得到(对 CdSe/ZnS 量子点)。

** 1cal=4.1868J。

为了估算随温度变化的带隙移动,利用在 3.2 节中介绍的有效质量近似法的式(3.2.15):

$$E_{g,q}(r) = E_{bulk} + \frac{\hbar^2 \pi^2}{2\mu a^2} - \frac{1.786e^2}{\varepsilon a} - 0.248\frac{e^4 \mu}{2\varepsilon^2 \hbar^2}$$

注意到 Ⅱ-Ⅵ 族纳米晶体的带内能量差小于或接近于块材料的带隙,其带隙移动的大小与块材料类似。块材料带隙随温度变化的速率是 $-0.28meV \cdot K^{-1}$[16,17]。利用该变化速率,可估计块材料的带隙移动为 $\Delta E_{bulk} = 0.02044eV$,相当于 5.22nm 辐射光谱的红移(当温度从 300K 增加到 373K 时)。这个计算的红移量比实验观测值 0.0224eV(6nm,图 6.2.3 和图 6.2.4)稍小,但两者已经很接近。

另外,式(3.2.15)右边的第二项(T_2)是量子约束项,即动能限制项,它随量子点半径 a^{-2} 变化。随着量子点半径的减小,它迅速增大,对带隙移动的贡献超过了第三项(T_3)库仑作用项(约为 a^{-1})。第四项(T_4)是里德伯能项,它对带隙移动的贡献很小。根据表 6.2.2 中的数据和前面提到的量子点 CdSe 核半径,可得三项数值之比 $T_2 : T_3 : T_4 \approx 110 : 24 : 1$,即量子约束作用是主要的。

此外,采用 300K 时实测的量子点半径作为零点半径,由式(6.2.8)可得到温度函数的半径,从而由式(3.2.15)确定带隙随温度的变化。计算结果示于图 6.2.4 中(三角实线)。由图可见,计算结果与实验结果相当吻合。最大带隙移动 $\Delta E_g = 0.0214eV$(对应温度从 300K 到 373K),其中半径变化的贡献是 0.001eV。显然,在热膨胀中,块材料引起的带隙移动远大于量子约束引起的带隙移动。图 6.2.6 为 CdSe/ZnS 量子点带隙移动的示意图。

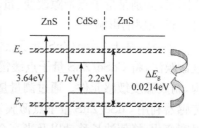

图 6.2.6　CdSe/ZnS 量子点带隙移动示意图

6.2.3　小结

当温度从 300K 增加到 373K 时,CdSe/ZnS 量子点的吸收和荧光光谱峰值波长产生 4～6nm 的红移,这表明量子点的带隙随温度的增加而缩小。常用来描述半导体块材料带隙的 Varshni 定律也可以用来描述量子点。对于 CdSe/ZnS 量子点,Varshni 系数为 $\alpha=(2.0\pm0.2)\times10^{-4}\,\mathrm{eV}\cdot\mathrm{K}^{-1}$ 和 $\beta=(200\pm30)\mathrm{K}$,其中 β 值与块体材料基本相近,但 α 值要小。小的 α 值意味着量子点具有比块体材料更好的热稳定性。在热膨胀导致的带隙移动中,块体材料的带隙移动远大于量子点的带隙移动。

6.3　CdSe/ZnS 核/壳量子点薄膜温度传感器

由以上讨论可知,量子点的荧光光谱与温度有关,这容易让人联想到利用量子点的温变特性来设计制作温度传感器。

普通温度传感器需要有电参量的参与,在一些对电敏感的场合,其应用受到限制。而量子点温度传感器依据的是荧光光学参量,传递的也是光学参量,因而可用于对电参量有限制的一些场合,扩展了温度传感器的种类和应用。

下面介绍通过 CdSe/ZnS 量子点薄膜来制备石英玻璃片的荧光温度传感器,这部分的实验工作主要来自文献[18]。

人们对量子点 PL 谱的温度特性已经有了一些研究。除了在 6.2 节介绍的,Larrión 等[19]对空气孔内壁沉积有 CdSe 量子点的光子晶体光纤 PL 谱峰值强度、峰值波长以及半高全宽这三个光学参数温变特性进行了研究。结果表明:在温度范围为 −40～70℃时,温度升高会同时导致 CdSe 量子点 PL 谱峰值强度减小、峰值波长增大以及半高全宽增大。Helmut 等[20]测量了掺 CdSe/ZnS 核/壳量子点的有机玻璃光纤的 PL 谱峰值波长的温变特性,在温度为 30～90℃时,温度升高会导致 PL 谱峰值波长发生红移;同时,认为温度引起 PL 谱峰值波长发生移动有四个因素,分别是量子点带隙改变、量子点尺寸改变、有机玻璃折射率改变以及温度对 ZnS 壳层的影响。

本节将基于 CdSe/ZnS 量子点薄膜,组装石英玻璃片的荧光温度传感器。通过镀膜法,将 CdSe/ZnS 量子点缓慢沉积到圆形石英玻璃片凹槽中以形成薄膜结构,制成温度敏感元件。通过测量量子点薄膜的透射 PL 谱,来确定温度。该温度传感器利用 CdSe/ZnS 量子点薄膜发光光谱的温变效应,依据量子点 PL 谱的峰值强度变化、峰值波长移动以及半高全宽变化这三个光学量,同时进行温度测量,并进行相互校正,从而可达到相当高的精度。

6.3.1　光路结构

透射式量子点温度传感器的光路结构如图 6.3.1 所示,其中,激光光源波长为 450nm;光纤准直器准直距离约为 10mm;温控炉温度调节范围为 20～199℃,温度分辨率为 0.1℃;量子点采用杭州纳晶科技有限公司生产的 CdSe/ZnS 核/壳量子点；高通滤光片截止波长为 490nm，可以滤掉 450nm 的激光，透过 632nm 的量子点光致荧光；光谱仪采用杭州塞曼科技有限公司生产的 S3000-UV-NIR 型光谱仪，其光波长测量范围为 190～1100nm，波长分辨率小于 0.3nm。

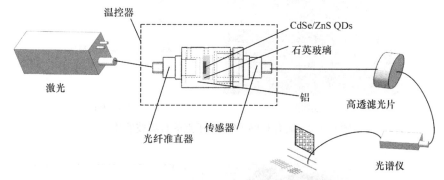

图 6.3.1　透射式量子点温度传感器光路结构[18]

实验中，450nm 激光通过光纤准直器准直后，打到温度响应元件内的量子点薄膜上，激发出峰值波长为 632nm 的荧光，其中温度响应元件放置在温控炉内，以便于使量子点薄膜处于不同的温度。从温度响应元件中透射出来的混合光（量子点光致荧光和激光）再次通过光纤准直器耦合进入光纤，通过 490nm 高通滤光片滤掉激光后，透过的量子点光致荧光被光谱仪接收并进行 PL 谱分析。

6.3.2　温度敏感元件制作

在整个实验的光路设计过程中，温度敏感元件的制作是核心，另外，需要选择合适的量子点。由于不同种类和尺寸的量子点的 PL 谱温变灵敏度、温变响应范围都不相同，这里选择在可见光范围内温变较灵敏的 CdSe/ZnS 核/壳量子点，其平均尺寸为 9nm（含壳层）。

在制作温度敏感元件的过程中，先通过小型注射器吸收适量的 CdSe/ZnS 量子点，将其缓慢沉积到一块圆形凹槽石英玻璃上；然后把该石英玻璃片放到紫外固化灯下固化 10min 左右，可得到镀有 CdSe/ZnS 量子点的石英玻璃片（图 6.3.2）；最后将该石英玻璃片装配到已制作好的铝制外壳玻璃室中，制成透射式温度敏感元件，其尺寸为 ϕ20mm×30mm（图 6.3.3）。

6.3.3　实验结果及分析

1. PL 峰值强度随温度的变化

CdSe/ZnS 核/壳量子点的 PL 谱示于图 6.3.4。PL 谱曲线的数据在 30～160℃温度区间每隔 10℃采集。在处理 PL 谱峰值强度、峰值波长以及半高全宽等数据时，均先除去 PL 谱的背景噪声。

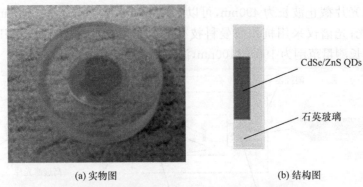

(a) 实物图　　　　　　　(b) 结构图

图 6.3.2　镀有 CdSe/ZnS 量子点的石英玻璃片[18]

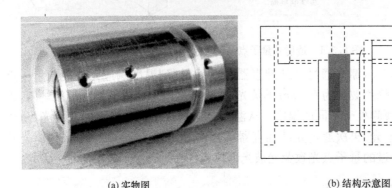

(a) 实物图　　　　　　　(b) 结构示意图

图 6.3.3　透射式温度敏感元件[18]

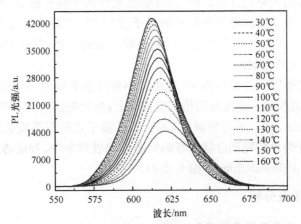

图 6.3.4　CdSe/ZnS 量子点薄膜 PL 谱随温度的变化[18]

由图 6.3.4 可知,在 30~160℃内,当温度升高时,PL 谱峰值强度减小,峰值波长增大,半高全宽增大,而且这三个光学参数随温度的变化与 6.1 节所描述的量子点 PL 谱温变规律相符。具体分析如下。

　　量子点 PL 谱峰值强度随温度的升高而降低,其变化规律可以用一个二次拟合多项式来表示(图 6.3.5):升温时相关性系数 $\Psi^2=0.9982$,降温时相关性系数 $\Psi^2=0.9988$,且升温和降温对应的拟合二次函数非常接近,说明温变可逆,从而表明在 30~160℃,CdSe/ZnS 核/壳量子点的 PL 谱峰值强度是一个很好的可表征温度的光学参数。PL 谱峰值强度的温变特性主要受激子-光学声子耦合和激子-声学声子耦合的影响。随着温度 T 的升高,激子的平均动能增大,声子的平均动能和数密度也都增大,激子-光学声子耦合和激子-声学声子耦合的作用都得到增强,导致激子发生非辐射热激活弛豫和非辐射热逃逸弛豫加快,从而使量子点 PL 谱峰值强度减小。

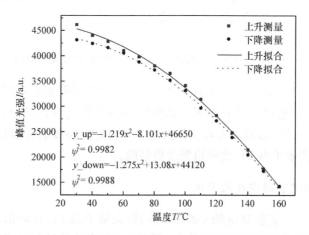

图 6.3.5　CdSe/ZnS 量子点薄膜 PL 谱峰值强度随温度的变化[18]

　　由以上分析可知,CdSe/ZnS 核/壳量子点的 PL 谱峰值强度随温度的变化符合二次函数规律。由于实验采用的半导体激光器功率本身具有一定的波动性,其激发的 PL 谱也具有一定的波动性,为了消除 PL 谱波动对 PL 谱峰值强度温变特性规律研究的影响,这里采用自参考法[5]对 PL 谱峰值强度数据进行处理。自参考法中,选取的两条自参考直线要处于所有 PL 谱峰的两侧,以合理求得 PL 谱自参考峰值强度。这里选两条自参考线 S_1 和 S_2,对应的波长分别为 $\lambda_1=607.02\text{nm}$、$\lambda_2=625.10\text{nm}$,对应的 PL 谱峰值强度分别为 I_{S_1}、I_{S_2}。于是,PL 谱自参考峰值强度可表示为

$$I_{\text{self-ref}}=\frac{I_{S_1}-I_{S_2}}{I_{S_1}+I_{S_2}} \tag{6.3.1}$$

由此,可进一步准确求得量子点 PL 谱自参考峰值强度随温度的变化,如图 6.3.6 所示。

　　由图 6.3.6 可知,在 30~160℃,量子点 PL 谱自参考峰值强度随温度呈线性变化。升温时,灵敏度系数为 $-0.003216/℃$,相关性系数 $\Psi^2=0.9985$;降温时,灵

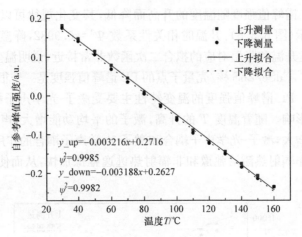

图 6.3.6　CdSe/ZnS 量子点薄膜 PL 谱自参考峰值强度随温度的变化[18]

敏度系数为 −0.003188/℃,相关性系数 $\Psi^2=0.9982$;升降温对应的拟合曲线非常接近,说明温变可逆;PL 谱自参考峰值强度的温度稳定性很高,从而表明 CdSe/ZnS 核/壳量子点 PL 谱自参考峰值强度是一个很好的温度表征参量,比单纯采用 CdSe/ZnS 核/壳量子点 PL 谱峰值强度更精确。

2. PL 峰值波长随温度的变化

在 30~160℃,实验测量的 CdSe/ZnS 核/壳量子点 PL 谱峰值波长随温度的升高而增大,即红移,如图 6.3.7 所示。量子点 PL 谱峰值波长随温度的变化可以用一个线性函数来表示。升温时,灵敏度为 0.06179nm/℃,温度分辨率为 0.1℃,相关性系数 $\Psi^2=0.985$;降温时,灵敏度为 0.06083nm/℃,温度分辨率为 0.1℃,

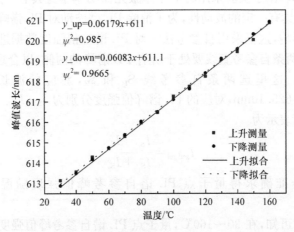

图 6.3.7　CdSe/ZnS 量子点薄膜 PL 谱峰值波长随温度的变化[18]

相关性系数 $\Psi^2=0.9665$。该传感器 PL 谱峰值波长温变特性曲线的线性度非常好，且升降温对应的拟合线性函数相当接近，说明温变可逆。平均灵敏度达到 0.06nm/℃，平均分辨率达到 0.1℃，表明 CdSe/ZnS 核/壳量子点 PL 谱峰值波长是一个非常好的温度表征光学参量。

3. PL 峰半高全宽随温度的变化

在 30～160℃，实验测量的量子点 PL 峰半高全宽随温度的升高而增大（图 6.3.8），其变化规律可以用一个二次拟合函数来表示：升温时相关性系数 $\Psi^2=0.9986$，降温时相关性系数 $\Psi^2=0.9944$，且升降温对应的二次拟合函数非常接近，说明温变可逆，这表明量子点 PL 谱半高全宽是一个很好的温度表征光学参量。

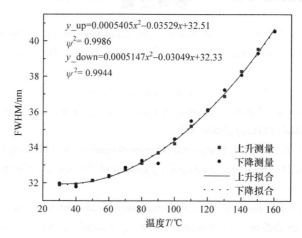

图 6.3.8　CdSe/ZnS 量子点薄膜 PL 谱的 FWHM 随温度的变化[18]

此外，也可构成反射式温度传感系统（图 6.3.9）。反射式和透射式温度传感系统的区别仅在于光路结构和温度敏感元件结构，基本原理没有任何区别。也可采用不同的量子点，如 CdSe/ZnS 量子点薄膜，来构成温度传感器，这里不再介绍。

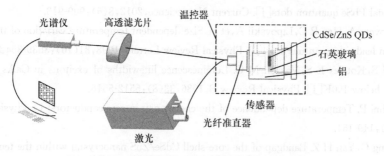

图 6.3.9　反射式量子点温度传感器光路结构[18]

6.3.4　小结

本节详细介绍了基于 CdSe/ZnS 核/壳量子点薄膜的荧光温度传感器,主要针对透射式 CdSe/ZnS 量子点温度传感器,包括光路结构、温度敏感元件制作等。从实验结果来看,量子点 PL 谱的三个特征参量——峰值强度、峰值波长、谱峰的半高全宽都依赖于温度,并与量子点温变理论预期相符。通过对这三个参量的精确测量,可以准确确定温度的变化,其可测温度的平均灵敏度达 0.06nm/℃,平均分辨率达 0.1℃,温变可逆,可测范围宽广。这种 CdSe/ZnS 核/壳量子点薄膜荧光传感器是一种新型、精确、安全的温度传感器。

参 考 文 献

[1] Valerini D,Cretí A,Lomascolo M. Temperature dependence of the photoluminescence properties of colloidal CdSe/ZnS core/shell[J]. Physical Review B, 2005, 71(23): 235409-1-235409-6.

[2] Morello G,Giorgi M De,Kudera S,et al. Temperature and size dependence of nonradiative relaxation and exciton-phonon coupling in colloidal CdTe quantum dots[J]. Journal of Physical Chemistry C,2007,111(16):5846-5849.

[3] Chon B,Bang J,Park J,et al. Unique temperature dependence and blinking behavior of CdTe/CdSe (core/shell) type-II quantum dots[J]. Journal of Physical Chemistry C,2011,115(2): 436-442.

[4] Jing P T,Zheng J J,Ikezawa M,et al. Temperature-dependent photoluminescence of CdSe-core CdS/CdZnS/ZnS-multishell quantum dots[J]. Journal of Physical Chemistry C, 2009, 113(31):13545-13550.

[5] Jorge P A S,Mayeh M,Benrashid R,et al. Quantum dots as self-referenced optical fibre temperature probes for luminescent chemical sensors[J]. Measurement Science and Technology, 2006,17(5):1032-1038.

[6] Zhang Y,Cheng W C,Zhang T Q,et al. Critical size of temperature-dependent band shift in colloidal PbSe quantum dots[J]. Current Nanoscience,2012,8(6):909-913.

[7] Olkhovets A,Hsu R C,Lipovskii A,et al. Size-dependent temperature variation of the energy gap in lead-salt quantum dots[J]. Physical Review Letters,1998,81(16):3539-3542.

[8] Lee J S,Koteles E S,Vassell M O. Luminescence linewidths of excitons in GaAs quantum wells below 150K[J]. Physical Review B,1986,33(8):5512-5516.

[9] Varshni P. Temperature dependence of the energy gap in semiconductors[J]. Physica,1967, 34(1):149-154.

[10] Cheng C,Yan H Z. Bandgap of the core-shell CdSe/ZnS nanocrystal within the temperature range 300-373K[J]. Physica E,2009,41(5):828-832.

[11] Hellwege K H,Landolt-Börnstein. Numerical Data and Functional Relationship in Science

and Technology, New Series[M]. Berlin: Springer-Verlag, 1982.

[12] 黄昆. 固体物理学[M]. 北京: 高等教育出版社, 1988.

[13] Iwanaga H, Takeuchi S, Takeuchi S. Anisotropic thermal expansion in wurtzite-type crystals[J]. Journal of Materials Science, 2000, 35(10): 2451-2454.

[14] Rogach A L, Kornowski A, Gao M, et al. Synthesis and characterization of a size series of extremely small thiol-stabilized CdSe nanocrystals[J]. Journal of Physical Chemistry B, 1999, 103(16): 3065-3069.

[15] Börnstein L. Condensed Matter (Ⅲ/44B): Semiconductors-New Data and Updates for Ⅱ-Ⅵ Compound[M]. Heidelberg: Springer, 2009.

[16] Alivisatos A P, Harris T D, Brus L E, et al. Resonance Raman scattering and optical absorption studies of CdSe microclusters at high pressure[J]. Journal of Chemical Physics, 1988, 89(10): 5979-5982.

[17] Dai Q Q, Song Y L, Li D M, et al. Temperature dependence of band gap in CdSe nanocrystals[J]. Chemical Physics Letters, 2007, 439(1/2/3): 65-68.

[18] 陈中师. 基于 CdSe/ZnS 核壳量子点薄膜的荧光温度传感器研究[D]. 杭州: 浙江工业大学, 2015.

[19] Larrión B, Hernáez M, Arregui F J, et al. Photonic crystal fiber temperature sensor based on quantum dot nanocoatings[J]. Journal of Sensors, 2009, 932471-1-932471-6.

[20] Helmut C Y Y, Sergio G, Leon S, et al. Temperature effects on emission of quantum dots embedded in polymethylmethacrylate[J]. Applied Optics, 2010, 49(15): 2749-2752.

第 7 章　光纤中的光传输

本章介绍光在光纤中的传输问题。光纤是一种光传输的基本介质,具有方便、灵活、易于耦合、便于传输、损失小、传输距离长等优点。同时,由于光纤的局域性,光子或光波场在光纤中的传输具有许多特性,这些性质需要通过能级跃迁理论来理解。

将铒离子掺入光纤,可以构成掺铒的增益光纤;将量子点掺入光纤,也可以构成掺量子点的增益光纤。研究增益光纤的最终目标,是构成光纤放大器、光纤激光器以及其他增益型器件,因此,本章将侧重从增益或信号放大的角度来进行讨论。由于涉及信号放大,噪声的讨论是无法避免的。对于其他类型的光纤型器件(如传感器等),由于其研究目标相差较大,本章不再涉及。

在处理方法上,采用三能级系统,研究三能级系统中的能级粒子数密度分布和光波的传播方程,分析小信号增益及增益饱和的现象。在一定的近似下,把三能级系统简化为二能级系统,讨论二能级系统中的小信号增益及增益饱和等。引入"重叠因子"的概念,表示增益介质在光纤中的横向分布以及它与光强的横向几何重叠,分析受激辐射放大及各种增益和损耗的机理。讨论放大的自发辐射、包含放大的自发辐射的建模,以及光纤的径向效应。通过本章的讨论,为第 8 章光纤放大器的介绍打下基础。

7.1　均匀介质中的光传输

本节首先讨论均匀介质中光强的吸收和辐射。

根据原子辐射-吸收理论,当光穿过样品时,光强会被介质吸收和散射而被消光衰减。如果不考虑散射,仅考虑吸收(在一般光学介质中都可以满足这个条件),在非饱和的情况下,光强 I 沿传播方向 z 的变化满足

$$\frac{\mathrm{d}I}{\mathrm{d}z} = -\alpha_{\mathrm{a}} I \tag{7.1.1}$$

式中,$\alpha_{\mathrm{a}} = \alpha_{\mathrm{a}}(\lambda)$ 为吸收系数,cm^{-1},是波长的函数。积分后得

$$I(\lambda) = I_0 \mathrm{e}^{-\alpha_{\mathrm{a}} L} = I_0 \mathrm{e}^{-(\sigma_{\mathrm{a}} N) L} \tag{7.1.2}$$

式中,I_0 为入射光强;L 是光穿过样品的长度,cm;σ_{a} 为消光截面,cm^2;N 为样品的吸收粒子数密度,cm^{-3}。吸收系数与吸收截面的关系是 $\alpha_{\mathrm{a}}(\lambda) = \sigma_{\mathrm{a}}(\lambda) N$。当介质为非均匀或光性厚时,式(7.1.2)中的指数部分应替代为对光路径的积分。

　　吸收系数的概念从它的单位 cm^{-1} 可以看出来，是指每经过 1cm 长度后光强的相对衰减。当光传输路程 $L=1/\alpha$ 时，光强减为入射光强的 e^{-1}，因此，吸收系数也可看成光强降低为原来的 e^{-1} 时的路程的倒数。不同的材料有不同的吸收系数，稀土元素的吸收系数为 $2.303cm^{-1}$[1]，$CdSe/ZnS$ 纳米晶体量子点的实测的吸收系数为 $0.2\sim1cm^{-1}$，详见 8.2 节的讨论。

　　在式(7.1.2)中，吸收系数 α_a 本身是大于零的，光强按负指数规律减小。然而，有些介质(如激光介质)中除了有吸收损失，还有光的辐射(增益)、光的散射损失等。考虑这些因素，对于非饱和光强和均匀介质，式(7.1.2)中的指数 α_a 应当替换为一个总的增益系数 $G=\alpha_a-\alpha_e+\alpha_s$($G$ 是增益系数，单位为 cm^{-1}，α_e 是辐射系数，α_s 是散射系数，各个参量本身大于零)。如果 $G>0$，则介质中的光强增大；如果 $G<0$，则光强减小。

　　光在介质中传播，随着光强的不断增大，吸收以及其他损失也会增大，会使得光强受限制而不再继续增大，这时光强趋于饱和。在谱线均匀展宽的情况下，定义增益系数 G 下降到 $G_0/2$ 时的光强为饱和光强，即

$$G=\frac{G_0}{1+I/I_{sat}} \tag{7.1.3}$$

式中，$1/(1+I/I_{sat})$ 为饱和因子。当光强 $I=I_{sat}$ 时，饱和因子等于 $1/2$，即饱和增益只有小信号增益的 $1/2$。

　　对于谱线非均匀展宽，光强达到饱和时，增益系数有另外的形式：

$$G=\frac{G_0}{(1+I/I_{sat})^{1/2}} \tag{7.1.4}$$

当 $I=I_{sat}$ 时，饱和因子等于 $1/\sqrt{2}$，或者饱和时的增益为小信号时的 $1/\sqrt{2}$。

　　光强的增长或消减，其本质与发光介质中的能级粒子数密度分布以及基底介质的性质有关。一般而言，当跃迁发光的上能级粒子数密度大于下能级粒子数密度时，增益超过损耗，光强表现出增长；相反，如果跃迁发光的上能级粒子数密度小于下能级，损耗超过增益，光强表现出消减。详细分析涉及介质的非均匀性，即在非均匀介质中的发光粒子的分布和能级、传光介质的吸收等，这部分内容在 7.2 节之后进行讨论。

　　对于 $h\nu$ 光子，由量纲分析以及 5.4 节的讨论可知，在介质(即使是非均匀介质)中传播的光强与光子数密度之间的关系为

$$I=\rho h\nu\frac{c}{n} \tag{7.1.5}$$

式中，I 为光强，$W\cdot cm^{-2}$；ρ 为光子数密度，cm^{-3}；c 为光速，$cm\cdot s^{-1}$；n 为介质折射率。

　　假设光强为半径 r 的函数(这相当于单模光斑)，由功率的定义可知，在半径为

R 的圆形接收器中接收到的光功率可写为

$$P = \int_S I(r)\mathrm{d}s = \int_0^R \rho(r)h\nu\frac{c}{n}2\pi r\mathrm{d}r \tag{7.1.6}$$

式中,光功率的单位为 W。这里的面积分是光与接收器截面的正交积分。

　　式(7.1.5)和式(7.1.6)将频率为 ν 的光子数密度与光强和光功率联系在一起。由此,可以方便地分析具有径向分布的光子所形成的光场的"横模"。这种用量纲分析的方法来确定几个物理量之间的关系,在实际工作中十分有用。

7.2　三能级系统

7.2.1　三能级模型

　　简单地说,增益光纤的作用是在泵浦光的激励作用下,将光纤中的信号光(含有各种频率、有一定频带宽度)进行放大。光纤中传输的有泵浦光(通常是单频激光)和信号光(通常是 1550nm 附近的宽带信号光)两种不同类型的光。

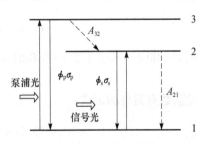

图 7.2.1　三能级跃迁示意图

　　对于大多数量子点(如 CdSe、PbSe 等),由光谱实验观测可知,其能级大都可以用三能级系统来表示(图 7.2.1)。图中,1 表示基态(价带顶部),2 和 3 为激发态(导带底部附近),能级 1、2 之间为禁带,能级 2、3 之间为导带。

　　短波长的泵浦光(如 980nm)射入光纤中的量子点介质,量子点中位于基态能级 1 的电子吸收入射光子的能量,被激发到位于导带的能级 3。能级 3 的粒子寿命通常很短,它们通过热碰撞等非辐射跃迁到能级 2,再通过辐射跃迁(辐射出与信号光同频的光子,如 1550nm)返回能级 1。光放大的关键是要在能级 1 和 2 之间形成粒子数反转。

7.2.2　三能级速率方程

　　为了简单起见,这里考虑一维系统,即只考虑激励光、信号光以及增益介质粒子数密度沿光纤纵向的变化,而不考虑它们在光纤径向的变化。在 7.7 节中,再考虑如何使用径向变化的掺杂浓度和折射率来分析放大器性能。

　　引起能级粒子数密度变化的原因主要有光子吸收、自发辐射、无辐射跃迁、受激辐射等。泵浦光强通量 ϕ_p(单位为 $s^{-1}\cdot cm^{-2}$)表示单位时间单位面积中入射的光子数,泵浦光将能级 1 激励到能级 3。ϕ_s 为信号光强通量,信号光的能级跃迁为 $1\leftrightarrow2$。A_{32} 为能级 3→2 的跃迁概率,包含辐射跃迁和无辐射跃迁两种跃迁,以无辐射跃迁为主。A_{21} 为能级 2→1 的跃迁概率,在能级 1 和 2 之间没有中间能级,这里主要是自发辐射跃迁,$A_{21}=1/\tau_2$(τ_2 为能级 2 的寿命)。能级 1→3 的泵浦光的吸收截面为 σ_p^a,能级 2→1 的信号光辐射截面为 σ_s^e,角标 p 表示泵浦(pumping),a 表示吸收(absorption),s 表示信号(signal),e 表示辐射(emission)。

参照图 7.2.1,各能级粒子数密度变化的速率方程如下:

$$\frac{\mathrm{d}N_3}{\mathrm{d}t}=-A_{32}N_3+(N_1-N_3)\phi_p\sigma_p^a \tag{7.2.1}$$

$$\frac{\mathrm{d}N_2}{\mathrm{d}t}=-A_{21}N_2+A_{32}N_3-(N_2-N_1)\phi_s\sigma_p^e \tag{7.2.2}$$

$$\frac{\mathrm{d}N_1}{\mathrm{d}t}=A_{21}N_2-(N_1-N_3)\phi_p\sigma_p^a+(N_2-N_1)\phi_s\sigma_s^e \tag{7.2.3}$$

在稳定状态下,时间变化为零,粒子数密度不随时间变化:

$$\frac{\mathrm{d}N_1}{\mathrm{d}t}=\frac{\mathrm{d}N_2}{\mathrm{d}t}=\frac{\mathrm{d}N_3}{\mathrm{d}t}=0 \tag{7.2.4}$$

总粒子数密度恒为

$$N=N_1+N_2+N_3 \tag{7.2.5}$$

根据式(7.2.1),可得能级 3 的粒子数密度为

$$N_3=\frac{1}{1+A_{32}/(\phi_p\sigma_p^a)}N_1 \tag{7.2.6}$$

对于量子点,能级 3→2 的跃迁为带内跃迁,带内跃迁的速率很大(量级约为几个 ps),其跃迁速率或概率 A_{32} 比泵浦到能级 3 的泵浦速率 $\phi_p\sigma_p^a$ 大很多,即 $A_{32}/(\phi_p\sigma_p^a)\gg1$,因此,$N_3$ 几乎为零,粒子数大部分都分布在能级 1 和能级 2。将式(7.2.6)代入式(7.2.2),在稳态近似下可得

$$N_2=\frac{\phi_p\sigma_p^a+\phi_s\sigma_s^e}{A_{21}+\phi_s\sigma_s^e}N_1 \tag{7.2.7}$$

结合式(7.2.5),可得上下能级粒子数密度之差为

$$N_2-N_1=\frac{\phi_p\sigma_p^a-A_{21}}{A_{21}+2\phi_s\sigma_s^e+\phi_p\sigma_p^a}N \tag{7.2.8}$$

式(7.2.8)给出了当 $N_2>N_1$ 即粒子数密度反转时需要满足的条件。当 $N_2=N_1$ 时,为阈值状态。由式(7.2.8)可得阈值泵浦光通量

$$\phi_{\mathrm{th}}=\frac{A_{21}}{\sigma_p^a}=\frac{1}{\tau_2\sigma_p^a} \tag{7.2.9}$$

当信号光很弱($\phi_s\sigma_s^e$ 很小)且衰减速率 A_{32} 远大于泵浦的激励速率 $\sigma_p\phi_p$ 时,式(7.2.8)的分母近似为 $A_{21}+\phi_p\sigma_p^a$,于是相对反转粒子数密度可表示为

$$\frac{N_2-N_1}{N}=\frac{\phi_p'-1}{\phi_p'+1} \tag{7.2.10}$$

式中

$$\phi'_p = \frac{\phi_p}{\phi_{th}} \tag{7.2.11}$$

图 7.2.2 给出了由式（7.2.10）描述的相对反转粒子数密度，阈值是由式（7.2.9）定义的 ϕ_{th}。当泵浦低于阈值时，相对反转粒子数密度为负，此时信号波长的吸收跃迁大于辐射跃迁，信号是负增益或衰减的；当泵浦高于阈值时，相对反转粒子数密度大于零，此时，信号是正增益，称为介质是激活的（假定没有背景衰减）。

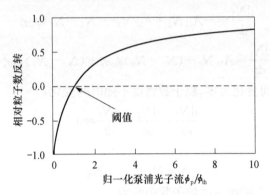

图 7.2.2　三能级系统中的相对反转粒子数密度

泵浦强度在整个空间任意时刻都与能量成正比，即有 $I_p = h\nu_p\phi_p$，由式（7.2.9）得阈值泵浦强度为

$$I_{th} = \frac{h\nu_p A_{21}}{\sigma_p^a} = \frac{h\nu_p}{\sigma_p^a \tau_2} \tag{7.2.12}$$

由此可知，泵浦截面 σ_p^a 越大，泵浦光被吸收的概率越大，所需的泵浦光强就越小，其最小值就是阈值泵浦状态。粒子在能级 2 的寿命 τ_2 越长，维持这个状态所需单位时间的泵浦光子数就越少，或者说阈值泵浦就越低。因此，为了使阈值泵浦低，系统应当满足：①粒子有较大的吸收截面 σ_p^a；②能级 2 的寿命 τ_2 较长。

对于硅玻璃中的铒离子来说，其处于能级 2 的寿命非常长，大约有 10ms，属于亚稳态，很容易满足上述条件②。但是对于量子点，能级 2 的寿命非常短，往往只有零点几微秒，因此，是否能满足上述条件②，需要另行具体分析。

例如，取泵浦波长为 980nm，泵浦截面为 $2 \times 10^{-21}\,cm^2$，能级 2 的寿命是 10ms，且假定泵浦光强在有效区域内是均匀的，可得泵浦光强阈值为 $I_{th} \approx 10kW \cdot cm^{-2}$。对于半径为几微米的单模纤芯，掺铒光纤放大器阈值较低（约 1mW），很容易被泵浦激励。

7.2.3　小信号增益

下面由前述的三能级系统增益介质来计算小信号增益。信号光和泵浦光在介

质中传输,与介质发生作用,光强通量 ϕ 与光强 I 存在如下关系:

$$\phi_{s,p} = \frac{I_{s,p}}{h\nu_{s,p}} \tag{7.2.13}$$

这里只考虑信号光为平面波沿光纤轴向 z 方向传播的一维情况。此时,光强与功率的关系为

$$I(z) = \frac{P(z)\Gamma}{A_{eff}} \tag{7.2.14}$$

式中, Γ 为增益介质粒子与光波在光纤横截面上的重叠因子; A_{eff} 为有效截面,与增益介质粒子在光纤的横向分布有关。

式(7.2.14)表示在 z 方向上,有效截面区内的光强 I 正比于穿过掺杂区域的光功率 P。关于重叠因子的概念将在 7.3 节讨论。在后面的章节中,还会涉及泵浦光和信号光的同向和反向传播的问题。

考虑增益介质粒子能级 1 的受激吸收和能级 2、3 的受激辐射,信号光在介质中传播 dz 距离后将发生衰减或增强,光通量沿光纤纵向变化的方程为

$$\frac{d\phi_s}{dz} = (N_2 - N_1)\sigma_s^e \phi_s \tag{7.2.15}$$

$$\frac{d\phi_p}{dz} = (N_3 - N_1)\sigma_p^a \phi_p \tag{7.2.16}$$

结合式(7.2.8),信号光强的传播方程式(7.2.15)可写为

$$\frac{dI_s}{dz} = \frac{\dfrac{\sigma_p^a I_p}{h\nu_p} - A_{21}}{A_{21} + 2\dfrac{\sigma_s^e I_s}{h\nu_s} + \dfrac{\sigma_p^a I_p}{h\nu_p}} \sigma_s^e I_s N \tag{7.2.17}$$

同理,结合式(7.2.6),泵浦光强的传播方程式(7.2.16)可写为

$$\frac{dI_p}{dz} = -\frac{\dfrac{\sigma_s^e I_s}{h\nu_s} + A_{21}}{A_{21} + 2\dfrac{\sigma_s^e I_s}{h\nu_s} + \dfrac{\sigma_p^a I_p}{h\nu_p}} \sigma_p^a I_p N \tag{7.2.18}$$

由式(7.2.12)可知,产生增益的阈值条件为

$$I_p \geqslant I_{th} = \frac{h\nu_p A_{21}}{\sigma_p^a} = \frac{h\nu_p}{\sigma_p^a \tau_2} \tag{7.2.19}$$

式(7.2.19)也可以从式(7.2.17)右边的分子 $\dfrac{\sigma_p^a I_p}{h\nu_p} - A_{21} > 0$ 的条件得到,此时,意味着信号光强沿光纤传播有增益。

将光强阈值归一化:

$$I'_{s,p} = \frac{I_{s,p}}{I_{th}} \tag{7.2.20}$$

进一步,定义比值

$$\eta = \frac{h\nu_p}{h\nu_s} \frac{\sigma_s^e}{\sigma_p^a} \tag{7.2.21}$$

并定义归一化饱和光强

$$I_{sat}(z) = \frac{1+I'_p(z)}{2\eta} \tag{7.2.22}$$

当 $I'_p=1$(泵浦光强等于阈值光强)且 $\eta=1$ 时,归一化饱和光强等于 1。此时,信号光强的传输方程式(7.2.17)可改写为

$$\frac{dI'_s(z)}{dz} = \frac{1}{1+I'_s(z)/I_{sat}(z)} \left[\frac{I'_p(z)-1}{I'_p(z)+1} \right] \sigma_s^e I'_s(z) N \tag{7.2.23}$$

对于泵浦光强,传输方程式(7.2.18)也可改写为

$$\frac{dI'_p(z)}{dz} = -\frac{1+\eta I'_s(z)}{1+2\eta I'_s(z)+I'_p(z)} \sigma_p^a I'_p(z) N \tag{7.2.24}$$

式(7.2.23)和式(7.2.24)反映了三能级系统中掺杂光纤放大器的增益特性。在后面的章节中将对上述模型进行修正,以便适用于更加复杂的掺杂光纤放大系统。下面进一步讨论这两个方程。

在满足阈值条件 $I_p \geqslant I_{th}$ 的情况下,信号光才有增益。当泵浦光强低于或高于阈值时,信号光将产生衰减或增益。对于小信号增益系统,在信号光强远小于饱和光强时,式(7.2.23)右边分母中的 $I'_s(z)/I_{sat}(z) \ll 1$ 可略。于是,式(7.2.23)可写为

$$\frac{dI'_s(z)}{dz} = \left[\frac{I'_p(z)-1}{I'_p(z)+1} \right] \sigma_s^e I'_s(z) N = G_s I'_s(z) \tag{7.2.25}$$

式中,小信号增益系数为

$$G_s = \frac{I'_p-1}{I'_p+1} \sigma_s^e N \tag{7.2.26}$$

当 $I'_p>1$(泵浦光强大于阈值光强)、增益系数 $G_s>0$ 时,光强增长,且增益系数与激活粒子数密度 N 成正比;相反,当 $I'_p<1$(泵浦光强小于阈值光强)、增益系数 $G_s<0$ 时,光强衰减。

如果泵浦光强度、增益介质粒子数密度 N 在 z 方向上都恒定,那么信号光的传播可由式(7.1.2)的形式描述:

$$I'_s(z) = I'_s(0) \exp(G_s z) \tag{7.2.27}$$

即信号光强度按指数规律增长或衰减。

当泵浦强度远高于阈值时($I'_p \gg 1$),增益介质粒子将全部处于反转状态,此时增益系数[式(7.2.26)]达到极大,增益系数为

$$G_s = \sigma_s^e N \qquad (7.2.28)$$

可见在强泵浦的情况下,信号增益简单正比于辐射截面 σ_s^e 和增益介质粒子数密度 N 的乘积。

在掺铒 Al-Ge 硅玻璃光纤中,在 1535nm 波段附近信号的辐射截面 σ_s^e 与吸收截面 σ_s^a 近似相等,因此在强泵浦条件下,此波段附近的小信号增益与衰减大致相等。但是在实际情况下,由于存在放大的自发辐射,介质会消耗信号的增益,情况将会不同。

7.2.4　增益饱和

当信号光强度增大,如增大到 $I_s'/I_{sat}=1$ 时,由式(7.1.3)可知,增益系数下降为未饱和时的一半,信号出现饱和。如果信号光强继续增大,当信号光强 I_s 远大于饱和光强 I_{sat} 时($I_s'/I_{sat} \gg 1$),式(7.2.27)的指数规律将无法描述真实的情形。此时,信号增益由饱和因子 $1/(1+I_s'/I_{sat})$ 描述。由式(7.2.23),可得信号光的传播方程为

$$\frac{dI_s'}{dz} = I_{sat}\left(\frac{I_p'-1}{I_p'+1}\right)\sigma_s^e N \qquad (7.2.29)$$

式(7.2.29)是一个非指数变化的方程,一般不存在解析解,其数值解与指数方程(7.2.27)有很大的差别。

图 7.2.3 给出了信号增益随入射泵浦功率变化的一个实例,包括有 ASE(amplified spontaneous emission,ASE)和没有 ASE 两种情况。光纤为掺铒 Al-Ge 硅光纤,长度为 15m,信号光波长为 1550nm,入射光功率为 −40dBm,泵浦波长为 980nm。信号增益定义为

$$G = 10\lg[I_s(L)/I_s(0)]\text{(dB)}$$

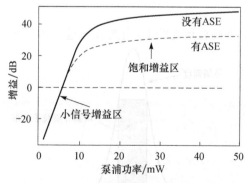

图 7.2.3　信号增益随泵浦功率的变化[2]

式中,0 和 L 分别表示入射端和出射端。由图可见,在小信号区,无论是否考虑放大的自发辐射,增益都线性增大。随着泵浦功率的增大,增益变正大于 0。之后,

增益出现饱和。在饱和区,ASE 对增益有明显的衰减作用,但在小信号增益区,ASE 则没有作用。关于 ASE,将在 7.5 节进行讨论。

需要指出,饱和光强并不是常数,它是随泵浦强度呈线性变化的。在三能级系统中,粒子由于受激辐射从能级 2 跃迁回基态 1,但当泵浦强度很高时,跃迁回基态的粒子将在瞬间再次被激励到激发态。足够大的泵浦强度可以使反转粒子数密度很高,从而得到高的饱和光强。

7.2.5　最佳光纤长度

当泵浦功率为定值时,泵浦光沿光纤行进的方向不断地被吸收、衰减。为了获得最大增益,就必须使光纤末端的泵浦功率恰好等于阈值泵浦(不考虑 ASE),或者光纤末端的增益恰好抵消衰减,可以把光纤长度截止在这个末端,即光纤放大器的最佳光纤长度。但这个最佳长度只对小信号增益才满足,这里没有考虑背景 ASE 等一系列同样与光纤长度有关的量。

如果考虑噪声等其他一些因素,最佳长度的表达式会发生改变。光纤最佳长度的确定,需要综合考虑掺杂浓度、基底材料、泵浦波长和功率、噪声等许多因素,在文献[3]等有详细介绍,这里不再赘述。

7.3　重　叠　因　子

在光纤放大器中,即便是最简单的沿 z 方向传播的一维模型,其传播的光波横模在光纤内径向也是非均匀分布的。例如,在单模情况下,横模可以是径向分布的贝塞尔函数或高斯分布。因此,在 z 相同但径向不同处,被非均匀横模光场作用的粒子就有不同的被激励和吸收的概率。作为描述这种机制的一个方法,重叠因子可用来对其进行描述。

如图 7.3.1 所示,在圆柱形光纤中,当光波通过一增益介质时(在介质中假定

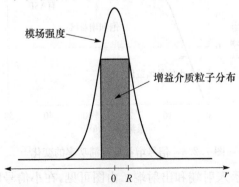

图 7.3.1　光波横模场在纤芯半径 R 内与均匀分布的激活粒子相重叠

激活粒子的数密度分布为常数),光波模式与粒子分布将发生相互作用。例如,对于阶跃折射率光纤来说,如果粒子只掺杂在纤芯中,那么只有在包层内纤芯中传播的光波模场才有可能与掺杂粒子产生激励的重叠效应。

对于具有给定模式、光强为 $I(r,\varphi)$(可以是泵浦光、信号光或光放大自发辐射)的光波(其中 r 为离轴距离,φ 为方位角),有

$$I(r,\varphi)=PI^{(n)}(r,\varphi) \tag{7.3.1}$$

式中,P 是光波模式的总功率;$I^{(n)}(r,\varphi)$ 为光强的归一化横模分布:

$$\int_0^{2\pi}\int_0^\infty I^{(n)}(r,\varphi)r\mathrm{d}r\mathrm{d}\varphi = 1 \tag{7.3.2}$$

由式(7.3.2)可知,归一化横模 $I^{(n)}$ 具有 cm^{-2} 的量纲。设增益介质粒子数密度分布为 $n(r,\varphi)$,吸收截面为 σ_a,如果粒子都处于基态,那么小信号吸收系数为

$$\alpha_a = \sigma_a\int_0^{2\pi}\int_0^\infty I^{(n)}(r,\varphi)n(r,\varphi)r\mathrm{d}r\mathrm{d}\varphi \tag{7.3.3}$$

如果饵离子在光纤中的分布与方位角 φ 无关,为沿径向均匀的矩形分布(图 7.3.2),则平均粒子数密度为

$$\overline{N} = \frac{\int_0^\infty 2\pi n(r)r\mathrm{d}r}{\pi R^2} \tag{7.3.4}$$

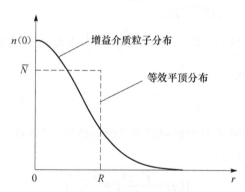

图 7.3.2　光纤中增益介质粒子密度的径向分布(用等效常数密度 $\overline{N}$ 表示)

式中,R 是掺杂光纤纤芯半径。于是,吸收和辐射系数一个更普遍的表达式为

$$\alpha_{a,e} = \overline{N}\sigma_{a,e}\int_0^\infty I^{(n)}(r)\left[\frac{n(r)}{\overline{N}}\right]2\pi r\mathrm{d}r = \overline{N}\sigma_{a,e}\Gamma \tag{7.3.5}$$

式中,$\sigma_{a,e}$ 为吸收和辐射截面;Γ 为重叠因子,表示光场分布与增益介质粒子分布相互作用的重叠效应:

$$\Gamma = \int_0^\infty I^{(n)}(r)\frac{n(r)}{\overline{N}}2\pi r\mathrm{d}r \tag{7.3.6}$$

一般,Γ 因子的值为 0.2~0.8,与光场分布、粒子数密度的横向分布有关。由

于人们更关心上能级的激活粒子与光场的重叠效应,式(7.3.6)也可以适当改写为

$$\Gamma = \int_0^\infty I^{(n)}(r)\frac{n_2(r)}{\overline{N}}2\pi r\mathrm{d}r \tag{7.3.7}$$

重叠效应是光波传过激活粒子区域时在光纤横向上的修正,是光纤截面上有多少比例的粒子被光波场有效激励或吸收的一个度量。

在考虑放大器的增益时,信号光、泵浦光与激活粒子的上下能级有相互作用,而激活粒子的总数密度是坐标(r,φ)的函数。定义$n_2(r,\varphi)$、$n_1(r,\varphi)$分别为激活粒子的上下能级粒子数密度,受激辐射引起的信号功率增益为

$$G_s \propto P_s\overline{N}\sigma_s^e\int_0^{2\pi}\int_0^\infty I^{(n)}(r,\varphi)\left(\frac{n_2(r,\varphi)}{\overline{N}}\right)r\mathrm{d}r\mathrm{d}\varphi \tag{7.3.8}$$

式中,P_s为信号功率;σ_s^e为信号光的辐射截面,注意到增益与辐射截面成正比。同样,相同信号频率的吸收为

$$\alpha_s \propto P_s\overline{N}\sigma_s^a\int_0^{2\pi}\int_0^\infty I^{(n)}(r,\varphi)\left(\frac{n_1(r,\varphi)}{\overline{N}}\right)r\mathrm{d}r\mathrm{d}\varphi \tag{7.3.9}$$

式中,σ_s^a为信号光的吸收截面,注意到,吸收与吸收截面成正比。

式(7.3.8)和式(7.3.9)给出了沿光纤轴向传播的辐射与吸收的关系。当掺杂粒子区域的有效半径与光纤纤芯相同,并且忽略跃迁上下能级粒子数密度横向分布的差异时,式(7.3.8)可以简写成

$$P_s\overline{N}\sigma_s^e\int_0^{2\pi}\int_0^\infty I^{(n)}(r,\varphi)\left(\frac{n_2(r,\varphi)}{\overline{N}}\right)r\mathrm{d}r\mathrm{d}\varphi = P_s\overline{N}\sigma_s^e\Gamma \tag{7.3.10}$$

式(7.3.9)可以简写成

$$P_s\overline{N}\sigma_s^a\int_0^{2\pi}\int_0^\infty I^{(n)}(r,\varphi)\left(\frac{n_1(r,\varphi)}{\overline{N}}\right)r\mathrm{d}r\mathrm{d}\varphi = P_s\overline{N}\sigma_s^a\Gamma \tag{7.3.11}$$

即可以简单地把重叠因子Γ当做辐射或吸收的倍增(倍减)因子。于是,通过掺杂区域后,平均光强可以写为

$$I(z) = \frac{P(z)}{\pi R^2}\Gamma = \frac{P(z)}{A}\Gamma \tag{7.3.12}$$

式中,$I(z)$为在光纤z处的光强分布;$P(z)$为对应的光功率;Γ为重叠因子;A为增益粒子的横向分布面积。在大多数情况下,A就等于纤芯面积。

考虑归一化情况。如果激活粒子仅分布在纤芯$r=0\rightarrow R$,并与角φ无关,

$$\Gamma = \int_0^R I^{(n)}(r)2\pi r\mathrm{d}r \tag{7.3.13}$$

则归一化光场分布满足

$$\int_0^R I^{(n)}(r)2\pi r\mathrm{d}r \equiv 1 \tag{7.3.14}$$

式(7.3.14)积分上限已经从$\infty\rightarrow R$。通过解柱形边界条件下的麦克斯韦方程,阶

跃折射率光纤中的最低阶横模（LP$_{01}$）的归一化形式可以由高斯近似表示：

$$I^{(01)}(r) = \frac{1}{\pi\omega^2} \exp\left(-\frac{r^2}{\omega^2}\right) \tag{7.3.15}$$

式中，ω 为光模场半径。在单模条件下，即满足 $0.8 < \lambda/\lambda_c < 2.0$（$\lambda_c$ 为截止波长），光模场半径可用下面的经验公式来表示，其误差小于 1%[4]：

$$\frac{\omega}{R} = \frac{1}{\sqrt{2}}(0.65 + 1.619V^{-3/2} + 2.879V^{-6}) \tag{7.3.16}$$

式中，归一化频率 $V = \frac{2\pi R}{\lambda}(n_{\text{core}}^2 - n_{\text{clad}}^2)^{1/2}$（$n_{\text{core}}$ 和 n_{clad} 分别是纤芯和包层的折射率），式（7.3.16）是与实验测量准确相符的经验公式。对于阶跃折射率光纤，重叠因子

$$\Gamma = 1 - \exp\left(-\frac{R^2}{\omega^2}\right) \tag{7.3.17}$$

由式（7.3.17）可见，重叠因子 Γ 是光模场半径 ω 的函数，而模场半径 ω 又是归一化频率 V 和波长的函数，即 $\Gamma = \Gamma\{\omega[V(\lambda)]\}$。

此外，阶跃光纤中的最低阶横模（LP$_{01}$）的归一化形式，也可通过解柱形波导边界条件下的麦克斯韦方程，由零阶贝塞尔函数表达[5]。对于频率 ν_k，有

$$I_k^{(\text{n})}(r) = \frac{1}{\pi R^2}\left[\frac{\upsilon_k}{V_k}\frac{J_0(u_k r/R)}{J_1(u_k)}\right]^2 \quad (r < R) \tag{7.3.18}$$

$$I_k^{(\text{n})}(r) = \frac{1}{\pi R^2}\left[\frac{\upsilon_k}{V_k}\frac{K_0(u_k r/R)}{K_1(u_k)}\right]^2 \quad (r \geq R) \tag{7.3.19}$$

式中，J_0、J_1 是零阶、一阶贝塞尔函数；K_0、K_1 是零阶、一阶修正的贝塞尔函数；V_k 为归一化频率；对于单模，归一化频率应满足 $V_k = 2.405\lambda_c/\lambda$（$\lambda_c$ 是截止波长）。贝塞尔函数中的参数 $u_k = (V_k^2 - \upsilon_k^2)^{1/2}$。在弱导近似下，由贝塞尔函数在 $r = R$ 的边界条件，参量 u_k 和 υ_k 可用多项式展开来近似。一级近似表达式为[5,6]

$$\upsilon_k \approx 1.1428V_k - 0.9960 \quad (1.5 \leq \upsilon_k \leq 2.4) \tag{7.3.20}$$

一级近似的精度为 1%。二级近似表达式为

$$\upsilon_k \approx -0.11988V_k^2 + 1.1907V_k - 1.0429 \quad (1.5 \leq \upsilon_k \leq 3.4) \tag{7.3.21}$$

二级近似的精度可以达到 10^{-3}。这些近似表达式在实际工作中都非常有用。

7.4　二能级模型

7.4.1　二能级近似

下面讨论上下能级为多重态的情况。

图 7.4.1　多重态二能级示意图

如果泵浦波长较短,泵浦能量很高,则泵浦有较大的概率将处于基态 1 的粒子激励到能级 3,处于能级 3 的粒子数密度不一定恒为零。但是在多重态能级 3 内部,子能级间隔非常窄,多重态内粒子数分布很快达到热平衡,多重态内的底部子能级的粒子数远多于顶部的粒子数,因此,向下跃迁到能级 2 的跃迁主要取决于底部能级,并有一定的热平衡分布。

对于量子点,多重能级 3 是导带的中上部,能级 2 是导带的底部,能级 1、2 之间是禁带。导带内的 3→2 的弛豫跃迁速率极快,即处于能级 3 的粒子数密度很少,于是能级 3 可以忽略。因此,在建立速率方程时,通常只需考虑能级 1和能级 2,三能级系统退化为二能级系统,如图 7.4.1 所示,其中泵浦能级 3 在多重态 2 的上面(图中未画出),信号光与两个多重态之间的较低能级跃迁发生共振。

对于二能级系统,仍可利用截面这个概念,通过粒子数速率方程来描述泵浦光、信号光与增益之间的关系。对于辐射截面与吸收截面之间的关系,也可采用第 5 章讨论过的 Mc Cumber 关系来描述。

7.4.2　二能级速率方程

下面给出光纤放大系统中的二能级速率方程:

$$\frac{dN_2}{dt} = (N_1\sigma_s^a - N_2\sigma_s^e)\phi_s - (N_2\sigma_p^e - N_1\sigma_p^a)\phi_p - A_{21}N_2 \qquad (7.4.1)$$

$$\frac{dN_1}{dt} = (N_2\sigma_s^e - N_1\sigma_s^a)\phi_s - (N_1\sigma_p^a - N_2\sigma_p^e)\phi_p + A_{21}N_2 \qquad (7.4.2)$$

式中,σ 为截面;角标 a 表示吸收,e 为辐射,s 为信号,p 为泵浦。总粒子数密度守恒:

$$N = N_1 + N_2 \qquad (7.4.3)$$

并有

$$\frac{dN_1}{dt} = -\frac{dN_2}{dt} \qquad (7.4.4)$$

由式(7.4.4)可知,式(7.4.1)和式(7.4.2)实际上是两个互为反号的方程。稳态时,上能级粒子数密度 N_2 沿光纤 z 方向的分布为

$$N_2(z) = \frac{\dfrac{\tau\sigma_s^a}{h\nu_s}I_s(z) + \dfrac{\tau\sigma_p^a}{h\nu_p}I_p(z)}{1 + \dfrac{\tau(\sigma_s^a + \sigma_s^e)}{h\nu_s}I_s(z) + \dfrac{\tau(\sigma_p^a + \sigma_p^e)}{h\nu_p}I_p(z)}N \qquad (7.4.5)$$

泵浦光和信号光的传播方程分别为

$$\frac{\mathrm{d}I_\mathrm{p}(z)}{\mathrm{d}z} = (N_2\sigma_\mathrm{p}^\mathrm{e} - N_1\sigma_\mathrm{p}^\mathrm{a})I_\mathrm{p}(z) \qquad (7.4.6)$$

$$\frac{\mathrm{d}I_\mathrm{s}(z)}{\mathrm{d}z} = (N_2\sigma_\mathrm{s}^\mathrm{e} - N_1\sigma_\mathrm{s}^\mathrm{a})I_\mathrm{s}(z) \qquad (7.4.7)$$

能级 2 的受激辐射对光波产生了增益,能级 1 的受激吸收对光波产生了损耗。通过粒子数密度方程和光传播方程,就可以确定光强增益。在小信号增益的情况下,泵浦阈值强度 I_th 对应于粒子数密度 $N_2 - N_1 = 0$ 和信号光通量 $\phi_\mathrm{s} = 0$ 时的情形。由式(7.4.1)或式(7.4.2)可知,泵浦阈值

$$I_\mathrm{th} = \frac{h\nu_\mathrm{p}}{(\sigma_\mathrm{p}^\mathrm{a} - \sigma_\mathrm{p}^\mathrm{e})\tau_2} \qquad (7.4.8)$$

泵浦阈值强度也可表达为略微不同的形式,即定义为当 $\mathrm{d}I_\mathrm{s}(z)/\mathrm{d}z = 0$ 时的泵浦阈值。由式(7.4.7)可知,此时 $N_2/N_1 = \sigma_\mathrm{s}^\mathrm{a}/\sigma_\mathrm{s}^\mathrm{e}$。当为稳态且信号光通量 $\phi_\mathrm{s} = 0$ 时,由式(7.4.2)得

$$\phi_\mathrm{th} = \frac{A_{21}N_2}{N_1\sigma_\mathrm{p}^\mathrm{a} - N_2\sigma_\mathrm{p}^\mathrm{e}} = \frac{A_{21}}{\sigma_\mathrm{p}^\mathrm{a}\dfrac{\sigma_\mathrm{s}^\mathrm{e}}{\sigma_\mathrm{s}^\mathrm{a}} - \sigma_\mathrm{p}^\mathrm{e}} \qquad (7.4.9)$$

或者泵浦阈值强度

$$I_\mathrm{th} = \frac{1}{\left(\sigma_\mathrm{p}^\mathrm{a}\dfrac{\sigma_\mathrm{s}^\mathrm{e}}{\sigma_\mathrm{s}^\mathrm{a}} - \sigma_\mathrm{p}^\mathrm{e}\right)}\frac{h\nu_\mathrm{p}}{\tau_2} \qquad (7.4.10)$$

与式(7.4.8)相比,式(7.4.10)的分母中多了一个截面比 $\sigma_\mathrm{s}^\mathrm{e}/\sigma_\mathrm{s}^\mathrm{a}$。由于截面是波长的函数,截面比 $\sigma_\mathrm{s}^\mathrm{e}/\sigma_\mathrm{s}^\mathrm{a}$ 一般并不等于 1,或者说式(7.4.10)与式(7.4.8)并不相等。两者的差别来自泵浦阈值定义条件 $\mathrm{d}I_\mathrm{s}(z)/\mathrm{d}z = 0$,此时粒子数密度比 $N_2/N_1 = \sigma_\mathrm{s}^\mathrm{a}/\sigma_\mathrm{s}^\mathrm{e}$,而式(7.4.8)中泵浦阈值的定义条件为 $N_2 - N_1 = 0$。

引入泵浦光与增益粒子之间的重叠因子 Γ_P,式(7.4.10)可用阈值功率表示:

$$P_\mathrm{th} = \frac{A}{\Gamma_\mathrm{P}\left(\sigma_\mathrm{p}^\mathrm{a}\dfrac{\sigma_\mathrm{s}^\mathrm{e}}{\sigma_\mathrm{s}^\mathrm{a}} - \sigma_\mathrm{p}^\mathrm{e}\right)}\frac{h\nu_\mathrm{p}}{\tau_2} \qquad (7.4.11)$$

式中,A 为增益粒子在纤芯中的分布面积,通常就等于纤芯面积。

在光纤放大器中,通常存在多通道信号光 s_i 和多重泵浦光 p_i 的情形。由于光纤中的激活粒子对所有通道的光场都有贡献,这时的式(7.4.5)应改写为:

$$N_2(z) = \frac{\displaystyle\sum_{s_i}\frac{\tau\sigma_{s_i}^\mathrm{a}}{h\nu_{s_i}}I_{s_i}(z) + \sum_{p_i}\frac{\tau\sigma_{p_i}^\mathrm{a}}{h\nu_{p_i}}I_{p_i}(z)}{1 + \displaystyle\sum_{s_i}\frac{\tau(\sigma_{s_i}^\mathrm{a} + \sigma_{s_i}^\mathrm{e})}{h\nu_{s_i}}I_{s_i}(z) + \sum_{p_i}\frac{\tau(\sigma_{p_i}^\mathrm{a} + \sigma_{p_i}^\mathrm{e})}{h\nu_{p_i}}I_{p_i}(z)}N \qquad (7.4.12)$$

对于多通道情形下的泵浦光和信号光强的传播方程,仍可由式(7.4.6)和式(7.4.7)表达,没有发生变化。这种多道信号和多重泵浦的方程可以用来计算很多问题,如由 ASE 引起的光谱分布、波分复用系统中的多信道问题等。

7.5 放大的自发辐射

在前面的讨论中,尚未涉及一个重要的光放大因素——自发辐射。实际上,光放大器在放大光信号的同时,也向光信号引入了放大的自发辐射等噪声。光纤放大器中的噪声主要有:①信号光的散粒噪声;②放大的自发辐射;③自发辐射光与信号光之间的差频噪声;④自发辐射光谱间的差频噪声。在这几种噪声中,放大的自发辐射是最主要的。

放大的自发辐射的形成机理:每个粒子都有可能自发地从高能级向低能级跃迁,并随机辐射出一些无固定相位、无固定频率的光子。这些光子在光纤的增益介质中也将被放大,并且与荧光辐射无关,这个过程将消耗一部分增益。正如图 7.2.3 所示的那样,它减弱了增益介质对于信号光的放大作用。

由于放大的自发辐射会沿着光纤放大器的整个工作范围扩展,自发辐射噪声的放大将导致光的信噪比降低。在长距离传输中,多级放大器的自发辐射噪声的积累非常严重,大大限制了总的传输距离。因此,要实现长距离传输,必须尽量减少放大器的自发辐射噪声。

7.5.1 噪声功率和噪声带宽

要计算光纤中放大的自发辐射,先要计算自发辐射在一个给定位置处的功率。对于有两个独立偏振方向、频率为 ν 的光波,其噪声功率的带宽为 $\Delta\nu$,自发辐射的功率为

$$P_{\text{ASE}}^{0} = 2h\nu\Delta\nu \tag{7.5.1}$$

对处于高能级的粒子,它可以通过自发辐射或受激辐射向低能级跃迁并放出光子。根据量子力学的基本原理,在给定模式中自发辐射速率等同于已经有一个光子存在时的模式的受激辐射速率,可以计算这个光子的辐射功率。

假定给定模式下的光子占有空间长度为 L(与光纤的实际尺寸无关),能量为 $h\nu$,速度为 c,它传过 L 距离所需的时间为 L/c,光子的噪声功率为 $h\nu c/L$。需要计算出在 $\Delta\nu$ 的带宽中所包含的模的个数。在一维的频率空间里,当增益介质长度为 L 时,模密度分布可以简单地表示为 $2L\Delta\nu/c$。在单模光纤中有两个极化方向,因此总的模密度实际上是它的两倍,即 $4L\Delta\nu/c$。在带宽 $\Delta\nu$ 内,总的噪声功率等于各模式下光子的噪声功率乘以 $\Delta\nu$ 内的模的总数。由于每个模都是由一个向前传播的光波和一个向后传播的光波组成的,在一个方向上的噪声功率是总噪声功率的

1/2。因此,在一个方向上和给定传播距离 z 处,噪声功率仍然由式(7.5.1)描述。

对于中心频率为 ν 的噪声带宽 $\Delta\nu$,可用下式进行估算[5]:

$$\Delta\nu_k = \int_0^\infty \frac{\sigma_e(\nu)}{\sigma_{e,peak}} d\nu \tag{7.5.2}$$

式中,$\sigma_{e,peak}$ 为峰值辐射截面。

当带宽随着泵浦或信号功率迅速变化时,式(7.5.2)不是十分可靠,这种情况发生在低阈值泵浦功率的高效放大器或极高增益放大器中。例如,掺铒光纤放大器(Erbium doped fiber amplifer,EDFA)中典型的带宽 $\Delta\nu \approx 200 \sim 2000$GHz,带宽的大小与光纤的本底材料成分以及 EDFA 的运行条件有关。实际上,辐射截面仅分布在一个有限波长范围内,因此,式(7.5.2)的积分上限无需到无穷远。

7.5.2　噪声系数

为了描述噪声水平,需要引入一个定量的噪声指标,即噪声系数或噪声谱(noise figure,NF)。放大器的噪声系数定义为输入端与输出端的信噪比(signal to noise ratio,SNR)之比:

$$NF = \frac{SNR(0)}{SNR(z)} \tag{7.5.3}$$

如果输入光信号的平均光子数密度为 $\bar\rho(0)$,增益为 G,经过增益介质放大之后,输出的平均光子数为

$$\bar\rho(z) = G\bar\rho(0) - \bar\rho(z)_{ASE} \tag{7.5.4}$$

式(7.5.4)中的平均为一个比特周期中的平均,$G\bar\rho(0)$ 为信号光光子数的平均值,$\bar\rho(z)_{ASE}$ 为 z 处 ASE 的平均背景噪声。光纤输出端光子的统计方差为

$$\sigma^2(z) = \overline{\rho^2}(z) - [\bar\rho(z)]^2 \tag{7.5.5}$$

在接收端,采用效率为 1 的理想平方律光检测器,且不考虑接收器电带宽的限制,信号光功率 $P_s \approx G\bar\rho(0)$ 将转换为信号光电流,检测到的电功率就等于信号光功率,即 $P(z) \approx P_s^2 \approx [G\bar\rho(0)]^2$,相应的电噪声功率为 $P_{noise} \approx \sigma^2(z)$。由于是理想平方律检测器,信号的电信噪比等于光信噪比,即

$$SNR(z) = \frac{G^2(z)[\bar\rho(0)]^2}{\sigma^2(z)} \tag{7.5.6}$$

由式(7.5.3),经过整理可得噪声系数为[7,8]

$$NF = \frac{SNR(0)}{\bar\rho(0)} \left\{ \frac{\sigma^2(0)}{\bar\rho(0)} - 1 + \frac{1+\bar\rho(z)_{ASE}}{G(z)} + \frac{\bar\rho(z)_{ASE}(1+\bar\rho(z)_{ASE}/2)}{G^2(z)\bar\rho(0)} \right\} \tag{7.5.7}$$

假设信号光服从泊松统计,即 $\sigma^2(0) = \bar\rho(0)$,则在输入端的信噪比 $SNR(0) = \bar\rho(0)$,于是,式(7.5.7)可进一步写为

$$NF = \frac{1+\bar{\rho}(z)_{ASE}}{G(z)} + \frac{[\bar{\rho}(z)_{ASE}]^2}{2G^2(z)\bar{\rho}(0)} + \frac{\bar{\rho}(z)_{ASE}}{G^2(z)\bar{\rho}(0)} \quad (7.5.8)$$

如果信号光的输入功率比较大,满足 $G(z)\bar{\rho}(0) \gg \bar{\rho}(z)_{ASE}$,则可略去式(7.5.8)右侧的第二项和第三项。由于增益是传播距离 z 的函数,噪声系数最终可简写为

$$NF(z) = \frac{1+\bar{\rho}(z)_{ASE}}{G(z)} = \frac{1+2n_{sp}(z)[G(z)-1]}{G(z)} \quad (7.5.9)$$

式中,$n_{sp}(z)$ 是输出端的自发辐射因子。对于二能级系统,它定义为

$$n_{sp} = \frac{1}{1 - \dfrac{\sigma_s^a}{\sigma_s^e} \dfrac{N_1}{N_2}} \quad (7.5.10)$$

式中,N_1、N_2 为下、上能级粒子数密度;σ 为截面;角标 a、e、s 分别表示吸收、辐射和信号。

参考 7.2.2 节,在二能级系统中,当信号光较弱而泵浦光较强时,式中的粒子数密度比 N_1/N_2 可与截面、泵浦功率和阈值功率等相关联[7,9]:

$$n_{sp} = \frac{1}{1 - \left[\dfrac{\sigma_s^a(\lambda)}{\sigma_s^e(\lambda)}\dfrac{\sigma_p^e(\lambda)}{\sigma_p^a(\lambda)}\right] - \left[\dfrac{\sigma_s^a(\lambda)}{\sigma_s^e(\lambda)}\dfrac{P_{th}}{p_p}\right]} \quad (7.5.11)$$

通常,泵浦波长位于短波长区的远端,泵浦波长的辐射截面 $\sigma_p^e(\lambda) \approx 0$,或式(7.5.11)分母中的第二项可略,于是只剩下第一和第三项。第三项代表泵浦不充分时的噪声,当泵浦很弱(如 $P_p \approx P_{th}$)时,第三项使得自发辐射增大,或者使噪声系数 NF 增大。相反,对于强泵浦,沿光纤长度上所有的粒子都被反转,这时第三项可以忽略。

n_{sp} 的最小极限值为 1。通常有增益 $G(\lambda,z) \gg 1$,此时式(7.5.9)中的 $NF \approx 2n_{sp} \to$ 2 或 3dB,称为噪声的量子极限,即光纤放大器噪声的量子极限为 3dB。

由于增益 G 是波长的函数,噪声系数式(7.5.9)的完整表达式可写为

$$NF(\lambda,z) = \frac{1+2n_{sp}(\lambda,z)[G(\lambda,z)-1]}{G(\lambda,z)} \quad (7.5.12)$$

式(7.5.12)也可以用速率方程的方法导出,结果完全相同。

7.5.3　噪声功率方程

对于在光纤 z 处的总的放大的自发辐射(ASE)功率,应当是 ASE 功率 P_{ASE} 和局部噪声功率 P_{ASE}^0 之和。这种局部噪声使激活粒子产生受激辐射,其速率正比于 $\sigma_e(\nu)N_2$,由此可以得到在 z 方向上 ASE 的功率传播方程:

$$\frac{dP_{ASE}(\nu)}{dz} = [N_2\sigma_e(\nu) - N_1\sigma_a(\nu)]P_{ASE}(\nu) + P_{ASE}^0(\nu)N_2\sigma_e(\nu) \quad (7.5.13)$$

考虑 ASE 之后,其粒子数密度方程和功率传播方程都需要进行一些修正。

在处理 ASE 的功率问题时,可以用一个简单的近似,即把 ASE 看成有一定带宽的额外的光。在 7.7 节中将会对 ASE 作一个稍复杂的处理,在频域上对其进行更细小的分解,这样每个频率所对应的能量将被剥离成为一个独立信号,就可以计算出 ASE 的功率。稍复杂的情况是 ASE 沿光纤的两个方向传播。图 7.5.1 给出了在 EDFA 中的 ASE 功率与位置的关系。可以看出,对于后向泵浦,$z=0$ 位置处的 ASE 功率要明显高于 $z=L$ 处,这是因为在增益介质的前端,泵浦功率大,使得反转粒子数密度很高;对于前向泵浦,情况正好相反。

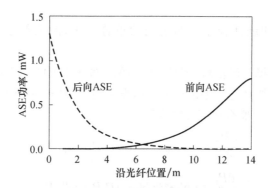

图 7.5.1　EDFA 中在光纤不同位置处的 ASE 功率[2]

7.6　包含放大自发辐射的建模

如前所述,放大的自发辐射(ASE)会对放大器的增益产生影响,本节主要通过速率方程来定量讨论这种影响。

三能级系统可以简化成二能级系统。为了简单明了,下面采用二能级系统进行介绍,仅考虑一维单模传播的情况,并假定粒子在纤芯中均匀分布。

由 7.4 节的讨论可知,在稳态近似下,当不考虑 ASE 时,二能级模型中的上能级粒子数密度方程由式(7.4.5)表达。考虑 ASE 之后,可将 ASE 看成附加的信号光或泵浦光,其对上能级粒子数密度的作用类似于信号光或泵浦光。用与 7.4 节相似的方法,可直接写出上能级粒子数密度方程:

$$N_2 = \frac{\dfrac{\tau \sigma_s^a}{h\nu_s}I_s + \dfrac{\tau \sigma_p^a}{h\nu_p}I_p + \sum_k \dfrac{\tau \sigma_k^a}{h\nu_k}I_{A,k}}{1 + \dfrac{\tau(\sigma_s^a + \sigma_s^e)}{h\nu_s}I_s + \dfrac{\tau(\sigma_p^a + \sigma_p^e)}{h\nu_p}I_p + \sum_k \dfrac{\tau(\sigma_k^a + \sigma_k^e)}{h\nu_k}I_{A,k}} N \qquad (7.6.1)$$

式中,σ_k^a、σ_k^e 分别是中心频率为 ν_k 的 ASE 的吸收和辐射截面;$I_{A,k}$ 是 ν_k 频率的 ASE 光强对所有噪声频率的求和。符号标示方法与前面相同,I 表示光强;σ 表示截面;

τ 表示上能级寿命;角标 s 表示信号,p 表示泵浦,a 表示吸收,e 表示辐射。

与式(7.4.5)相比较,式(7.6.1)的分子和分母各多了一项含有 ASE 光强的 $I_{A,k}$ 项。由于 ASE 是随机产生的,含有各种频率 ν_k,需要对所有频率进行求和。

引入重叠因子的定义,式(7.6.1)可重新写为

$$N_2 = \frac{\dfrac{\tau\sigma_s^a}{Ah\nu_s}\Gamma_s P_s + \dfrac{\tau\sigma_p^a}{Ah\nu_p}\Gamma_p P_p + \sum_k \dfrac{\tau\sigma_k^a}{Ah\nu_k}\Gamma_k P_{A,k}}{1 + \dfrac{\tau(\sigma_s^a+\sigma_s^e)}{Ah\nu_s}\Gamma_s P_s + \dfrac{\tau(\sigma_p^a+\sigma_p^e)}{Ah\nu_p}\Gamma_p P_p + \sum_k \dfrac{\tau(\sigma_k^a+\sigma_k^e)}{Ah\nu_k}\Gamma_k P_{A,k}}N$$

$$(7.6.2)$$

式中,Γ 是光模场和激活粒子分布之间的重叠因子;激活粒子分布的有效面积 $A=\pi R^2$。

由于只有光模场与激活粒子分布相重叠的部分才可能产生增益或衰减,也可以引入重叠因子来描述光功率的传输。假设泵浦、信号和 ASE 的光纤背景损耗分别为 $\alpha_p^{(0)}$、$\alpha_s^{(0)}$ 和 $\alpha_{A,k}^{(0)}$,那么功率传输方程分别为

$$\frac{\mathrm{d}P_p}{\mathrm{d}z} = (N_2\sigma_p^e - N_1\sigma_p^a)\Gamma_p P_p - \alpha_p^{(0)}P_p \qquad (7.6.3)$$

$$\frac{\mathrm{d}P_s}{\mathrm{d}z} = (N_2\sigma_s^e - N_1\sigma_s^a)\Gamma_s P_s - \alpha_s^{(0)}P_s \qquad (7.6.4)$$

$$\frac{\mathrm{d}P_{A,k}^+}{\mathrm{d}z} = (N_2\sigma_k^e - N_1\sigma_k^a)\Gamma_s P_{A,k}^+ + N_2\sigma_k^e\Gamma_s h\nu_k\Delta\nu_k - \alpha_{A,k}^{(0)}P_{A,k}^+ \qquad (7.6.5)$$

$$\frac{\mathrm{d}P_{A,k}^-}{\mathrm{d}z} = -(N_2\sigma_k^e - N_1\sigma_k^a)\Gamma_s P_{A,k}^- - N_2\sigma_k^e\Gamma_s h\nu_k\Delta\nu_k + \alpha_{A,k}^{(0)}P_{A,k}^- \qquad (7.6.6)$$

式中,$\Delta\nu_k$ 为 ASE 噪声谱的带宽;$P_{A,k}^\pm$ 表示沿正向和反向传播、频率为 ν_k 的 ASE 功率,ASE 的总功率为 $P_{A,k}=P_{A,k}^+ + P_{A,k}^-$。

对于通信光纤放大器,由于信号和 ASE 都在 1550nm 附近,为了简单起见,可以认为信号和 ASE 的重叠因子大小相同。以中心频率为 ν_k 的 ASE 功率的传播,可以看成两个分别沿相反方向传播的 ASE,一个是在光纤入射端($z=0$)以零功率前向传播,另一个在光纤出射端($z=L$ 光纤长度)以零功率后向传播。当噪声频率带宽 $\Delta\nu_k$ 很小时(如 1nm 或 125GHz),截面可以看成常数。此时,式(7.6.5)和式(7.6.6)就可以简化。

7.7 径向效应

在前面的讨论中,只考虑了沿光纤轴向的一维光强传输的情况,没有考虑激活粒子密度分布和光场强度的径向变化,下面进一步讨论径向效应。

由于掺杂玻璃的制造方法、光纤预制棒拉制工艺等问题,激活粒子的浓度和纤芯的折射率不可避免地存在不均匀的径向分布。这种径向的不均匀有时可能是故意设计成的,如色散位移光纤(dispersion shifted fiber,DSF)、非零色散光纤(non-zero dispersion fiber,NZDF)等,也有可能是制造过程中的不完善造成的,例如,采用外部气相氧化(owtside vapor-phase Oxidation,OVPO)等工艺制造的光纤预制棒的中心孔,会使纤芯轴线上的折射率形成凹陷。此外,光横模(如单模等)在纤芯的轴心区光很强,因而增益粒子能级可能已经全部被反转;而在纤芯的边缘区,由于光很弱,又可能导致粒子处于欠反转状态。因此,选择合适折射率的径向分布(归一化频率、纤芯尺寸)以及与之匹配的粒子数密度的径向分布,对提高增益和降低噪声都是非常重要的。

7.7.1　速率方程

这里采用二能级系统。对于具有柱对称的光纤介质,纤芯半径为 a,设增益介质粒子沿径向非均匀充满纤芯,二能级系统中频率为 ν_k 的光功率传播方程可写为

$$\frac{\mathrm{d}P_k(z)}{\mathrm{d}z} = u_k\sigma_k^{\mathrm{e}}\int_0^a I_k^{(\mathrm{n})}(r,t)n_2(r,z,t)\big[P_k(z)+mh\nu_k\Delta\nu_k\big]2\pi r\mathrm{d}r$$

$$-u_k\sigma_k^{\mathrm{a}}\int_0^a I_k^{(\mathrm{n})}(r,t)n_1(r,z,t)P_k(z)2\pi r\mathrm{d}r - u_kl_kP_k(z) \qquad (7.7.1)$$

式中,前向泵浦取 $u_k=+1$,后向泵浦取 $u_k=-1$;σ_k^{e}、σ_k^{a} 分别是频率为 ν_k 的辐射截面和吸收截面;$I_k^{(\mathrm{n})}$ 是光场的归一化横模,这里仅考虑单模;n_1、n_2 分别是下、上能级粒子数密度;l_k 是每单位长度的光纤损失;$\Delta\nu_k$ 是有效噪声带宽;m 是单模的模数;$mh\nu\Delta\nu_k$ 是自发辐射的贡献。上述方程右边的第一项是辐射,第二项是吸收损失,第三项是光纤本底损失(包括散射损失)等。

注意到式(7.7.1)已经表示为径向函数,如 $n_2=n_2(r,z,t)$。此外,P_k 是频率为 ν_k 的光功率。对于不同的频率,有不同的光功率,由此,解方程后可同时得到带宽、增益和噪声等重要参量的频率特征。

增益粒子的非均匀径向分布意味着在光纤轴线附近的掺杂浓度很高,因此,粒子与粒子之间相互作用产生的激发态上能级转换效应也应包括进来。上能级粒子数密度的速率方程为

$$\frac{\partial n_2(r,t)}{\partial t} = \sum_k \frac{P_kI_k^{(\mathrm{n})}\sigma_k^{\mathrm{a}}}{h\upsilon_k}n_1(r,t) - \sum_k \frac{P_kI_k^{(\mathrm{n})}\sigma_k^{\mathrm{e}}}{h\upsilon_k}n_2(r,t) - \frac{n_2(r,t)}{\tau} - C_{22}n_2^2(r,t)$$

$$\equiv S_k^{\mathrm{a}}n_1(r,t) - S_k^{\mathrm{e}}n_2(r,t) - \frac{n_2(r,t)}{\tau} - C_{22}n_2^2(r,t) \qquad (7.7.2)$$

式中,τ 是上能级寿命;C_{22} 是上转换速率系数;右侧第一项是吸收下能级粒子到 n_2 的贡献;第二项是上能级辐射导致的损失;第三项是自发辐射损失;最后一项是上

能级转换损失。注意到所有频率对上能级粒子数密度都有贡献（虽然贡献大小不一样），因此，应对所有的频率求和。

在稳态近似下，$\partial n_2(r,t)/\partial t=0$。总粒子浓度 $N(r)=n_1+n_2$，于是

$$n_2(r)=\frac{1}{2C_{22}}\{[(S_k^a+S_k^e+1/\tau)^2+4C_{22}N(r)S_k^a]^{1/2}-(S_k^a+S_k^e+1/\tau)\}$$

(7.7.3)

7.7.2　径向分布函数

对于增益粒子浓度的径向分布，考虑到轴线上的粒子数浓度高、边缘低的情况，可用如下指数函数来描述：

$$N(r)=N_0\exp\left(-\frac{r}{\beta}\right)^\delta \quad (\beta,\delta>0)$$

(7.7.4)

式中，N_0 是光纤轴线上的增益粒子浓度；β,δ 是适配参数。通过调整 β 和 δ，式(7.7.4)可描述浓度不同的径向分布。由于 $\beta,\delta>0$，在轴心 $r=0$ 处，浓度最大，这一点和实际器件中的掺铒浓度分布相符。注意到在同一半径处，总浓度 $N(r)=n_1+n_2$ 为常量，因此，如果某半径处 n_1 大，则 n_2 小；反之亦然。

对于具有径向分布（如梯度折射率光纤）的纤芯折射率，一些在阶跃折射率光纤中有效的参数（如光纤传输的截止频率）不再有效，这是因为梯度折射率是随纤芯半径而变化的。在某半径处，原先单模可传输的频率，由于折射率的减小而变为截止。此时，可用等效变量法[10]来处理。在等效变量法中，梯度折射率可折合为等效阶跃折射率，于是，就可以采用通常的阶跃折射率分析方法。

根据单模光纤的实际情况，径向非均匀分布的纤芯折射率可以表达为[10,11]

$$n_{\text{core}}^2=n_{\text{clad}}^2\left[1+2\Delta n H\left(\frac{r}{a}\right)\right] \quad (r\leqslant a)$$

(7.7.5)

式中，n_{core}、n_{clad} 分别是纤芯和包层的折射率；a 是纤芯半径；Δn 是相对折射率差。函数 H 有如下的形式[10]：

$$H\left(\frac{r}{a}\right)=1-\left(\frac{r}{a}\right)^\alpha \quad (0<\alpha<\infty)$$

(7.7.6)

式中，α 为适配参数。当 $\alpha\to\infty$ 时，H 函数值收敛于 1，这时梯度折射率退化为阶跃折射率。等效纤芯半径 $a_e=a\dfrac{\alpha+2}{\alpha+3}$（$a$ 为阶跃折射率光纤半径，α 为适配参数）[10]，等效归一化频率可写为

$$V_e=\frac{V}{(1+2/\alpha)^{1/2}}=\frac{2\pi a_e \text{NA}_e}{\lambda_k}$$

(7.7.7)

式中，$V=\dfrac{2\pi R}{\lambda}\sqrt{n_{\text{core}}^2-n_{\text{clad}}^2}$ 是阶跃光纤的归一化频率，$\sqrt{n_{\text{core}}^2-n_{\text{clad}}^2}$ 为阶跃光纤的数

值孔径 NA；NA$_e$ 是等效数值孔径。经过这样的处理，只要适当选取适配参数 α，梯度折射率就可以看成等效的阶跃折射率，单模光纤中所讨论的截止频率（如单模条件 $0<V_e<2.405$）等就可以移用过来。

联立式(7.7.1)～式(7.7.7)并求解，可得在一定的适配参数 α、β、δ 和一定的掺杂浓度 N_0 下的信号光功率、泵浦功率、ASE 功率和噪声系数 NF 等一系列重要参量。在实际的数值计算中，可采用全局优化的遗传算法。与增益带宽有关的共有六个适配参数 $(N_0,\beta,\delta,\alpha,L,\lambda_p)$（其中，$L$ 是光纤长度，λ_p 是泵浦波长）。通过遗传算法中的随机函数适配这六个参数，可以得到目标函数（增益、带宽、增益带宽的组合）最大时的增益粒子密度和折射率的最佳匹配。遗传算法的程序设计超出了本书的范畴，有兴趣的读者可参阅文献[11]。

7.8　三维情形

在三维或高阶模情形下，光强、粒子数密度等应该是坐标 (r,φ,z) 的函数，速率方程也应该是 (r,φ,z) 的函数，光功率应当对径向每一点的光强进行积分来确定。因此，描述它们的速率方程就构成了一组格点数众多的微分方程。光传播的激发系数和吸收系数分别为

$$\alpha_e(z,\nu) = \sigma_e(\nu)\int_0^{2\pi}\int_0^\infty n_2(r,\varphi,z)I^{(n)}(r,\varphi,z)r\mathrm{d}r\mathrm{d}\varphi \tag{7.8.1}$$

$$\alpha_a(z,\nu) = \sigma_a(\nu)\int_0^{2\pi}\int_0^\infty n_1(r,\varphi,z)I^{(n)}(r,\varphi,z)r\mathrm{d}r\mathrm{d}\varphi \tag{7.8.2}$$

式中，ν 为频率；$I^{(n)}(r,\varphi,z)$ 为沿光纤传播在位置 z 处的归一化光模场。

不考虑光纤本底的损失，频率为 ν 的光功率传输方程为

$$\frac{\mathrm{d}P_s(\nu,z)}{\mathrm{d}z} = [\alpha_e(\nu,z)-\alpha_a(\nu,z)]P_s(\nu,z) \tag{7.8.3}$$

注意到式(7.8.3)是频率 ν 的函数。在光纤放大系统中，式(7.8.3)实际包含泵浦光（单频）、信号光（宽频）和自发辐射（宽频）三组不同的按频率分布的方程，形成一组格点数众多的微分方程组。

在二能级系统中，计算所需的上能级粒子数密度可由式(7.4.5)给出：

$$n_2(r,\varphi,z) = \frac{\dfrac{\tau\sigma_s^a}{h\nu_s}I_s(r,\varphi,z)+\dfrac{\tau\sigma_p^a}{h\nu_p}I_p(r,\varphi,z)}{1+\dfrac{\tau(\sigma_s^a+\sigma_s^e)}{h\nu_s}I_s(r,\varphi,z)+\dfrac{\tau(\sigma_p^a+\sigma_p^e)}{h\nu_p}I_p(r,\varphi,z)}N(r,\varphi,z)$$

$$\tag{7.8.4}$$

式(7.8.4)没有包括 ASE。如果考虑 ASE，只需在分母和分子中分别加入 ASE 项，类似于方程(7.6.1)。总粒子数密度 $N=n_1+n_2$。

联立式(7.8.1)~式(7.8.4),在纤芯折射率均匀的阶跃光纤情形下,可数值求解方程(7.8.3),得到具有(ν,z)分布的信号光功率、泵浦功率和噪声等。

参 考 文 献

[1] Zou X, Izumitani T. Spectroscopic properties and mechanisms of excited state absorption and energy transfer upconversion for Er^{3+}-adoped glasses[J]. Journal of Non-Crystalline Solids, 1993,162(1/2):68-80.

[2] Becker P C, Olsson N A, Simpson J R. Erbium-doped Fiber Amplifiers Fundamentals and Technology[M]. New York:Academic Press,1999.

[3] Cheng C, Xu Z J, Sui C H. A novel design method:A genetic algorithm applied to an erbium-doped fiber amplifier[J]. Optics Communications,2003,227(4/5/6):371-382.

[4] Jeunhomme L B. Single-Mode Fiber Optics[M]. New York:Marcel Dekker,1990.

[5] Giles C R, Desurvire E. Modeling erbium-doped fiber amplifiers[J]. Journal of Lightwave Technology,1991,9(2):271-287.

[6] Michael B. Handbook of optics, Volume Ⅳ, Fiber Optics and Nonlinear Optics[M]. 2nd ed. New York:McGraw-Hill,2001.

[7] Kazovsky L G, Benedetto S, Willner A E. 光纤通信系统[M]. 张肇仪,张梓华,徐安士,译. 北京:人民邮电出版社,1999.

[8] 杨祥林,等. 光放大器及其应用[M]. 北京:电子工业出版社,2000.

[9] Desurvire E. Spectral noise figure of Er^{3+}-doped fiber amplifiers[J]. IEEE Photonics Technology Letters,1990,2(3):208-210.

[10] 李玉泉,崔敏. 光波导理论与技术[M]. 北京:人民邮电出版社,2002.

[11] Cheng C, Xiao M. Optimization of an erbium-doped fiber amplifier with radial effects[J]. Optics Communications,2005,254(4/5/6):215-222.

第 8 章　量子点光纤和光纤放大器

掺杂天然稀土元素(如铒、铥和镱等)的光纤放大器具有带宽较宽、增益较高、噪声较低等特点,作为一个关键器件,近年来在密集波分复用(dense wavelength division multiplexing,DWDM)全光网通信中已经起到极大的作用。目前,研究和应用最多的是掺铒光纤放大器(EDFA)。为了增加光纤放大器的带宽和平坦增益,研究者在纤芯中加入了其他元素(如镱等),设计双向、反向、环形、多级泵浦等许多不同的结构,以及带有反馈环结构的 EDFA,使之具有增益钳位,并可在 L 波带(long waveband,1570~1600nm)工作,使得平坦带宽大为增加[1]。研究者用传统 C 波带(conventional waveband)和 L 波带双纤芯掺铒光纤平行结构,获得了超带宽、增益平坦的放大器。这种放大器在 1515~1620nm 的平坦增益为 15dB,在 C 波带(1515~1555nm)的增益变化为 1.3dB,在 L 波带是 1.5dB,噪声谱在整个波带上是 4.5~4.8dB[2]。近年来,作为带宽最大的 Raman 光纤放大器也有了较大的发展,甚至有人将 EDFA 与 Raman 光纤放大器结合起来进行研究[3]。现在,已经研制出带宽约为 260nm(1240~1500nm)的 Raman 光纤放大器。这些带宽和增益指标,代表了目前国际上光纤放大器的最高水平,也基本反映了掺天然元素光纤放大器的极限能力。

随着人们对通信带宽和平坦增益等关键指标要求的不断提高,目前已有的以天然元素 Er 离子等掺杂为主的光纤放大器已经无法满足需求。近年来人工半导体纳米晶体(量子点)材料发展迅速,量子点凭借独特的光吸收和辐射特点,尤其是吸收谱和辐射谱的尺寸依赖,有可能成为一种新型的光增益介质,从而构成用途广泛的光电子器件。量子点光电子研究的进展,可参见综述性文献[4]。量子点光子器件在光波通信中的应用可见文献[5]。比较经典且有代表性的量子点胶体的制备工作介绍可参见文献[6]等。

在前面几章中讨论了量子点的基本光学特性、量子点光纤的实验室制备等。在此基础上,本章将详细介绍量子点光纤(quantum dot-doped fiber,QDF)和量子点光纤放大器(quantum dot-doped fiber amplifiers,QDFAs)。在 QDFAs 中,不采用通常的天然元素作为掺杂物,而是用半导体纳米晶体即量子点作为光纤的掺杂物。有许多不同种类的量子点(如 PbSe、PbS、CdTe、CdSe 和 CdS 等)可供选择。在红外波带,PbSe 量子点最具潜力。PbSe 量子点是一种胶状的半导体纳米颗粒,直径为 4.5~9nm,大致相当于 500~50000 个原子的尺度。PbSe 量子点在红外波段(1200~2340nm)有强的辐射峰和吸收峰,其典型的半高全宽(FWHM)为 100~

200nm。对于直径为 5.5nm 的 PbSe 量子点,其辐射峰和吸收峰分别位于 1630nm 和 1550nm,正好落在常规的光纤通信中心波长 1550nm 附近,因此,对于红外通信光纤放大器,PbSe 量子点是一个非常有希望的竞争者。在可见波带,CdSe 量子点具有很高的量子效率和较大的辐射截面,是人们近年来制备最多、性能最稳定、制备技术最成熟的一种可见光量子点。下面,主要介绍 PbSe、CdSe 这两种量子点构成的量子点光纤以及量子点光纤放大器。对于其他类型的量子点,也可参照之。

8.1　UV 胶纤芯本底的 CdSe/ZnS 量子点光纤的传光特性

下面介绍以 UV 胶为本底的量子点光纤的传光特性,本节内容主要来自文献[7]。经过对许多可选的纤芯本底材料的对比,发现光学 UV 胶(ultraviolet curable adhesive)是一种比较合适的纤芯本底材料。它在紫外灯的照射下可快速固化,具有固化速率合适、透光率高(>90%)、稳定性好、无污染等许多优点。

8.1.1　实验

1. 量子点掺杂光纤的制备

本实验所用的 CdSe/ZnS 量子点由美国 Invitrogen 公司提供,分散于正癸烷本底中,摩尔浓度为 1nmol·mL^{-1},直径约 8nm。实验中使用的光学 UV 胶由美国 Dymax 公司提供,产品号为 OP-4-20632-HPDS,固化后的收缩率只有 0.2%,固化前后的折射率分别为 1.522 和 1.554,在可见光和近红外波段的透光率超过 90%,因此较为适合作为光纤本底材料。首先取适量 UV 胶置入洁净干燥的试管中,将 CdSe/ZnS 量子点滴加到试管中,通过搅拌使得量子点在胶体中分布均匀;然后将试管放到超声波振荡器中振荡,使量子点均匀分布在 UV 胶中;接着通过压力差方式将此量子点溶液灌装到空芯光纤(内径 $d=132\mu m$,外径 $D=170\mu m$),制成一种以胶体 UV 胶为本底的量子点掺杂光纤;最后将端面切平的特种光纤(芯径 $d'=105\mu m$,外径 $D'=125\mu m$)插入此空芯光纤两端,两端接口处用热熔胶封装,并用紫外灯对此光纤进行照射处理,使里面的 UV 胶快速固化,这样一段合适的固态量子点掺杂光纤就被制备出来了。

2. 掺杂光纤 PL 谱的测量

对量子点掺杂光纤 PL 谱的测量,实验安排如图 8.1.1 所示。激励光源是中心波长为 473nm 的 MBL-III-100 型半导体激光器,输出功率为 100mW。激励光经由 20 倍聚焦物镜耦合到后面的特种光纤中,从而进入量子点掺杂光纤。出射光经由特种光纤后导入探测器,探测器既可以是光纤光谱仪,用于光谱测量,也可以是光纤功率计,用于测量出射光的功率。

图 8.1.1　量子点掺杂光纤的光致荧光光谱测量示意图

8.1.2　UV 胶中 CdSe/ZnS 量子点的吸收谱和辐射谱

CdSe/ZnS 量子点掺入 UV 胶之后的吸收谱和辐射谱如图 8.1.2 所示。与掺入 UV 胶之前的量子点光谱相比,谱图几乎没有变化。因此,可以认为 UV 胶本底对量子点的吸收谱和辐射谱不会造成影响。由图可见,量子点的第一吸收峰位于 642nm,第一吸收峰的 FWHM 约为 20nm。PL 峰位于 655nm,PL 谱的 FWHM 为 22nm。第一吸收峰和 PL 辐射峰的间距(斯托克斯频移)为 13nm,这可以由激子的精细结构模型进行解释[8],这里不再涉及。

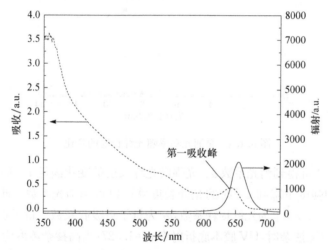

图 8.1.2　UV 胶中 CdSe/ZnS 量子点胶体的吸收谱和辐射谱

UV 胶的透光率如图 8.1.3 所示。由图可见,在可见光和近红外波段,该 UV 胶对可见光几乎没有吸收作用,透光率在 90% 以上。

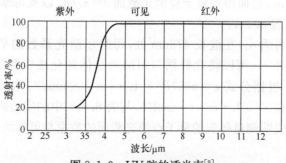

图 8.1.3　UV 胶的透光率[9]

8.1.3　掺杂光纤对泵浦光的吸收

掺杂光纤中泵浦光强的变化如图 8.1.4 所示。泵浦光强在掺杂光纤内的吸收极其强烈,随光纤长度按指数的形式衰减,当光纤长度超过 15cm 后,泵浦光已经所剩无几。光纤掺杂浓度越大,衰减也就越快。泵浦光在光纤中的衰减,分析其原因,一方面是量子点的吸收截面很大,另一方面是光纤的传输损耗。

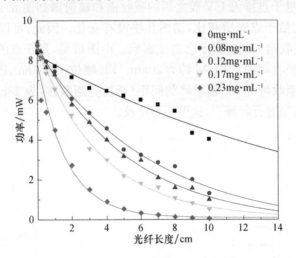

图 8.1.4　泵浦光功率随光纤长度的变化

由图 8.1.4 可得到消光系数 α。光强沿光纤长度的变化满足 $I = I_0 \exp(-\alpha L_f)$,因此由光纤中强度下降到 e^{-1} 时的光纤长度就可以得到消光系数。此消光系数包含两部分:$\alpha = \alpha_1 + \alpha_2$,$\alpha_1$ 为光纤损耗系数,α_2 为量子点吸收系数。量子点的掺杂会提高纤芯折射率(无掺杂时,UV 胶本底折射率 $n = 1.527$;当高掺杂浓度为 1mg · mL^{-1} 时,$n = 1.535$),还会引起散射效应,因此光纤损耗系数 α_1 与量子点掺杂浓度有关。但是在低掺杂浓度情况下,折射率的变化很小,散射损耗微乎其微,故 α_1 与无掺杂时的消光系数近似相等,为 0.07cm^{-1}。得到了 α_1,就可以获得不同掺杂浓度下量子点的吸收系数 α_2,进而得到量子点消光截面 $\sigma = \alpha_2/n_q$ 以及每摩尔消光系数 $\varepsilon = \alpha_2/c$,具体数据见表 8.1.1。

从表 8.1.1 可看出,在波长 473nm 处,每摩尔消光系数的平均值为 1.48×10^6 L · cm^{-1} · mol^{-1}。可以将此数据与用纳米晶体纯化法实测的每摩尔消光系数[10]进行比较。根据公式 $\varepsilon = 5857 D^{2.65}$ L · cm^{-1} · mol^{-1},取量子点直径 $D = 8$nm,得到 $\varepsilon = 1.45 \times 10^6$ L · cm^{-1} · mol^{-1},与表 8.1.1 中的实验测量值相当接近,这从另一个方面说明测量得到的量子点消光截面的数据是可靠的。

表 8.1.1　测量的 474nm 激励光的消光系数和消光截面

掺杂浓度 $c/(\times 10^{-6}\mathrm{mol\cdot L^{-1}})$	掺杂数密度 $n_q/(\times 10^{14}\mathrm{cm^{-3}})$	消光系数 $\alpha_2/\mathrm{cm^{-1}}$	消光截面 $\sigma/(\times 10^{-15}\mathrm{cm^2})$	每摩尔消光系数 $\varepsilon/(\times 10^6 \mathrm{L\cdot cm^{-1}\cdot mol^{-1}})$
0.20	1.20	0.50	4.17	2.50
0.15	0.90	0.17	1.89	1.13
0.10	0.60	0.13	2.17	1.30
0.07	0.42	0.07	1.67	1.00

（其中 1.48（平均值）对应 0.15 和 0.10 两行之间）

8.1.4　PL 峰值强度与掺杂光纤长度和浓度的关系

通过改变量子点掺杂光纤的长度和掺杂浓度,得到多组光纤出射端的 PL 谱,图 8.1.5 给出了几组典型的 PL 谱。图中所给出的每一组光谱,都是在不同浓度下通过调整光纤长度所得到的光强最大时的 PL 谱。按浓度由高往低的顺序,PL 光强最大时所对应的光纤长度分别为 2cm、3cm、4cm、7cm、8cm。

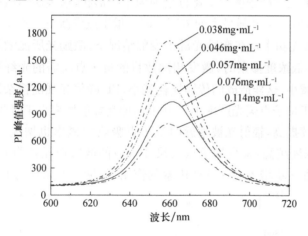

图 8.1.5　纤芯基底为 UV 胶时的 CdSe/ZnS 量子点光纤的 PL 谱

通过对数据的分析发现,当激励光强恒定且掺杂浓度不变时,PL 峰值光强随长度经历一个先从小到大再由大到小的过程,如图 8.1.6 所示。不论浓度如何,PL 峰值强度随长度的变化均为单峰,即只有一个极大值。当浓度越高时,PL 峰值光强极大值对应的光纤长度就越短,即 PL 峰值光强更早出现饱和。此现象与普通掺杂光纤中的单峰现象类似,它是由沿途的增益和损耗相互竞争造成的,当辐射与吸收达到平衡时,在光纤长度为 L_f 处 PL 峰值光强达到最大,这里不再讨论其具体原因。此现象说明存在一个最佳的量子点光纤长度 L_f,如果希望在光纤出射端得到最大光强输出,则需要选择合适的光纤长度。

此外,PL 峰值光强与量子点掺杂浓度也存在一定关系,如图 8.1.7 所示。由

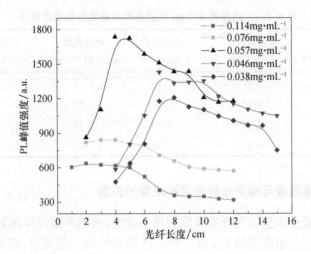

图 8.1.6　不同浓度下量子点荧光辐射峰值强度随掺杂光纤长度的变化

图可见,PL 峰值光强随浓度的变化也呈现为单峰形状,这表明当激励光强恒定时存在一个可使 PL 峰值光强最大的浓度。因为量子点受激发所产生的跃迁载流子数 $n_q \propto P(\lambda)$(激光功率),在激励光源不变的情况下,激励光所能激发的载流子数 n_q 恒定,所以在低浓度掺杂时,激发相同数目的量子点所需的光纤长度随着掺杂浓度的提高而减小,这样造成的传输损耗就小,PL 峰值光强随掺杂浓度的提高而增大。但是由于量子点荧光产率小于 100%,即其辐射概率小于吸收概率,随着量子点浓度的继续提高,辐射光被临近的量子点吸收的概率也增大,使得 PL 强度被抑制;掺杂浓度越高,来自量子点大尺寸效应的散射损耗越明显,从而也抑制了 PL 强度的进一步增大。在这些因素的作用下,量子点光纤的 PL 峰值光强随

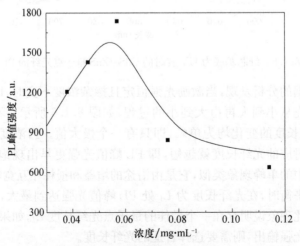

图 8.1.7　荧光辐射峰值强度随量子点掺杂浓度的变化

掺杂浓度呈现单峰现象。在本章的实验测量中，测得的峰值掺杂浓度为 $c=$ 0.057mg · mL^{-1}。

下面将在 UV 胶与甲苯本底下测得的结果进行比较，如表 8.1.2 所示。

表 8.1.2　测量的 PL 峰值的最大增益(两种不同本底材料)

本底/(mg · mL^{-1})	PL 峰最大增益/dB	掺杂浓度/(mg · mL^{-1})
甲苯(0.10~10)	10.2[11]	0.27
甲苯(0.0033~0.025)	4.2[12]	0.017
UV 胶(0.01~0.11)	9.0	0.057

由表 8.1.2 可知，以 UV 胶为本底的最大增益略低于高掺杂浓度的甲苯本底增益，但高于低掺杂浓度的甲苯本底增益。因此，通过提高本底中的量子点浓度和激励光功率，可以得到更高的增益。

8.1.5　PL 峰值波长与掺杂光纤浓度和长度的关系

由图 8.1.8 可见，随着掺杂光纤长度的增加，量子点光纤的 PL 峰值波长出现红移现象。当掺杂光纤较短(0~10cm)、掺杂浓度较低时(0.01~0.1mg · mL^{-1})，红移一般在 0~10nm。但随着掺杂浓度和光纤长度的提高，红移最大可达到 20nm。红移的大小随着光纤长度的变化如图 8.1.9 所示。

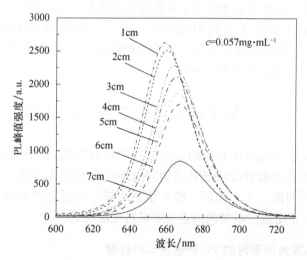

图 8.1.8　UV 胶本底中不同光纤长度 CdSe/ZnS 量子点掺杂光纤的 PL 谱

图 8.1.9 中，红移的大小随着光纤长度近似呈现线性增长的态势，而对于长度一定的光纤，红移量又与掺杂浓度呈现近似的线性关系。此外，红移量与本底也存在关系，这些将在 8.4 节进行介绍。

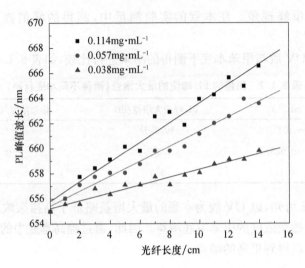

图 8.1.9　UV 胶本底中不同掺杂浓度下 PL 峰值波长随光纤长度的变化

8.1.6　结论

UV 胶因其高透过率、低收缩率、与石英光纤包层可匹配的折射率以及可操作性强等特点,成为一种较为合适的量子点掺杂光纤纤芯的本底材料。在 UV 胶本底中,量子点在泵浦光 473nm 处每摩尔消光系数的平均值为 $1.48 \times 10^6 L \cdot cm^{-1} \cdot mol^{-1}$,PL 峰值光强随掺杂浓度呈现单峰现象。获得最强荧光辐射的掺杂浓度为 $0.057mg \cdot mL^{-1}$、光纤长度为 4cm。量子点浓度越低,所需的光纤长度越长,实验结果为今后量子点光纤放大器的研制提供了有力的支持。

8.2　量子点光纤荧光光谱的红移

本节讨论量子点光纤中特有的辐射波长的红移现象,并给出半定量的解释。这里的"红移"指荧光辐射(PL)波长或辐射峰值波长的红移,是在实验中观测到的现象。实验安排与图 8.1.1 相同。灌入空芯光纤作为纤芯的材料有四种:甲苯、UV 胶、正己烷、正癸烷。本节的内容主要来自文献[13]。

8.2.1　纤芯基底为甲苯时的 PL 峰值波长的红移

图 8.2.1 给出了纤芯本底为甲苯、掺杂浓度 $c=0.1mg \cdot mL^{-1}$ 时的 PL 谱。由图可见,随着掺杂长度的增加,量子点光纤的 PL 峰值波长出现红移现象。当掺杂光纤较短($0\sim10cm$)、掺杂浓度较低时($0.01\sim0.1mg \cdot mL^{-1}$),红移在 $0\sim10nm$。但随着掺杂浓度和光纤长度的提高,红移最大能达到 20nm。

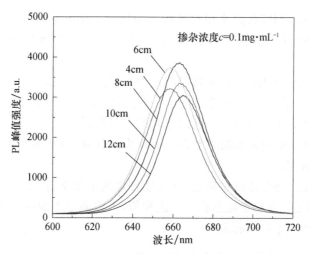

图 8.2.1　纤芯基底为甲苯时的 CdSe/ZnS 量子点光纤的 PL 谱

图 8.2.2 给出了纤芯基底为甲苯时 PL 峰值波长随光纤长度的变化。由图可见,红移的大小随着光纤长度近似呈线性增长的趋势。对于长度一定的光纤,红移量又与掺杂浓度呈近似的线性关系。

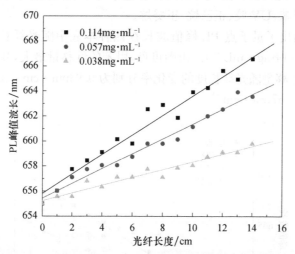

图 8.2.2　纤芯基底为甲苯时 PL 峰值波长随光纤长度的变化

红移的产生,是因为光纤中存在所谓的"二次吸收-辐射效应"。量子点在吸收激励能之后所辐射的 PL 光,其在沿光纤传输的过程中将被邻近的量子点吸收。受激载流子并不能自由地跃迁到高能级上,而只能跃迁到较低的能级,因此,量子点再次辐射的波长将增大,即产生所谓的"红移"。对于二次吸收-辐射这样一个过程,它发生的速率直接与量子点的吸收截面 σ_a 和辐射截面 σ_e 有关。一般而言,吸收截面越大,辐射截面也会越大,故二次吸收-辐射速率相对较快,红移速率会相应较快;吸收截面小,则红移速率相对较慢。而量子点的吸收截面与本底有一定关联,不同本底中的红移速率会不同。本章的实验研究了不同本底的红移,验证了这一现象。

实际上,由于红移的存在,辐射截面 σ_e 和吸收截面 σ_a 除了与本底和波长 λ 有关,还与光纤的传输距离 L_f 和掺杂浓度 c 有关,即截面成为 $\sigma_{e,a} = \sigma_{e,a}(\lambda, L_f, c)$,而不再完全遵从图 8.1.2 的分布。它们之间的定量关系已超出本书的范畴,这里不再涉及。另外,CdSe 的表面缺陷态也会引起少量红移,但在本实验中观测到的主要是二次辐射效应。

以上结果是在掺杂浓度较低、光纤长度较短的情况下得到的。当光纤长度继续增加时,实验发现红移量逐渐趋于一饱和值,不再满足上面的分析。另外,还发现红移量的大小与本底也有关。

8.2.2　不同纤芯本底的 PL 峰值波长的红移

实验观测到在不同光纤纤芯本底下掺杂光纤的红移大小不同。为了探究此现象,严格控制不同本底中的量子点掺杂浓度,通过比较相同浓度、相同长度下不同本底材料中 PL 峰值波长的红移,找出红移速率与本底的关系。实验所选择的纤芯本底分别为甲苯、UV 胶、正己烷、正癸烷。

图 8.2.3 给出了量子点 PL 峰值波长在四种本底中随光纤长度变化的红移(掺杂浓度为 $0.114\mathrm{mg \cdot mL^{-1}}$)。由图可见,甲苯的红移量最大,其次为 UV 胶、正己烷、正癸烷。红移量随光纤长度的变化率分别为 $0.93\mathrm{nm \cdot cm^{-1}}$、$0.87\mathrm{nm \cdot cm^{-1}}$、$0.8\mathrm{nm \cdot cm^{-1}}$、$0.67\mathrm{nm \cdot cm^{-1}}$。

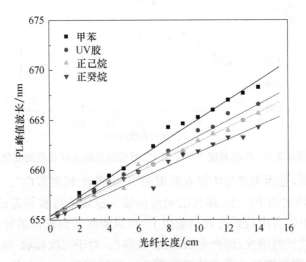

图 8.2.3　不同本底下 PL 谱峰值波长随光纤长度的变化

文献[14]和文献[15]报道过 CdSe 量子点在不同本底材料(如甲苯、丙烷、溶胶凝胶、PMMA 等)中的吸收谱和辐射谱相对于纯量子点光谱的红移现象,比较了不同本底中吸收谱和辐射谱的红移量,量级为几个纳米。这里给出的是量子点辐射谱随光纤长度变化的红移,证明在四种光纤本底材料(甲苯、UV 胶、正己烷、正癸烷)中,红移随光纤长度有不同的增长速率。其原因是在不同的有机溶剂本底中,胺基与量子点表面的相互作用不同,使得不同本底中量子点有不同的吸收截面和辐射截面,故红移速率也发生改变。

实验中还发现了一个重要现象:随着光纤长度的增加,红移最终会趋向一个饱和值(20nm)。图 8.2.4 是四种不同本底在掺杂浓度相同情况下的红移。由图可见,虽然开始时红移的变化速率不同,但最终红移趋向于饱和值 20nm。图 8.2.5 是同一种本底(正癸烷)、不同浓度下的红移,最终也趋向于饱和值 20nm。

由量子点胶体的吸收谱和辐射谱(图 8.1.2)可见,在 600～700nm 波长范围内,CdSe/ZnS 量子点吸收谱的长波端与荧光辐射谱的短波端有较大的重叠。这样,某个量子点所辐射的荧光在沿光纤传输的过程中,会被与之相邻的量子点吸收,并产生辐射波长的红移。当辐射波长逐渐红移到几乎没有吸收的波长区时,由于没有吸收,红移量不再增加,即红移的极限应该在吸收足够小的波长上被截止(如移动了第一吸收峰的 FWHM)。因此,可以把量子点第一吸收峰的 FWHM 视为辐射波长的红移极限或饱和红移量。对于 UV 胶、甲苯、正己烷和正癸烷四种材料,饱和红移量均为 20nm,大小与 CdSe/ZnS 量子点的 FWHM 相同。

不同纤芯本底材料中 PL 波长随光纤长度变化的红移以及红移的饱和现象是首次发现。

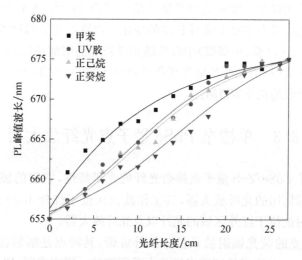

图 8.2.4　不同本底下的 PL 谱峰值波长随光纤长度的变化

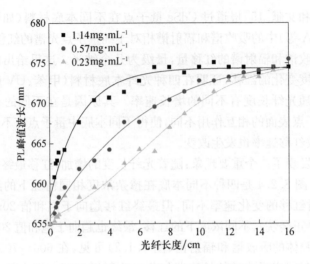

图 8.2.5　不同浓度下的 PL 谱峰值波长随光纤长度的变化

　　由二次吸收-辐射效应为主导致的波长或截面红移是在光纤形态下所特有的。光功率的传输与截面有关,红移使得光纤中不同频率光功率的传输还依赖于红移,而红移又与光纤长度有关,因此,量子点光纤放大器的分析将会变得比较复杂。然而,由于红移的饱和量并不太大(20nm),这种复杂化对量子点光纤放大器的分析及影响不会十分明显。

8.2.3　结论

　　通过测量不同掺杂浓度和光纤长度下的量子点 PL 谱,得到荧光峰值波长的红移随量子点光纤掺杂浓度和光纤长度的变化。观测对比了四种不同纤芯本底材料(UV 胶、甲苯、正己烷、正癸烷)中红移随光纤长度的增加情况,在不同的本底材料和掺杂浓度下,红移随光纤长度的变化均趋向于 20nm 的饱和值,该饱和值取决于量子点第一吸收峰的 FWHM。

8.3　单掺杂 PbSe 量子点光纤放大器

　　前面讨论了 CdSe/ZnS 量子点掺杂光纤的光谱特性,它们的辐射位于可见区域。对于光纤通信用的光纤放大器,其工作波长区位于红外 1550nm 附近,因而,有必要进一步讨论位于红外区域的光纤以及光纤放大器。

　　PbSe 量子点的荧光辐射波长位于红外波带,其特点是辐射谱的 FWHM 很宽,接近于 200nm,而这正是宽带光纤放大器所需的。研究表明,PbSe 量子点的交换能和库仑相互作用可以忽略,电子-声子的耦合作用很弱,因此,谱结构比较简单,量子效率或发光效率会很高。更重要的是,PbSe 的带隙不依赖于温度,或者说由 PbSe 构成的器件的温度稳定性会很好,这对于实际器件的制备是十分有利的。下面以单掺杂 PbSe 量子点为例对 PbSe 量子点构成的光纤放大器进行介绍。

掺杂有单掺杂和多掺杂,多掺杂又可以分为同种类多粒度掺杂和不同种类的掺杂。为了简明起见,先仅讨论单掺杂,即认为掺杂物为单种类、粒径一致的 PbSe 量子点。多掺杂情况放到 8.6 节进行讨论。

8.3.1　基本工作原理

图 8.3.1 为最简单的量子点掺杂的光纤放大器(quantum dot doped fiber amplifier,QDFA)的结构图。图中,WDM(wavelength division multiplexing)为波分复用器,未画出放在 QDFA 前后用于防止光反射的隔离器。信号光和激励光输入WDM,从 WDM 输出到量子点光纤(QDF)中,信号光在 QDF 中被激励后输出。在 QDF 中,为了能看出量子点的作用,仅用 PbSe 量子点代替 EDFA 中的铒离子,其余没有发生变化。

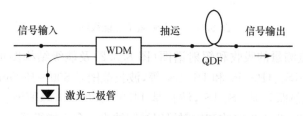

图 8.3.1　QDFA 结构示意图

图 8.3.2 为实验测量的直径为 5.5nm 的 PbSe 量子点的吸收和辐射谱。由图可见,它的辐射峰和吸收峰分别位于 1630nm 和 1550nm。根据实验样品的量子点

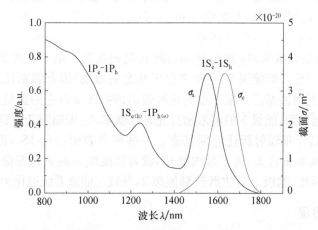

图 8.3.2　直径为 5.5nm 的 PbSe 量子点的吸收和辐射谱[16]

掺杂浓度、光程等，由 Beer-Lambert 定律[式(5.4.70)]可得到吸收截面峰值的大小。图 8.3.2 中，PbSe 量子点的吸收截面峰值高达 $3.59 \times 10^{-20} \, m^2$，比通常的 Er^{3+} 的截面高 4~5 个量级，这主要是因为 PbSe 颗粒的直径(约 5.5nm)比 Er^{3+} 大很多。其实，高的辐射截面对获得高增益是有利的。

人们对 PbSe 量子点的电子态已经有了比较详细的研究，利用四波带包络函数，计算得到的 PbSe 量子点最低能级如图 8.3.3(a)所示。图中的粗实线是辐射，虚线是吸收，细实线是无辐射跃迁，E_g 是带隙能，室温下等于 0.278eV。

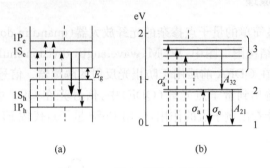

图 8.3.3　PbSe 量子点能级图

根据量子点测量的吸收和辐射谱图(图 8.3.2)及能级结构图可知，吸收跃迁是 $1S_e$-$1P_h$、$1P_e$-$1S_h$、$1P_e$-$1P_h$ 和 $1S_e$-$1S_h$ 等，波长范围是 800~1800nm，峰值波长位于 1550nm。辐射跃迁是 $1S_h$-$1S_e$，波长是 1450~1800nm，峰值波长位于 1630nm。根据图 8.3.2 和图 8.3.3，吸收和辐射可以被归纳为一个三能级系统，如图 8.3.3(b)所示。图中能级 3 包含一个能级组，能级 2 包含两个精细结构，分别对应于辐射峰和第一吸收峰($1S_e$-$1S_h$)。

在 QDFA 中，泵浦光通常位于短波长的区域。量子点通过吸收泵浦能量(吸收截面为 $\sigma_{a,a'}$)而被激励到上能级 2 和 3，对应于 $1S_e$-$1P_h$、$1P_e$-$1S_h$ 和 $1P_e$-$1P_h$ 等。能级 2 通过两条通道直接跃迁回基态：一条是通过辐射，辐射概率正比于辐射截面 σ_e；另一条通道是以概率 A_{21} 通过非辐射跃迁返回基态。由于只观测到单辐射峰(图 8.3.2，$1S_e$-$1S_h$)，即能级 3(主要来自于基态的激励)因奇偶跃迁选择定则，不能直接通过辐射返回基态。量子点的这种辐射谱特征来自它的强量子限约束，因此，可以合理地认为，能级 3 的消激励首先是以概率 A_{32} 无辐射跃迁到能级 2，然后通过其他的辐射/非辐射跃迁返回基态。一些研究表明：$1P_h$-$1S_h$(即能级 3 和 2 之间)的跃迁概率非常大，属于带内跃迁，或者说能级 3 的荧光寿命非常短，$\tau_3 = 1/A_{32} \leqslant 4ps$，因此，能级 3 很快跃迁到能级 2，导致三能级系统退化为二能级系统。

8.3.2　速率方程

这里采用三能级系统。仅考虑一维情况，即认为粒子数密度沿光纤径向分布是均匀的,光强仅沿传播的 z 方向有变化。

对于光纤中的光功率传输,采取与第 7 章略微不同的方式来进行处理。第 7 章中采用的是不分频率,只区分信号光、泵浦光和自发辐射光,来分别建立三个功率传播方程。其实,在光纤中传播的无论是信号光、泵浦光还是自发辐射光,都具有一定的带宽,各自可能含有许多频率。可以按频率或波数将光进行分解,在某一个频率上,可能含有信号光、泵浦光和自发辐射光成分,但各个频率之间相互独立,或者不考虑光纤色散、非线性效应以及由此造成的频率串扰。这样,就能写出某一独立频率的功率传输方程。考虑波带内的所有频率,就可以得到各个频率的功率传输、带宽以及随频率改变的噪声系数,从而得到总功率、总带宽和噪声谱。

光纤中沿轴向传播的频率为 ν_k 的光功率 P_k 的传输方程为

$$\frac{\mathrm{d}P_k(z)}{\mathrm{d}z} = u_k\sigma_k^e\int_0^R I_k^{(n)}(r)n_2(z)\big[P_k(z)+mh\nu_k\Delta\nu_k\big]2\pi r\mathrm{d}r$$

$$-u_k\sigma_k^a\int_0^R I_k^{(n)}(r)n_1(z)P_k(z)2\pi r\mathrm{d}r - u_k l_k P_k(z) \quad (8.3.1)$$

式中,前向泵浦时取 $u_k=+1$,后向泵浦时取 $u_k=-1$;σ_k^e 是频率为 ν_k 的辐射截面;σ_k^a 是频率为 ν_k 的吸收截面;$I_k^{(n)}$ 是光场的归一化横模,这里仅考虑是单模;n_1 和 n_2 分别为下、上能级的粒子数密度;l_k 是光纤损失;$\Delta\nu_k$ 是有效噪声带宽;m 是单模的模数;$mh\nu\Delta\nu_k$ 是自发辐射对光功率的贡献;R 为光纤纤芯半径。式(8.3.1)右边的第一项是辐射的贡献,第二项是吸收损失项,第三项光纤的附加损失,包括散射损失等。

式(8.3.1)实际包含了三个独立的方程,分别关于泵浦光、信号光和 ASE 噪声功率。对于某一频率 ν_k,可能含有信号和噪声成分,但是由于泵浦波长位于远离信号波带的短波长区(如 980nm),泵浦频率中没有信号光成分。此外,噪声有两个偏振方向,因此取 $m=2$。对于泵浦和信号,取 $m=0$。噪声系数与信号光增益、辐射-吸收截面有关,噪声系数和噪声带宽的确定如第 7.5 节所述。

基态能级粒子数密度变化的速率方程为

$$\frac{\mathrm{d}n_1}{\mathrm{d}t} = -\sum_{k=k_0}^{k_M}\frac{P_k(z)I_k^{(n)}(r)\sigma_k^a}{h\nu_k}n_1(z) + \sum_{k=k_1}^{k_M}\frac{P_k(z)I_k^{(n)}(r)\sigma_k^e}{h\nu_k}n_2(z)$$

$$+A_{21}n_2(z) + \frac{P_p(z)I_p^{(n)}(r,\varphi)\sigma_p^e}{h\nu_p}n_3(z) \quad (8.3.2)$$

式中,$k_0(k_1)$ 对应于最短的吸收(辐射)波长;k_M 对应于吸收和辐射的最长波长;求和 $\sum_{k=k_0}^{k_M} = \sum_{k=k_0}^{k_1} + \sum_{k=k_1}^{k_M}$;$h$ 是普朗克常量;A_{21} 是能级 $2\to1$ 的非辐射跃迁概率;n_3 是能级 3 的粒子数密度;下角标 p 表示泵浦。右边的第一项是吸收损失,包括能级 $1\to2$

和 $1 \rightarrow 3$，相应的吸收截面是 σ_a 和 σ'_a；第二项来自辐射，辐射截面是 σ_e；第三项是能级 2 引起的非辐射跃迁；最后一项是来自能级 3 的跃迁，跃迁截面是 σ_p^e。实际上，泵浦通常位于远离信号波长的短波长区，因此最后一项可以忽略，即可取 $\sigma_p^e = 0$。

能级 2 的粒子数密度变化的速率方程为

$$\frac{dn_2}{dt} = \sum_{k=k_1}^{k_M} \frac{P_k(z)I_k^{(n)}(r)\sigma_k^a}{h\nu_k}n_1(z) - \sum_{k=k_1}^{k_M} \frac{P_k(z)I_k^{(n)}(r)\sigma_k^e}{h\nu_k}n_2(z) - A_{21}n_2(z) + A_{32}n_3(z)$$

(8.3.3)

式中，A_{32} 是 $3 \rightarrow 2$ 的非辐射跃迁概率。由粒子数密度守恒定律，总量子点数密度 $n_q = n_1 + n_2 + n_3$。在稳态近似下，由式(8.3.3)可得粒子数密度之比为

$$\frac{n_2}{n_q} = \frac{A_{32}}{\displaystyle\sum_{k=k_1}^{k_M} \frac{P_k I_k^{(n)}\sigma_k^e}{h\nu_k} + A_{21} + A_{32} - \left(\sum_{k=k_1}^{k_M} \frac{P_k I_k^{(n)}\sigma_k^a}{h\nu_k} - A_{32}\right)\frac{n_1}{n_2}}$$

(8.3.4)

类似地，由式(8.3.2)和式(8.3.4)，可得另一个数密度之比为

$$\frac{n_1}{n_2} = \frac{\left(\displaystyle\sum_{k=k_1}^{k_M} \frac{P_k I_k^{(n)}\sigma_k^e}{h\nu_k} + A_{21}\right)\left(\frac{P_p I_p^{(n)}\sigma_p^e}{h\nu_p A_{32}} + 1\right)}{\displaystyle\sum_{k=k_0}^{k_M} \frac{P_k I_k^{(n)}\sigma_k^a}{h\nu_k} + \frac{P_p I_p^{(n)}\sigma_p^e}{h\nu_p}\sum_{k=k_1}^{k_M} \frac{P_k I_k^{(n)}\sigma_k^a}{h\nu_k A_{32}}}$$

(8.3.5)

如果给定参数 $I_k^{(n)}$、σ_k^e、σ_k^a、A_{21}、A_{32} 和 l_k，通过数值求解式(8.3.1)、式(8.3.4)和式(8.3.5)，即可获得沿 z 轴传播、频率为 ν_k 的光功率。这里，光模分布 $I_k^{(n)}$ 可取为零阶贝塞尔函数(仅考虑单模情况)，σ_k^e 和 σ_k^a 见图 8.3.2，$1/A_{32} \leqslant 4\,ps$。对于跃迁概率 A_{21}，有不同的实验数据报道，例如，$1/A_{21} = 0.88, 0.3, 0.138\,\mu s$[17-19]。这里，选用中间值 $0.3\,\mu s$。此外，光纤损失因子 l_k 除了光纤本身的损失，还包括散射损失。

在 5.3 节中，讨论了非均匀介质中的消光问题。消光主要是由散射和吸收造成的。在两个近似下：①散射体为球形；②散射体的尺寸远小于入射波长，则散射为瑞利散射。对于直径为 5.5nm 的球形 PbSe 量子点，瑞利散射截面远小于吸收截面，即散射可以被忽略，消光主要来自吸收。

将信号波长从 k_0 开始扫描到 k_M(1450～1800nm)，扫描间隔 $\Delta\lambda_k = 1nm$。泵浦波长位于该波长扫描区间的最低波长，可以获得 QDFA 的信号增益、带宽和噪声系数。这样的建模基于两点假设：①光纤满足弱导近似；②信号光为单模(选择合适的折射率差 $\Delta n \equiv 0.0063$ 和小的纤芯半径 $R \equiv 4.1\,\mu m$，以便与目前通用的光纤参数进行比较)。表 8.3.1 是计算所涉及的参量。为了比较，信号功率、纤芯半径

和折射率差采用与 EDFA[20] 相同的数据。

表 8.3.1　QDFA 计算中所需的参量

泵浦功率 P_p/mw	信号功率 P_s/dBm	纤芯半径 R/μm	折射率差 Δn	QD 浓度 n_q/m^{-3}	光纤长度 L_f/m	光纤损失 l_k/(dB·m^{-1})
500	-30	4.1	0.0063	2.17×10^{22}	1.36	0.03

在表 8.3.1 中,QDFA 的量子点掺杂浓度很低(2.17×10^{22} m^{-3}),而在通常的 EDFA 中,掺杂浓度为$(1\sim10)\times10^{24}$ m^{-3}。实际上,这样的低浓度掺杂有利于避免在高浓度掺杂中发生的上能级转换效应。研究表明,掺杂浓度越高,增益越高,而带宽越窄。表 8.3.1 中浓度参量的选择同时考虑了增益和带宽两个方面。此外也尝试了几个不同的泵浦功率,这里选 $P_p=500$mw 是为了获得与 EDFA 相近的增益。这里的 500mW 与常规的 EDFA 相比是一个很大的功率,EDFA 通常只需几十毫瓦即可。QDFA 需要高的泵浦功率,这是因为量子点的荧光寿命非常短(0.3μs),远低于 Er^{3+} 约 10ms 的寿命,使得粒子数很难在上能级 2 中得到积累。

8.3.3　结果与分析

图 8.3.4 为在光纤长为 1.36m 处的信号增益随波长的变化。图中,-3dB 带宽为 $45\sim55$nm,增益峰值为 $15.4\sim37.5$dB。在 1480nm 泵浦下,带宽为 50nm,增益为 20.2dB,增益峰值波长处的噪声系数为 7.3dB(见图 8.3.5,其中泵浦波长 λ_p 从 1460nm 增加到 1580nm,波长间隔 $\Delta\lambda_p=20$nm)。另外,泵浦波长越短,带宽越宽,信号增益越低;反之亦然。

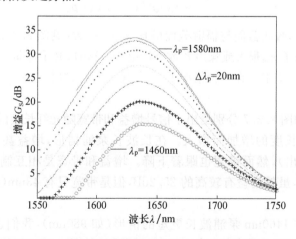

图 8.3.4　信号增益随波长的变化(在光纤长 1.36m 处)

噪声系数在 $1630\sim1710$nm 处显示出平坦的特征(图 8.3.5),大小为 $3\sim4$dB。

在短波长区,噪声系数明显增加,尤其是对于长波长泵浦情形。源于自发辐射和传播的随机波动的噪声,与辐射-吸收截面密切相关。由 7.5 节可知,噪声系数的表达式为

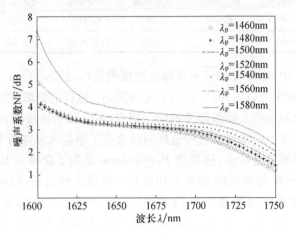

图 8.3.5　噪声系数随波长的变化(在光纤长 1.36m 处)

$$NF(\lambda, z) = \frac{1 + 2n_{sp}(\lambda, z)\left[G(\lambda, z) - 1\right]}{G(\lambda, z)} \qquad (8.3.6)$$

式中,自发辐射因子

$$n_{sp} = \frac{1}{1 - \dfrac{\sigma_s^a(\lambda)}{\sigma_s^e(\lambda)}\dfrac{\sigma_p^e(\lambda)}{\sigma_p^a(\lambda)} - \dfrac{\sigma_s^a(\lambda)}{\sigma_s^e(\lambda)}\dfrac{P_{th}}{p_p}} \qquad (8.3.7)$$

在短波长区,吸收截面与辐射截面的比 σ_s^a/σ_s^e 很大(见图 8.3.2),使得短波长区的自发辐射因子 n_{sp} 很大或噪声系数 NF 很大。这时,光子能量几乎都被量子点吸收,而没有光子辐射。在这种情况下,信号增益 G_s 只维持在一个较低的水平上,甚至趋近于零。

图 8.3.6 和图 8.3.7 分别给出了信号增益和带宽随光纤长度的变化。由图可知,增益随光纤长度的增加而增大。在长波长泵浦情形,增益甚至可以达到约60dB(图中未画出),然而带宽也跟着下降。增益和带宽是相互制约的,例如,在1480nm 泵浦下,虽然增益有较高的 25.2dB,但是带宽只有 43nm(在光纤长 $L_f = 2.36$m 处)。

对于比图中 1460nm 泵浦波长更短的情形(如 980nm),我们也进行了计算。结果表明,它们的增益带宽都不如 1460nm 泵浦的情况,这里不再罗列。表 8.3.2 给出了 EDFA(经过优化的)和本章得到的 QDFA 的性能比较。

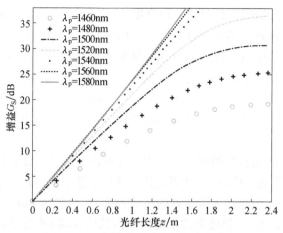

图 8.3.6　信号增益随光纤长度的变化

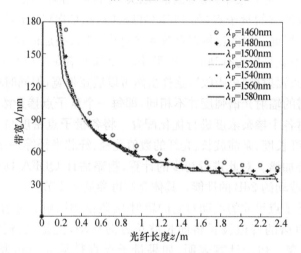

图 8.3.7　带宽随光纤长度的变化

表 8.3.2　优化的 EDFA[20] 和本章得到的 QDFA 的性能比较

类别	有效带宽	增益峰值波长 λ_p/nm	带宽 Δ/nm	增益 G_s/dB	噪声系数 NF/dB
QDFA	L 波带	1635	50	20	7.2
EDFA	C 波带	1550	25~30	30	3.55

通常,优化后的单光纤 EDFA 的带宽为 25~30nm,信号增益为 30dB,噪声系数为 3.55dB[20]。作为比较,QDFA 的优势是它的宽带宽,缺点是噪声较差。然而,PbSe 量子点极短的荧光寿命(0.3μs)也使得 QDFA 的增益与 EDFA 相比并不突出。这个比较其实并不公平,因为 EDFA 是优化后的,而 QDFA 并没有进行优化。

随着光纤长度的增加,信号增益也会增加(图 8.3.6)。毫无疑问,如果 QDFA 经过优化,则其性能将会得到改进。但是,对 QDFA 进行优化会涉及许多问题,如目标函数的确定、量子点浓度、光纤长度、泵浦波长和功率等。这些参量对 QDFA 的性能都将产生影响,使问题变得相当复杂。全面提高 QDFA 的性能,需要采用全局优化的方法,在此不再详细描述。作为一个粗略的估计,对于约 1m 的光纤长度,QDFA 的带宽可以达到 50~60nm,增益为 20~30dB,这些需要将来进一步研究和验证。

另外,QDFA 的增益峰值波长约为 1635nm(图 8.3.4),属于 L 波带,而常规的 EDFA 在 L 波带无法工作,这个特点是因为 PbSe 量子点(直径为 5.5nm)的辐射波长位于 1630nm。如果掺入量子点的尺寸稍小,如直径为 5nm,它的辐射峰值波长为 1400nm(表 1.3.3),将使增益带宽向短波长区移动;或者说,QDFA 的有效工作波长区(C 波带还是 L 波带,或 S 波带)取决于所掺入量子点的尺寸。

不同尺寸或种类的量子点(如 PbS、CdTe、CdSe、CdS)具有不同的辐射-吸收谱。如果将它们根据一定的比例混合掺入光纤中,那么叠加的辐射谱将变得比较平坦,这对展宽带宽是极为有利的。然而,每一个辐射谱在波长上都将与其他的吸收谱相重叠,导致辐射被"再吸收",这样虽然可以展宽带宽,但同时增益也被限制。非均匀展宽所需的辐射光谱强度并不相同,即每一个量子点掺杂浓度并不正好相等,因此,需要对各个掺杂浓度进行优化配置。将各量子点密度与 QDFA 的其他相关参数(如光纤长度、泵浦波长、光纤的数值孔径、纤芯半径等)一起进行优化,可以得到理想的叠加谱。对此进行初步的计算,粗略估计 QDFA 具有约 500nm 带宽、波带内增益波动约 2dB 的性能。具体介绍可参见 8.4 节。

下面讨论量子点尺寸的波动对它的辐射-吸收谱的影响。随着量子点直径的增加,吸收-辐射谱的峰值波长将向长波长方向移动,但是,它们的谱线线型或 FWHM 保持不变。初步计算表明,如果量子点直径从 5.5nm 增加到 7nm,则 QDFA 的增益峰从 1630nm 移动到 1810nm;如果量子点粒度分布离散化,则辐射谱的 FWHM 可以被展宽,结果 QDFA 的带宽也可以被展宽,而中心信号增益则受限。

最后需要估计引入"大直径"(相对于原子)的量子点后的掺杂体积比。对于球形量子点,在表 8.3.1 中掺杂密度($2.17 \times 10^{22} \, m^{-3}$)的情况下,掺杂体积比很小($\xi \approx 0.2\%$),因此,这里所述的掺杂可视为通常的低浓度掺杂。

8.3.4　结论和展望

本节提出了用 PbSe 量子点掺杂的量子点光纤放大器(QDFA)的概念。根据实测的吸收-辐射谱,建立辐射跃迁的三能级系统。来自 PbSe 块材料的高折射率和量子点纳尺寸效应的散射损失远小于吸收,因此,在低掺杂浓度下,散射可以被忽略。这里提出的 QDFA 可以很好地在 L 波带区工作,具有比常规 EDFA 的带宽更宽、噪声更低的优点。初步计算表明,用不同尺寸的量子点掺杂,QDFA 的有效带宽可以扩展到 C 波带甚至 S 波带。因此,合理优化配置多掺杂的 QDFA 有可能极大地扩展增益带宽。

作为一个潜在的竞争者,PbSe 掺杂的 QDFA 尚需考虑和解决的问题是它的短荧光寿命而导致的增益受限。另外,目前 PbSe 量子点的价格相当昂贵,即使在实验室中证明了它的种种优势,其价格也会妨碍它的工业推广和商用应用。将来在商用阶段,也许可以将量子点直接生成在玻璃寄主中,做成量子点光纤棒,再通过高温光纤拉制的方法来制备量子点光纤,与目前已有的光纤技术相容,从而使量子点光纤及其放大器进入实用阶段。

毫无疑问,QDFA 的成功在很大程度上依赖于量子点的成功。本书介绍的工作将开启一扇崭新的光纤放大器之窗,推动光纤通信技术的发展。

8.4　多粒度掺杂 PbSe 量子点光纤放大器

8.4.1　引言

前面介绍了单掺杂 PbSe 的 QDFA,包括 PbSe 量子点的能级结构、光谱特性,以及 QDFA 的增益、带宽和噪声谱等。实际上,更有希望的可能是多掺杂或者宽粒径分布的掺杂情况,这与量子点激光器希望有窄的辐射峰的情况正好相反。对于多掺杂情况,由于不同种类的辐射谱和吸收谱相互重叠,会发生某一种量子点的辐射光被其他种类的量子点重新吸收(再辐射等)的现象。于是,放大器的增益带宽将与光纤的长度有更密切的关系。在非均匀多掺杂背景下,将会得到非均匀增益的超宽带。由于增益谱与各量子点的相对浓度有关,可以通过改变各种量子点的相对浓度来调整所需的增益谱,有可能构成更平坦、高增益和超宽带的全波带放大器。此外,在多掺杂的情况下,一个更大的好处是只需一个泵浦源或泵浦波长,因为不同粒度的量子点在短波长区都有很高的连续吸收截面,一个泵浦波长可以同时泵浦不同的量子点。对于多种稀土元素掺杂的光纤放大器,一般需要多个泵浦源或泵浦波长,从而增加了成本和系统的复杂性。

多掺杂可以分为两类,一类是不同尺寸、相同种类(如都是 PbSe)的量子点的多粒度掺杂,其叠加的辐射谱可以覆盖 1200～2340nm(表 1.3.3);另一类是不同种类的 PbSe、CdSe、CdTe 和 CdS 等量子点的共掺杂。无论哪一种掺杂,总量子点浓度都为各量子点浓度的线性叠加,其辐射和吸收截面亦为在宽波带范围上的线性叠加。

8.4.2　能级和叠加谱

直径为 5.5nm 的量子点的光谱如图 8.3.2 所示,图中也标出了根据吸收-辐射谱观测得到的能级跃迁。对于其他尺寸的量子点,辐射和吸收谱的规律与

图 8.3.2 类似,区别在于它们的辐射和吸收的峰值波长不同,或者在谱图上表现出辐射和吸收峰波长区的平移。量子点的尺寸越大,峰值波长越长;量子点的尺寸越小,峰值波长越短。

在多粒度掺杂情况下,平均截面定义为

$$\sigma_{e,a} = \frac{\sum_i \sigma_{e,a}^i}{N_d} \qquad (8.4.1)$$

式中,N_d 是掺杂数。图 8.4.1 和图 8.4.2 分别给出了三掺杂情况下的吸收截面和平均截面以及三者叠加后的辐射截面和平均截面,相应量子点的直径分布为 $D_q = [5.5 \pm (5\% \sim 10\%)5.5]$nm。峰值截面为 7.54×10^{-20} m²,与图 8.3.2 一致。峰-峰波长间隔是 $\Delta\lambda^{pp} = \pm 100$nm,图中的黑实线为三者平均的平均截面 $\sigma_{e,a}$。

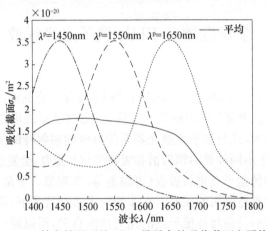

图 8.4.1　三掺杂情况下的 PbSe 量子点的吸收截面和平均截面

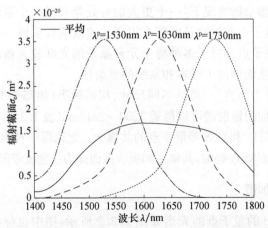

图 8.4.2　三掺杂情况下的 PbSe 量子点的辐射截面和平均截面

平均吸收截面曲线通过叠加后变得很平坦,第一吸收峰已经消失。辐射截面叠加后,辐射峰的 FWHM 被展宽到约 300nm,为单量子点情形的两倍。对于两种或四种不同直径的量子点的掺杂(两掺杂或四掺杂),叠加谱类似于三掺杂情况。显然,如此宽的 FWHM 有利于形成宽带激子和辐射,这里,叠加谱宽的 FWHM 可以看成决定 QDFA 带宽的一个关键因素。

采用三能级系统,能级速率方程与 8.3.2 节相同。在方程中,使用叠加的截面,量子点密度用平均总密度代替。掺杂物的尺度远小于入射波长($D_q/\lambda=5.5/1550\ll1$),属于瑞利散射,若掺杂浓度 n_q 约为 $1\times10^{21}\,\mathrm{m}^{-3}$,则掺杂体积比 $\xi=n_q\dfrac{4\pi}{3}\left(\dfrac{D_q}{2}\right)^3\approx0.01\%$,因此,散射损失可以忽略。

信号波长扫描的范围是 $1400\sim1800\mathrm{nm}$,间隔为 1nm,泵浦波长位于 980nm,只对前向泵浦进行计算。在稳态条件下,功率传播方程(8.3.1)退化为代数方程,因此,可以用解矩阵方程的方式求数值解。表 8.4.1 给出了用到的多掺杂 QDFA 的工作参数。

表 8.4.1　多掺杂 QDFA 的工作参数

泵浦功率 P_p/mw	泵浦波长 λ_p/nm	输入信号功率 P_s/dBm	纤芯半径 $R/\mu\mathrm{m}$	相对折射率差 Δn	光纤损失 $l_k/(\mathrm{dB\cdot m^{-1}})$
300	980	-20	4.0	0.0061	0.03

8.4.3　结果与分析

为了获得希望的增益带宽,有必要选取合适的量子点掺杂浓度 n_q。研究表明,增益正比于 n_q,但带宽反比于 n_q。这里选 $n_q=\sum_{i=1}^{N_d}n_{qi}=1.0\times10^{21}\,\mathrm{m}^{-3}$,该密度数值经初步计算,证明是合适的,可以兼顾增益和带宽两个方面。假定每个 n_{qi} 相同,空间均匀分布。另外,由于叠加谱与各个量子点自身的谱峰位置有关,参考表 1.3.3 中的量子点峰值波长测量的误差范围,选择该误差范围为这里的峰-峰间隔,$\Delta\lambda^{pp}=\pm100nm$,这样,叠加后的谱如图 8.4.1 和图 8.4.2 所示。

表 8.4.2 给出了多掺杂 QDFA 的计算结果,其中 Δ' 是通常定义的 $-3\mathrm{dB}$ 带宽,Δ 是 $-1\mathrm{dB}$ 带宽(平坦带宽)。优化 EDFA 的有关参量列于表中的最下面一行,其中铒离子浓度 $n_{Er}=6.43\times10^{19}\,\mathrm{cm}^{-3}$($\gg n_q=1\times10^{14}\,\mathrm{cm}^{-3}$),输入信号功率为 $-30\mathrm{dBm}$,泵浦 $50\mathrm{mW}$[20]。表中的噪声是对应于最大增益波长处的噪声,噪声系数由式(8.3.6)确定。

表 8.4.2　多掺杂 QDFA 的计算结果

掺杂数 N_d	光纤长度 L_f/m	等效斯托克斯频移 $\Delta\lambda_s$/nm	−3dB 带宽 Δ'/nm	−1dB 带宽 Δ/nm	信号增益 G_S/dB	噪声系数 NF/dB
1	0.18	80	62	32	20	7.53
2	0.28	185	122	75	20	7.37
3	0.44	207	200	120	20	7.32
4	0.88	190	277	57	20	7.33
EDFA[20]	—	—	30	—	33.5	3.55

由表 8.4.2 可见,多掺杂 QDFA 的带宽明显比单掺杂的宽,对掺杂数 N_d 为 2、3、4 三种情况,分别达到 122nm、200nm、277nm,其提高的倍数正好等于掺杂数 N_d。平坦带宽 Δ 与等效斯托克斯频移 $\Delta\lambda_s$ 密切相关,例如,$\Delta = 75$nm,120nm,57nm 分别对应于 $\Delta\lambda_s = 185$nm,207nm,190nm。最大平坦带宽是 $\Delta = 120$nm,相应的斯托克斯频移也最大,$\Delta\lambda_s = 207$nm(对于 $N_d = 3$)。虽然叠加谱变得平坦,但是对照图 8.4.1 和图 8.4.2 可知,在辐射峰波长附近,大的斯托克斯频移所对应的辐射与吸收之比也大,这对于产生更多的激子是很有利的。

等效斯托克斯频移 $\Delta\lambda_s$ 与掺杂数 N_d 和峰-峰间隔 $\Delta\lambda^{PP}$ 有关,而峰-峰间隔 $\Delta\lambda^{PP}$ 又与粒度分布有关。在峰-峰间隔不变的情况下,并非掺杂数 N_d 越大,等效斯托克斯频移 $\Delta\lambda_s$ 就越大(见表 8.4.2 中的 $N_d = 4$ 的情况)。实际上,人们制备出的量子点不可能是单一直径的,它有一个粒径分布。连续的粒径分布相当于有很多掺杂数,即对于宽带的 QDFA,也并非粒径分布越宽越好。粒径的宽分布最终应该形成宽的斯托克斯频移,宽的斯托克斯频移是一个关键。

斯托克斯频移与量子点的种类有关。在制备或选用量子点的过程中,寻找大的斯托克斯频移、放弃小的斯托克斯频移的量子点,是研制宽带宽 QDFA 所应当遵循的原则。

当总密度一定时,平均辐射和吸收截面随掺杂数 N_d 的增加而变小,因此,所需的光纤长度 L_f 随着掺杂数 N_d 的增加而增加(表 8.4.2)。QDFA 合适的光纤长度总是比 EDFA 的短,这是由于量子点的截面比铒离子的截面要大约五个量级,在相同浓度下量子点的激励作用比铒离子要大很多。

图 8.4.3 给出了三掺杂时在光纤长度 L_f 处的增益和噪声谱随波长的变化。图中在两条竖直线之间的区域是 −1dB 增益区,达到了 120nm,并从两端分别延伸到 C 波带和 L 波带区。在感兴趣的波长区噪声谱始终维持在 3.3dB,显示出极低的平坦的噪声特性。

图 8.4.4 显示了三掺杂时增益和带宽随光纤长度的变化,其中 1595nm 处有最大增益。由图可见,增益随光纤长度的增加而增加,带宽的情况则正好相反,这

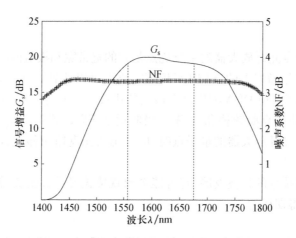

图 8.4.3 三掺杂时在光纤长度为 L_f 处的增益和噪声系数随波长的变化

再一次说明增益和带宽是一对相互制约的矛盾体。这里定义因子 $GB \equiv \sqrt{G_s \Delta}$，用来描述放大器的增益带宽特性。由图中的数据可以推出，GB 值趋近于恒量 500（除了图中的第一个点）。因此，增益与带宽之间的关系可以简单地用 GB 因子来估算。

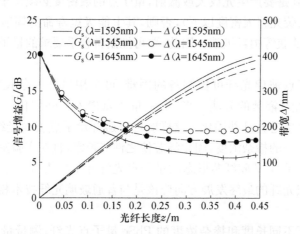

图 8.4.4 三掺杂时增益和带宽随光纤长度的变化

这里讨论的多掺杂 QDFA 是未优化的。显然，如果进行优化，它的技术性能将会有大的提升。多掺杂 QDFA 的优化问题超出了这里的范畴，相关工作有待于今后的进一步努力。作为一个初步计算，如果能将多掺杂 QDFA 的增益控制在 20～30dB，则它的 −1dB 平坦带宽可以达到 200～300nm，两端延伸到 S 波带和 L 波带，形成 S-C-L 全波带的理想工作区域。

8.4.4　结论

多掺杂量子点光纤放大器的主要优点是它的宽带宽和极低的噪声。即使没有优化,它在20dB增益以上的−1dB平坦带宽仍然可以达到120nm,噪声系数低至7.3dB,与目前常规的EDFA相比具有极大的优势。在所有影响QDFA带宽的因素中,量子点的斯托克斯频移和其辐射-吸收谱的FWHM是关键。因此,在制备用于宽带量子点光纤放大器的量子点时,应选用斯托克斯频移大、FWHM大的量子点。

随着量子点技术的日益发展,有可能会出现覆盖S-C-L全波带的量子点光纤放大器,这是值得期待的。

8.5　PbSe量子点近红外宽带光纤放大器的实验实现

对于PbSe、PbS量子点掺杂的光纤放大器(QDFA),目前主要集中在理论研究和数值模拟上,虽然也有少量的量子点掺杂玻璃光放大的实验观测,但关于光纤形态QDFA的实验报道很少。究其原因,估计是玻璃基质的量子点光纤的可控制备比较困难,尤其是要产生光放大或激射,量子点的数密度必须位于合适的密度区(激励阈值以上、荧光猝灭密度以下),否则,其上能级短寿命的辐射跃迁将很快被俄歇弛豫、表面捕获等损耗抵消。因此,要可控制备合乎要求的量子点玻璃光纤是相当困难的。

要避开量子点玻璃光纤可控制备的困难,可采用另外一条技术路线来实现QDFA,即空芯光纤灌装的方法。将PbSe量子点掺入紫外固化(UV)胶中,将量子点UV胶灌入空芯光纤并固化。这样既可以避开量子点玻璃光纤制备的困难,又能随意控制所需的掺杂浓度,固化纤芯使之性能稳定,且在实验室容易实现。

需要指出的是,UV胶纤芯形态的量子点光纤并不代表今后量子点光纤的发展方向。量子点光纤的最终发展方向应该是与普通玻璃光纤技术相兼容的量子点玻璃光纤。

这里制备了不同长度和掺杂浓度的PbSe量子点光纤,测量量子点以及光纤的吸收谱和辐射谱,并由此确定合适的光纤长度和掺杂浓度;搭建了全光纤量子点光纤放大器的结构,以980nm激光器为泵浦,在中心波长为1310nm的1250~1370nm宽带区实现了信号光的放大。实测表明,QDFA的平坦增益、平坦带宽和噪声等关键技术指标均优于传统的EDFA。

由于光纤放大器的增益、带宽等关键技术参量与量子点的掺杂浓度、光纤长度、泵浦功率和耦合效率等许多因素有关,这里没有对这些参量进行优化。参量优化的工作有待于今后进一步开展。本节实现的QDFA为DWDM系统中的光纤放大器提供了一种与增益移动掺铒光纤放大器在通信波带短波长区相接的可行的技术方案。

8.5.1 实验

1. PbSe 量子点光纤放大器的构成

实验装置如图 8.5.1 所示。QDFA 由 980/1310nm 波分复用器（WDM）、PbSe 量子点光纤（QDF）、1310nm 双级光隔离器（ISO）组成。其中，WDM 为单模（9/125μm，纤芯/包层）尾纤输出，并与 QDF 在 C 点连接。QDF 为多模光纤（50/125μm，纤芯/包层，图中以粗实线表示），纤芯本底为掺 PbSe 量子点的 UV 胶。中心波长为 1310nm 的双级 ISO 采用单模（9/125μm，纤芯/包层）尾纤输出，隔离度大于 55dB，使光沿正方向传播，避免反向传输产生干扰。泵浦源采用带单模（9/125μm，纤芯/包层）尾纤输出的 980nm 半导体激光器（laser diode，LD），其中心波长约为 976nm，最大输出功率为 500mW。信号源采用 1310nm SLED 宽带光源，中心波长为 1316nm，3dB 带宽为 91nm，最大输出功率为 10mW。

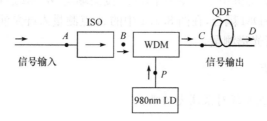

图 8.5.1　QDFA 实验装置图

宽带信号光经过连接点 A 进入 ISO，在 B 点与 WDM 尾纤连接。980nm 泵浦光通过尾纤在 P 点进入 WDM，再与信号光一起通过 C 点进入 QDF。QDF 为增益光纤，信号光经过 QDF 之后得到放大，经过 D 点输出。实测的信号光从 A 点到 C 点的传输损耗为 3.48dB，980nm 泵浦光从 P 点到 C 点的传输损耗为 2.04dB。本书后面提到的泵浦功率均指在经过 C 点之后测得的实际入纤泵浦功率。

2. 量子点光纤的制备

实验所采用的 QDF 为自行设计制备。采用的 PbSe 量子点分散于正己烷中，初始质量浓度为 25mg·mL^{-1}，由青岛星汉纳米科技有限公司提供。采用的 UV 胶为 Norland NOA-61 型，其固化收缩率极低，折射率略高于光纤包层。

实验中，先用微量移液器（法国 Gilson 公司生产）取出不同体积的原 PbSe 量子正己烷溶液，与一定量的 UV 胶同时置于 R-1020 型旋转蒸发仪中。根据沸点差异，对其进行隔氧（持续通入氩气）蒸发。将正己烷蒸发掉的同时，使量子点溶于

UV 胶中。然后,在超声振荡器中振荡使其混合均匀,配制成不同浓度的 PbSe 量子点 UV 胶溶体。为了找到量子点光纤荧光辐射谱的峰值强度与光纤长度和掺杂浓度的关系,实验制备了五种不同掺杂浓度($c_{1\sim5} = 0.4\text{mg} \cdot \text{mL}^{-1}$, $0.8\text{mg} \cdot \text{mL}^{-1}$, $2.0\text{mg} \cdot \text{mL}^{-1}$, $4.0\text{mg} \cdot \text{mL}^{-1}$, $6.0\text{mg} \cdot \text{mL}^{-1}$)的量子点 UV 胶体。取一定量的量子点 UV 胶体测量其近红外吸收谱和荧光辐射谱。吸收谱的测量采用紫外-可见-近红外分光光度计(日本岛津公司生产,UV-3600 型,可测范围为 200~2600nm,扫描精度为 1nm);荧光谱的测量采用荧光光谱仪(英国 Edinburgh Instruments 公司生产,FLS980 型,测量范围为 200~5000nm,扫描精度为 1nm)。

采用压力差方式将量子点胶体灌入空芯光纤($50/125\mu\text{m}$,纤芯/包层)。用紫外灯对光纤照射处理 5~10 min,使 UV 胶固化,制备成不同长度和掺杂浓度的固态纤芯量子点光纤。实验表明,这种固态纤芯的量子点光纤的光学光谱性能稳定,搁置一段时间后光谱没有变化,可适用于较宽的温度范围,是一种较为理想的实验室用光纤。

QDF 制备好后,对其进行荧光光谱和传光特性测量。QDF 一端做成跳线接头,另一端用光纤切割机切平。QDF 的跳线接头端与 WDM 通过适配器连接,信号光和泵浦光经 WDM 耦合,在图 8.5.1 中的 A 点测量入纤泵浦功率,经 QDF 后在图中的 B 点进行光谱测量。

8.5.2　结果与分析

1. PbSe 量子点光纤对泵浦光的吸收

图 8.5.2 为实测的 PbSe 量子点的近红外吸收谱荧光辐射谱以及 UV 胶本底的近红外吸收谱。由图 8.5.2(a)可见,量子点的吸收峰波长 $\lambda_a = 1258\text{nm}$,辐射峰波长 $\lambda_e = 1316\text{nm}$,两波峰间隔(斯托克斯频移)为 58nm。荧光谱的 FWHM 达 200nm。由于 PbSe 量子点是强约束量子点,可用修正的 Brus 公式[式(3.2.15)]通过吸收峰波长来估算量子点的粒径。结合 TEM 图的测量,估计的粒径 $d \approx 4\text{nm}$。

UV 胶在近红外的吸收很小[图 8.5.2(b)],即近红外泵浦光的能量几乎可全部被光纤中的 PbSe 量子点吸收。此外,UV 胶的折射率略大于普通光纤包层 SiO_2 的折射率从而使光在纤芯中可产生全反射,透光率很高(>95%),因此易于固化,操作方便,使实验容易成功。

PbSe 量子点的尺寸极小(约 4nm),远小于其玻尔半径(46nm,表 3.1.4),量子限域效应明显,激子出现强吸收现象,导致如图 8.5.2(a)所示的近红外波带的强吸收现象。正是这种在短波长区的连续强吸收,实验上给激励量子点的泵浦波长的选择带来了很大方便(这里使用实验室最常用的 980nm),这是用量子点来构成放大器的优点之一。

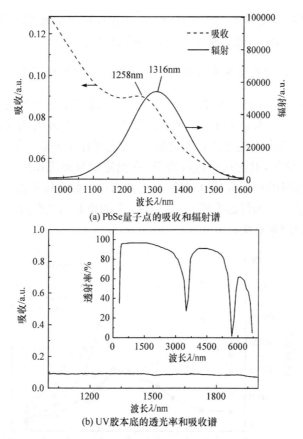

(a) PbSe 量子点的吸收和辐射谱

(b) UV 胶本底的透光率和吸收谱

图 8.5.2　实测 PbSe 量子点的近红外吸收和辐射谱以及 UV 胶本底的近红外吸收谱

QDF 对泵浦光的吸收情况如图 8.5.3 所示。在量子点掺杂浓度为 0.4~

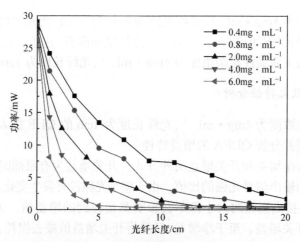

图 8.5.3　泵浦功率随光纤长度的变化

6mg·mL^{-1}、光纤长度为 1～20cm 的实验范围内，发现泵浦光随光纤长度的增加呈指数衰减。浓度越高，吸收越强，泵浦光衰减越快。

2. 量子点光纤荧光辐射光强随光纤长度和掺杂浓度的变化

图 8.5.4 显示了不同掺杂浓度下 QDF 荧光辐射峰值强度随光纤长度的变化。在掺杂浓度 $c=0.4$～6mg·mL^{-1}、光纤长度 $L_f=1$～15cm 的实验范围内，浓度越大，达到最大 PL 峰所需的光纤长度越短，两者之间存在关联。根据实验数据发现其规律为 $L_f c \equiv$ 常量，对此可以这样理解：在给定的泵浦光作用下，光纤中能够被激励到荧光上能级的粒子数是恒定的，而上能级粒子数直接与掺杂浓度相关联，即有 $\pi r^2 L_f c \equiv$ 常量 C（r 为纤芯半径）。其中，L_f 上的指数与实验规律有差别，估计与实验误差或其他因素有关。

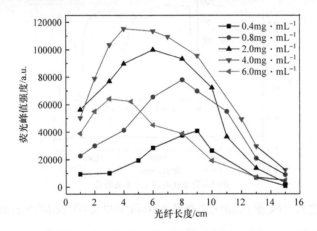

图 8.5.4　不同掺杂浓度下 QDF 荧光辐射峰值强度随光纤长度的变化

当掺杂浓度为 4mg·mL^{-1}、光纤长度为 4cm 时，QDF 荧光辐射光强最大。若掺杂浓度继续增大（例如到 6mg·mL^{-1}），光强反而降低，这主要是由荧光猝灭效应引起的。下面主要关注掺杂浓度为 4mg·mL^{-1}、光纤长度为 4cm 的情形。

3. QDFA 放大特性分析

选择量子点浓度为 4mg·mL^{-1}、光纤长度为 4cm 的 QDF 接入 QDFA 中，测量输出信号光谱并分析 QDFA 的增益特性。

增益测量有净增益和开关增益两种方式。开关增益为有泵浦时的输出信号光强与无泵浦时的输出信号光强的比值。由于整个光路没有发生变化，无论光纤背景损耗还是光纤连接点损耗的大小都不会影响测量得到的增益值。为了实验方便，下面主要讨论开关增益。至于净增益，只需将开关增益值减去损耗 3.48dB 即可。

首先，固定信号光不变，不加泵浦，此时经过放大器后输出的信号光为

图 8.5.5 所示的黑色曲线(最底下)。随后逐渐增加泵浦功率,用光谱仪测试输出
信号光的强度分布,结果如图 8.5.5 所示。容易看出,信号光在泵浦激励作用下得
到放大,且趋势是随着泵浦功率的增加,输出光强也增强。根据测得的输出信号光
强的谱分布,可得到 QDFA 增益随泵浦功率的变化,如图 8.5.6 所示。由图可见,
QDFA 在 1250～1370nm 波带区间获得了相当平坦的增益,—1dB 平坦带宽达
90nm。当泵浦功率为 280mW 时,信号光增益(开关增益)超过 12dB。

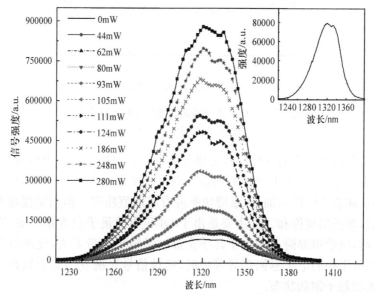

图 8.5.5　随泵浦功率变化的 QDFA 输出信号光强的谱分布
右上角的插图为光源 SLED 的出射光谱

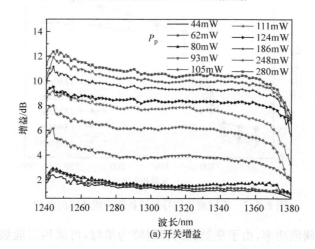

(a) 开关增益

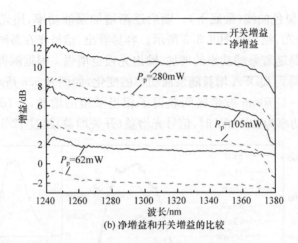

(b) 净增益和开关增益的比较

图 8.5.6　QDFA 增益随泵浦功率的变化曲线

净增益为开关增益减去 3.48dB

　　图 8.5.7 给出了不同波长信号光增益随泵浦功率的变化。由图可见,当入纤泵浦功率小于 44mW 时,几乎没有增益。当泵浦功率增大到 62mW 时,增益突然变大并随泵浦功率线性增加,该泵浦功率可看成阈值功率。但当泵浦功率增大到 248mW 后,增益出现饱和。这主要是由于 QDF 中的量子点含量一定,当泵浦功率足够大时,价带顶部附近的电子几乎全部被激励到导带上去,受激吸收到达饱和,从而当价带中的电子返回到导带中时,能被信号光诱发的光子数也达到了饱和,即放大器趋于饱和状态。

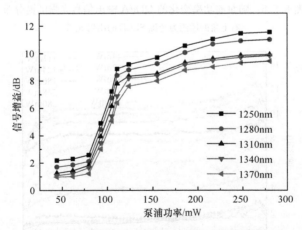

图 8.5.7　不同波长信号光增益随泵浦功率的变化

　　对于激励阈值功率,由于观测到的辐射峰为单峰,可采用二能级近似来估计。在二能级系统中,泵浦阈值功率为

$$P_{th} = \frac{\sigma_{a,s} h\nu_p A}{\Gamma_p \tau (\sigma_{a,p}\sigma_{e,s} - \sigma_{e,p}\sigma_{a,s})} \tag{8.5.1}$$

式中，σ 为截面；ν_p 为泵浦频率；Γ_p 为泵浦光重叠因子；τ 为上能级寿命；A 为纤芯面积；h 为普朗克常量。对于 $50\mu m$ 直径的 QDF、980nm 泵浦，由已知 PbSe 量子点的吸收截面（图 8.3.2）、辐射截面和吸收截面之间的 Mc Cumber 关系［式(5.4.28)］、上能级寿命 $\tau \approx 300ns$，选择泵浦光的光纤重叠因子 $\Gamma_p = 0.1 \sim 1.0$，可得 $\sigma_{a,s}/\sigma_{e,s} = 0.265$（信号光的中心波长处），$\sigma_{a,p} = 3.7 \times 10^{-16} cm^2$，在 980nm 处 $\sigma_{e,p} \approx 0$（图 8.5.2），于是，可得 $P_{th} \approx 9.5 \sim 95mW$（功率面密度 $p_{th} = 4.8 \times 10^2 \sim 4.8 \times 10^3 W/cm^2$）。实测的阈值功率为 62mW，实测阈值在计算的阈值范围之内。

在量子点掺杂浓度为 4mg/mL、泵浦功率为 280mW 的条件下，信号光增益随光纤长度的变化如图 8.5.8 所示。由图可见，最佳光纤长度是 4cm，与图 8.5.4 中 QDF 荧光辐射光强最大时所对应的量子点浓度及光纤长度一致，说明光纤放大器合适的光纤长度和掺杂浓度的选择，可以由 PL 强度最大时的值来决定。

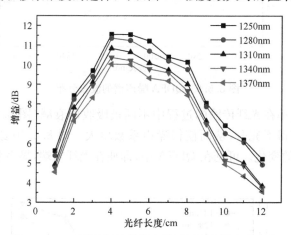

图 8.5.8　不同波长处信号光增益随光纤长度的变化

噪声系数是衡量光纤放大器放大性能的一个重要指标。对于二能级系统，噪声系数的计算为式(7.5.11)和式(7.5.12)。本实验中，980nm 泵浦波长位于短波长区的远端。由图 8.5.2 可知，泵浦波长的辐射截面 $\sigma_{e,p}(\lambda) \approx 0$，即式(7.5.11)分母中的第二项可略，于是分母中只剩下第一项和第三项。第三项代表泵浦不充分时的噪声，当泵浦功率很小（如 $P_p \approx P_{th}$）时，第三项使得自发辐射增大，或者使噪声系数 NF 增大；相反，对于强泵浦，沿光纤长度上所有的粒子都被反转，这时第三项可以忽略，n_{sp} 的最小极限值为 1。

辐射截面与吸收截面之间满足 Mc Cumber 关系：

$$\sigma_e(\nu) = \frac{g_1}{g_2}\sigma_a(\nu)\exp\left(\frac{E_{21} - h\nu}{kT}\right) \approx \sigma_a(\nu)\exp\left(\frac{E_{21} - h\nu}{kT}\right) \tag{8.5.2}$$

式中，$\sigma_e(\nu)$ 为辐射截面；$\sigma_a(\nu)$ 为吸收截面；g_1、g_2 为能级统计权重；两个多重态之间的平均能量差 $E_{21} = h\nu_p = 1.266\text{eV}$，室温下 $kT = 0.026\text{eV}$。由已测 $P_{th} = 62\text{mW}$，取泵浦功率分别为 $P_p = 186$、280mW，对净增益，可求得噪声系数 $\text{NF}(\lambda) = 3.68 \sim 3.77\text{dB}$（在 $1240 \sim 1380\text{nm}$ 波长区）；对开关增益，求得的 $\text{NF} = 3.48 \sim 3.66\text{dB}$，略低于净增益时的噪声系数值。其增益和噪声谱如图 8.5.9 所示。

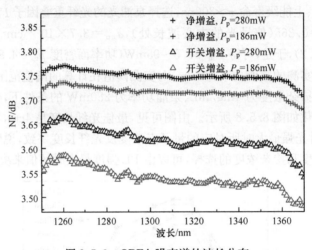

图 8.5.9　QDFA 噪声谱的波长分布

　　由于泵浦功率在光纤传输的过程中不断被吸收而衰减（图 8.5.3），随光纤长度的增加泵浦变得不充分，从而使得噪声系数增大。图 8.5.10 给出了噪声系数 NF 随光纤长度的变化。可见在 QDFA 中，即使在光纤末端，噪声系数仍可保持较低（约 4dB）。

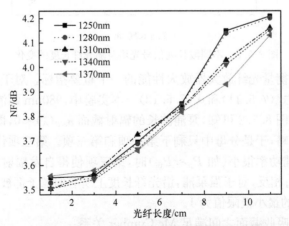

图 8.5.10　噪声系数 NF 随光纤长度的变化（入纤泵浦功率为 280mW）

　　目前典型 EDFAs 的 $\text{NF} \approx 4.5\text{dB}$[2]，优化的 EDFA 可低至 3.55dB[20]；对于

Er^{+3}/Yb^{+3} 共掺杂光纤拉曼混合放大器,其 NF＝5.0～12dB(在 1520～1580nm 区间)[21];对于近年来人们关注的少模 EDFA,其 NF＝4.0～7.0dB(在 1530～1565nm 波长区)[22]。可见,QDFA 的噪声比目前大多数光纤放大器都要低一些。

噪声主要来自放大的自发辐射,噪声系数与自发辐射因子和增益有关。当QDFA 的泵浦功率远高于激励阈值(62mW)时,受激辐射明显而自发辐射受到抑制,增益很大,从而使得噪声下降。另外,自发辐射因子 $n_{sp}(\lambda)$ 取决于辐射截面和吸收截面之比、泵浦功率阈值和泵浦功率之比。对于短波长泵浦,辐射截面和吸收截面的比值较大,同时泵浦功率也明显大于泵浦功率阈值,这样自发辐射因子 $n_{sp}(\lambda)$ 极小趋近于 1,导致噪声系数降低。

QDFA 的带宽很宽,在 1250～1370nm 区间宽达约 120nm 的原因是量子限域效应,电子能级由连续态分裂成分立能级。然而,掺杂的量子点具有不同的尺寸和一定宽度的粒径分布,使得量子点所辐射的荧光波长分布较宽。例如,本实验所采用的 PbSe 量子点,其荧光谱的 FWHM 达 200nm(图 8.5.2),比传统铒离子的荧光谱的 FWHM 宽了约六倍,从而使得 QDFA 的带宽比 EDFA 宽了约五倍。

由于量子点的辐射波长依赖于粒径,如果改变本书中 PbSe 量子点的粒径,就可以在不同的波长区获得增益,与 EDFA 或增益位移掺铒光纤放大器的工作波长区相连接,从而构成带宽极宽的光纤放大器,有助于突破目前 DWDM 系统中光纤放大器对带宽的制约瓶颈。

8.5.3　结论

本节将粒径为 4nm 的 PbSe 量子点作为增益介质,制备了以 UV 胶为本底的量子点光纤。由量子点光纤、波分复用器、隔离器、980nm 的 LD 等构建全光纤量子点光纤放大器(QDFA),在 1250～1370nm 的带宽区间实现了信号光放大。对于纤芯直径为 $50\mu m$ 的光纤,实验发现泵浦功率阈值为 62mW。当泵浦功率超过阈值 62mW 后,信号光增益线性急剧增大。当泵浦功率超过 248mW 后,增益出现饱和。当量子点掺杂浓度为 $4mg \cdot mL^{-1}$、掺杂光纤长度为 4cm 时,可获得最大增益约 12dB,－1dB 平坦带宽达 90nm(1270～1360nm),－3dB 带宽为 120nm(1250～1370nm)。QDFA 的增益、带宽和噪声特性等与量子点掺杂浓度、光纤长度以及泵浦功率有关。

以上工作是 PbSe 量子点光纤放大器的首次实验实现。

8.6　理想的量子点光纤放大器

作为光纤放大器的一个潜在竞争者,人们需要了解理想的光纤放大器的极限技术能力,即它的极限增益、极限带宽和极限噪声。另外,也需要了解极限增益带宽时所对应量子点的辐射截面和吸收截面,以及它们的 FWHM、斯托克斯频移。弄清楚这些问题,有助于人们在理论上对 QDFA 的极限能力有个预期,从而给出 QDFA 发展的远景框架。

对于 QDFA 的极限性能,在理论上是一个逆问题。决定 QDFA 极限性能的关键因素是辐射截面和吸收截面。利用反演法和遗传算法,通过大量的计算,可以确定极限 QDFA 时所对应的理想情况下的辐射截面和吸收截面,由此也可得到极限增益和极限带宽。量子点的辐射和吸收截面峰值波长有可能在制备量子点过程中予以调控,因此,反过来可以要求量子点的制备朝所希望的方向发展,制备出满足理想情况的量子点,从而为研制理想的 QDFA 提供基础。

下面简单介绍利用遗传算法来优化 QDFA,从而找到理想 QDFA 中的量子点所应具有的辐射截面和吸收截面。遗传算法的描述和程序等可见文献[20]、[23]、[24],这里不再赘述。

1. 目标函数

描述 QDFA 的光功率方程和速率方程见式(8.3.1)～式(8.3.3),这里不再罗列。

由以上讨论可知,决定 QDFA 的关键是量子点的吸收截面、辐射截面以及两者之间的峰-峰间隔(斯托克斯频移),因此在遗传算法中,优化的吸收截面和辐射截面的目标函数可由如下公式表示:

$$\sigma_{e,a} = A_{e,a} \exp\left[-\left(\frac{|\lambda - \alpha_{e,a}|}{\beta_{e,a}} \right)^{\delta_{e,a}} \right] \tag{8.6.1}$$

式中,$A_{e,a}$、$\alpha_{e,a}$、$\beta_{e,a}$、$\delta_{e,a}$ 是八个待定参数,下角标 e、a 分别表示辐射和吸收;$\alpha_{e,a}$ 为截面的峰值波长位置,例如,$\alpha_{e,a} = 1550\text{nm}$,则峰值波长就位于 1550nm;$\beta_{e,a}$ 与截面的 FWHM 有关,或与截面的宽窄有关;$\delta_{e,a}$ 代表截面顶部的平坦程度。通过改变这八个参数,式(8.6.1)可描述随波长变化的各种不同轮廓的单峰或单凹的截面,也可得到相应的斯托克斯频移。

2. 优化计算

取式(8.6.1)中截面的峰值为已有的测量值,$A_{e,a} \equiv 3.54 \times 10^{-20}\ \text{m}^2$ (图 8.3.2)。为了着重研究截面的影响并与单掺杂的情况进行比较,取光纤长度 L_f 和量子点浓度 n_q 恒等于单掺杂时优化后得到的最佳值(表 8.4.2 及 n_{Ex} 值)。于是,现在共有七个参数(λ_p、$\alpha_{e,a}$、$\beta_{e,a}$、$\delta_{e,a}$)需要优化。由于实际量子点的峰值波长总在 ±100nm 范围内变动,在遗传算法中,$\alpha_{e,a}$ 的搜索范围定为(1630±100)nm (5.5nm 直径的 PbSe 量子点的辐射峰位置),其余为 $\lambda_p = 1400 \sim 1730\text{nm}$,$\beta_{e,a} =$

$20 \sim 200\mathrm{nm}$, $\delta_{e,a}=0.1 \sim 6.0$。计算中涉及的参量多达七个,导致计算过程收敛很慢,计算的时间开销很大。在实际计算中,可先进行宽泛搜索,大致确定范围之后再在较小的范围内进行搜索。

采用遗传算法和逆方法,经过几十代的迭代计算之后,可以确定这七个参量的最佳值,从而确定理想 QDFA 的极限增益带宽能力。计算的波长扫描间隔为 $1\mathrm{nm}$,目标函数为 $f_{\mathrm{obj}}=\Delta+\gamma G_s$,其中 Δ 为带宽,G_s 为增益,γ 为权重因子。这里 γ 选为较小的 0.1,以便获得宽的带宽 Δ。在约束条件 $G_s > 20\mathrm{dB}$ 下,对式(8.3.1)~式(8.3.3)进行数值计算。理想 QDFA 的辐射截面和吸收截面见图 8.6.1,相应的增益和噪声谱见图 8.6.2,其中噪声系数根据式(8.3.6)进行计算。

3. 结果和讨论

理想 QDFA 的辐射截面和吸收截面似乎出人意料,它的辐射截面又宽又平,而吸收截面则又窄又陡,并且两者的峰值波长相距甚远。将真实 PbSe 量子点的谱图(图 8.6.2)与理想 QDFA 的谱图(图 8.6.1)进行比较,共同点是在高增益时对应都有大的辐射与吸收截面比。但理想辐射截面几乎不随波长变化(在一个宽的波长区域中),吸收峰则位于短波长区的 $1450\mathrm{nm}$,且呈现一个窄的形状。理想 QDFA 的截面之所以“理想”,在于纳米晶体先要吸收大量的能量,才有可能被激励到上能级而形成辐射。在短波长高能区容易满足这一要求,因此,吸收应主要发生在短波长区。在中长波长区,高辐射将导致高增益而并非导致宽带宽。由于对放大器的优化目标设置为均匀带宽(在满足一定的增益条件 $G_s > 20\mathrm{dB}$ 下),除了吸收应很小(甚至无吸收),辐射也应维持在一个较高的水平上。

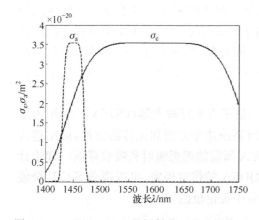

图 8.6.1　理想 QDFA 的辐射截面和吸收截面　　图 8.6.2　真实 PbSe 量子点的谱图

结合图 8.6.2,理想截面下的 QDFA 性能的改善主要表现在以下几个方面:

(1) 带宽相当宽,达到 $\Delta=227\mathrm{nm}$,几乎覆盖了整个扫描区域。

(2) 增益曲线相当平坦,−1dB 平坦带宽可达 100nm。

(3) 噪声系数极低,几乎接近 3dB 的量子极限。

图 8.6.2 中的结果仅为改变量子点的辐射-吸收截面而引起的,可见量子点的辐射-吸收截面是关键。

理想情况下的噪声极低,噪声系数趋近于量子极限 3dB,这可从辐射截面远大于吸收截面得到解释,这里不再赘述。

计算发现,如果不考虑实际量子点的截面约束,即不对 $\alpha_{e,a}$、$\beta_{e,a}$、$\delta_{e,a}$ 参量加以约束,当搜索范围扩大时,带宽和平坦增益甚至可以无限制地扩展,或即带宽仅受搜索范围的限制。对于增益,若选择目标函数为 $f_{obj} = G_s$(不考虑带宽),则最大极限增益约可达 50dB。从这个意义上讲,图 8.6.1 中的辐射-吸收截面可看成今后光纤放大器对量子点制备的一个要求,即辐射截面要大,吸收截面要小,且两者的峰-峰间距(斯托克斯频移)要大,以便形成足够大的辐射截面与吸收截面之比。

然而,类似于图 8.6.1 中的辐射-吸收截面实际是否有可能得到? 可考虑如下两个途径:

(1) 将不同直径或不同种类的量子点(如 PbSe、CdSe 和 CdS 等)共同掺杂。此时,它们的辐射和吸收截面为宽波带范围中的线性叠加,总量子点浓度为各量子点浓度的线性叠加。在这样的背景下,辐射谱和吸收谱相互重叠会发生某一种量子点的辐射光会被其他种类的量子点重新吸收(然后再辐射等)的现象,于是,放大器的增益带宽估计会与光纤的长度有更密切的关系。由于增益谱与各量子点的相对浓度有关,可以通过改变各种量子点的相对浓度来调整所需的增益谱。

(2) 在量子点制备或者分子外延生长量子点的过程中就形成如图 8.6.1 所示的辐射-吸收谱。该方法的困难在于不清楚辐射谱的宽度与量子点约束效应之间对应的定量关系,也未掌握生长过程中的工艺控制与量子点辐射-吸收谱之间的直接关联,因此,实际上很难做到。假设获知该关系,原则上就可以通过反演的方法来控制生长过程,从而获得如图 8.6.1 所示的辐射-吸收谱,这些有待于量子点理论和制备专家进一步的工作。

以上提出了一种新的光纤放大器——量子点光纤放大器(QDFA)。利用人工纳米晶体 PbSe 作为掺杂剂,通过解二能级系统速率方程和光传播方程,应用遗传算法和"逆方法",通过优化计算得到 QDFA 所需的理想辐射和吸收截面。理论计算结果表明:在理想辐射和吸收截面下,QDFA 的带宽极宽,可以覆盖 S-C-L 全波带,噪声系数极低,甚至可以达到 3dB 的量子理论极限。

8.7　结语与展望

在上述研究的基础上,今后可以进一步开展的研究工作包括:在实验室制备出具有宽粒度分布的稳定发光的红外量子点（PbSe、PbS 等）；制备量子点掺杂的宽带红外量子点光纤，给出量子点光纤和光纤光谱的特征数据；由量子点光纤构成宽带量子点光纤放大器（QDFA）；通过适当选择量子点种类、掺杂浓度、粒度、光纤长度、泵浦波长以及泵浦功率等，使 QDFA 具有高平坦增益、宽带宽和低噪声等优越特性；研究高平坦增益下的极限带宽和极限噪声等极限性能参数，从而给出宽带 QDFA 的最终技术潜力。

（1）制备宽粒度分布的红外量子点（如 PbSe、PbS 等），其粒度分布应能满足辐射中心波长位于 1550nm 的要求，且斯托克斯频移应尽量大（这是提高发光效率的一个关键因素）。这些红外量子点的制备，可采用不同的方法来实现，如含 PbSe 量子点的硅酸盐玻璃、本体聚合法制备的 PbSe/PMMA 光纤材料等。其中制备得到的量子点浓度应当可控，或高于粒子数反转的阈值，且粒度和粒度分布可控、不团聚、发光稳定。

（2）进一步研究红外量子点的吸收和辐射光谱特性。通过实验测定吸收系数，根据每摩尔浓度的吸收系数来确定吸收截面峰值的大小。采用不同的入射波长，测量得到吸收截面随波长的变化。通过 Mc Cumber 关系，确定辐射截面的大小及其随波长的变化。

（3）研究由大颗粒尺寸（相对于原子）引起的散射现象。散射的研究可以通过实验和理论计算两个方面来进行。通过实验来测量量子点掺杂光纤中的散射损失是一个比较方便的方法，因为只要知道上述（2）中吸收截面的大小，再测量光纤末端的光强与入射光强的比，除去吸收损失，即可得到散射损失。在理论计算上，由于目前量子点能级结构的理论计算并不完备，可以采用经典的 Mie 散射理论来进行估算。经典的散射理论与实验测量结果的比较，除了第一吸收峰，两者基本相符。在此基础上，定量比较散射截面和吸收截面的大小，能够确定量子点光纤中的主要光损失来源。

（4）虽然实验证明，UV 胶是一种较为理想的光纤纤芯材料，但仍需进一步扩大范围寻找或制备符合要求的能使量子点均匀分布的光纤纤芯本底材料。此处所谓的"符合要求"是指这种纤芯材料至少应具备四个特点：①折射率稍大于普通光纤的 SiO_2 包层，以便作为纤芯材料；②在通信波带 1550nm 附近较宽的波带内无吸收和辐射；③对光纤包层材料润湿；④具有适当的固化速率和温度。

（5）研究宽粒度分布下量子点光纤的掺杂浓度、光纤长度、粒度以及粒度分布等与放大器的带宽、增益和噪声等关键参数之间的关系，以及它们与环境温度的关系；研究极限带宽、极限增益和极限噪声，使决策者和生产商能依据该极限框架进行投资决策。

作为实验室小样品制备，不可能像大规模工业生产那样采用气相法或熔融冷却法来制备量子点光纤预制棒，再通过拉丝的办法拉制出量子点光纤。在实验室阶段,只有在空芯光纤中灌入量子点溶胶,或者在细光纤外涂覆量子点溶胶。在细光纤外涂覆量子点溶胶可形成瞬逝波传播,这是一个全新的研究领域,其内容已经超出本书的范畴,本书主要关注量子点灌入空芯光纤的情形。一旦进入工业生产阶段,就可以采用常规的光纤技术来处理量子点光纤。

近年来,人们将 PbSe 量子点直接生长在玻璃基体内,通过高温处理和改变基体玻璃的成分等方法来控制 PbSe 量子点的生长,从而有望研发出一种无需空芯光纤、可直接拉制成玻璃基底的量子点光纤。研究表明:经高温处理后的 PbSe 量子点具有很强的红外辐射,其荧光波长可覆盖 $1\sim1.6\mu m$[25,26]。通过改变基底玻璃成分和热处理工艺(如温度、时间等),可以改变生成的量子点颗粒的大小,从而改变荧光辐射波长,构成工作波带可移动的宽带光纤放大器。

单分散量子点掺杂的量子点光纤是一种掺杂浓度可调、峰值波长可调、荧光谱 FWHM 可调的增益光纤,并具有温度敏感的特点,它可以构成光纤激光器(利用窄光谱)、光纤放大器(利用宽光谱)、光纤传感器等。光纤型器件在光传输中的应用非常方便,在构成实际器件并与现有光纤技术相兼容方面具有很大的优势,在未来的若干年内,将会有极大的发展和应用。

参 考 文 献

[1] Liang T C, Hsu S. All-optical gain-clamped L-band Erbium-doped fiber amplifier with two feedback-loop lasing wavelengths[J]. Optical Engineering,2005,44(11):115001.

[2] Lu Y B,Chu P L,Alphones A,et al. A 105-nm ultrawide-band gain-flattened amplifier combining C-and L-band dual-core EDFAs in a parallel configuration[J]. IEEE Photonics Technology Letters,2004,16(7):1640-1642.

[3] Lee J H,Chang Y M,Han T G,et al. A detailed experimental study on single-pump Raman/EDFA hybrid amplifiers:Static,dynamic,and system performance comparison[J]. Journal of Lightwave Technology,2005,23(11):3484-3493.

[4] Bhattacharya P,Ghosh S,Stiff-Roberts A D. Quantum dot opto-electronic devices[J]. Annual Review of Materials Research,2004,34(1):1-40.

[5] Bimberg D,Kuntz M,Laemmlin M. Quantum dot photonic devices for lightwave communication[J]. Applied Physics A,2005,80(6):1179-1182.

[6] Murray C B,Sun S H,Gaschler W,et al. Colloidal synthesis of nanocrystals and nanocrystal superlattices[J]. IBM Journal of Research and Development,2001,45(1):47-56.

[7] 程成,林彦国,严金华. 以 UV 胶为纤芯本底的 CdSe/ZnS 量子点光纤光致荧光光谱的传光特性[J]. 光子学报,2011,40(6):888-893.

[8] Klimov V I,Mikhailovsky A A,Xu S,et al. Optical gain and stimulated emission in nanocrystal quantum dots[J]. Science,2000,290(5490):314-317.

[9] 得恩和通讯. 紫外光固化高折射光学胶 NOA1625[EB/OL]. http://www.lienhe.com.cn/uvadh/NOA1625.htm[2016-10-20].

[10] Yu W W, Qu L, Guo W, et al. Experimental determination of the extinction coefficient of CdTe, CeSe, and CdS nanocrystals[J]. Chemistry of Materials, 2003, 15:2854-2860.

[11] 程成, 曾凤, 程潇羽. 较高掺杂浓度下 CdSe/ZnS 量子点光纤光致荧光光谱[J]. 光学学报, 2009, 29(10):2698-2704.

[12] Cheng C, Peng X F. Spectral characteristics of a quantum-dot (CdSe/ZnS)-doped fiber in low concentrations[J]. Journal of Lightwave Technology, 2009, 27(10):1362-1368.

[13] 程成, 林彦国, 严金华. CdSe/ZnS 量子点光纤光致荧光光谱的红移[J]. 光学学报, 2011, 31(4):0406002-1-0406002-7.

[14] Bullen C, Mulvaney P, Sada C, et al. Incorporation of a highly luminescent semiconductor quantumdot in ZrO_2-SiO_2 hybrid sol-gel glass film[J]. Journal of Materials Chemistry, 2004, 14(14):1112-1116.

[15] Zhang C X, O'Brien S, Balogh L. Comparison and stability of CdSe nanocrystals covered with amphiphilic poly (amidoamine) dendrimers[J]. Journal of Physical Chemistry B, 2002, 106(40):10316-10321.

[16] Cheng C. A multi-quantum-dot-doped fiber amplifier with characteristics of broadband, flat gain and low noise[J]. Journal of Lightwave Technology, 2008, 26(11):1404-1410.

[17] Wehrenberg B L, Wang C, Sionnest P G. Interband and intraband optical studies of PbSe colloidal quantum dots[J]. Journal of Physical Chemistry B, 2002, 106(41):10634-10640.

[18] Du H, Chen C, Krishnan R, et al. Optical properties of colloidal PbSe nanocrystals[J]. Nano Letters, 2002, 2(11):1321-1324.

[19] Lee M H, Chung W J, Park S K, et al. Structural and optical characterizations of multi-layered and multi-stacked PbSe quantum dots[J]. Nanotechnology, 2005, 16(8):1148-1152.

[20] Cheng C, Xiao M. Optimization of an erbium-doped fiber amplifier with radial effects[J]. Optics Communications, 2005, 254(4/5/6):215-222.

[21] Mahran O. Gain and noise figure enhancement of Er^{3+}/Yb^{3+} co-doped fiber/Raman hybrid amplifier[J]. Optical Materials, 2016, 52(2):100-106.

[22] Chen H, Fontaine N K, Ryf R, et al. Demonstration of cladding-pumped six-core Erbium-doped fiber amplifier[J]. Journal of Lightwave Technology, 2016, 34(8):1654-1660.

[23] Cheng C, Xu Z J, Sui C H. A novel design method: A genetic algorithm applied to an erbium-doped fiber amplifier[J]. Optics Communications, 2003, 227(4/5/6):371-382.

[24] Chakraborti N. Genetic algorithms in materials design and processing[J]. International Materials Reviews, 2004, 49(3/4):246-260.

[25] 程成, 江慧绿, 马德伟. 熔融法制备 PbSe 量子点钠硼铝硅酸盐玻璃[J]. 光学学报, 2011, 31(2):0216005-1-0216005-7.

[26] 程成, 黄吉, 徐军. 熔融二次热处理优化制备近红外钠硼铝硅酸盐 PbSe 量子点荧光玻璃[J]. 光学学报, 2015, 35(5):0516004-1-0516004-7.

第 9 章 量子点光纤激光器

9.1 概　　述

前面几章讨论了光纤放大器,其基本机理是在光纤中利用增益介质量子点来进行光放大。显然,如果在光纤两端做成反射镜和出射镜,形成谐振腔,就可能成为量子点光纤激光器。激光器在本质上与放大器并无多大区别,都是利用激活介质的粒子数反转产生受激辐射。放大器的任务是将光进行放大输出,而激光器的任务是先将一部分光子在谐振腔中来回振荡激励放大,然后输出。因此,在光纤放大器的基础上,人们很容易联想到在光纤两端做成一个谐振腔,使得光子在腔内来回振荡激励,形成激光输出,成为所谓的量子点光纤激光器(quantum dot doped fiber laser,QDFL)。

量子点的制备方法大致可以分成两类,一类是外延生长法,另一类是纳米化学法。外延生长法制备的通常为量子点薄膜,纳米化学法制备的是离散性的纳米晶体量子点或胶体量子点颗粒。下面先简单介绍由外延生长法制备得到的量子点薄膜构成的外延式量子点激光器,然后再重点讨论纳米晶体量子点激光器。

1. 外延式量子点激光器

外延式量子点激光器出现在 20 世纪 90 年代。起初生长的量子点的尺寸比较大(>10nm),粒度分布宽,其量子约束能几乎与平均热动能相近,因此,波长的热漂移不可避免,使得量子点激射行为蜕变。此外,激励阈值对温度比较敏感,在实验室实现稳定的激射非常困难。

近年来,外延式量子点生长技术不断改进,在控制量子点尺度以及激射的稳定性方面的研究获得了一些重要进展,其中的典型代表是 InAs/GsAs 激光器。InAs 和 GaAs 之间有高达 7% 的晶格失配度,因而很容易实现层状-岛状生长模式的自组织生长。通过改变 $In_xGa_{1-x}As$ 中的组分数 x,来调节量子点和基体材料之间的晶格失配,以获得具有不同应变效应的自组织量子点。此外,通过改变生长模式、改变多层膜结构、改边发射为垂直腔面发射以及锁模、隧穿注入等技术,外延式量子点激光器得到了很大的发展。目前,已有双波长或多波长输出,波长可调范围达几十纳米,可连续激射和在室温下工作,并已有商品面市。例如,2011 年,Yamamoto 等[1]采用亚纳米分离器生长技术制备了三明治式的多层高密度 InAs/InGaAs 量子点,采用外腔式谐振腔,获得了窄线宽、波长可调 76nm

(1265～1321nm)的量子点激光。德国 NL-Nanosemiconductor 公司成功研制 10 层薄膜外延式量子点激光器,在 20nm 的波长范围内单模输出功率为 150mW,最大功率可达 400mW 等。这些工作基本代表了目前国外的研究态势和技术水平。

在我国国内,中国科学院半导体材料科学国家重点实验室是该领域的主要研究机构。20 世纪 90 年代初,他们利用 MBE 和 MOCVD 技术,通过 S-K 模式生长出Ⅲ-Ⅴ族 In(Ga)As/GaAs 自组装量子点,并于 1994 年首先制备出近红外波段 InGaAs/GaAs 量子点激光器[2]。2009 年 2 月,又成功研制我国首台可调谐外腔量子点激光器。激光器采用 InAs/GaAs 自组织量子点,光栅反馈 Littrow 外腔结构,在 458A·cm^{-2}注入电流密度下,调谐带宽高达 110nm(1141.6～1251.7nm),覆盖了量子点的基态和第一激发态,该激光器的工作电流密度为国际同类激光器的最低值[3]。中国科学院上海微系统与信息技术研究所、深圳清华大学研究院电子信息技术研究所等在该领域都做了大量的工作,成为支撑我国在该领域研究的主干力量。

总体来说,Ⅲ-Ⅴ族外延式量子点激光器朝着高速度、高增益、高功率、低阈值电流密度、连续激射和在室温下工作的方向发展。

2. 纳米晶体量子点及其激光器

近年来,纳米晶体量子点得到了快速发展。在结构上,量子点从裸核发展到单层和多层包覆;通过表面钝化和表面修饰等技术,使量子点的团聚、量子点的表面捕获等非辐射复合大为降低,从而大大增强了复合辐射,量子产率甚至高达 700%[4]。

美国洛斯阿拉莫斯国家实验室的 Klimov 等[5]在 *Nature* 上提出一种单激子复合获得增益的方法,避免了俄歇复合所造成的影响。他们构造了一种核/壳异质结构的纳晶量子点,在核壳之间的空间上将电子与空穴分离,这种正负电荷之间的不平衡产生强局域电场,从而使纳晶粒子单激子的吸收光谱相对于荧光谱产生一个巨大的斯塔克(Stark)频移(>100meV)。这个效应打破了吸收与辐射之间的平衡,突破了之前认为单激子跃迁无法产生辐射的概念,在理论上阐明了纳晶量子点高发光效率的机制。

在实验上,近年来发展出包括热循环耦合单前驱体(thermal-cycling coupled single precursor)法在内的系列量子点制备技术,制备出多层包覆、量子产率很高的纳晶量子点(CdSe/ZnS、CdS/ZnS、ZnSe:Mn、ZnSe:Cu 等,见文献[6]、[7])。与通常的纳晶量子点不同,这些量子点的连续吸收区蓝移,斯托克斯频移超宽达数百纳米,可见区没有明显的第一吸收峰,荧光辐射很强。从发光效率来看,它们是目前世界上最好的。

对于纳米晶体量子点的光激射,迄今为止国内外的报道不是很多,大部分是具体实验的观测,尚未形成深入和系列的研究。主要工作如下。

Chan 等[8]将用溶胶-凝胶法制备的 CdS/ZnS 纳米晶体涂敷在硅基上作为光增益介质,观测到室温下可变色的放大的自发辐射。含纳米晶体硅成分的薄膜与涂敷的微球构成谐振腔,观测到在 480nm 波长处有受激辐射,模增益约为 100cm^{-1}。Darugar 等[9]用 400nm 波长的飞秒激光瞬态吸收技术,激励分散在甲苯溶液中的 CdS 量子点,观测到在 440nm 和 460nm 波长处有窄谱峰的光学增益,即使在泵浦能量密度低达 0.77mJ·cm^{-2}的情况下,仍然有光学增益,认为 CdS 量子点可作为今后高增益大功率蓝色激光的增益介质。Min 等[10]在室温和液氮温度下,将脉冲激光激励耦合到锥形光纤,锥形光纤起到提高泵浦能量密度和降低阈值的作用,观测到涂敷在一个超高品质因子 Q 值环形微腔表面的纳晶量子点 CdSe/ZnS 的激射现象。Dang 等[11]在硅基底的致密 CdSe 纳晶量子点薄膜上,在极低的阈值激励能(90μJ·cm^{-2})的情况下,观测到放大自发辐射的强烈的激子光学辐射增益,这种光学增益可用于激光泵浦的垂直腔面量子点绿、红光激光器中。Chen 等[12]报道了一种可调的分布反馈纳晶量子点激光器。他们在一种可弯曲的聚合物基底上研究出一种亚微尺寸光栅结构,增益介质为 CdSe/ZnS,以横向电极化多模运行,典型的泵浦阈值是 4mJ·cm^{-2}。近年来,Cheng 等[13]报道了基于紫外固化(UV)胶的 PbSe 量子点红外光纤激光的实验实现,首次观测到功率为 6.3mW、波长为 1550nm 的受激辐射,并对形成激射的机理进行深入探讨[14]。另外,对在硅酸盐玻璃基底中制备合适密度的 PbSe 量子点的核化晶化过程进行了实验研究[15]。

由上可见,已报道的研究工作有如下几个特点。

(1) II-VI族和IV-VI族的纳晶量子点的激射现象已经被观测到,甚至建议可作为高增益大功率激光的增益介质。这些量子点掺在溶胶-凝胶膜、甲苯溶液、微腔表面等介质上,尚无在玻璃基底或光纤形态中的观测。

(2) 产生激射的能量密度阈值并不高,高密度量子点的激励阈值尤其低,这意味着激励阈值与量子点密度有关。目前,并没有关于激励阈值与量子点数密度之间关系的定量测量和研究。

(3) 逐步从几年前的纯激射观测(不需要谐振腔,只要观测到荧光突然增强,就有激射),发展到亚微尺寸谐振腔的制作等。

(4) 有可见光波段光激射的报道,但尚无红外光激射的报道(除作者课题组的工作之外)。

总体来看,对于纳米晶体量子点激光器,无论在国外还是在国内,当前研究工作都尚处于初期的实验室探索阶段。

9.2　几个关键问题

9.2.1　量子点种类的选择

要得到高荧光效率、窄带隙的量子点玻璃，首先的问题是选择什么量子点。下面以辐射谱位于近红外的Ⅳ-Ⅵ族量子点 PbSe 为例进行讨论。

目前，已制备成功的红外辐射的量子点主要有 PbSe、PbS、PbTe 等。大量研究表明，在Ⅳ-Ⅵ族中发光效率最高的是 PbSe，其荧光量子产率可高达 700%[4]。PbSe 的直接带隙窄，荧光辐射峰值波长位于常规红外通信的 C-L 波带，激发态寿命为 300ns[16]。另一种可作为候选者的 PbS 荧光量子产率为 400%[4]，荧光增益低于 PbSe。在高达 800mW 的泵浦功率下，PbS 实测的荧光增益仅 1.7~3.4dB[17]。PbS 的激发态寿命只有 100ns[18]，其激励阈值比 PbSe 高很多，如果做成激光器件，所需泵浦功率很大，缺陷较明显。此外，从毒性、荧光持久稳定性以及制备技术成熟度等几个方面来评价，PbSe 更为合适，因此这里主要介绍 PbSe 量子点。

表 9.2.1 列出 PbSe 量子点的主要参数，在通信 C 波带，量子点尺寸位于5~5.5nm。

表 9.2.1　PbSe 量子点的主要参数[19]

直径/nm	辐射峰波长/nm	FWHM/nm	激励波长/nm	第一吸收峰/nm
4.5	1200±100	<200	<1100	1100±100
5.0	1400±100	<200	<1310	1310±100
5.5	1630±100	<200	<1550	1550±100
7	1810±100	<200	<1750	1750±100
8	1950±100	<200	<1900	1900±100
9	2340±100	<200	<2300	2300±100

图 9.2.1 为测量的直径为 5.2nm 的 PbSe 量子点的吸收-辐射谱，其辐射峰位于 1550nm，第一吸收峰位于 1469nm。由于存在斯托克斯频移（约 81nm），在 1550nm 处，辐射明显大于吸收。

需要指出，PbSe 量子点一般不需要外包覆。外包覆的作用是减小量子点的表面活性（防止团聚）、修复量子点的表面缺陷（加强复合辐射），如 CdSe/ZnS（核/壳）。CdSe 的能带是简并、复杂的，而 PbSe 的能带是非简并、简单的。PbSe 的这种非简并的能带结构使得其辐射跃迁满足简单的光学选择定则，从而形成强荧光辐射。此外，PbSe 中电子和空穴的有效质量相近，小的电子-空穴有效质量和大的介电系数，以及远小于玻尔半径（46nm）的粒子尺寸，使得作为强约束的 PbSe 量子点，其表面活性比 CdSe 低很多，团聚很难发生。

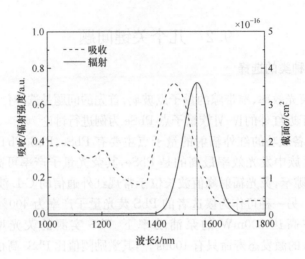

图 9.2.1　PbSe 量子点(直径为 5.2nm)的吸收-辐射谱[20]

9.2.2　量子点的光学增益和受激辐射阈值

大量的实验表明,PbSe 量子点具有荧光增益(甚至很强)。但是,有荧光增益并不等于能产生受激辐射,或者说受激辐射的条件非常苛刻。

由纳米光子学理论可知,量子点的光学增益取决于其辐射与无辐射之间的竞争。无辐射损失主要来自多粒子俄歇弛豫(Auger relaxation)和表面捕获。对于有强量子约束的 PbSe 量子点,表面捕获效应很弱,可以忽略,因此,无辐射损失主要是俄歇弛豫复合。Klimov[21] 详细研究了量子点的辐射与无辐射之间的竞争,指出对于 PbSe 量子点,其俄歇复合弛豫时间依赖于量子点半径,$\tau_A = \beta r^3$(r 为半径,$\beta \approx 1.63 \text{ps} \cdot \text{nm}^{-3}$)。受激辐射的时间 $\tau_e = n_r/(Gc)$(其中 n_r 是介质折射率,G 是增益系数,c 是光速),可写成量子点掺杂体积比 ξ 和增益截面 σ_g 乘积的形式:

$$\tau_e = \frac{n_r}{Gc} = \frac{4\pi r^3}{3} \frac{n_r}{\xi \sigma_g c} \tag{9.2.1}$$

式中,n_r 是介质折射率;G 为增益系数;c 为光速;σ_g 为增益截面;掺杂体积比 $\xi \equiv 4\pi N r^3/3$(N 为量子点数密度)。只有当受激辐射快于无辐射弛豫时,才可能产生受激辐射,即必须有 $\tau_e < \tau_A$。于是,由式(9.2.1),产生受激辐射的阈值条件为

$$\xi > \xi_0 = \frac{4\pi n_r}{3\beta \sigma_g c} \tag{9.2.2}$$

在 PbSe 量子点 1550nm 辐射峰波长处,由增益截面 $\sigma_g \approx \sigma_e - \sigma_a$(图 9.2.1)、折射率 $n_r = 4.6$ 可得阈值掺杂体积比 $\xi_0 \approx 0.17\%$。考虑到实际有效增益截面会减小,可近似取 ξ_0 为 0.2%。

因此,PbSe 量子点产生受激辐射的阈值条件是掺杂体积比 $\xi > 0.2\%$。只有当掺杂体积比(或掺杂浓度)达到或超过该阈值条件时,才可能产生受激辐射。该浓度阈值条件与 Klimov 等[22,23]在 *Science* 上对另一种量子点 CdSe 估计的阈值相同。

9.2.3　泵浦光激励阈值

由以上讨论可知,即使理论上可以产生受激辐射,如果泵浦阈值功率太大,则效率很低,也就失去了实际器件研制的价值。因此,有必要对泵浦阈值功率进行估算。

PbSe 量子点的能级如图 9.2.2(a)所示。图中的粗实线是辐射,虚线是吸收,细实线是无辐射跃迁,E_g 是带隙(常温下为 0.278eV)。

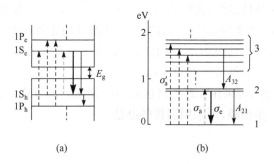

图 9.2.2　PbSe 量子点能级图

根据图 9.2.1 和图 9.2.2(a),PbSe 量子点可以归纳为一个三能级系统,如图 9.2.2(b)所示。在三能级系统中,短波长的泵源将量子点激励到导带 3 的高能态。电子在导带内($1S_e$,$1P_e$,…)从高能态向低能态无辐射跃迁(如 $1P_e \rightarrow 1S_e$),其寿命很短(4 ps),跃迁速率极大,粒子很快跃迁至激光上能态 2。激光上能态 2 向下辐射跃迁返回基态 1,形成单峰的激子复合辐射,这可由实验只观测到单峰辐射(图 9.2.1)来证实。因此,可用二能级近似来描述。

在二能级系统中,泵浦阈值功率为

$$P_{th} = \frac{\sigma_{a,L} h \nu_P A}{\Gamma_P \tau (\sigma_{a,P} \sigma_{e,L} - \sigma_{e,P} \sigma_{a,L})} \tag{9.2.3}$$

式中,σ 为截面;ν_P 为泵浦频率;Γ_P 为泵浦光重叠因子;τ 为上能级寿命;A 为纤芯面积;h 为普朗克常量;下角标 a 为吸收,e 为辐射,P 为泵浦,L 为激光。PbSe 量子点的吸收截面和辐射截面已由实验测得,辐射截面也可以由 Mc Cumber 关系[式(5.4.28)]通过吸收截面来确定。

以常规的实验室情形为例。设泵浦光均匀入射到纤芯半径为 $R = 25\mu m$ 的多模光纤中,选泵浦波长 $\lambda_P = 980nm$(在该波长上无辐射,$\sigma_{e,P} = 0$)、激光波长 $\lambda_L =$

1550nm,已知 $\tau \approx 300$ns[16]。重叠因子 $\Gamma_P(0\sim1)$ 与实验所采用的泵源以及实验细节有关,可选 $\Gamma_P=0.1\sim1.0$。由式(9.2.3),可得入纤泵浦阈值功率 $P_{th}\approx7.5\sim75$mW。这个激励阈值并不高,在实验室中容易实现。

9.2.4　激射的稳定性

激射的不稳定性主要来自两个方面:量子点的不稳定,谐振腔的不稳定。两者主要由温度变化产生,可引起波长和阈值的不稳定或漂移。

(1) 对于量子点,这里采用的是小尺寸(约 5nm)的量子点,其量子约束能远大于其热动能,因而它本身的稳定性较好。此外,实验可采用粒度分布窄(约 5%)的量子点,一旦激射偏离中心波长,增益截面和增益即马上下降,因而其他波长其实无法起振。

对于量子点的热稳定性,我们通过实验发现在 $300\sim373$K 范围内,CdSe/ZnS 量子点的 Varshni 系数值不到块材料的 2/3,其温度稳定性明显好于块材料,观测到辐射波长和截面的波动很小[24]。因此,这里的量子点激光器的稳定性应好于对温度较敏感的外延式红外量子点激光器。

(2) 对于谐振腔,可采用光纤循环腔或线性谐振腔的方式,它们的频率稳定性相当好。若要进一步稳频,可采用温控的办法。

9.2.5　谐振腔

1. 谐振腔结构

谐振腔可采用环形腔或线性腔,下面以环形腔为例进行介绍(图 9.2.3)。

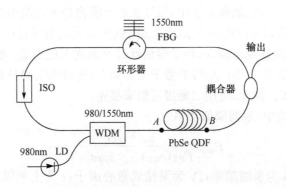

图 9.2.3　环形腔 PbSe 量子点掺杂光纤激光器结构示意图

谐振腔由 980/1550nm 波分复用器(WDM)、PbSe 量子点光纤(QDF)、非偏振光隔离器(ISO)、耦合器(coupler)、光纤布拉格光栅(FBG)和环形器(circulator)等组成。其中,WDM 带尾纤输出,可与 QDF 直接熔接,降低损耗;耦合器为分光比可调的 1×2 光纤型；FBG 的中心反射波长为 1550nm，位于 QDF 增益谱范围内，反射谱宽为 0.1～10nm，反射率可根据要求任意定制，一般为 98%；ISO 使光在环路中沿逆时针方向传输；泵浦源采用带尾纤输出的半导体激光器（LD），中心波长为 980nm，最大输出功率为 1W 级。

2. 工作原理

泵浦光经过 WDM 耦合进入环路，经熔接点 A 输入 PbSe QDF。QDF 可缠绕在一圆柱体上，通过泄漏高阶模来选出单模。在 QDF 中，量子点吸收泵浦能量，辐射中心波长为 1550nm 的光。光经过耦合器，一部分光输出，另一部分光沿光纤传输到环形器。经 FBG 反射，只有中心波长被反射回到腔内。光经过隔离器（ISO），形成闭合环路。由于 PbSe 量子点的增益带宽远大于 FBG 的反射带宽，在 FBG 带宽内 PbSe 量子点对激光器内各纵模的增益是均匀的，进而模式的选择机制只能来自 FBG。光纤光栅的窄带反射特性使得只有在很窄的波长范围才可以获得增益，并在环路中沿逆时针方向传输，传输一周后获得一定的增益再次到达 FBG。当增益大于腔内损耗时，形成振荡放大，由耦合器的输出端得到波长为 1550nm 的激光输出。

3. 波长调整的实现

改变 FBG 的反射波长，即可调节输出波长。FBG 的反射波长由光栅的周期长度和折射率决定，温度变化和拉伸都可以改变光栅的周期长度。考虑到响应速度，一般将光栅置于恒温环境，采用拉伸的方法来实现波长调节。由于拉伸是线性连续的，波长的调整也是线性连续的。对给定的量子点光纤，波长的可调范围可由量子点辐射谱的 FWHM 来估计（约 100nm）。考虑到 FBG 的拉伸有限，实际可调波长范围在 FWHM 之内。

在结构方面，波长调整可采用接插替换不同的量子点光纤并结合拉伸光栅的方式来实现，也可采用腔内加滤波组件（可调谐法布里-珀罗（F-P）滤波器、偏振控制器）等手段来实现。

4. 谐振腔的输出特性

光纤激光器的腔长通常都很长，纵模间隔很小，单波长输出含有多个纵模。要稳频，需要先实现单纵模。本实验中的光纤长度估计在 10cm 量级，长度远小于一般的光纤激光器，因此有可能实现单纵模稳频。若要进一步稳频，可采用腔内嵌套法布里-伯罗滤波器。

9.3　PbSe 量子点光纤激光器的实验实现

下面介绍 PbSe 量子点激光器的实验实现。本节提及的技术路线与前面介绍的将量子点制备在玻璃中不同,这里采用离散性的量子点,先将量子点掺入 UV 胶本底中,再将含量子点的 UV 胶灌入空芯光纤,制备成量子点光纤并构成量子点激光器。

9.3.1　激光器的构成

实验装置如图 9.3.1 所示,该环形腔结构与图 9.2.3 略有不同,但原理相同。激光器环形腔由 980nm/1550nm 波分复用器(WDM)、掺 PbSe 量子点光纤(QDF)、非偏振光隔离器(ISO)、耦合器(coupler)和光纤布拉格光栅(FBG)组成。其中,WDM 为单模($9/125\mu m$,纤芯/包层)尾纤输出,并与 QDF 直接熔接;QDF 为多模($50/125\mu m$,纤芯/包层)光纤,纤芯本底材料为紫外固化胶,PbSe 量子点掺入其中;耦合器为分光比可调的 2×2 光纤型;FBG 的中心波长为 1550.46nm,线宽为 0.1nm,反射率为 97%;ISO 采用特制的多模输入($50/125\mu m$,纤芯/包层)/单模输出($9/125\mu m$,纤芯/包层),单模输出起到空间滤波作用,隔离度大于 40dB,使光在环路中沿顺时针方向传播;IMG 为光纤匹配液,主要用于减少光纤末端面的菲涅尔反射;泵浦源采用带输出尾纤的半导体激光器(LD),其中心波长约为976nm,最大输出功率为 500mW。

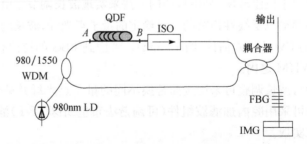

图 9.3.1　环形腔掺 PbSe 量子点光纤激光器结构示意图

环形腔掺 PbSe 量子点光纤激光器的工作原理参照 9.2.5 节,这里不再赘述。

9.3.2　实验过程

本实验所采用的 QDF 为自行设计制备。将 PbSe 量子点(溶于正己烷溶剂中)和一定量紫外固化(UV)胶同时置于 R-1020 型旋转蒸发仪中,根据沸点差异特点,对其进行隔氧(持续通入氮气)蒸发。将正己烷蒸发掉的同时,使量子点溶于UV 胶,进而配制成不同浓度的 PbSe 量子点/UV 胶溶液。采用 UV-3150 型紫外可见近红外分光光度仪(日本岛津公司生产,测量范围为 190～3200nm,扫描精度为 1nm),测量量子点溶液的近红外吸收谱。采用 FLSP920 型荧光光谱仪(英国爱丁堡公司生产,测量范围为 1200～3500nm,扫描精度为 1nm)测量量子点溶液的荧光辐射谱。将配制好的 PbSe 量子点溶液通过压力差的方式,灌入大模场面积(50/125μm,纤芯/包层)的空芯光纤。将待灌装光纤的主体部分置入超声波振荡器,两端露出,一端深入量子点溶液,另一端接抽真空设备,并对接口密封。待灌装完毕,取出光纤,保持光纤与抽真空设备连接,并放在显微镜下观察,截取未见气泡部分。取一小段芯径更小的实芯多模光纤(纤芯直径 40μm、外径 125μm)与空芯光纤对接(这样便于光纤与其他部分的熔接),即将特种光纤一端部分涂覆层剥去,将端面切平后与空芯光纤对接,接口处滴加光纤胶进行密封处理,从而可制成不同浓度和长度的 QDF。在将 QDF 接入谐振腔之前,采用截断法,即在 QDF 上靠近泵浦光输入端(图 9.3.1 中的 A 点),对泵浦光耦合效率及入纤功率进行测量。

采用 AQ6317C 近红外光谱仪(日本横河公司生产,精度为 0.01nm)对不同长度和浓度下 QDF 的 PL 谱进行测量,初步确定荧光辐射强度与光纤长度和掺杂浓度之间的关系。采用光纤熔接机(康宁公司生产,S46999-M7-A76 型),将不同浓度和长度的 QDF 分别熔接入谐振腔光路。采用 Newport1918-C 激光功率计(美国 Newport 公司生产)对激光器的输出功率进行测量,确定输出功率与泵浦功率、掺杂浓度、光纤长度及耦合比的关系。本实验使用的 QDF 为多模,激光的光谱特性较差,因此可采用光纤弯绕选模的方法,即将 QDF 缠绕在一定直径的圆柱体上,对激光模式进行选模,消除高阶模,留下基模。利用 AQ6317C 近红外光谱仪测量激光器的输出光谱特性,可对不同光纤长度、不同掺杂浓度以及有/无光纤弯绕的情形分别进行测量。

9.3.3 结果与分析

实验采用的 PbSe 量子点的 TEM 图如图 9.3.2 所示,其中黑色点为 PbSe 量子点,本底为 UV 胶体溶液。图 9.3.3 为实测的 PbSe 量子点的近红外吸收和荧光(PL)辐射谱以及 UV 胶本底的近红外吸收谱。由 TEM 图,可估计量子点的尺寸为 5～5.5nm。由 Brus 方程[式(3.2.15)]及量子点的吸收光谱[图 9.3.3(a)],可确定量子点的直径约为 5.2nm。

由图 9.3.3(b)可见,UV 胶在近红外区的吸收很小,因此,近红外泵浦光的能量几乎可全部被 PbSe 量子点吸收。量子点的第一吸收峰和荧光辐射峰分别位于

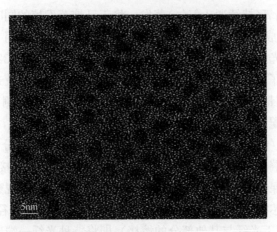

图 9.3.2　实验采用的 PbSe 量子点的 TEM 图

1469.30nm 和 1550.46nm,两者波长间隔(斯托克斯频移)为 81.16nm。根据测量的量子点辐射峰的波长位置,光纤光栅(FBG)的中心波长选在 1550.46nm 处。

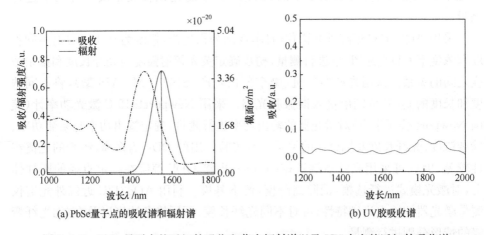

(a) PbSe量子点的吸收谱和辐射谱　　　　　　　(b) UV胶吸收谱

图 9.3.3　PbSe 量子点的近红外吸收和荧光辐射谱以及 UV 本底的近红外吸收谱

实验条件为掺杂浓度(2~10)mg·mL^{-1}、光纤长度 10~150cm、输出耦合器耦合比 CR=0~100%、输入到 QDF 中的泵浦功率 5~68mW。PL 强度随光纤长度以及掺杂浓度变化的结果如图 9.3.4 所示,其中掺杂浓度 c_1=2mg·mL^{-1},c_2=2.5mg·mL^{-1},c_3=5mg·mL^{-1},c_4=8mg·mL^{-1},c_5=10mg·mL^{-1}。由图可见,PL 峰值强度随光纤长度的变化有一个极大值或最佳值,该最佳值与掺杂浓度有关。掺杂浓度越高,最佳光纤长度越短;反之则相反。在实验范围内,最大 PL 峰值强度对应的掺杂浓度为 c_5=10mg·mL^{-1}、光纤长度为 85cm。

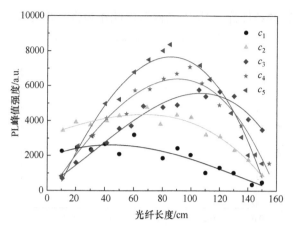

图 9.3.4　测量的 PL 峰值强度随光纤长度的变化(不同掺杂浓度下)

　　PL 峰值最大,意味着可能获得的激光功率也最大。图 9.3.5 给出了不同掺杂浓度下的激光输出功率随光纤长度的变化。由图可见,掺杂浓度越高,未饱和激光功率越大,光纤饱和光纤长度越短。不同掺杂浓度下的激光饱和功率相同,即激光饱和功率与掺杂浓度和光纤长度无关。

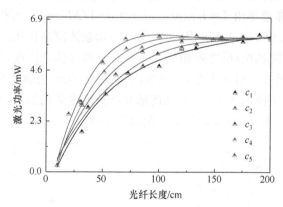

图 9.3.5　测量的激光功率随光纤长度的变化(不同掺杂浓度下)

　　激光输出功率不仅与掺杂浓度和光纤长度有关,还与输出端耦合器的分光比(CR)有关。在入纤泵浦功率为 68mW、掺杂浓度为 $c_5 = 10\text{mg} \cdot \text{mL}^{-1}$、光纤长度为 85cm 的条件下,实测得到的输出功率与分光比(输出功率与到 FBG 的功率之比)的关系如图 9.3.6 所示。由图可见,当分光比较小时,输出功率随分光比的增加而增大。当分光比到达 0.9(即 90% 输出到测量端)时,输出功率最大;当分光比大于 0.9 时,经过耦合器到达光栅的光波太少,得到的反馈太小,腔内激光振荡强度会减弱,以致停止振荡,从而使得输出功率急剧降低。另外,最佳分光比为 CR=(80~90)% : (20~10)%。下面将泵浦功率为 68mW、掺杂浓度为 10mg · mL⁻¹、

CR 为 90%∶10% 的条件称为"标准条件",以此作为进一步实验的条件。

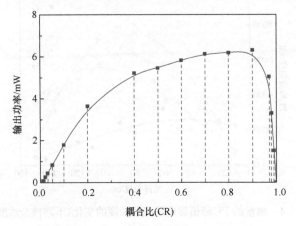

图 9.3.6　输出激光功率随耦合比的变化

　　为了了解泵浦能量在 QDF 中被吸收的情况(这对于考察激励能沿光纤的变化是很重要的),在标准条件下,图 9.3.7 给出了在不同的掺杂浓度下 980nm 泵浦功率随光纤长度的变化。由图可见,泵浦功率在光纤中随光纤长度的增加而呈指数下降。特征下降速率由 $I = I_0 \exp(-\alpha L) \Rightarrow \alpha = 1/\Delta L_f \mathrm{cm}^{-1}$,可得 $\alpha = 0.01395 \sim 0.02959\mathrm{cm}^{-1}$ 或 $0.0606 \sim 0.128\mathrm{dB} \cdot \mathrm{cm}^{-1}$,并与掺杂浓度成正比。掺杂浓度越高,下降速率越大,下降越快;反之则相反。无论对于哪种掺杂浓度,泵浦光在 150cm 长度处几乎都被吸收。对于浓度 c_5,泵浦能量在约 80cm 处就已经几乎被全部吸收,这很好地解释了图 9.3.4 中 PL 强度随光纤长度变化的原因,也很好地揭示了图 9.3.5 中激光功率在 80cm 之后达到饱和的原因。

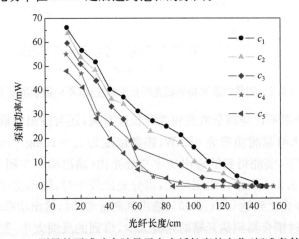

图 9.3.7　测量的泵浦功率随量子点光纤长度的变化(标准条件下)

　　在大模场光纤中存在各种高阶模,实验观测到的是各个模的叠加。为了消除高阶模,可采用光纤弯绕选模法,即将多模的 QDF 均匀缠绕在圆柱体上,本实验采用的圆柱体直径为 16mm。采用可调式光衰减片及功率计,在 QDF 的输出端 B 点测量横断面的光场强度分布。图 9.3.8 为光纤缠绕前后光场强度的对比。显然,无光纤缠绕的光场是多个模式的叠加,光场几乎充满整个光纤纤芯截面。采用光纤弯绕进行选模后,激光光场呈典型的单模高斯分布,与无光纤弯绕时的多模分布明显不同。

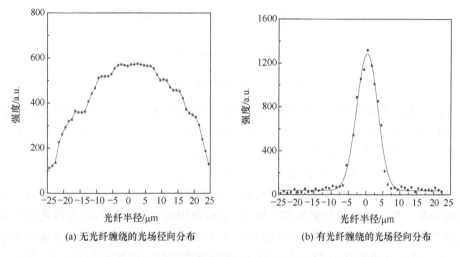

(a) 无光纤缠绕的光场径向分布　　　　　　　(b) 有光纤缠绕的光场径向分布

图 9.3.8　光纤缠绕前后光场强度的对比

在光纤缠绕的情况下,实测的激光输出功率谱如图 9.3.9 所示,其中泵浦功率分别为 10mW[图 9.3.9(a)]、25mW[图 9.3.9(b)]、68mW[图 9.3.9(c)]。由图可见,当泵浦功率很低时,没有激光输出;当泵浦功率增大到某一功率时(25mW),激光开始出现;当泵浦功率达到实验范围内最大的 68mW 时,输出激光功率最大。峰值强度最大为 6.1dBm(约 4mW),3dB 线宽小于 0.1nm,模边抑制比为 47dB。在 2h 的连续观察时间内,波长漂移小于 0.02nm,无跳模现象发生。

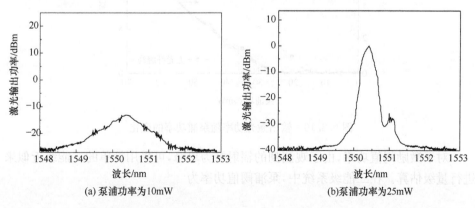

(a) 泵浦功率为 10mW　　　　　　　　　　　(b) 泵浦功率为 25mW

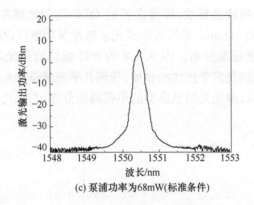

(c) 泵浦功率为68mW(标准条件)

图 9.3.9 激光输出功率谱

在室温和黑暗条件下,经多次时间间隔不规则的测量,输出的平均激光功率随入纤泵浦功率的变化如图 9.3.10 所示,图中给出了有/无光纤弯绕的两种情形以及多次测量的结果。当入纤泵浦功率很小时,几乎没有激光输出。当入纤泵浦功率增大到某一值时(如 25mW 或 16mW),输出激光突然出现,之后,随泵浦功率增加,激光功率呈线性增大,表现出明显的受激辐射特征。于是,该泵浦功率可看成阈值功率。当入纤泵浦功率为 68mW 时(实验范围内的最大值),有光纤弯绕的最大激光输出功率为 6.31mW,泵浦效率为 9.3%;无光纤弯绕的最大激光输出功率为 19.2mW,泵浦效率为 28.2%。显然,光纤弯绕引起了光场的附加损失,使得激励阈值增大、泵浦效率降低。

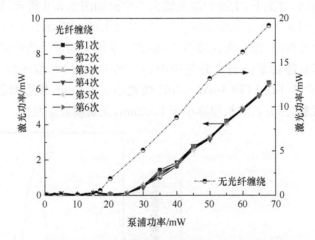

图 9.3.10 输出激光功率随泵浦功率的变化

对于激励阈值功率,由于观测到的辐射峰为单峰,可采用简单的二能级近似来进行量级估算。在二能级系统中,泵浦阈值功率为

$$P_{th}=\frac{\sigma_{a,L}A}{\Gamma_P(\sigma_{a,P}\sigma_{e,L}-\sigma_{e,P}\sigma_{a,L})}\frac{h\nu_P}{\tau} \tag{9.3.1}$$

式中，σ 为截面；ν_P 为泵浦频率；Γ_P 为泵浦光重叠因子；τ 为激光上能级寿命；A 为纤芯面积；h 为普朗克常量。对于直径为 $50\mu m$ 的 QDF、980nm LD 的泵浦，采用已知的 PbSe 量子点的上能级寿命、给定波长的吸收截面和辐射截面(图 9.3.3)，即可由式(9.3.1)得到阈值功率。由于这里的泵浦峰值波长 980nm 与图 9.3.3 的不同，截面可参考图 9.3.3 实测的吸收谱通过外推得到。此外，也可由图 8.3.2 (量子点直径为 5.5nm，辐射-吸收峰分别位于 1630nm 和 1550nm)，将辐射-吸收峰波长平移到这里的 1550nm 和 1469nm，截面大小不变，于是，$\sigma_{a,P980}=3.7\times10^{-16}$ cm^2，$\sigma_{a,L1550}=1.2\times10^{-16}$ cm^2，$\sigma_{e,L1550}=3.59\times10^{-16}$ cm^2。取泵浦光的重叠因子 $\Gamma_P=0.3$(重叠因子的大小与实验所用光源 LD 的模式以及耦合情况有关，重叠因子的讨论见 7.3 节)，由式(9.3.1)可得泵浦阈值功率 $P_{th}\approx25mW$。该阈值与图 9.3.10 实验测量的阈值相当接近。

为了进一步确认实验观测到的是激光而不是荧光，对有/无光栅的激光器输出特性进行了对比观测。在前述的实验条件下，图 9.3.11 给出无光栅和有光栅时的光谱对比(光纤无弯绕情形下)。由图可见，没有光栅时，输出显然是荧光，其谱带很宽(FWHM 约为 48nm)，峰值位于 1549.83nm；光纤中存在多纵模振荡，且各个模式的强度在输出端进行非相干叠加，从而导致谱带加宽，中心频率偏移，强度降低。有光栅时，输出的光谱特性很好，3dB 线宽仅 1.54nm，峰值功率达 3.2dBm，可见光纤光栅起到了很好的选频和优化激光光谱特性的作用。结合图 9.3.10 的激励阈值，可认定实验观测到的是激光。采用 QDF 弯绕后的情形类似，这里不再赘述。

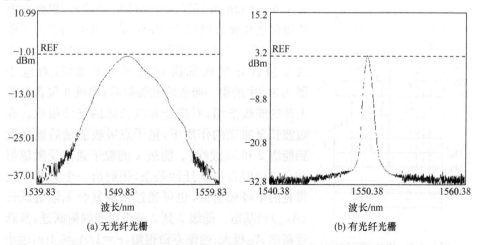

(a) 无光纤光栅　　　　　　　　　　　　　　　(b) 有光纤光栅

图 9.3.11　光纤激光器输出光谱图(QDF 无弯绕情况下，2.00nm/D)

9.3.4 结论

以 PbSe 量子点作为光纤中的激活增益介质,在 980nm LD 的泵浦下,在全光纤环形谐振腔中可实现波长为 1550nm 的稳定、连续的激光振荡。在单模输出情况下,泵浦的激励阈值约为 25mW。高于激励阈值时,激光输出功率随激励功率线性增大。在实验范围内,当入纤泵浦功率为 68mW、掺杂浓度为 5.0 mg·mL^{-1}、掺杂光纤长度为 85 cm、输出耦合比为 90%：10% 时,得到输出功率为 6.31mW 的单模激光输出,激光的 3dB 线宽小于 0.1nm,泵浦效率为 9.3%。

9.4　环形腔 PbSe 量子点单模光纤激光的数值模拟

本节针对 9.3 节的 PbSe 量子点环形谐振腔激光器实验,对激光输出特性进行数值模拟研究。对环形腔量子点光纤激光器进行理论建模,通过求解粒子数速率方程、光功率传输方程等,数值模拟了激光功率、泵浦功率、激光能级粒子数密度在量子点光纤中的变化,研究量子点掺杂浓度对输出激光功率的影响,给出激光器合适的掺杂浓度范围以及输出激光功率随输出分光比的变化,并与实验测量的结果进行对照。这些工作一方面可避免实验的局限性缺陷,另一方面可深入了解 PbSe 量子点光纤激光的动力学过程,探索激光能级反转机理,为今后激光器优化设计奠定基础。

9.4.1　粒子数速率方程、光功率方程及循环条件

实验采用的 PbSe 量子点直径为 5.2nm,测量的吸收峰和辐射峰值波长分别

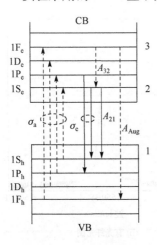

图 9.4.1　PbSe 量子点
的能级示意图

为 1469.30nm 和 1550.46nm(图 9.3.3)。根据所测的辐射谱和吸收谱可知,PbSe 量子点可归结为三能级系统(图 9.4.1)。能级 1 表示位于价带的基态;能级 2 包含导带底部附近的两个子能级,对应于图 9.3.3 中的第一吸收峰和辐射峰;能级 3 包含导带上部的能级群组,对应于短波长区的连续吸收。在短波长泵浦光的作用下,量子点吸收能量后被激发到能级 2 和 3(虚线)。能级 2 的粒子通过受激辐射和自发辐射直接跃迁回基态,辐射出一个具有一定带宽的单峰辐射谱,也可通过俄歇复合无辐射跃迁(A_{Aug})到基态。能级 3 到 2 是带内非辐射跃迁,其跃迁概率 A_{32} 极大,弛豫寿命很短,$\tau' = 1/A_{32} \leqslant 4ps$,远小于能级 2 的跃迁辐射寿命(100~300 ns),因此,PbSe

量子点的三能级系统可用二能级近似来描述。

光纤中二能级系统的粒子数密度方程满足

$$\frac{N_2(z)}{N}=\frac{\dfrac{\sigma_{a,P}\Gamma_P\lambda_P P_P(z)}{hcA}+\dfrac{\sigma_{a,L}\Gamma_L\lambda_L P_L(z)}{hcA}}{\dfrac{(\sigma_{a,P}+\sigma_{e,P})\Gamma_P\lambda_P P_P(z)}{hcA}+\dfrac{1}{\tau}+\dfrac{(\sigma_{a,L}+\sigma_{e,L})\Gamma_L\lambda_L P_L(z)}{hcA}} \tag{9.4.1}$$

式中，N_2 为上能级粒子数密度，并满足守恒定理，$N=N_1+N_2$；λ 为波长；σ 为截面；h 为普朗克常量；c 为光速；τ 为上能级寿命（包括自发辐射和俄歇无辐射复合）；Γ 为光纤中的光强与量子点的重叠因子；下角标 P、L 分别表示泵浦光和激光，a、e 分别表示吸收和辐射。

下面按图 9.3.1 中的激光环形腔进行建模。在环形腔中，光沿顺时针传播，只在掺量子点的光纤 QDF 内产生受激辐射和吸收，即增益只发生在 QDF 中，而损耗在整个环路中都存在。光纤的弯曲损耗有宏弯损耗和微弯损耗两种，这里 QDF 缠绕的曲率半径为厘米级，属于宏弯损耗。QDF 的损耗主要来自其光纤的背景损耗、宏弯损耗、A 点和 B 点的接插损耗等。于是，泵浦光和受激产生的激光功率在 QDF 中的传播方程为

$$\frac{\mathrm{d}P_P(z)}{\mathrm{d}z}=\Gamma_P\big[(\sigma_{a,P}+\sigma_{e,P})N_2(z)-\sigma_{a,P}N\big]P_P(z)-(\alpha_P+\alpha_P')P_P(z) \tag{9.4.2}$$

$$\frac{\mathrm{d}P_L(z)}{\mathrm{d}z}=\Gamma_L\big[(\sigma_{a,L}+\sigma_{e,L})N_2(z)-\sigma_{a,L}N\big]P_L(z)$$
$$-(\alpha_L+\alpha_L')P_L(z)+\Gamma_L\sigma_{e,L}N_2(z)P_0(\lambda_L) \tag{9.4.3}$$

式中，α 和 α' 分别为 QDF 的背景损耗和宏弯损耗。方程（9.4.3）右边的第三项 $\Gamma_L\sigma_{e,L}N_2(z)P_0(\lambda_L)$ 为自发辐射项，其中 $P_0(\lambda_L)=2h\nu_L\Delta\nu_L$ 为增益带宽 $\Delta\nu_L$ 内自发辐射对功率的贡献，其数值较小，可以忽略。

经 QDF 增益后的光功率，一部分从耦合器分光输出，一部分经 FBG 选频反射后只剩下 1550nm 的激光重新进入环路，进行循环振荡。因此，稳定输出时，腔内的循环条件为

$$\begin{cases} P_P(0)=(1-\gamma_1)\cdot P_{P0} \\ P_L(0)=(1-\gamma_2)\cdot(1-CR)\cdot P_L(L) \end{cases} \tag{9.4.4}$$

式中，P_{P0} 为泵浦源 LD 的输出功率；γ_1 为泵浦光在 A 点的损耗系数；$P(0)$ 为 QDF 的入纤功率（经耦合点 A 后）；$P(L)$ 为 QDF 的出纤功率（在耦合点 B 之前）；L 为 QDF 的长度；CR 为耦合器的输出端激光光强与输入端光强的分支比；γ_2 为环路中激光沿顺时针方向从耦合点 B 点到 A 点途经的损耗系数，包括 A、B 点的耦合损耗、光纤的沿途损耗、ISO 损耗和 FBG 的反射损耗等。

激光输出功率可表示为

$$P_{\text{out}} = (1 - \gamma_3) \cdot \text{CR} \cdot P_{\text{L}}(L) \tag{9.4.5}$$

式中，γ_3 为经 B 点、ISO 和耦合器输出的损耗系数；式中的 $P_{\text{L}}(L)$ 可根据前述的循环条件，通过求解式（9.4.1）～式（9.4.3）来确定。

9.4.2　重叠因子

量子点只掺杂在 QDF 纤芯中，只有在 QDF 纤芯中传播的光波模才有可能与量子点发生相互作用，即产生重叠效应。重叠因子 Γ 可根据光强分布和量子点分布来确定，量子点在光纤中呈径向均匀分布，于是

$$\Gamma = \int_0^\infty I^{(\text{n})}(r) \frac{n(r)}{N} 2\pi r \mathrm{d}r \tag{9.4.6}$$

式中，$I^{(\text{n})}(r)$ 为光强的归一化横模分布，满足 $\int_0^\infty I^{(\text{n})}(r) 2\pi r \mathrm{d}r \equiv 1$。平均粒子数密度

$\overline{N} = \dfrac{\int_0^\infty 2\pi n(r) r \mathrm{d}r}{\pi a^2}$，$a$ 为 QDF 纤芯半径。对圆柱形光纤，有

$$\Gamma = \int_0^a I^{(\text{n})}(r) 2\pi r \mathrm{d}r \tag{9.4.7}$$

单模的模场可用高斯分布或已实测的模场分布（图 9.3.9）来表示。对于单模的泵浦光，由式（9.4.7）可求得重叠因子 $\Gamma_{\text{P}} \approx 0.9$，该 Γ_{P} 值较大的原因是实验中泵浦光从 $9/125\mu\text{m}$ 的单模尾纤直接插入 $50/125\mu\text{m}$ 的 QDF 中。对于 QDF 中受激辐射产生的激光，在光纤缠绕情况下（单模情形），式（9.4.7）可求得单模激光的重叠因子 $\Gamma_{\text{L,s}} \approx 0.69$；在光纤未绕弯情况下（多模情形），可求得多模激光的重叠因子 $\Gamma_{\text{L,M}} \approx 0.38$，其中多模归一化光强分布 $I^{(\text{n})}$ 取实测的光场。

9.4.3　弯曲损耗

光纤的弯绕会产生弯曲损耗，其宏弯损耗主要源于光纤弯曲产生的空间滤波、模式泄露及模式耦合，其中以空间滤波效应造成的损耗为主。多模光纤弯曲调制引起的宏弯损耗 α' 依赖于波长和曲率半径[25]：

$$\alpha' = \frac{T}{2\sqrt{R}} \exp\left[2Wa - \frac{2}{3} \frac{W^3}{\beta^2} R \right] \tag{9.4.8}$$

式中

$$T = \frac{2aU^2}{e_\nu V^2 \sqrt{\pi W}} \quad （单模时，e_\nu = 2；多模时，e_\nu = 1）$$

式中的归一化频率 $V = ak_0\sqrt{n_1^2 - n_2^2}$（$k_0 = 2\pi/\lambda$ 为真空中的波数）；特征参量 $U =$

$\sqrt{n_1^2 k_0^2 - \beta^2}$，$W = \sqrt{\beta^2 - n_2^2 k_0^2}$；$R$ 为 QDF 弯曲的曲率半径；n_1、n_2 分别为 QDF 纤芯和包层的折射率；β 为传播常数，与模式 (m, n) 有关：

$$\beta_{mn} = k_0 n_1 \left[1 - \frac{2(2\Delta)^{1/2}}{a k_0 n_1}(m + n + 1) \right]^{1/2} \tag{9.4.9}$$

式中，Δ 为光纤的相对折射率差。

实验中光纤弯绕曲率半径 $R = 8\text{mm}$，可求得对 980nm 单模泵浦光产生的宏弯损耗为 $\alpha_P' = 2 \times 10^{-5}\text{m}^{-1}$。对 1550nm 的激光，$\text{LP}_{01}$ 的宏弯损耗 $\alpha_L' = 0.225\text{m}^{-1}$。对于高阶的 LP_{11}、LP_{12}、LP_{21}、LP_{31} 等，损耗很大，因此，可以认为光纤绕弯后 QDF 中只剩下基模。对于实验中 QDF 不绕弯的情况（多模），缠绕曲率半径 $R = \infty$，则取 $\alpha_P' = 0$，$\alpha_L' = 0$。

根据前面的分析，此处的多模激光输出与单模激光输出的不同，主要在于其重叠因子 Γ 和宏弯损耗 α'。这里主要研究单模，对于多模情况不作展开介绍。

9.4.4　数值模拟

1. 单模激光的数值模拟

通过对理论模型的分析，可知泵浦波长 λ_P、粒子数密度 N、光纤长度 L、耦合器分光比 CR 等参数对激光输出特性都有影响，即 $P_{\text{out}} = P_{\text{out}}(\lambda_P, N, L, \text{CR})$。

为了与实验进行比对，首先对实验中观测到的激光泵浦阈值 P_{th} 进行详细的数值模拟，计算得到激光能级粒子数密度 N_1 和 N_2、泵浦光和激光功率在 QDF 内的变化。然后，数值模拟最佳实验条件下的粒子数密度 N、耦合器分光比 CR 对激光输出功率的影响。

数值计算所需的参数与实验一致（表 9.4.1），其他参数见表 9.4.2，其中吸收和辐射截面由图 9.3.3 给出。

表 9.4.1　PbSe 量子点激光的实验条件

参量	数值	参量	数值
QDF 纤芯直径 $a/\mu\text{m}$	50	量子点直径 D/nm	5.2
泵浦波长 λ_P/nm	980	激光波长 λ_L/nm	1550
QDF 卷绕半径 R/mm	8	温度 T/K	300
LD 泵浦功率 P_{P0}/mW	68	QDF 长度 L/m	0.85
量子点掺杂浓度 c /(mg·mL^{-1})	$c_1 = 2, c_2 = 2.5$ $c_3 = 5, c_4 = 8$ $c_5 = 10$	耦合比 CR/%	85~90

注：浓度和分光比取表中的 c_5 和 CR = 90%，称为实验的"标准条件"。

表 9.4.2　数值计算所需的参数

参量	数值	参量	数值
泵浦光吸收截面 $\sigma_{a,P}/m^2$	1.89×10^{-20}	激光吸收截面 $\sigma_{a,L}/m^2$	1.64×10^{-20}
泵浦光辐射截面 $\sigma_{e,P}/m^2$	约为 0	激光辐射截面 $\sigma_{e,L}/m^2$	3.59×10^{-20}
泵浦光重叠因子 Γ_P	0.9	激光重叠因子 Γ_L	0.69(SM) 0.38(MM)
接口损失	$\gamma_1 = 0.3$ $\gamma_2 = 0.7$ $\gamma_3 = 0.5$	寿命/ns	$\tau = 115^*$
泵浦光的 QDF 背景损失 α_P/m^{-1}	3×10^{-3}	激光的 QDF 背景损失 α_L/m^{-1}	5×10^{-3}
泵浦光的 QDF 宏弯损失 α_P'/m^{-1}	2×10^{-5}(SM) 0(MM)	激光的 QDF 宏弯损失 α_L'/m^{-1}	0.225(SM) 0(MM)

注：SM 表示单模，MM 表示多模。

* 文献[26]给出 $\tau = 100 \sim 300$ns，这里选中间值。

图 9.4.2 给出不同掺杂浓度下的 1550nm 单模激光输出功率随泵浦功率的变化，其中黑点为实验测量值，曲线为计算值。由图可见，当泵浦功率较低时，没有激光输出；当泵浦功率增大到一定值时，激光突然出现，形成一个明显的拐点（阈值）。计算的阈值与实验观测相当接近。例如，对于 c_5 情形，计算的阈值功率为 $P_{th} = 22$mW，实验阈值为 $P_{th} = 25$mW。计算发现，随着量子点浓度的增大，阈值也会增大。当泵浦功率继续增大时，输出激光功率呈线性增长，表现出典型的激射现象。在激光功率的线性增长阶段，计算的激光增长的斜率与实验测量相当接近。计算的激光输出功率略高于实验测量值，当入纤泵浦功率 $P_P(0) = 68$mW 时，计算的激光输出功率 $P_{out} = 7.28$mW（泵浦效率 $\eta \approx 10.7\%$），实验的激光功率为 $P_{out} =$

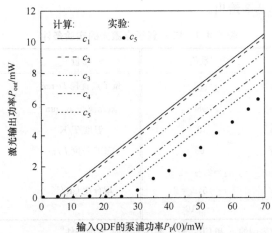

图 9.4.2　单模激光输出功率随入纤泵浦功率的变化

6.31mW(泵浦效率 $\eta=9.28\%$)。计算值略高于实验值,可能是实验中量子点掺杂浓度有偏差,或者实验中量子点光纤中存在微气泡,使得实际散射损耗比计算值大。

图 9.4.3 和图 9.4.4 分别给出了实验"标准条件"下,计算的入纤泵浦功率等于阈值、高于阈值时的泵浦功率、激光功率和激光能级粒子数密度在 QDF 中的变化。由图可见,泵浦光在 QDF 内很快被 PbSe 量子点吸收,量子点被激励到高能级上,形成受激辐射,激光功率迅速增大。在光纤中较短的距离处($z=3.8\sim4.4\text{cm}$),泵浦功率几乎全部被吸收,这时激光功率最大,分别为 12.55mW(对于 $P_P(0)=P_{th}$)和 41.64mW(对于 $P_P(0)>P_{th}$)。之后,由于基底吸收、宏弯损耗等原因,激光功率逐渐减小。至 QDF 的末端(B 点),激光功率降至最小。

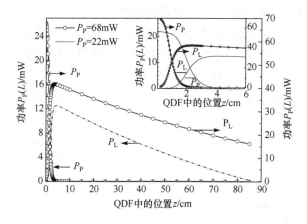

图 9.4.3 当入纤泵浦功率 $P_P(0)=P_{th}$、$P_P(0)>P_{th}$(22mW)时
QDF 中的泵浦功率和激光功率沿光纤的变化

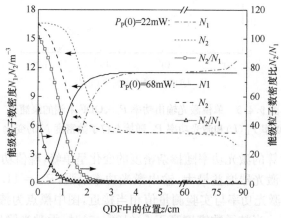

图 9.4.4 入纤泵浦功率 $P_P(0)$ 等于或大于 P_{th} 时
激光上下能级粒子数密度沿 QDF 的变化

　　图 9.4.4 从激光能级粒子数上解释了图 9.4.3 中光功率的变化。由图可知，在 $z=0$ 处，泵浦光功率最大，吸收激励到上能级的粒子数最多，因此 N_2 最大。在 QDF 较短的位置处，泵浦光强较强，粒子从基态吸收泵浦光能量而激励到上能级的概率很大，于是，激光上能态粒子数密度很高，上下能级粒子数密度比 $N_2/N_1 > 1$。随着光纤位置的延长，泵浦光被迅速吸收，泵浦光强降低，使得粒子从基态激励到上能态的粒子数减少，即使得粒子数密度比 N_2/N_1 减小。计算发现，当粒子数密度比降低到某个值（$N_2/N_1=0.45$）时，数密度比不再减小并保持稳定。此时虽然激光减弱，但仍有激光，即仍有粒子数反转存在。于是，$N_2/N_1=0.45$ 可视为激光上下能级粒子数密度反转的阈值条件。当沿光纤的光强不再变化时，粒子数反转条件为 $N_2/N_1=\sigma_{a,L}/\sigma_{e,L}$（见 7.4.2 节的讨论），由 1550nm 处的截面比（图 9.3.3），可知 $N_2/N_1=0.457$，于是得到解释。

　　图 9.4.5 给出了在实验"标准条件"下模拟计算的单模激光输出功率 P_{out} 及 QDF 末端的泵浦光功率 $P_P(L)$ 和激光功率 $P_L(L)$ 随掺杂粒子数密度 N 的变化关系，其中黑点为掺杂浓度 c_5 标准条件下的实验值。由图可知，当掺杂粒子数密度 N 太低时，没有激射发生。当 $N \geqslant 2\times10^{20}\,m^{-3}$ 时，才发生受激辐射，即掺杂密度也有阈值（$N_{th}=2\times10^{20}\,m^{-3}$）。

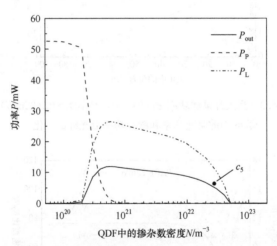

图 9.4.5　单模激光输出功率 P_{out}、QDF 末端的泵浦光功率 $P_P(L)$ 和激光功率 P_L 随掺杂粒子数密度 N 的变化

　　由图可见，计算的激光功率随掺杂密度的变化呈单峰，峰值功率时掺杂密度为 $6\times10^{20}\,m^{-3}$，此时激光器增益最大，输出激光功率最强，$P_{out}=11.9mW$。"标准条件"（c_5）下计算的激光功率与实验测量值相当接近，图中黑点为掺杂浓度 c_5"标准条件"下的实验值。当粒子数密度高于 $5\times10^{22}\,m^{-3}$ 时，无激光输出，即 PbSe 激光器合适的掺杂密度范围在 $2\times10^{20} \sim 5\times10^{22}\,m^{-3}$。当掺杂密度过高时，量子点的吸

收作用急剧增大,会使得 QDF 变为"不透明"。此外,由于量子点之间的库仑作用增大,类似于高浓度铒离子掺杂的"上能级转换效应"增大,这降低了上能级的激光跃迁辐射,甚至使激光突然猝灭。

耦合器输出分光比决定了输出功率占环形腔内循环光功率的比例,从而影响 QDF 的饱和程度,对输出功率产生很大影响。图 9.4.6 是单模激光输出功率与耦合器分光比 CR 关系的数值模拟结果与实验结果的对照,模拟结果与实验基本吻合。观察不同入纤泵浦功率下的曲线变化趋势,可得出该单模激光器最佳分光比为 80%~90%(实验结果为 85%~90%),且 CR 最佳取值与泵浦光的功率大小无关。

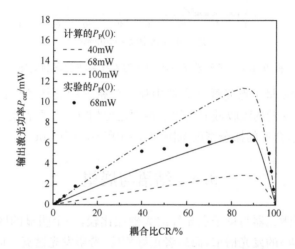

图 9.4.6　单模激光输出功率 P_{out} 随分光比 CR 的变化(其中点为实验值)

2. 多模激光的数值模拟

对于多模激光,模拟时须改变几个损耗参数和激光重叠因子。按照单模激光的方式,对多模激光阈值功率的模拟计算结果如图 9.4.7 所示。模拟计算得到多模情况下的阈值功率 $P_{th}=17mW$。在实验"标准条件下",计算得到激光输出功率 $P_{out}=14.13mW$,泵浦效率 $\eta=22.9\%$,略低于实验值。

9.4.5　结论

本节对以 PbSe 量子点光纤掺杂构成的循环腔 1550nm 激光进行了数值模拟计算。数值模拟的泵浦阈值功率、单/多模激光输出功率随泵浦功率的变化、单模输出激光功率所需的 PbSe 掺杂浓度、单模激光功率随输出耦合比的变化等,与实验结果基本吻合,证明这里所建立的理论模型的可靠性。

通过对 QDF 内激光功率分布的研究,直观表达了激光能级粒子数密度的变

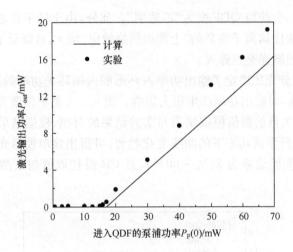

图 9.4.7　多模激光输出功率随入纤泵浦功率的变化

化,定量给出 PbSe 量子点光纤激光器中粒子数密度的反转条件:$N_2/N_1 \geqslant 0.45$,
该条件与粒子数反转的吸收截面与辐射截面之比相符。计算表明,PbSe 量子点存
在掺杂密度阈值,合适的掺杂密度范围为 $2 \times 10^{20} \sim 5 \times 10^{22}\,\mathrm{m}^{-3}$。

9.5　结语与展望

　　量子点光纤激光器与量子点光纤放大器相比较,一个明显的区别是前者希望
增益介质(量子点)的发光谱窄,而后者正好相反,希望发光谱宽。但两者都有一个
共同点:希望量子点辐射谱和吸收谱的斯托克斯频移大,大的斯托克斯频移可以使
辐射峰附近没有吸收或吸收很小,可大大提高量子产率或发光效率,降低粒子数反
转阈值。

　　通常,量子点制备过程中的斯托克斯频移是无法控制的,斯托克斯频移取决于
量子点本身的能带结构。近年来,人们在纳米化学方法制备量子点中设计出一些
办法,制备出性能非常独特的量子点,称为 Q-shift 量子点,其吸收和辐射谱见
图 9.5.1。Q-shift 量子点包括两类:具有新型核壳结构的 CdSe/ZnS 量子点、掺锰
的 ZnSe:Mn 或掺铜的 ZnSe:Cu 量子点。它们的吸收位于紫外区而远离可见辐射
区,超宽斯托克斯频移可达数百纳米,从而使得可见区的辐射不再被吸收,发光效
率远远超过通常的 CdSe/ZnS 量子点。从发光效率来看,它们是目前世界上最好
的。这些具有高发光效率的量子点为量子点掺杂的新型激光器的研制奠定了重要
的基础。

　　下面简略分析 Q-shift 量子点发光效率得以提高的原因(以掺 Mn^{2+} 为例)。
参考图 9.5.2,吸收谱峰是由 ZnSe 量子点的带边引起的,辐射谱峰是由 Mn 杂质

引起的。Mn 的杂质能级位于 ZnSe 价带与导带之间,即辐射峰由 Mn 杂质能级间的跃迁产生,故该辐射波长比 ZnSe 带边吸收波长要长。由于 ZnSe 带隙引起的吸收与杂质引起的辐射峰之间有较大的能量差,辐射波长不能被 ZnSe 带隙重吸收,即所谓的"零自猝灭",从而提高了量子点的发光效率。

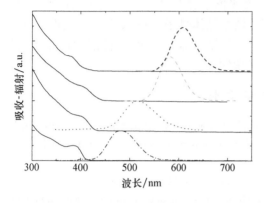

图 9.5.1 Q-shift 量子点实测的吸收谱和辐射谱[27]
黑线表示吸收,四条虚线表示对应波长的辐射

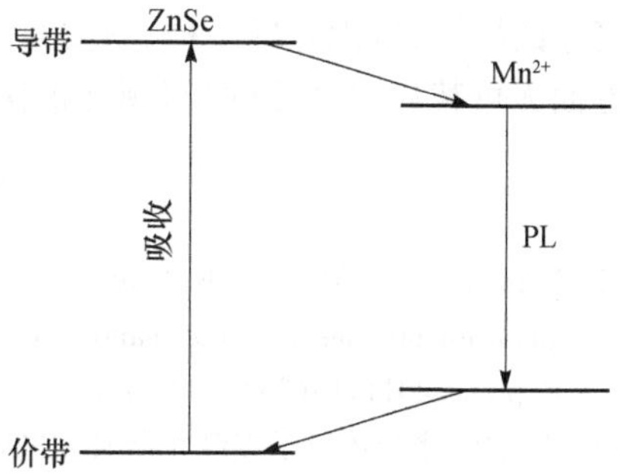

图 9.5.2 Q-shift 量子点能
带跃迁示意图

对两种不同的量子点激光作一个简单比较:一种是由单分散性量子点掺入光纤构成的量子点光纤激光器(QDFL),另外一种是通过分子束外延生长(MBE)等方法制备得到的量子点矩阵(单层膜/多层膜)所构成的量子点激光器(QDL)。QDFL 为光纤型、波长可调(红外一直到紫外,取决于量子点粒径)、有复色光输出、单模光纤中的激励阈值为几十毫瓦、光源多频多点、增益沿光纤分布、泵浦效率高、色饱和度可调、温度稳定性好、结构简单,在实验室有待进一步实现。QDL 为面输出激光、输出波长为近中红外(约 $1.3\mu m$)、波长在窄范围内可调(约 10nm)、无复色光输出、激励阈值较高且对温度敏感、结构复杂、技术要求较高,已经在实验室实现。

量子点具有辐射波长峰值位置可调等特点,因此,很容易导致它的一个重要应用——生物医学应用。例如,将量子点掺入光纤中,做成一种生物传感探头。选择合适的量子点,使该量子点的辐射峰位于某些癌细胞的特征吸收峰位置处。由于癌细胞的特征吸收峰波长和正常细胞不同,将光泵入光纤后,所测得的癌细胞的散(反)射谱和正常细胞是不同的。通过谱图对比和分析,即可分辨出探头所在处是否有癌细胞。由于光纤探头极细,可以很方便地通过食管伸入到人体深部,甚至可伸入血管内来完成其他探头无法完成的检测和诊断。事实上,近年来国外已经有报道,将 CdSe/ZnS 量子点掺入光子晶体光纤中以做成探头。初步的测量表明,这种探头具有光放大功能[28]。

　　虽然半导体纳米晶体量子点作为激光的增益介质具有巨大的潜力,但在纳米晶体量子点激光成为商用激光器之前,仍有一些问题需要解决。例如,目前实验室实现的激光功率不大,只有 mW 或几十 mW 量级;由于量子点激光器的性能强烈依赖于量子点本身,如何制备性能稳定、尺寸均一的量子点,从而保证其器件的稳定就成为一个重要的课题;如何在一台激光器中实现波长可调(这正是量子点激光的特点所在),需要有新的技术思路等。纳米晶体量子点技术发展相当迅猛,就像当年的掺铒、掺镱光纤一样,只要量子点光纤激光器确实优越、性能独特并在某些方面无可替代,相信这些问题会很快得到解决。

参 考 文 献

[1] Yamamoto N,Akahane K,Kawanishi T,et al. Narrow-line-width 1. 31μm wavelength tunable quantum dot laser using sandwiched sub-nano separator growth technique [J]. Optics Express,2011,19(26):636-644.

[2] 王占国. 半导体量子点激光器研究进展[J]. 物理,2000,29(11):643-648.

[3] Xu P F,Ji H M,Yang T,et al. The research progress of quantum dot lasers and photodetectors in China[J]. Journal of Nanoscience and Nanotechnology,2011,11(11):9345-9356.

[4] Schaller R D,Sykora M,Pietryga J M,et al. Seven excitons at a cost of one:Redefining the limits for conversion efficiency of photons into charge carriers[J]. Nano Letters,2006,6(3):424-429.

[5] Klimov V I,Ivanov S A,Nanda J,et al. Single-exciton optical gain in semiconductor nanocrystals[J]. Nature,2007,447(7143):441-446.

[6] Chen D,Zhao F,Qi H,et al. Bright and stable purple/blue emitting CdS/ZnS core/shell nanocrystals grown by thermal cycling using a single-source precursor[J]. Chemistry of Materials,2010,22(4):1437-1444.

[7] Peng X G,Li J,Battaglia D,et al. Monodisperse core/shell and other complex structured nanocrystals and methods of preparing the same[P]. US,7919012. 2011.

[8] Chan Y,Steckel J S,Snee P T,et al. Blue semiconductor nanocrystal laser[J]. Applied Physics Letters,2005,86(7):073102-1-073102-3.

[9] Darugar Q,Qian W,El-Sayed M A. Observation of optical gain in solutions of CdS quantum dots at room temperature in the blue region[J]. Applied Physics Letters,2006,88(26):261108-1-261108-3.

[10] Min B,Kim S,Okamoto K,et al. Ultralow threshold on-chip microcavity nanocrystal quantum dot lasers[J]. Applied Physics Letters,2006,89(19):191124-191126.

[11] Dang C,Nurmikko A V,Breen C,et al. Optical gain and green/red vertical cavity surface emitting lasing from CdSe-based colloidal nanocrystal quantum dot thin films[C]. Proceedings of the IEEE Conference on Lasers and Elecro-Opts (CLEO),Baltimore,2011:1-2.

[12] Chen Y J,Guilhabert B,Herrnsdorf J. Flexible distributed-feedback colloidal quantum dot laser[J]. Applied Physics Letters,2011,99(24):241103-1-241103-3.

[13] Cheng C,Bo J F,Yan J H,et al. Experimental realization of a PbSe-quantum-dot doped fiber

laser[J]. IEEE Photonics Technology Letters,2013,25(6):572-575.

[14] Cheng C,Yuan F,Cheng X Y. Study of an unsaturated PbSe QD-doped fiber laser by numerical simulation and experiment[J]. IEEE Journal of Quantum Electronics,2014,50(11): 882-889.

[15] Ma D W,Cheng C. Crystallization behaviors of PbSe quantum dots in silicate glasses[J]. Journal of the Americ Ceramic Society,2013,96(5):1428-1435.

[16] Du H,Chen C,Krishnan R,et al. Optical Properties of Colloidal PbSe Nanocrystals[J]. Nano Letters,2002,2(11):1321-1324.

[17] Dong G P,Wu B T,Zhang F T,et al. Broadband near-infrared luminescence and tunable optical amplification around 1. 55μm and 1. 33μm of PbS quantum dots in glasses[J]. Journal of Alloy and Compounds,2011,509(38):9335-9339.

[18] Rakher M T,Bose R,Wong C W,et al. Spectroscopy of 1. 55μm PbS quantum dots on Si photonic crystal cavities with a fiber taper waveguide[J]. Applied Physics Letter,2010, 96(16):161108.

[19] 程成,程潇羽. 纳米光子学及器件[M]. 北京:科学出版社,2013.

[20] Cheng C. A multi-quantum-dot-doped fiber amplifier with characteristics of broadband,flat gain and low noise[J]. Journal of Lightwave Technology,2008,26(11):1404-1410.

[21] Klimov V I. Mechanisms for photogeneration and recombination of multiexcitons in semiconductor nanocrystals:Implications for lasing and solar energy conversion[J]. Journal of Physics Chemistry B,2006,110(34):16827-16845.

[22] Klimov V I,Mikhailovsky A A,Xu S,et al. Optical gain and stimulated emission in nanocrystal quantum dots[J]. Science,2000,290(5490):314-317.

[23] Klimov V I,Mikhailovsky A A,McBranch D W,et al. Quantization of multiparticle Auger rates in semiconductor quantum dots[J]. Science,2000,287(5455):1011-1013.

[24] Cheng C,Yan H Z. Bandgap of the core-shell CdSe/ZnS nanocrystal within the temperature range 300-373K[J]. Physica E,2009,41(5):828-832.

[25] Marcuse D. Curvature loss formula for optical fibers[J]. Journal of the Optical of America, 1976,66(3):216-220.

[26] Harbold J M,Du H,Krauss T D. Time-resolved intraband relaxation of strongly confined electrons and holes in colloidal PbSe nanocrystals[J]. Physical Review B, 2005, 72(19): 195312-1-195312-6.

[27] Peng X G,Li J,Battaglia D,et al. Monodisperse core/shell and other complex structured nanocrystals and methods of preparing the same[P]. US,7767260B2,2010.

[28] Meissner K E,Holtonb C,Spillman Jr W B. Optical characterization of quantum dots entrained in microstructured optical fibers[J]. Physica E,2005,26(1/2/3/4):377-381.

第 10 章　纳米光子学若干热点及进展

近年来,纳米光子学的研究蓬勃发展,热点不断出现,包括量子点太阳能电池、无毒纳米晶体(量子点)的制备及生物应用、表面增强拉曼散射的超分辨显微成像、表面金属等离子激元共振、单光子操纵等。限于篇幅,这里仅涉及前三个热点领域,其中第二个领域的介绍以半导体硅量子点为例展开,第三个领域主要介绍荧光造影在生物中的应用。

10.1　量子点太阳能电池

当前,人类面临着两大挑战:一是地球能源的日益短缺,二是居住环境的不断恶化。长期以来,人类的能源主要来自以煤、石油为储存形式的化学能,其他如自然能(包括风能、水力能和太阳能等)等只占据了很少的一部分。核能目前实现的主要是裂变能,但是由于人们对核辐射污染和安全等问题的担心,核裂变能的发展比较缓慢。氢及氢同位素的受控聚变,由于高温等离子体极其不稳定,目前仍有许多关键科学和技术问题尚未解决,离商用化的目标还很远。

太阳能是一种取之不竭、用之方便、没有污染的能源,是人类十分理想的一种能量来源。太阳能电池作为一种重要的光电能量转换器件,其研究一直受到人们的热切关注。太阳能电池大致可以分成晶体硅太阳能电池、化合物薄膜太阳能电池、聚合物太阳能电池和光敏化太阳能电池。

从发展历程来看,太阳能电池又可分为三代:第一代是基于半导体 PN 结载流子输运过程的无机固态太阳能电池,包括单晶、多晶和非晶硅太阳能电池等。第一代太阳能电池已经实现产业化和商业化,缺点是价格昂贵,制造过程环境污染严重(需要用到剧毒的氟化氢),能量转换效率很低。第二代是基于薄膜技术的太阳能电池,包括基于光电子化学过程的染料敏化太阳能电池、聚合物太阳能电池等。第二代太阳能电池的基础理论研究已经基本完成,目前正处于工业研究与成果转化的阶段,它的价格比较低廉,但效率仍然很低。第三代是量子点太阳能电池。随着纳米材料科学研究的发展,人们发现将排列紧密、理化性质均一的量子点作为太阳能电池的基本材料,可以大幅度提高转换效率,其理论预计值甚至可以达到66%[1]。尽管这种超高效率的第三代太阳能电池目前仍处于实验室阶段,还没有实际制作出来,但大量的理论计算和实验研究已经表明,量子点很可能是今后大幅度提高太阳能电池效率的一条有效途径,有着巨大的发展潜力和研究价值。

无论哪类太阳能电池,目前遇到的瓶颈都是光电能量转换效率太低的问题。地球表面每平方米平均的日照功率约为 165W,而目前实现的太阳能电池的光电转换效率仅为 18%(一代)或 10%(二代),因此,单位面积的发电功率很小,远远不能满足需求。能量转换效率问题不仅是太阳能电池发展的瓶颈之一,也是目前光伏器件、材料学和相关领域中一项极具挑战的重大课题。

本节首先简要介绍太阳能电池的基本工作原理;然后,介绍两种典型组态结构的量子点太阳能电池——具有 PIN 结构的太阳能电池和量子点敏化太阳能电池;接着,讨论量子点电池中的多激子效应;最后,概要描述发展量子点太阳能电池的若干关键问题和解决的措施。

10.1.1　太阳能电池的基本工作原理

单 PN 结太阳能电池的基本工作原理如图 10.1.1 所示。界面的 P 型一侧带负电,N 型一侧带正电。N 区的电子会扩散到 P 区,P 区的空穴会扩散到 N 区,由此形成一个由 N 指向 P 的"内电场",从而阻止扩散进行。当达到平衡后,在界面的薄层内会有一个电势差,即形成了 PN 结。在太阳光照射下,PN 结中 N 区的空穴往 P 区移动,而 P 区的电子向 N 区移动,从而形成从 N 型区到 P 型区的电流。于是,在 PN 结中就会形成电势差,从而在外电路里产生电流。

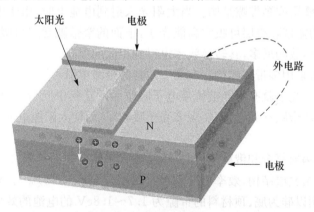

图 10.1.1　硅基 PN 结太阳能电池的基本工作原理图

单 PN 结太阳能电池的理论极限效率为 32%,称为 Shockley-Queisser(SQ)效率[1]。目前,实际器件的效率远没有达到 SQ 效率,主要原因是光伏材料的能带隙有一定的宽度,只有能量大于此带隙的光子才会被材料吸收,小于此带隙的光子不可能被吸收。太阳光谱的波长范围相当宽广,因此太阳光红端的低能量光子无法被许多种类的半导体材料吸收。此外,在目前的太阳能电池中,一个光子最多只能激发产生一个电子-空穴对,即量子产率(quantum yield,QY,激励产生的电子-空穴对的数目与入射光子数之比)始终小于1,太阳光紫外区高能光子的能量没有得到利用,而能量大于带隙的高能光子又存在热损失。常规太阳能电池中的能量损失过程如图 10.1.2 所示。

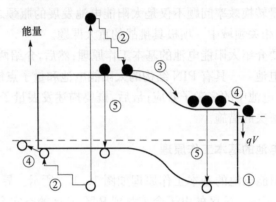

图 10.1.2　常规太阳能电池中的能量损失过程

①低于带隙的光子不被吸收;②晶格热振动损失;③和④连接点接触电压损失;⑤复合损失

基于以上分析,有两种途径可提高太阳能电池的能量转换效率。

1) 拓宽光伏材料对太阳光谱的吸收范围

采用多结叠层或多带隙结构。当太阳光入射到电池上时,由于电池是多结叠层结构,上面的宽带隙叠层可吸收高能光子,下面的窄带隙叠层可吸收低能光子。随着电池叠层结数的增多,其转换效率也得到相应的提高。

此外,也可采用多带隙结构。在第一材料的带隙中引入另一个中间带,原来无法被吸收的低能光子就有可能被价带电子吸收而跃迁到中间带,它再吸收另一个低能光子从中间带跃迁到导带,实现多光子吸收,从而使太阳能电池的转换效率得以提高。

当只考虑辐射复合和俄歇复合时,单结硅太阳能电池的极限效率为 29%。若采用双结和三结叠层结构,效率可分别增大到 42.5% 和 47.5%[2]。对于双结叠层电池,实验表明以硅为底、顶材料的带隙为 1.7~1.8eV 的电池的效率最高。对于三结叠层电池,当中间电池的材料带隙为 1.5eV、顶电池材料的带隙为 2.0eV 时,电池的效率最高[2,3]。由于不同尺寸量子点的带隙宽度不同,可以通过控制不同尺寸的硅量子点来制作最佳的叠层太阳能电池。

量子点叠层太阳能电池的最大挑战是要获得足够大的载流子迁移率和提高电导率,这就要求量子点间距和基质带隙要足够小,以使量子点波函数能够发生重叠。另外,叠层电池的每个单元要有一个能使载流子分离的结,即对每个电池单元采取掺杂以形成 PN 结或 PIN 结,形成有效的内建电场来分离光生载流子。

2）减少光生热载流子的能量损耗

在光子和电子之间的相互作用以及声子能量的转换过程中，充分利用光生热载流子的输运性质，设法减少光生热载流子弛豫造成的能量损耗，可提高太阳能电池的转换效率。这可以通过提高光生电压（开路电压）或增大光生电流（短路电流）来实现。

提高光生电压要求光生热载流子能尽快从太阳能电池中逸出，即要求光生载流子的分离和输运过程必须快于热载流子的变冷速率，在热载流子冷却之前先行俘获。而增大光生电流则要求热载流子通过碰撞电离激发产生两个或更多的电子-空穴对，即产生多激子。通常，电子-空穴对复合是一个电子-空穴对，而这里是两个或更多的电子-空穴对复合，产生一个或几个更高能量的电子-空穴对。增大光生电流要求碰撞电离过程快于热载流子的冷却速率以及其他的能量弛豫速率。

2002 年，Nozik 和 Green 的研究同时指出：某些半导体量子点在被来自光谱末端的蓝光或高能紫外线轰击时，能释放出两个以上的电子。2004 年，Klimov 等首次用实验证明了上述理论。由此，人们设想利用量子点的短波长紫外吸收特性来提高太阳能电池的光电转换效率，即所谓的量子点太阳能电池。

图 10.1.3 为半导体光伏材料中单激子和多激子产生的量子产率。由图 10.1.3(a) 可见，每个入射光子只能产生一个电子-空穴对，即无多激子产生，其最高量子产率为 100%。对于多激子情形，一个入射的高能光子可以产生两个或两个以上的电子-空穴对，其量子产率可以达到 300% 或更高，如图 10.1.3(b) 所示。

量子点太阳能电池的量子产率（QY）与量子点中的碰撞电离效应和俄歇复合效应有关。碰撞电离效应又称多激子产生（multiple exciton generation, MEG）效应。对于量子点，当外界射入的能量大于两个带隙能时，价带中的电子会被激发到导带并以热电子的形式存在。当此热电子由高能态跃迁回低能态时，所释放的能量可将另一个电子由价带激发至导带，形成所谓的碰撞电离效应。利用碰撞电离效应，一个高能光子可以激发两个或数个热电子，从而使得 QY 超过 100%。

俄歇复合是碰撞电离的逆过程。在俄歇复合过程中，其中一个热电子与空穴复合而释放能量，使得另一个热电子被激励到更高的能级，从而延长导带中热电子的寿命。在量子点中，量子约束效应使连续的导带分裂成间隔能级，从而使得热电子的冷却速度变慢。然而，在块材料半导体中很难产生多激子，这是因为在块材料中热电子的能级是连续的，热电子的冷却速度非常快，使得载流子很快被复合，复合速率远大于电离速率。此外，连续能态的碰撞电离所需的能量阈很高，因此，块材料中的碰撞电离和俄歇复合效应很难发生。

在量子点中还存在小能带效应。由于量子点能带的分裂，在能带中会产生许多间隔很小的能级，称为小能带。这种小能带间隔会降低热电子的冷却速率，使得

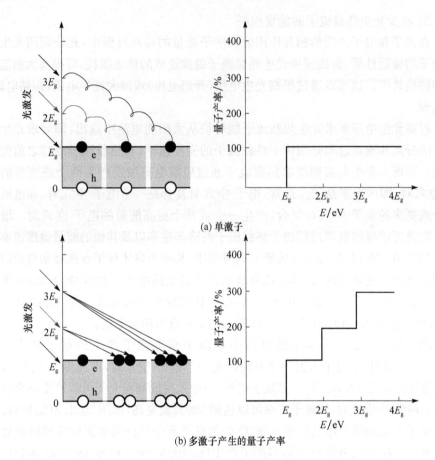

(a) 单激子

(b) 多激子产生的量子产率

图 10.1.3 光伏材料中

热电子能更好地集聚和传导,并携带较高能量向外传递,因而可得到较高的光电压。小能带效应与前述的碰撞电离效应不同,通过碰撞电离可增加电池的光电流,而小能带效应则是提高电池的光电压。

量子点具有量子约束效应和尺寸效应等,其吸收谱覆盖了从紫外到红外的宽广的太阳光谱区域,且与量子点的尺寸相关,因此,人们可以通过控制量子点的尺寸来获得所需的吸收谱和辐射谱。尽管目前量子点太阳能电池的研究尚处于理论探讨和初步实验阶段,还没有实用化的太阳能电池面世,但根据量子点的奇特量子特性可以预计,量子点太阳能电池具有巨大的发展潜力,市场前景无法估量。

10.1.2 PIN 结构的量子点太阳能电池

1. 基本结构

PIN 结构的太阳能电池最早应用于非晶硅太阳能电池,典型的 PIN 结量子点太阳能电池的结构和能带如图 10.1.4 所示，其中 E_c 表示导带能，E_v 表示价带能，E_g 表示带隙能，E_F 表示费米能。

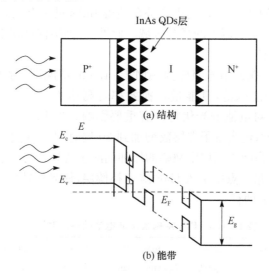

图 10.1.4　PIN 结构的太阳能电池示意图

由图 10.1.4 可见，在 N$^+$ 和 P$^+$ 区之间有多层 InAs 量子点层 I，量子点层的总厚度为 μm 量级，nm 级的量子点在 I 层中一层一层紧密规则排列。加入 I 层的目的是提高光生载流子漂移的收集效率，形成多激子，增大光生电流。这层结构增强了量子点之间的耦合效应，使得光生载流子可以通过共振隧穿效应，把光致激发的电子和空穴注入相邻的 N$^+$ 和 P$^+$ 区中，从而提高量子产率。改变 I 层的厚度、层数、量子点的尺寸和数密度等，可改变光吸收谱的能量范围和光生载流子的收集效率。

对于 GaAs 基的 InAsPIN 结构的量子点太阳能电池，其理论计算的典型参数如表 10.1.1 所示。作为对照，表中也列出了无量子点 I 层时单 PN 结电池的性能参数。

表 10.1.1　PIN 结构和单 PN 结构太阳能电池的性能对比[4]

结构	量子点	量子点尺寸/nm	量子点面密度/cm^{-2}	量子点I层厚度/μm	GaAs势垒层厚度/nm	短路电流J_{sc}/(mA·cm^{-2})	开路电压V_{oc}/V	转换效率η/%
PIN	InAs	10	10^{10}	3	5~10	45.17	0.746	约 25
单 PN	—	—	—	—	—	35.1	0.753	约 19.5

为了克服量子点的电流因光生载流子的复合而减小的问题，人们对 InAs/GaAs 的 PIN 量子点太阳能电池的结构进行进一步改进。在每层 InAs 量子点的

上面生长出一层围栏型 $A1_x Ga_{1-x} As$ 势垒,以形成一个多层三明治结构。通过改变 $A1_x Ga_{1-x} As$ 势垒层的层数、层厚和 GaAs 浸润层的厚度,来改变量子点的共振隧穿特性。同时,$A1_x Ga_{1-x} As$ 的围栏势垒使得 InAs 量子点成为光生载流子的产生和收集中心,而不是载流子的复合区域。此外,这种结构可减小热生少数载流子导致的反向饱和电流。

理论分析表明,在太阳光照度为 AM①=1.5 的情况下,对于具有 10～20 层 InAs 量子点的太阳能电池,其能量转换效率可高达 45%[5]。实验研究则表明,InAs 量子点的层数对电池的光伏特性有重要影响。当 InAs 量子点的层数为 10 层时,短路电流较大;但当量子点层数增加到 20 层时,其短路电流反而减小,这是由少数载流子的寿命随界面层中缺陷的增加而减小所导致的结果。为了弥补这一不足,在每层 InAs 量子点中引入 GaP 应变补偿层,使光伏特性得到明显改善,如表 10.1.2 所示(上面两行)。

表 10.1.2　PIN 结构太阳能电池的性能对比[6,7]

结构类型	GaP 补偿层	量子点阵列	短路电流 $J_{sc}/(\mathrm{mA \cdot cm^{-2}})$	开路电压 V_{oc}/V	填充因子 FF②/%	光谱响应上限/μm
InAs/GaAs	无	—	8.3	0.42	62.5	—
	4 层	—	9.8	0.72	73.5	—
GaSb/GaAs Ⅱ	—	无	1.17	0.6	—	1.1
	—	有	1.29	0.37	—	1.3

为了改善量子点太阳能电池的红外光谱响应特性,人们研究了由分子束外延生长的 GaSb/GaAs Ⅱ 型 PIN 量子点太阳能电池(Ⅰ、Ⅱ 型结构分类见图 10.1.14)。这种量子点结构为空穴载流子提供了一个 450meV 的封闭势,可改善光生载流子的电荷特性(表 10.1.2 中下面两行)。此外,由于 GaSb 量子点采用了界面失配阵列生长模式,GaSb 量子点的堆积层数不受积累应变能的限制,可有效改善其光谱吸收特性。短路电流增大的原因是量子点阵列增大了长波长光子能量的吸收,而开路电压减小则是因为本征区域中引入了窄带隙量子点。

---

①AM(air mass)指大气质量。太阳辐射在到达地球表面之前,被大气层中的气体分子及悬浮微粒所吸收、散射和反射而被削弱,这种削弱与阳光穿透大气层的距离有关。在大气层外,太阳的辐射是未受到地球大气层的反射和吸收,此时定义大气质量为 0,以 AM0 表示;AM1 表示垂直于太阳入射方向上单位面积上的太阳辐射;AM1.5 表示太阳光穿过大气的实际距离为垂直距离的 1.5 倍时(北美、欧洲大部、亚洲大部都位于此区域),在太阳光入射方向单位面积上得到的太阳辐射能量,能量标准单位为 1000W·m⁻²,温度标准为(25±1)℃。

②填充因子(fill factor,FF)定义为 FF=$P_{max}/(J_{sc}V_{oc})$×100%,其中 P_{max} 是太阳能电池的最大输出功率,J_{sc} 是短路电流,V_{oc} 是开路电压。在 I-V 曲线上任意一点和两轴之间可构成一矩形,该矩形面积代表该 I-V 点的功率。矩形面积最大对应于输出功率最大。

　　此外,为了充分利用太阳光谱提高光生电流和开路电压,人们提出了中间带隙太阳能电池的概念。它的主要思想是先在导带与价带之间引入电子部分布居的半导体中间带吸收层,使得低能光子有可能被价带电子吸收,然后跃迁到中间带,最后再吸收另一个低能光子从中间带跃迁到导带,所选的中间带是通过自组织生长形成的 InyGa1-yAs 量子点。

2. 硅基串联电池

　　串联电池是将多个单电池串联起来。每个单电池有不同的能量阈值,从而可吸收不同频段的太阳能频谱,结构如图 10.1.5 所示,其中晶体硅(c-Si)及其碳化物(SiC)、氮化物(Si₃N₄)和氧化物(SiO₂)的带隙见图 10.1.6。由图可见,电池串联之后,总带隙大大增加。

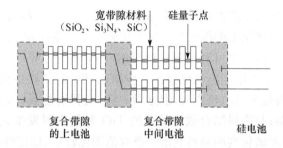

图 10.1.5　基于硅的两个串联的太阳能电池用不同层厚的硅量子点超晶格做成宽带隙[8]

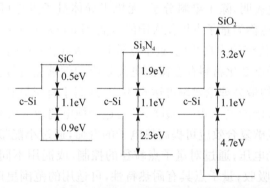

图 10.1.6　晶体硅及其碳化物、氮化物和氧化物的带隙图

　　电荷的运流特性与量子点嵌入的基质材料有关。Si 量子点与不同的基质间存在不同的输运势垒,隧穿概率取决于其势垒的高度,它满足[9]

$$T_e = 16\exp\left(-\sqrt{\frac{8m^* \Delta E}{\hbar^2}}d\right)$$
(10.1.1)

式中,m^* 是块材料基质的有效质量;d 是量子点之间的间距;$\Delta E = E_c - E_n$,是块材

料带隙与量子点带隙之间的能量差。式(10.1.1)和式(2.4.3)类似。可见,决定量子点间相互作用的重要参量是 $m^* \Delta E d^2$。由图 10.1.6 可见,SiC 和 $Si_3 N_4$ 的势垒比 SiO_2 的势垒低(ΔE 小),如果要得到相同的隧穿概率或电导率,SiC 和 $Si_3 N_4$ 所需的势垒宽度就要增大,即量子点的间距可以比较大,或者说量子点的数密度可以降低。由图 10.1.6 可见,产生相同电导率的量子点间距,按疏到密的次序分别是碳化物(SiC)、氮化物($Si_3 N_4$)、氧化物(SiO_2)。

10.1.3　量子点敏化太阳能电池

1. 类型和比较

光敏化太阳能电池包括染料敏化太阳能电池和量子点敏化太阳能电池两大类。

目前,染料敏化太阳能电池的最高效率为 11.18%[10]。相对于结晶硅和非晶硅太阳能电池,染料敏化太阳能电池的最大优势在于制备简单、原料便宜、污染低、不需要大型无尘设备,甚至可利用低温烧结的 TiO_2 和柔性导电基体,做成柔性太阳能电池。染料敏化太阳能电池也存在一些缺陷,例如,某些染料的成本较高,目前效果最好的染料是 $RuL_2(SCN)_2$,但是 Ru(钌)是稀有金属,来源少、价格贵,制备过程也比较复杂;与染料结合效率最高的 TiO_2 易使染料发生光解,从而导致内部接触不良;作为光敏化剂的染料光谱的吸收范围比较窄,稳定性不高等。对于染料敏化太阳能电池,这里不进行详细介绍。

近年来的研究表明,除了染料分子,无机半导体量子点也可以作为光电敏化剂,此类太阳能电池称为量子点敏化太阳能电池(the quantum dot-sensitized solar cell,QDSSC)。与传统的染料相比,量子点具有价格低、吸收范围宽广和较为稳定等诸多优点。量子点敏化材料存在碰撞电离效应和俄歇复合效应,可提高光电转换效率。QDSSC 的最高理论效率可达 66%[1],远高于有机染料敏化太阳能电池。与有机染料敏化太阳能电池相比,QDSSC 通过碰撞电离效应可获得高于 100% 的量子产率。利用俄歇复合效应可提高热电子的寿命,通过小能带使电子传向外电路并提高电池的光电压;通过对量子点粒径的控制,或混用不同吸光波长的量子点,可获得全波带吸收;量子点具有耐热特性,可适用的范围更广。因此,QDSSC 在化学太阳能电池中被视为具有高增长潜力的新一代电池。

2. 结构和组成

QDSSC 通常由透明导电玻璃(transparent conducting oxide,TCO)、氧化物半导体光电极、金属/导电玻璃对电极、量子点光敏化剂和电解液组成,其典型的结构如图 10.1.7 所示。

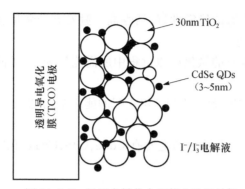

图 10.1.7　量子点敏化太阳能电池的结构

图 10.1.7 中，TiO_2 是纳米尺度的氧化物半导体光电极，CdSe QDs 是量子点光敏化剂，I^-/I_3^-[①]是充满电池的电解质溶液。

1）透明导电玻璃

TCO 具有很好的透光能力和导电性，它的作用是让光线无吸收地透过，同时将注入 TiO_2 的电子收集起来并传送至外电路。目前，常用的 TCO 有铟掺杂氧化锡（tin oxide：indium，ITO）和氟掺杂氧化锡（tin oxide：fluorine，FTO）两种。

2）氧化物半导体光电极

半导体光电极是利用其宽带隙的特性来提供电子传输的通路。光电极通常具有如下四个特性：

（1）对可见光透明，以保证内层的光敏剂吸收到可见光而被激发。

（2）具有传导性，以确保电子传导到导电玻璃上而产生电流。

（3）具有高的比表面积，以便吸附更多的光敏剂。

（4）具有高孔隙度，有利于电解液的渗透。

常用的氧化物半导体光电极材料有 TiO_2、SnO_2 和 ZnO 等。TiO_2 光电极在染料敏化太阳能领域应用最广，效率最高，作为一种技术的延续，TiO_2 光电极在 QDSSC 中的研究也最多。TiO_2 尺寸为 30nm，圆球中间有穿孔洞，这种结构的比表面积很大，有利于量子点的吸附。

3）量子点光敏化剂

QDSSC 的量子点光敏化剂和染料敏化太阳能电池的光敏化剂不同，具有以下几个特性：

（1）可在氧化物半导体（TiO_2）表面原位生长，或者通过表面修饰量子点直接键联在氧化物半导体上。

（2）对太阳光有较宽的吸收谱带和吸收率。

---

①I^-/I_3^- 是碘离子/碘氧化还原对电解质。I_3^- 离子是以一个碘原子为中心、两个碘原子为配位原子组成的原子团，为直线型结构。I_3^- 离子带有一个负电荷，额外加一个电子。

(3) 氧化态和激发态的稳定性好,活性高。激发态寿命足够长,使得电荷(电子、空穴)的传输效率高。

(4) 在基态和激发态的氧化还原过程中所需能量少,可降低电子转移过程中的自由能损失。

(5) 具有与氧化物半导体(TiO_2)相匹配的能级结构,保证激发态电子可注入氧化物半导体的导带。

目前,常用的量子点光敏化剂主要有 CdSe、CdS、CdTe、InP、InAs、PbS、PbSe 和 PbTe 等。

4) 电解液

电解液是 QDSSC 中极为重要的一个组成部分。它的作用是通过氧化还原反应,将积累在量子点价带上的空穴向外传递,从而降低价带中的空穴与热电子的复合概率。电解液对量子点的还原速率必须大于量子点本身的电子空穴复合的速率,否则电池将无法持续工作。理想的电解液应当具有如下特性:

(1) 氧化/还原势较低,可获得较大的开路电压。

(2) 氧化/还原中介物在电解液中的溶解度较高,可确保有足够浓度的电子。

(3) 扩散系数较大(黏滞力小),以利于传质。

(4) 在可见光范围无特征吸收峰,以避免入射光被电解质吸收。

(5) 无论氧化态还是还原态,都具有高的稳定性,以利于长时间使用。

(6) 自身的可逆氧化/还原反应足够快,以利于电子的传导。

(7) 不会腐蚀敏化剂、光电极和电极等。

为了获得上述理想电解液的性质,通常还在电解液中添加一些促进剂。目前使用较多的标准电解质(含促进剂)是碘离子/碘氧化还原对(I^-/I_3^-),其成分中含有锂离子、叔丁基吡啶(4-tert-butylpyridine)和碘化 1-丙基-2,3-二甲基咪唑(1-propyl-2,3-dimethylimidazolium iodide)。

5) 金属/导电玻璃对电极

QDSSC 的金属/导电玻璃对电极通常是在 TCO 面镀上一层数十纳米厚的金属薄膜,作为电池的阴极。这层金属薄膜通常首选铂金,其优点是电阻低、活性高,可起到催化剂的作用,促进氧化态电解质的迅速还原,还可抵抗碘离子/碘电解质的腐蚀。

3. 工作原理

典型的 $TiO_2/CdSe$ 量子点敏化太阳能电池的工作原理见图 10.1.8。光电流的产生通常有以下几个步骤。

(1) CdSe 量子点(QD)受光子 $h\nu$ 激发,从基态跃迁到激发态(QD^*):

$$QD + h\nu \longrightarrow QD^* \tag{10.1.2}$$

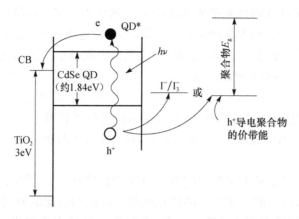

图 10.1.8　TiO₂/CdSe 量子点敏化太阳能电池的工作原理图

（2）激发态量子点将电子注入半导体 TiO₂ 的导带（CB）中：

$$QD^* \xrightarrow{k_{inj}} QD^+ + e(CB) \qquad (10.1.3)$$

式中，k_{inj} 为电子注入速率系数，量级为 $10^{12} \, s^{-1}$。

（3）TiO₂ 导带（CB）中的电子穿过纳米晶膜网格的背触面板（back contact，BC）流到外电路：

$$e(CB) \longrightarrow e(BC) \qquad (10.1.4)$$

（4）在 TiO₂ 纳米晶膜中，导带中的电子与电解质碘氧化离子 I_3^- 复合：

$$2e(CB) + I_3^- \xrightarrow{k_{et}} 3I^- \qquad (10.1.5)$$

式中，k_{et} 表示复合速率系数。

（5）导带中的电子与量子点空穴复合：

$$e(CB) + QD^+ \xrightarrow{k_b} QD \qquad (10.1.6)$$

式中，k_b 为电子复合速率系数，量级为 $10^6 \, s^{-1}$。

（6）I_3^- 离子扩散到对电极（CE）上，电子再生：

$$I_3^- + 2e(CE) \longrightarrow 3I^- \qquad (10.1.7)$$

（7）I^- 还原氧化态量子点，使量子点再生：

$$3I^- + 2QD^+ \longrightarrow I_3^- + QD \qquad (10.1.8)$$

在上述的步骤中，步骤（2）、（5）是两个关键步骤，也是互为逆反应的两个步骤。步骤（2）是电子注入，量子点激发态的寿命越长，电子注入就越多。如果激发态的寿命太短，电子可能还没来得及注入 TiO₂ 的导带，就已经通过非辐射衰减而跃迁回基态。步骤（5）是步骤（2）的逆反应，是电子的损失，也是造成电流损失的主要途径。显然，电子注入的速率常数 k_{inj} 与电子复合速率常数 k_b 之比越大，电荷复合的机会就越小,电子注入的效率就越高,该比率一般应大于三个数量级。

步骤(3)是电子在纳米晶网格中的传输,其传输速率越大,电子与纳米晶膜孔中 I_3^- 的复合机会[步骤(4)的 k_{et}]就越小,电流损失就越小,光生电流越大。

步骤(7)使 I^- 还原为氧化态量子点,通过这一反应使量子点再生,从而使量子点可以持续不断地将电子注入 TiO_2 的导带中。该反应的速率越大,电子回传步骤(5)就越不可能发生,这相当于 I^- 对电子回传进行了拦截。此外,通过步骤(7)生成的 I_3^- 扩散到对电极(CE)上[步骤(6)],成为 I^-,从而使 I^- 再生并完成电流的循环。

步骤(2)和(7)是正常情况下的电子空穴的传输途径,步骤(4)、(5)和(1)的逆过程是漏电情况下的电子空穴的传输途径。造成漏电流的原因有量子点分布不均匀、TiO_2 或量子点表面缺陷态太多、电解质与量子点没有很好接触、电解液本身氧化/还原功能不佳等。严重的漏电将造成填充因子(FF)降低,电池效率降低。

在上述步骤中,假如已经知道各个步骤的反应速率或速率系数(可事先通过实验测量或理论计算得到),那么就可以建立反应过程的动力学方程组,即一组微分方程组。采用遗传算法等优化算法,通过数值求解动力学方程组来确定量子点敏化太阳能电池最佳的工作状态。其思路和方法与文献[11]所介绍的方法完全类似。

在常规的 PN 结半导体太阳能电池中,捕获入射光和传导光生载流子的工作都是由半导体完成的。对于量子点敏化太阳能电池,这两项工作是分开进行的。当 I^-/I_3^- 电解液注入电池而充满整个 TiO_2 多孔膜时,就形成了 TiO_2-I^-/I_3^- 的界面。由于 TiO_2 微粒的尺寸仅为几十纳米,不足以形成有效的空间电荷层使电子空穴对分离。当量子点吸收光子后,激发态电子注入 TiO_2 导带的特征时间为 10^{-12} s 量级[步骤(2)],而电子复合过程的特征时间为 10^{-6} s 量级[步骤(5)],即电子的注入速率远大于复合速率(10^6 倍),这样就形成光诱导电荷的产生和分离。可以看出,光诱导电子空穴的分离效率非常高。量子点敏化太阳能电池与 PN 结半导体电池的不同之处在于光捕获由量子点承担,电荷分离由量子点-半导体界面承担,电荷传递由纳米晶多孔膜承担。

电子在 TiO_2 多孔膜中的传输速率比在单晶中慢,因此,必须减小电子穿过路径的长度和穿越晶体的界面数。但电子穿过的路径太短、穿越晶体的界面数太少,又会使得多孔膜中的 I_3^- 很少有机会与电子相遇[步骤(4)],从而造成量子点的还原步骤(7)无法持续进行。因此,存在最佳膜厚和最佳晶体的界面数,对应着最大的光电流。实验表明,未经优化的实测光电流面密度可达 $10^{-11}\sim10^{-9}$ A·cm^{-2}。

研究表明,通过调节量子点的直径可改变其带隙宽度,从而最大限度地吸收太阳光谱能。此外,量子点自身所具有的较大的偶极子动量,将导致电荷的快速分离和大的激励速率,从而可减小暗电流,这些对提高太阳能电池的光伏特性都非常重要。

4. 现状和发展

在量子点敏化太阳能电池研究中,量子点光敏化材料是首要的问题。其中,CdS、CdSe、CdTe、InP、PbS、PbSe、InAs 和 PbTe 等都是热门的光敏化材料,而 Au、Ag_2S、Sb_2S_3 和 Bi_2S_3 等则是一些潜在的竞争者。迄今为止,最高的效率是 CdTe 和 CdSe 共敏化的 4.2%[12]。此外,CdS 导带的最低能级高于 TiO_2 导带的最低能级,这有利于将电子注入 TiO_2 电极上。而 CdSe、CdTe、InP、PbS 和 PbSe 等的能带较低,可吸收极宽的可见光谱,甚至达到红外光区域,这有利于提高光能的利用效率。

目前,量子点敏化太阳能电池实现的能量转换效率只有 $2\%\sim3\%$,低于染料敏化剂的效率。但是,它性能稳定、工作寿命长,如果能进一步调节量子点的界面性质,改善量子点与氧化物半导体界面之间的电子输运过程,其转换效率将得到大幅度提高。

现在实现的 CdS/TiO_2 量子点敏化太阳能电池,其短路电流 $J_{sc}=3.44mA \cdot cm^{-2}$,开路电压 $V_{oc}=0.66V$,转换效率 $\eta=1.35\%$[13]。对于 $CdSe/ZnO$ 纳米线敏化太阳能电池,实现的短路电流 $J_{sc}=1\sim2mA \cdot cm^{-2}$,开路电压 $V_{oc}=0.5\sim0.6V$,在 AM 1.5 太阳光照度下,量子产率达 $50\%\sim60\%$[14]。

10.1.4　量子点多激子效应

量子点太阳能电池中的多激子产生(MEG)效应,是一项最具魅力同时也极富挑战性的研究。最具魅力是因为一旦实现这种太阳能电池,其能量转换效率将大幅度提高,从而展现出太阳能电池的最亮丽之处;极富挑战性是因为这种太阳能电池还面临着许多重大问题和困难,亟待去研究解决。

MEG 效应的详细评述可见文献[15]。本节讨论在各种量子点结构中的 MEG 效应,并探讨如何利用该效应来研制量子点太阳能电池。

1. 光子的吸收和产生

在传统的块体材料半导体太阳能电池中,大于带宽 E_g 的太阳光子 $h\nu$ 被吸收。在吸收过程中,超过带隙的光子能量 $\Delta E=h\nu-E_g$ 被转化成光生电子-空穴对的动能或声子能。因此,这种方式产生的载流子最初是"热"的,即其温度高于周围晶体的晶格温度。但是载流子随后通过辐射声子能迅速冷却至带边,导致 ΔE 作为热能而被损耗掉[图 10.1.9(a)]。传统块材料太阳能电池中的大部分能量损耗都属于这种快速冷却损耗,故其最大理论效率较低。

　　对于纳米晶体量子点,由于尺寸和结构效应,其价带和导带离散成间隔较宽的能级,冷却变慢并且有 MEG 效应[图 10.1.9(b)]。光子多余的能量用来产生额外的对光电流有贡献的载流子,因而提高了太阳能电池的效率,最大理论效率可达44%[16]。纳米晶体量子点这种较少能量的浪费,与块状半导体中空穴冷却的热能浪费形成鲜明的对照。

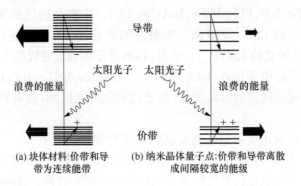

图 10.1.9　块体材料和纳米晶体量子点的光子吸收过程示意图

　　另外,还有一种过程是碰撞电离,它可以产生电子-空穴对。对于块材料,在太阳光谱的大部分可见及红外波段范围内,由于光子的能量远低于电离阈,碰撞电离几乎不会发生。但在纳米晶体量子点中,情形则不同,可以从下面三个方面进行分析。

　　(1) 量子点的导带和价带都分裂成一系列离散的量子态,能量或带隙取决于量子点的大小,而量子点的大小可以在制备过程中加以控制。因此,量子点的能量或带隙 E_g 是可以调整的,这是量子点一个重要的性质。正如后面要讨论的太阳能电池的最大理论效率,不管是否有 MEG 效应,实际上都取决于 E_g。对典型的纳米晶体量子点材料,电子能态的分裂约为 100meV(与激子有效质量有关),是声子能量(约 30meV)的几倍。因此,需要同时有几个声子的参与才可能发生冷却,冷却发生的概率降低,即所谓的"声子瓶颈"效应。

　　(2) 空穴的有效质量比电子大很多,能级分裂不够大,因此,空穴在声子参与的冷却中所起的作用很小。

　　(3) 量子点中电子和空穴的空间受限,使得电子和空穴的波函数重叠增大以及介电屏蔽减小,从而增强了电子和空穴之间的库仑作用、俄歇复合及俄歇弛豫的效率。俄歇复合为无辐射复合,在俄歇复合中,一个电子-空穴对以很快的速率将能量转移到第三个载流子中,其速率比量子点中的辐射复合大很多,因此多激子的寿命比单激子的寿命小几个数量级(单激子中没有第三个载流子,不可能发生俄歇复合)。这种俄歇复合所导致的能量弛豫,使得热电子可以将能量转移给空穴,因而避开或没有声子瓶颈效应。

若外界输入的能量大于两个带隙能,则价带中的电子会被激发到导带。当导带中的电子由高能态跃迁回低能态时,所释放的能量可将另一个电子由价带激发至导带(图 10.1.10),形成所谓的碰撞电离效应。利用碰撞电离效应,一个高能光子可以激发产生两个或数个电子,这是发生 MEG 效应的根本原因。于是,太阳光谱中的高能光子可转变成光电转换所需的能量,而不会导致能量损耗,大大提高能量转换效率。

对于由量子约束效应引起的碰撞电离和 MEG 的具体过程,目前还缺乏详细且公认的理论解释。如何把激子分离为自由载流子并收集起来运用到太阳能电池的外电路中,仍需进一步研究。

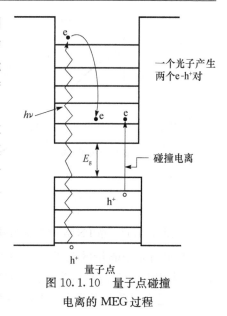

图 10.1.10 量子点碰撞电离的 MEG 过程

2. PbSe、PbS 和 PbTe 量子点中的 MEG

PbSe、PbS 和 PbTe 是 IV-VI 族化合物半导体材料,其晶体结构均为六面体,块材料带隙分别为 0.25eV、0.41eV、0.3eV。作为典型的半导体纳米材料,其制备方法、结构表征和发光特性已广为研究。

PbSe 和 PbS 量子点都可产生多激子。Klimov 小组首次实验证实晶粒尺寸为 4～6nm 的 PbSe 量子点的 MEG[17]。当泵浦光子能量为 PbSe 带隙能的三倍时,可产生两个或两个以上的激子,量子产率很高,且具有皮秒量级的快速激发。他们在理论上计算了单 PN 结 PbSe 太阳能电池的能量转换效率随带隙能量的变化,如图 10.1.11 所示,其中图 10.1.11(a)给出了碰撞电离阈为 $3E_g$ 时对不同碰撞电离效率 η_{ii} 的情况;图 10.1.11(b)是当碰撞电离效率 $\eta_{ii}=100\%$ 时在不同的碰撞电离阈下的能量转换效率。由图 10.1.11(a)可见,当碰撞电离效率 η_{ii} 从 20% 增加到 100% 时,最大能量转换效率从 43.9% 增加到 48.3%,即提高能量转换效率可以通过增大碰撞电离效率来实现。由图 10.1.11(b)可见,当碰撞电离阈从 $5E_g$ 减小到 $2E_g$ 时,其转换效率增加了 37%,即提高能量转换效率也可以通过减小碰撞电离阈来实现。

Klimov 小组还发现,当用高能紫外线轰击 PbSe 和 PbS 量子点时,每个吸收光子可以产生七个激子,这对应于只有 10% 的光子能量被损耗掉,相比较而言,单光子激子浪费掉的能量高达 90%[18]。图 10.1.12 给出了 PbSe 和 PbS 量子点的

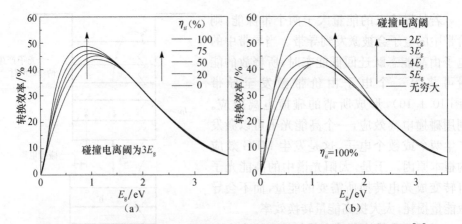

图 10.1.11　单 PN 结 PbSe 太阳能电池的能量转换效率随带隙能量的变化[17]

量子产率与光子能量的关系。由图可见,PbSe 和 PbS 量子点 MEG 的能量阈为 $3E_g$。当用 $h\nu=7.8\text{eV}$ 的光子能量照射 PbSe 量子点时,其量子产率可高达 700% 以上,这是在目前各种量子点结构中所能观测到的最高量子产率。

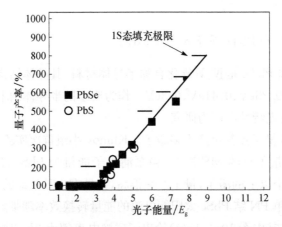

图 10.1.12　PbSe 和 PbS 量子点的量子产率随入射光子能量的变化[18]

　　此外,Nozik 团队等也开展了胶体 PbSe、PbS 和 PbTe 量子点中 MEG 的实验研究。对于 PbSe 量子点,当 $h\nu/E_g=3$ 时,量子点开始呈现出 MEG 效应;当 $h\nu/E_g\geqslant$ 4 时,MEG 效应明显增强,量子产率急速增加,其值可达 300% 以上[19,20]。量子点的直径不同,其带隙能量也不同(例如,当 PbSe 量子点的直径分别为 3.9nm、4.7nm 和 5.4nm 时,其带隙能分别为 0.91eV、0.82eV 和 0.72eV),在同样的光照条件下,量子产率也不完全相同。对带隙为 0.91eV、直径为 2.6nm 的 PbTe 胶体量子点,实验发现:当 $h\nu/E_g=3$ 时,开始出现 MEG 效应;随着 $h\nu/E_g$ 的增加,量子产率迅速增加;当 $h\nu/E_g=3.5$ 时,量子产率达到 250% 以上[21]。以上这些结果说明,对于 PbSe、PbS 和 PbTe 这些Ⅳ-Ⅵ族化合物半导体,其量子产率相当高。

3. CdSe、Si 量子点中的 MEG

CdSe 是一种 II-VI 族直接带隙化合物半导体，室温下块材料的带宽为
1.74eV。CdSe 具有良好的光电特性，在高效率发光器件中有着重要的应用。对
于 CdSe 量子点中的 MEG，Califano 等[22]在理论上利用半经验的全赝势法计算了
载流子的倍增速率与入射光子能量的关系。他们发现，对于直径为 2.93nm 的胶
体 CdSe 量子点，其载流子的倍增速率远大于常规的块材料，在室温下通过吸收一
个光子可激发产生两个电子-空穴对。Klimov 小组研究了 CdSe 量子点中的
MEG 过程，对于直径为 3.2nm 的 CdSe 量子点，当 $h\nu/E_g=1.5$ 时，量子产率为
100%；当 $h\nu/E_g=2.5$ 时，量子产率开始增加；当 $h\nu/E_g=3$ 时，量子产率达
到 160%[23]。

Si 是一种间接带隙型半导体，Si 纳米晶粒的量子产率远大于 Si 块材料。近
10 多年来，对于 Si 基纳米发光材料的研究蓬勃发展，研究 Si 纳米结构中的 MEG
效应具有重要的意义。

Beard 等[24]采用超快速瞬态吸收谱法，通过实验研究了胶体 Si 纳米晶粒中的
MEG 过程。当 Si 纳米晶粒尺寸为 9.5nm（相当于 $E_g=1.20eV$）时，MEG 的光子
能量阈值为 2.4eV；当吸收光子能量 $h\nu/E_g=3.4$ 时，量子产率为 260%。Timmer-
man 等[25]的实验研究表明：当入射光子能量 $h\nu/E_g\approx3eV$ 时，一个高能光子首先
在一个 Si 纳米晶粒中产生一个电子-空穴对，然后，光子多余的能量通过俄歇复合
过程，激发相邻的 Si 纳米晶粒产生激子发光。该实验结果为利用 Si 量子点等纳
米结构实现高效率、低成本的太阳能电池提供了基础。

4. MEG 效应提高光伏效率

研究表明，MEG 效应的光子阈值 $h\nu_{th}$ 与带隙 E_g 存在如下的关系[26]：

$$h\nu_{th}=E_g(2+m_e^*/m_h^*) \tag{10.1.9}$$

式中，m_e^*、m_h^* 分别是电子、空穴的有效质量。可见，MEG 阈值与量子点的带隙及
尺寸有关。要降低 MEG 的阈值，就必须减小入射光子的阈值。

对于不同种类、尺寸的量子点实验观测表明，相同种类量子点的 $h\nu_{th}/E_g$ 相同
或相近，而对量子点的尺寸并不敏感。例如，不同尺寸的 InAs 和 InP 量子点，
$m_e^*\ll m_h^*$，于是 $h\nu_{th}$ 约等于 $2E_g$；对于 PbSe，m_e^* 约等于 m_h^*，于是 $h\nu_{th}$ 约等于 $3E_g$。

细致平衡①模型可用来确定太阳能电池的最大理论效率。细致平衡模型中，
理想情况下，每个能量大于等于带隙 E_g 的光子都被吸收并产生激子，其量子产率

①系统中粒子（原子、分子、离子等）的碰撞电离与碰撞复合、光致电离与辐射复合、碰撞激发与碰撞退激
发、光致激发和辐射退激发等正过程与其逆过程发生的几率都相等，称为细致平衡。

(QY)依赖于 $h\nu$、E_g。光电流密度为

$$j = e\int_{E_g}^{\infty} \mathrm{QY}(h\nu, E_g)\phi(h\nu)\mathrm{d}(h\nu) \tag{10.1.10}$$

式中，$\phi(h\nu)$ 是入射光通量密度；e 是电子电荷。

由于是细致平衡，光致电荷的损失仅是辐射复合（光致电离与辐射复合互为逆过程），即总电流等于复合电流。于是，复合电流密度为[15]

$$j_r(E_g, eV, \mathrm{QY}, kT) = \frac{2\pi e}{h^3 c^2}\int_{E_g}^{\infty} \mathrm{QY}(h\nu)^2 \frac{1}{\exp\left(\dfrac{h\nu - eV \cdot \mathrm{QY}}{kT}\right) - 1}\mathrm{d}(h\nu)$$

$$\tag{10.1.11}$$

式中，h 是普朗克常量；c 是光速；k 是玻尔兹曼常量；T 是温度（这里设为 300K）；V 是电池的工作电压，并假设等于常数准费米能级间隔。注意，式中的电流密度为 $(E_g, eV, \mathrm{QY}, kT)$ 的函数，积分号内指数函数的形式与黑体辐射公式相似。

如果太阳的总辐照强度为 I_S，那么太阳能电池的光伏效率为

$$\eta_{\mathrm{PV}} = jV/I_S \tag{10.1.12}$$

在细致平衡模型中，太阳能电池的电压 V 取决于光伏效率的最大值。在对 MEG 进行优化后，当 $h\nu$ 是 E_g 的整数倍时，QY 可用单位阶跃函数求和的形式表示如下[15]：

$$\mathrm{QY}(h\nu, E_g) = \sum_{m=1}^{M} H(h\nu, mE_g) \tag{10.1.13}$$

式中，$H(h\nu, mE_g)$ 是 Heaviside 单位阶跃函数①；m 是最大归一化光子能量 $h\nu_{\max}/E_g$ 的整数部分。$m=1$ 时得到的量子产率为没有 MEG 的情况。进一步通过实验发现，量子点的 QY 在达到阈值 $h\nu_{\mathrm{th}}$ 后呈线性增加，并可表示为[15]

$$\mathrm{QY}(h\nu, E_g) = H(h\nu, E_g) + \eta H(h\nu, h\nu_{\mathrm{th}})(h\nu - h\nu_{\mathrm{th}})/E_g \tag{10.1.14}$$

式中，η 为斜率效率，描述了 QY 随 $h\nu$ 和 E_g 变化的快慢。

将式(10.1.14)代入式(10.1.11)，结合式(10.1.12)，通过优化计算可得到作为带隙 E_g 函数的光伏效率 η_{PV} 的理论最大值。

对于 PbSe、PbS、InP、InAs、CdSe/CdTe 量子点，采用表 10.1.3 中实测的 $h\nu_{\mathrm{th}}$ 和 η，在 AM 1.5 标准太阳光照条件下（未聚焦，总辐照强度为 $1\mathrm{kW} \cdot \mathrm{m}^{-2}$），得到的计算结果如图 10.1.13 所示。图中给出的光伏效率范围是从各块材料的带隙 0.4eV 到 2.0eV（大致相当于太阳主光谱中辐照强度最大的光子能的大小）。作为比较，图中根据式(10.1.14)给出没有 MEG 以及最大 MEG 的情形，其中已取 $m=1$

---

①Heaviside 单位阶跃函数：在自变量小于零的区间，函数值为零；在自变量大于零的区间，函数值为 1。在 0 点，函数值从 0 突变为 1，即(0−)=0，(0+)=1。

以及 $h\nu_{\max}/E_g$ 的整数部分。

图 10.1.13 表明,计算的 PbSe、PbS 和 CdSe/CdTe 的 MEG 最大光伏效率为 33.7%,与没有 MEG 时的最大效率相同。计算得到的 InP 和 InAs 的光伏效率有约 0.5% 的小幅提高,但这两种材料的 QY 斜率效率 η 仍是最低的(表 10.1.3)。这种略高的光伏效率是由于其阈值位于或接近于式(10.1.9)所给出的最小值。如果阈值最小化,且热电子都有 MEG,那么就是理想 MEG 的太阳能电池。此时,最大理论的光伏效率为 44.4%,是没有 MEG 情况的 1.32 倍。

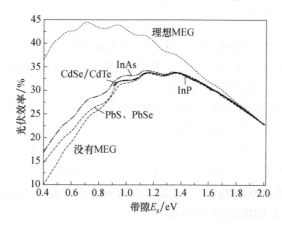

图 10.1.13　用细致平衡模型计算得到的具有 MEG 效应的量子点太阳能电池效率[15]

表 10.1.3　实验测量的部分纳米晶体量子点的 MEG 阈值和斜率效率[15]

量子点类型	阈值 $h\nu_{th}/E_g$	斜率效率 $\eta/\%$	块材料带隙 E_g/eV
PbSe	3	40	0.37
PbS	3	40	0.5
InP	2.1	30	1.27
InAs/CdSe	2	35	0.36
CdSe/CdTe	2.7	<53*	0.91**

＊上限。

＊＊从 CdSe 导带跃迁到 CdTe 价带。

在太阳光聚光照射下,计算的光伏效率具有类似的趋向。表 10.1.4 给出了在 10、100、1000 倍聚光情况下,没有 MEG、InAs 量子点(当前最好)和理想 MEG 的最大理论光伏效率的比较。由表可见,InAs 量子点的光伏效率与传统的太阳能电池相比有小幅增加,如果对 MEG 进行优化,效率增加将更加显著。

表 10.1.4　太阳能电池最大理论光伏效率(在太阳聚光条件下)[15]

聚光因子	光伏效率/%		
	没有 MEG	InAs 量子点	理想 MEG
10	36.0	36.9	45.1
100	38.5	39.4	54.5
1000	41.0	42.1	65.0

5. 设计 MEG 量子点

由上面的讨论可以看到,虽然 MEG 具有大幅提高光伏电池效率的潜力,但迄今为止,MEG 的量子产率对太阳能电池性能的提高很小。下面讨论纳米晶体量子点的结构对 MEG 量子产率的影响。

表 10.1.3 中所列的 InAs/CdSe 为核/壳结构的量子点。没有壳层 CdSe 时,观察到的 MEG 量子产率将减小约 1/3。块材料 CdSe 和 InAs 的能带结构表明,InAs 核外面的 CdSe 壳起到将电子和空穴两者都约束在核内的作用,减小了表面捕获态波函数的重叠。这种热电子介导的冷却的表面缺陷态的减少,使得荧光寿命急剧增加。实验已观测到裸 InAs 量子点的荧光寿命为 0.6ns,而核/壳的 InAs/CdSe 的荧光寿命急剧增加至 205ns。

电子和空穴都约束在核内的核/壳量子点称为 I 型结构;电子约束在核内、空穴约束在壳中或者反过来的情形称为 II 型结构(图 10.1.14)。 I 型结构是将外壳的导带和价带分别作为电子和空穴的势垒,两种载流子都约束在核内; II 型结构中,由于外壳的价带和导带都比内核高,电子被约束在内核、空穴被约束在外壳(或者反过来)。此外,还有一种中间类型称为准 II 型结构,其中一类激子被约束在量子点的某个特定区域,而另一类激子则不定域地分布在整个量子点中。

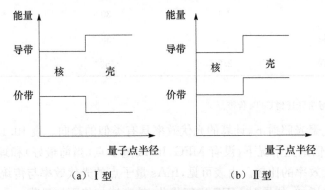

图 10.1.14　 I 、II 型核/壳量子点能带结构的比较

II 型结构具有两个明显的优势:第一,有效吸收带边对应于从空穴约束部分的

价带到电子约束部分的导带的跃迁,因此,其跃迁波长比由相同材料的核(或壳)的波长更长。这种由 II 型核/壳结构导致的红移效应是降低带隙 E_g 的一种有效方法。第二,通过制约电子与空穴的分离,波函数的重叠减小,从而降低了无辐射的俄歇弛豫速率———一种与 MEG 竞争的热电子冷却过程。

　　例如,人们研究了 CdTe/CdSe 量子点中的 MEG,这是一种 II 型结构,空穴约束在核内、电子约束在壳中。实验测得的斜率效率 η 值高达 53%(表 10.1.3),这是迄今为止报道的最高值。II 型结构中,MEG 的高量子产率与俄歇弛豫竞争的减小并存。可见,通过合理设计量子点的核/壳结构,可增强 MEG,尤其是增加 η 值。量子产率依赖于 MEG 与热电子冷却过程之间的竞争,可以通过增强 MEG 和抑制这些竞争来提高量子产率。最初,人们认为声子瓶颈效应(由量子约束引起导带能级的离散化所致)最有可能减缓热电子的冷却(典型的冷却时间是 1ps),但实验并没有观测到声子辐射对电子冷却有明显的减缓作用。近年来的研究表明,量子点中将热电子冷却速率减小几个数量级是有可能的,这是增强 MEG 量子产率最有发展前景的途径。进一步的研究表明,影响电子冷却的主要有俄歇弛豫、表面态捕获、带内跃迁与表面配位体分子振动的耦合三个过程。最近,人们研制出一种量子点结构,使电子在 1P 和 1S 电子态之间的弛豫时间大于 1ns[27],比典型的冷却时间延长了三个量级。为了降低电子冷却速率,可采取以下三种互补的结构:

　　(1) 一种 CdSe/ZnSe 准 II 型结构,具有一层由空穴型配体包覆的厚壳,以减小俄歇弛豫。

　　(2) 在表面增加 CdSe 单层,以阻止电子被捕获。

　　(3) 采用在带内跃迁区吸收率低的配体①。

　　1P 到 1S 的冷却时间增加 1000 倍以上,这大大降低了 MEG 原本较快的电子冷却速率,使得 MEG 的量子产率大大增加。文献[27]研究了由多种配位体钝化的量子点,发现多种配位体都可吸收带内跃迁的能量,特征冷却时间可延长至 10～30ps,这意味着并不一定只限用哪一种配位体来钝化量子点达到增加冷却时间的目的。

　　这种电子约束在内核、空穴约束在外壳的厚外壳的 II 型结构,通过两方面的作用来抑制俄歇弛豫:①减少波函数重叠;②降低电子与表面捕获态相互作用的概率。注意:增加外壳的厚度将减小从量子点中提取电荷的速率,于是,将在增加外壳的厚度与减小俄歇弛豫之间进行权衡。另外,也可在量子点外包覆合适的单层材料,例如,在 CdSe/ZnS 量子点外再包覆单层 CdSe,来进一步降低表面俘获态的电子冷却。然而,虽然 CdSe/ZnSe 量子点的热电子冷却时间远大于 1ps,但其带宽 E_g 太大(约 2.2eV),无法很好地利用太阳能光谱,因此,并不适合通过 MEG 效应

①配体(ligand,也称为配位体或配基)是一个化学名词,指可与中心原子(金属或类金属)产生键结的原子、分子和离子。一般而言,配体在参与键结时至少会提供一个电子,在少数情况下配体接受电子。

来提高太阳能电池的效率。

10.1.5　几个关键问题

要实现具有商用价值的量子点太阳能电池,我们还需要在理论和技术上解决大量的问题。

1. 量子点材料的选择

量子点材料的选择是量子点太阳能电池的一个最基本的问题。材料选择主要考虑量子点的光谱响应范围是否与太阳光谱相匹配,而这又与所选材料的带宽直接相关。研究指出:量子尺寸效应使量子点具有带隙加宽的特性,且随着量子点直径的减小,其带隙明显增大。例如,室温下体单晶 Si 的带隙为 1.12eV,直径为 2nm、3nm 的 Si 纳米晶粒的带隙分别为 2.5eV、2.0eV。太阳光谱的能量分布在 0.5~3.5eV,主要能量集中在 1.8eV(700nm)的近红外区附近。因此,如何有效利用红外区域的能量显得非常重要。

从提高 MEG 量子产率的角度来看,材料的选择应考虑以下三点。

(1) 由于 MEG 增强的太阳能电池的效率仅在 $E_g \approx 0.7 \sim 1.3 \text{eV}$ 时超过没有 MEG 的效率(图 10.1.13),应当在该 E_g 范围内选择材料。

(2) 空穴的有效质量要远大于电子的有效质量($m_h^* \gg m_e^*$),根据式(10.1.9),可以使 $h\nu_{th}$ 最小。

(3) 成本低廉,来源广泛,毒性低等。

对于非重金属量子点,InP/GaAs(核/壳)是同时满足以上三点要求的最佳候选者之一。第一,它具有较低的 E_g(InP 为 1.35eV,GaAs 为 1.42eV,见表 3.1.2),是一种 Ⅱ 型结构,电子被约束在 InP 核中,空穴被约束在 GaAs 壳中。InP 的导带与 GaAs 的价带的能量差是 1.05eV(表 10.1.5),位于合适的范围之内。第二,InP 和 GaAs 的 $m_h^* \gg m_e^*$,有低的阈值 $h\nu_{th}$ 约为 2.1。第三,从成本方面来看,基于太阳能电池的 InP 和 GaAs 的开采成本分别为 0.25 ¢/W 和 0.23 ¢/W[28],仅占光伏系统成本的极小部分;InP 和 GaAs 的经济储量,即使在没有 MEG 的情况下,可分别产生超过 4000TWh(10^{12} 瓦时)的电量(目前美国每年的消费量)和约 100000TWh 的电量。因此,InP/GaAs Ⅱ 型的量子点可以完全满足安全、低价、高效 MEG 的需求。然而,迄今为止并没有关于 InP/GaAs 量子点太阳能电池制备的报道,这个领域的研究和技术开发亟待加强。

表 10.1.5　块材料 InP 和 GaAs 的特性[15]

性质	导带/eV	价带/eV	m_e^*/m_0	m_h^*/m_0
InP	−4.51	−5.85	0.077	0.6
GaAs	−4.12	−5.56	0.065	0.5

此外,带隙较窄的半导体还有 IV-VI 族的 PbSe、PbS 和 PbTe 等,这些材料容易产生 MEG 效应。对于 II-VI 族的 CdS、CdSe,其带宽较宽(分别为 2.53 eV 和 1.84 eV),量子产率较低,因而不适宜作为多激子量子点太阳能电池的材料。另外,由于 CdSe 量子点具有光谱较宽的吸收、大的激发系数以及高的电子转移速率,因此可以作为量子点敏化太阳能电池中的光敏化剂。

对于 III-V 族的 InAs、IV-IV 族的 Si 量子点,可利用 InAs/GaAs 多层量子点和有序 Si 纳米晶粒薄膜作为 I 层有源区,构成 PIN 量子点太阳能电池。利用量子点之间的强耦合效应和共振隧穿效应,来增加光生载流子的收集效率,从而提高太阳能电池的转换效率。

2. 有序量子点的制备

量子点太阳能电池中,量子点的大小和间距对载流子迁移率有很大影响。在量子点间距和大小这两个因素中,量子点间距以及间距的一致性对载流子迁移率的影响更为敏感。量子点分布要求紧密有序,即晶粒分布紧凑、排列均匀、间隔一致、尺寸一致。量子点的有序分布,有利于提高单位面积上 MEG 的能力。此外,对 PIN 结构的量子点太阳能电池,有利于实现量子点之间载流子的共振隧穿;对于量子点敏化太阳能电池,有利于加快量子点与 TiO₂ 光电极之间的能量转移。

量子点的有序生成可以通过两类方法实现:一类是基于物理方法的分子束外延生长(MBE),或采用光刻的方式制备排列整齐的种晶,并采用后续镀膜退火工艺,来获取合格的量子点并应用于太阳能电池有源区。另一类是基于化学手段的纳米化学法。MBE 法可用来制备 InAs、GaSb、PbS 和 Si 等量子点,纳米化学法可用来制备 CdSe、CdS、PbSe 和 Si 等量子点,具体的制备方法见第 4 章。如何更好地制作量子点以及提高载流子的隧穿特性等,目前仍在继续研究中。

3. 器件的结构

除了在 10.1.4 节介绍的三种互补结构,目前研究的量子点太阳能电池的结构形式还有三种。

(1) PIN 结构。在 PN 结构中间引入有序三维量子点阵列 I,形成 PIN 结构。这种量子点阵列具有很强的耦合效应,且有微带形成,使电子具有长程输运的特性,可以减慢光生载流子的冷却速率,从而增加光生载流子的收集效率,产生较高的光生电势。同时,在量子点阵列中还可以产生多激子来增加光生电流,这对提高太阳能电池的光电转换效率十分有利。

(2) 量子点敏化太阳能电池。这种电池中用量子点来代替染料分子作为敏化剂。与染料敏化太阳能电池相比,量子点敏化太阳能电池的优势在于其光学特性可通过量子点尺寸的改变而调整。此外,在量子点中可以产生多激子效应,其量子产率可以大于 100%,因而,具有很高的能量转换效率。

（3）采用弥散在有机半导体聚合物中的量子点结构。这是一种将纳米微粒均匀分散到电子和空穴导电聚合物中而形成的无机量子点/有机聚合物的复合结构，既具有有机材料光吸收系数较高的优点，又具有量子点是很好的光生载流子输运者的优点，使太阳能电池具有较高的能量转换效率。如果量子点能够产生多激子效应，那么其光伏性能还可大幅度提高。

4. 量子点的界面性质

无论哪种结构的量子点太阳能电池，量子点都存在大量各种形状的界面，例如，对于 InAs/GaAs PIN 结构的量子点太阳能电池，存在 InAs 量子点与 GaAs 空间隔离层之间的界面、量子点敏化太阳能电池中 CdSe 量子点与 TiO₂ 光阳极之间的界面、用于 MEG 的量子点与量子点之间的界面、不同带宽材料之间的界面、无机量子点/有机聚合物之间的界面、光吸收区与金属电极之间的界面等。这些界面对电子和空穴载流子的输运过程有着非常重要的作用。目前，人们对其中一些界面作用的定量研究仍然比较欠缺，需要进一步详细研究各种界面之间载流子的输运过程及速率，以及晶格匹配良好和无缺陷的高质量界面，了解载流子在界面上与缺陷态复合的详细过程等。

10.1.6　展望

大量理论和实验研究证明，硅量子点是太阳能电池的一种合适的材料，硅量子点太阳能电池比目前硅基太阳能电池具有更高的光电转换效率。为了能更好地响应太阳白光谱以吸收更多的光子，硅量子点的尺寸、间距以及镶嵌在何种基质中等需要在理论和实验上作进一步探索。

在工艺上，当前采取类似制作超晶格的方式，经过富硅层退火后形成硅量子点，其大小和间距一致性不易控制，且在 1100～1300K 高温下退火 1h 左右才能凝析出硅量子点，这种方式能耗高、耗时长，不利于硅量子点太阳能电池的发展。因此，探索一种能在常温或低温下快速形成大小均一、排列规整且符合硅量子点在太阳能电池内高效应用条件的工艺，是一个亟待解决的问题。

硅量子点的制作工艺、多电子-空穴对产生、提高载流子输运能力、电池结构设计以及实时检测技术等，是提高硅量子点太阳能电池光电转换效率的几个重要环节。随着这些问题的解决，高光电转换效率硅量子点太阳能电池的研究将会跨上一个新的平台，才有可能真正步入实用化的行列。

10.2　硅量子点

10.2.1　硅量子点简介

前面几章中介绍的胶体量子点大都是重金属元素，如镉、铅等。由于对这些金属掺杂量子点有存在毒性的担心，人们对硅量子点（SiQDs）的研究保持了很浓的兴趣。在过去十年间，人们对 SiQDs 的基础物理学和表面特性的认识有了重大进展，这些是基于表面钝化的 SiQDs 制备和表征技术之上的。

硅是土壤中最重要的元素之一，资源丰富，无毒，已广泛应用于微电子工业。硅是间接带隙半导体，块材料硅不发光。但对于纳米硅（硅的玻尔半径为 4.2nm），由于量子限域效应，SiQDs 具有独特的光学特性，光致荧光量子产率甚至高达 85%[29]。

目前，对于胶体 SiQDs 的研究面临着两个挑战：第一是怎样有效制备出高质量的纳米颗粒，要求方法简单可行，粒子尺寸可控（1～5nm），分散性好，辐射波长范围覆盖蓝光到近红外，量子产率高。第二是如何很好地修饰量子点表面，这是因为刚制备的硅材料表面极易被氧化，而且 SiQDs 与金属量子点不同，不能用晶格匹配的壳层来作表面修饰。这两种挑战合并在一起，使得 SiQDs 的制备难度比重金属基量子点更大。尽管如此，过去二十年，人们在 SiQDs 的制备和表面修饰上的研究仍然取得了快速的进展。

对于复合材料，Ⅲ-Ⅴ和Ⅳ-Ⅵ族半导体量子点异质结构的物理性质已经被人们广泛研究。精确的物理沉积方法（如分子束外延生长 MBE）可以在宽带隙寄主材料中（如 GaAs）生长出低能隙（如 InAs）、无缺陷的纳米岛。寄主材料起到势垒的作用，该势垒约束了量子点导带电子和价带空穴，钝化表面结构以减弱相关的表面效应。虽然Ⅲ-Ⅴ族量子点目前还没有应用于生物标记，但也提供了大量的固态系统中关于量子限域本质的基本信息，它们在光电子和量子信息技术领域已经有了一些重要应用。用化学方法合成的Ⅱ-Ⅵ量子点是和Ⅲ-Ⅴ族量子点类似的离散的胶体粒子，它们具有核/壳结构，其中宽带隙半导体（如 ZnS）为小带隙（如 CdSe、CdTe 等）的核区域构造了约束势。另外，Ⅱ-Ⅵ族量子点外具有自组装单分子修饰层，该包覆层使得量子点在溶液中更加稳定，有助于量子点特殊功能化应用的实现，其合成技术目前已经成熟，量子点的尺寸分布和光学特性都可很好地得到控制。

与传统的核/壳量子点不同，刚制备出的 SiQDs 一般富含容易氧化的卤素或者硅氢键。由于缺少晶格匹配的半导体势垒层，表面修饰对于 SiQDs 光物理性质的影响很大。不同的势垒会影响光致发光特性，包括辐射峰波长、量子产率、次峰的形状、荧光寿命等。对于辐射谱，没有半导体壳层意味着会降低核内激子的约束，从而展宽了辐射谱。事实上，用胶体溶液法制备的 SiQDs 显现的基本都是蓝绿色，迄今为止，具有宽辐射谱的红光 SiQDs 只能通过高温、蚀刻或者其他极端条件来制备。图 10.2.1 给出了用可控蚀刻法制备的 SiQDs 光致发光光谱和相应的荧光颜色。

重金属基的量子点通常由直接带隙半导体组成，而硅是间接带隙半导体，因此

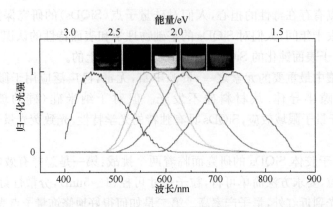

图 10.2.1　通过可控蚀刻法制备的 SiQDs 光致发光光谱和相应的荧光颜色[29]

其辐射跃迁途径和重金属基量子点不同。对于 SiQDs 电子结构的描述超出了本书的范畴,但仍需要指出,观测到的纳米硅中激子的复合速率比块材料硅要高,这是由量子约束增加了波矢 k 的不确定性造成的。一般认为,表面效应和量子限域效应也可能是偶极辐射衰变的原因,因为在非静止的胶体纳米晶体中,很难区分表面效应和量子限域效应。对于嵌入基底的 SiQDs 的辐射跃迁,人们已经有了一些研究[30]。

　　与传统的量子点相似,当 SiQDs 转移到水溶液中时,其光致荧光有猝灭的现象。然而,当 SiQDs 封入磷脂微粒中时 PL 强度仅有小幅降低。置入水中的 SiQDs 光致发光辐射猝灭,与量子点表面处理时形成的非辐射氧化关联态有关[31]。尽管如此,与有机染料明显的光学漂白相比较,水溶性 SiQDs 不会发生光漂白。PL 光的闪烁是一个可被普遍观测到的现象(包括对 SiQDs),量子点的闪烁来自多重效应:一是过剩电荷的无辐射复合,二是在电子受体表面位置处的电荷涨落[32]。

10.2.2　硅量子点制备

　　和制备其他量子点的方法相似,SiQDs 的制备可分为自上而下、自下而上以及两者兼具三类方法[29]。第一类自上而下法是把大分子硅材料分解为纳米硅;第二类自下而上法主要是利用分子硅前驱体的自组装过程,包括第 4 章提及的反胶团法制备硅量子点;第三类兼备前两种的特点,主要有激光热解、等离子体合成等方法。下面先介绍第一类自上而下的方法,然后介绍第三类两者兼具的方法。第二类自下而上纳米硅的制备生长更多地与化学过程有关,已超出本书的范畴,这里不再介绍,有兴趣的读者可参考文献[29]。

1. 自上而下的方法

1) 块体硅的蚀刻

制备胶体硅纳米晶体,自上而下方法的第一种类型是蚀刻块体硅。氢氟酸(HF)和过氧化氢(H_2O_2)的混合物在超声波的作用下,通过电化学蚀刻多孔硅,形成发光胶体悬浮液[33],该悬浮液含有晶体结构的纳尺寸硅粒子。该合成方法比较简单,迅速引起了人们的关注和应用。例如,在超声波和 HNO_3-HF 复合物的作用下蚀刻硅粉,可得到辐射波长可控的硅纳米粒子。

此外,还有一种不同的 HF/H_2O_2 蚀刻方法,以石墨棒为阳极,硅片为阴极,悬浮液的颜色可从蓝调变到红(图 10.2.2)。其中的一个关键是多金属氧酸盐(polyoxometalates,POM),它能独特地同时成为电子的供体和受体。在蚀刻过程中,通过改变电流密度来产生形状和尺寸可控的纳米粒子,其尺寸为 1~4nm,辐射峰位于 450~700nm[34]。

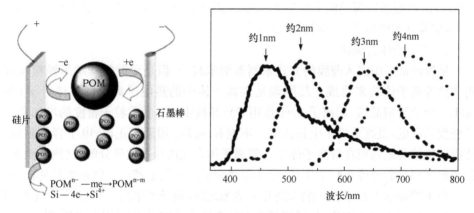

图 10.2.2　制备胶体硅纳米晶体的多金属氧酸盐电化学蚀刻方法[34]

2) 硅富氧化物的离解

自上而下方法的第二种类型是含有硅纳晶的硅富氧化物的离解。硅纳晶通常在硅的前驱体[如硅的亚氧化物(Si_mO_n)]基底中形成,通过浸蚀,从 SiO_x 粉末中浸蚀分离氧化层得到。晶体的大小与浸蚀条件有关,一般为 2~16nm,由高分辨 TEM 图可见晶体内部有晶格条纹。此外,利用氢矽酸盐(hydrogen silsesquioxane)进行热分解,在高温下产生大量的硅富氧化物薄膜,再通过控制 HF 浸蚀,可得到胶体 SiQDs。这些量子点的辐射波长在整个可见光谱区域中可调[35]。

3) 优缺点比较

大多数自上而下方法的主要优点是,与对平的或多孔硅结构的研究技术兼容,对纳米粒子的辐射波长有很好的可控性,用其他方法则很难实现。然而,它在处理硅表面时需要用到较多高浓度的有毒 HF(浓度甚至高达 48%[36]),这会带来安全方面的问题。此外,为能成功生成纳晶粒子,需严格满足硅富氧化物热处理所需的条件,实现比较困难。这两个因素阻碍了自上而下方法的广泛应用。

2. 两者兼具的方法

1) 激光热解法

激光热解法是一种获得离散硅纳米晶体的很有效的方法。该方法用高功率激光光束聚焦对准硅烷气体流,激光横向辐照聚焦于气体流,产生高达 1000℃ 的高温,从而在小区域中产生硅纳米晶体。虽然这个方法最初取得了成功,但是后来的研究发现,强光致荧光仅当氢氟酸(HF)蚀刻热解产物时才能观测到,并且最终的量子产率很低。后来,对此进行了改进,先制备出 50nm 的硅纳米晶簇,然后在气溶胶反应器中用二氧化碳激光诱导热解 SiH_4 气体来获得硅纳米晶体,其中通过混合高浓度的 HF(48%)和硝酸(NHO_3)来控制蚀刻。据报道,如果速率为 20~200mg/h,可制备出覆盖整个可见光谱区、颜色可调的 SiQDs,其量子产率在 2%~15%,实验观测的量子产率最高达到 39%[37]。

2) 等离子体合成法

尽管经常采用嵌入薄膜的方式来制备纳米粒子,但是离散的硅纳米颗粒也可用非热等离子体法来合成。其原理是等离子体中的热电子离解前驱体分子(如 SiH_4),使之形成晶核,阴离子-分子作用导致晶核生长。随着粒子密度的增加和离子密度的降低,最终减缓了生长速率。不饱和 Si_nH_m 团簇带正电,电子容易黏附,使得团簇被静电约束在等离子体中。等离子体合成法与其他热分解法(热或激光)的关键区别是它可停止粒子生长,而其他热分解法本质上都没有停止生长的机制。制备出来的硅纳米粒子在几纳米到几十纳米之间,量子产率高达 60%[38]。不同研究小组报道过不同的方法,包括用低功率的微波火花隙[39]或者用大气压等[40]。

3) 优缺点比较

激光热解法和等离子体合成法具有如下优点。

(1) 粒子的辐射荧光的颜色非常宽泛,红到橙色的荧光大部分都可以获得,而用自上而下或基于溶液的方法只能得到蓝绿色。生物组织在 650~1000nm 存在吸收窗口,特别有利于其生物应用。

(2) 量子产率很高,甚至可以达到 60%~70%,而大多数溶液法很难达到。

(3) 对于某些气相以及基于等离子体的方法,容易实现工业规模化生产。

两者兼具方法的缺点是需要特殊的设备。虽然非热等离子体处理在室温下进行,但是分解前驱体时通常需要很高的温度以及产生高温的设备。此外,制备过程经常要用到剧毒的化学物质(如蚀刻用 HF 等),因此如何安全操作也是一个需要注意的问题。

无论通过哪种方法制备得到硅量子点,由于纯硅极易被氧化、量子点表面存在缺陷或不满足使用要求,都必须进行表面修饰。表面修饰的方法主要包括:①通过氢化硅烷化(hydrosilylation)形成自组装单分子层(SAMs),这是最主要的一种表面修饰方法;②卤素包覆硅量子点;③通过等离子体与粒子表面的相互作用来进行表面钝化,包括基于等离子体气溶胶的表面修饰、液相等离子体功能化等。

目前,表面修饰的完整表征问题仍尚待解决。如果有机单分子层在平坦的或多孔硅表面覆盖不完全时,其所面临的挑战尤为明显。表面修饰技术更多地与化学反应相关联,这里不作展开,有兴趣的读者可参阅文献[29]。

10.2.3 硅量子点的生物应用

1. 荧光成像

生物体在 650～900nm 波段近红外区的吸收和散射很小,而量子点在该波长区具有独特的辐射特性,因此,量子点在荧光生物成像领域的潜能被广泛关注。最先的研究主要是 CdSe 量子点的荧光成像,直到 2004 年,才有第一篇关于 SiQDs 的报道[41],立即引起了人们的极大关注,随后有大量的论文发表。

使用 SiQDs 荧光生物图像的问题之一是需使用低波长激励。SiQDs 的激励波长经常是紫外-蓝,而该波长位于生物组织吸收窗口波长区(650～900nm)之外。要避免使用低激发波长,可采用双光子技术,即一个粒子被两个半能量的光子激发,这样激发和辐射就可以在近红外波长区同时实现[42]。另一个问题是磷脂层包覆的流动的大直径量子点(>10nm),其性能有时会降低。大多数生物成像都需要将荧光标签物有选择地黏附到生物实体上,其中小粒子半径、胶体稳定性和良好的生物活性表面都非常重要,这些特性通过自组装单分子层(self assembled monolayers,SAMs)的功能化可得到最好的满足。例如,Erogbogbo 等通过 EDC/NHS① 与生物分子反应(包括赖氨酸、叶酸、抗间皮蛋白和转铁蛋白等)来改变粒子的共价键,从而实现胰腺癌细胞对胶体 SiQDs 的有选择摄取[43]。

2. SiQDs 与核磁共振成像

SiQDs 一个新的应用是作为核磁共振(unclear magnetic resonance,NMR)的造影剂。虽然硅本身不是顺磁体,但可以通过添加顺磁性物质来实现顺磁性。例如,当 SiQDs 与顺磁性的 Fe_3O_4 纳粒子用磷脂共包覆时,会同时出现荧光和顺磁性[44]。同样,直接掺杂 Mn 到粒子中也会产生顺磁性,从而延长 MRI 所需的弛豫时间。这里所指的"掺杂"并非改变电子结构,大多数 SiQDs 的掺杂更像是对加在

---

①EDC/NHS 是常见的生物偶联反应,该反应连接羧基和氨基。

粒子表面的外来物质的配位,而不是对粒子晶格结构的改变。另外,人们观测到大尺寸硅纳粒子(d 约为 350nm)超磁性的极化时间很长,在有机体内甚至长达数分钟[45]。由于目前的 MRI 活性剂的信噪比很差,可以通过硅的超极化态来加以改善。

3. 以毒性更小的硅量子点替代重金属量子点

SiQDs 更吸引人的一个方面是应用于生物活体。过去十多年中表面化学和制备技术的发展,人们已经可以在水溶液中制备出分散的光稳定的量子点,这刺激了对于新型荧光标签物的开发。然而,这些量子点通常含有金属元素(如 Cd 等),鉴于 Cd 对生物的毒性,对于它们的使用一直存在争议。

研究表明,量子点的毒性可能是由 Cd 离子的释放或自由基的形成造成的,尤其是被紫外光照射后,CdSe 量子点会释放 Cd 离子,使得细胞和 DNA 受损[46]。很多文献报道可以采用包覆不同配位体的表面涂层来降低毒性,如巯基乙酸(MAA)、牛血清白蛋白(BSA)、巯基烷酸(MUA)、巯(基)乙胺(QD-NH$_2$)、巯基丙酸(MPA)以及聚乙二醇(PEG)等[47,48]。但实验观察表明,如果长时间曝露于高浓度量子点(有包覆层),细胞和 DNA 仍会受到伤害,即包覆层无法完全免除毒性作用。另外,系列的深入研究进一步表明,紫外线照射下的活性氧中间体(reactive oxygen intermediates,ROI)的产生也会导致量子点的毒性。Green 等[49]的研究证明,在黑暗环境中加入量子点后会立即损伤 DNA。电子顺磁共振(electron paramagnetic resonance,EPR)表明,这时形成了来自 CdS 的过氧自由基和来自 CdSe 的羟自由基。因此,可以确定 ROI 是由量子点产生的。

近年来,人们开始寻找无 Cd 量子点来替代含 Cd 量子点,包括铟基 InP 和 InP/ZnS 量子点,其中 InP/ZnS 量子点已被证实可用于胰腺癌图像造影[50]。此外,CuInS$_2$-ZnS(核-壳)量子点也已用于可见和近红外区的淋巴结显像[51]。作为常规量子点包覆材料的锌化合物现已作为无 Cd 材料来使用。通过掺锌基,重金属量子点在可见波段内已经实现强辐射[52]。ZnS:Mn/ZnS(核:核/壳)量子点已用于生物体内的肿瘤成像[53]。

硅是一种很好的制备无 Cd 量子点的材料,它在体材料形态下无毒,易降解为硅酸并从尿液排泄[54]。另外,硅也可以作为营养剂和食品添加剂。近年来,大量研究证明,SiQDs 在体外的毒性很低,有利于在肿瘤血管系统中的应用,已在老鼠体内显像出淋巴瘤彩色图[55]。研究表明,当量子点浓度升至特定的 380 mg·kg^{-1} 时(与通常采用的 CdSe/ZnS 量子点浓度相比,这是一个极高的浓度),磷脂包覆的 SiQDs 在活体内的毒性最低[55]。所有纳米晶体毒性研究都表明,包覆的配位体、靶标、纳晶的形状、尺寸和表面化学作用是引起细胞响应的重要因素,例如,半导体量子点的表面化学作用可显著改变团聚合的可能性,而界面结构的控制对体内粒子的清除有重要影响[56]。

10.2.4　展望

以上介绍了胶体 SiQDs 的制备、表面修饰和生物应用方面的一些最新进展。虽然 SiQDs 的早期报道发表已经将近 20 年,但其发展一直较为缓慢,主要归因于上述所述方法(尤其是制备方法)发展的滞后。近年来,制备及表面修饰技术有了重大进展,已经发展出多种途径来获得高量子产率、辐射波长可控、单分散的高质量 SiQDs,通过简便易行的氢化硅烷化、卤素粒子的表面反应等方法来修饰 SiQDs表面。这些制备及表面修饰技术扩展了 SiQDs 的应用,如用于荧光标记、生物传感器等,其中量子点的光学特性对分子识别起到重要的作用。

对于 SiQDs,目前仍有许多问题有待解决。

(1)制备方法。在 HF 或苛刻的温度/压力环境下,这尤其重要。虽然对诸如 Cd 量子点的生长动力学已有较为彻底的研究,但对于 SiQDs,如今仍然缺乏有效的方法来控制粒子尺寸、形状和光学特性。

(2)表面修饰。表面修饰必须在制备之后立即进行。由于表面修饰对粒子的荧光辐射、生物识别黏附等影响极大,SiQDs 的表面修饰技术将得到更多的重视。

(3)表征。虽然对微纳粒子已有一些表征方法,如 IR 和 NMR 光谱法,但是材料表面的表征仍然是表面修饰技术进步的瓶颈。今后,需要通过更多的研究手段来探索粒子表面覆盖什么样的物质会使得粒子更好。制备、表征和 SiQDs 应用的一体式工具包将会是增长迅速的领域。

10.3　表面等离子激元光子学

等离子激元光子学(plasmonics)主要研究金属纳米结构的光学性质及其应用。表面等离子激元(surface plasmon polariton,SPP)是金属纳米结构中自由电子的共谐振荡,具有一系列奇异的光学性质,如对光的选择性的吸收和散射、局域电场增强、电磁波的亚波长束缚等。近年来,随着纳米加工和制备技术以及理论模拟分析手段的发展,人们对表面等离子激元的机理和应用的研究逐渐广泛和深入,使其迅速发展成为一门新兴的学科——等离子激元光子学,并在生物、化学、能源和信息等领域展现出很好的应用前景[57]。

本节介绍表面等离子激元的一些基本物理性质,包括局域的表面等离子激元、传播的表面等离子激元、表面增强的拉曼散射光谱,并简单介绍表面等离子激元的应用及发展。关于单个等离子激元纳米粒子的光学特征和表面增强拉曼散射热点的超分辨成像,将在 10.4 节和 10.5 节详细讨论。

10.3.1　表面等离子激元的物理机制

通常,金属内部和表面附近都存在许多自由电子,可看成"电子气团",即等离

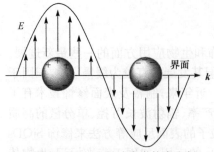

图 10.3.1　金属纳米微粒在电场
作用下振荡使得电荷产生一个相对位移

子激元（plasmon）。当光照射在金属表面时，在入射光场的作用下，金属表面的电子会产生一个位移（图 10.3.1），形成所谓的表面等离子共振（surface plasmon resonance, SPR），其吸收谱会出现强的共振吸收峰和散射峰。

为了理解金属纳米结构中表面等离子激元的物理机理，先来介绍下金属中自由电子的共谐振荡模型。在外电场的作用下，金属中自由电子的运动方程为

$$m\frac{d^2x}{dt^2}+m\gamma\frac{dx}{dt}=-eE_0\exp(-i\omega t) \tag{10.3.1}$$

式中，x 为电子的位置；m 为电子质量；γ 为阻尼系数；e 为电子电荷；E_0 为外电场的振幅；ω 为外电场角频率。电子的谐振动满足

$$x(\omega,t)=x_0(\omega)\exp(-i\omega t) \tag{10.3.2}$$

代入式（10.3.1），可得电子振荡的振幅为

$$x_0(\omega)=\frac{eE_0}{m(\omega^2+i\gamma\omega)} \tag{10.3.3}$$

由此，电子在外电场作用下诱导产生的电偶极矩为

$$P=N(-ex_0)=-\frac{Ne^2E_0}{m(\omega^2+i\gamma\omega)} \tag{10.3.4}$$

式中，N 为电子的数密度。此外，由电磁理论可知，电偶极矩又是介电系数的函数，即 $P=\varepsilon_0\chi E_0=\varepsilon_0[\varepsilon(\omega)-1]E_0$（其中 χ 为极化率），结合式（10.3.4）可得

$$\varepsilon(\omega)=\varepsilon_r+i\varepsilon_i=1-\frac{\omega_p^2}{\omega(\omega+i\gamma)} \tag{10.3.5}$$

式中，$\omega_p=\sqrt{Ne^2/(\varepsilon_0 m)}$ 为电子等离子体频率（plasma frequency）[58]，它仅取决于电子数密度 N，即对给定的电子数密度，电子等离子体频率是一个常数。作为一个数值例子，设电子数密度 $N=10^{18}\,m^{-3}$，则 $\omega_p\approx5\times10^{10}\,s^{-1}$，频率位于微波辐射区。式（10.3.5）为金属中自由电子共谐振荡的 Drude 模型，它给出了金属介电系数与入射光频率之间的关系。

设阻尼系数 $\gamma\ll\omega$，有 $\varepsilon(\omega)\approx1-\omega_p^2/\omega^2$。于是，当 $\omega<\omega_p$ 时，介电系数 $\varepsilon(\omega)<0$ 为负，这时折射率为复数，电磁波射入金属后被截止，不能传播；相反，当 $\omega>\omega_p$ 时，介电系数为正，折射率为实数，金属对于入射波就是一种常规的介电材料。虽然 Drude 模型有很多近似条件，但是仍然能很好地解释表面等离子激元的物理机理和很多实验现象。

10.3.2　局域表面等离子激元

金属纳米颗粒中自由电子振荡受到结构尺寸的限制,称为局域表面等离子激元(localized surface plasmon,LSP)。

设金属微粒球半径为 $a(a\ll\gamma)$,位于 $E=E_0 r\cos\theta$ 的均匀静电场中(图 10.3.2),金属微球和介质的介电系数分别为 ε 和 ε_m,球内外的电场和电势分别为 E_{in}、E_{out}、$\phi_{in}(r,\theta)$、$\phi_{out}(r,\theta)$,电势方程为[58]

$$\begin{cases} E_{in}=-\nabla\phi_{in} \\ E_{out}=-\nabla\phi_{out} \end{cases}$$

$$\begin{cases} \nabla^2\phi_{in}=0 \quad (r<a) \\ \nabla^2\phi_{out}=0 \quad (r>a) \end{cases} \tag{10.3.6}$$

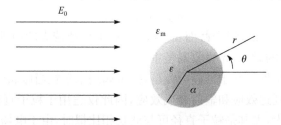

图 10.3.2　金属微球位于均匀静电场 E_0 中的示意图

它满足的边界条件为在界面上电势相等:

$$\begin{cases} \phi_{in}\big|_{r=a}=\phi_{out}\big|_{r=a} \\ \varepsilon\dfrac{\partial\phi_{in}}{\partial r}\bigg|_{r=a}=\varepsilon_m\dfrac{\partial\phi_{out}}{\partial r}\bigg|_{r=0} \end{cases} \tag{10.3.7}$$

式中,ε 和 ε_m 分别为微粒球和外围介质的介电系数。

假设在无穷远处的电场仍为均匀电场,满足上述偏微分方程和边界条件的解为[58]

$$\phi_{in}=-\frac{3\varepsilon_{in}}{\varepsilon+2\varepsilon_m}E_0 r\cos\theta \tag{10.3.8}$$

$$\phi_{out}=-E_0 r\cos\theta+a^3 E_0\frac{\varepsilon-\varepsilon_m}{\varepsilon+2\varepsilon_m}\frac{\cos\theta}{r^2} \tag{10.3.9}$$

式(10.3.9)中,右边的第一项是入射电场势,第二项是偶极子势,可见微球外的势是入射电场势和偶极子势的叠加。球外的偶极子势为

$$\phi=\frac{P}{4\pi\varepsilon_m}\frac{\cos\theta}{r^2} \tag{10.3.10}$$

式中,偶极矩为

$$P = 4\pi\varepsilon_{\mathrm{m}}a^3 E_0 \frac{\varepsilon-\varepsilon_{\mathrm{m}}}{\varepsilon+2\varepsilon_{\mathrm{m}}} \tag{10.3.11}$$

对应偶极子的极化率为

$$\chi(\varepsilon,a) = 4\pi a^3 \frac{\varepsilon-\varepsilon_{\mathrm{m}}}{\varepsilon+2\varepsilon_{\mathrm{m}}} \tag{10.3.12}$$

当微球半径远小于入射光波长时,可按照偶极子来近似处理。根据 Mie 散射理论[59],可推导得到微球的消光截面 σ_{ext} 和散射截面 σ_{sca}:

$$\sigma_{\mathrm{ext}} = k\,\mathrm{Im}\{\chi\} \approx 4\pi a^3 k\,\mathrm{Im}\left\{\frac{\varepsilon-\varepsilon_{\mathrm{m}}}{\varepsilon+2\varepsilon_{\mathrm{m}}}\right\} \tag{10.3.13}$$

$$\sigma_{\mathrm{sca}} = \frac{k^4}{6\pi}|\chi|^2 \approx \frac{8}{3}\pi a^6 k^4 \left|\frac{\varepsilon-\varepsilon_{\mathrm{m}}}{\varepsilon+2\varepsilon_{\mathrm{m}}}\right|^2 \tag{10.3.14}$$

式中,k 为入射光波数。消光截面为吸收截面和散射截面之和,或吸收截面为

$$\sigma_{\mathrm{abs}} = \sigma_{\mathrm{ext}} - \sigma_{\mathrm{sca}} \tag{10.3.15}$$

可见,散射截面 $\sigma_{\mathrm{sca}} \propto a^6$,消光截面 $\sigma_{\mathrm{ext}} \propto a^3$。对于粒径较大的微球,光散射是主要的;对于粒径较小的微球,光吸收则是主要的。

以上的极化率推导基于准静电模型,把金属纳米颗粒当做偶极子处理,忽略了电场在粒子中的延迟效应和辐射衰减效应,因此仅适用于粒子直径远小于波长的情况。当粒子较大,尤其是粒子直径可与波长相比拟时,由于电场的穿透深度小于半径,粒子中的电场不再均匀,有效电场减弱,粒子不能当做偶极子处理,而应采用四极子、八极子等高阶近似。此时,金属颗粒极化率可通过修正的长波近似(modified long wavelength approximation, MLWA)模型用偶极子的极化率 χ 表示出来[60]:

$$\chi_{\mathrm{corr}} = \frac{\chi}{1-\dfrac{2}{3}ik^3\dfrac{\chi}{4\pi}-\dfrac{1}{a}k^2\dfrac{\chi}{4\pi}} \tag{10.3.16}$$

利用 MLWA 模型,可以完整地解释金属纳米颗粒的局域表面等离子激元共振峰波长随尺寸增加的红移效应。图 10.3.3(a)显示了直径为 40nm 的金纳米粒子在水中的极化率(MLWA 模型),实线和虚线分别代表极化率的实部和虚部;图 10.3.3(b)显示了直径为 20nm、40nm、80nm 的金纳米粒子在水中的归一化消光截面。

10.3.3　传播的表面等离子激元

在金属纳米薄膜与介质的界面上激发的表面等离子激元可以沿着薄膜远程传播,称为传播的表面等离子激元(propagating surface plasmon polariton),或者表面等离子波。

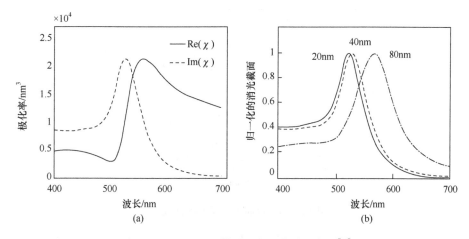

图 10.3.3　MLWA 模型和归一化消光截面[61]

　　形成表面等离子波的常见方法是全反射(图 10.3.4)。以显微载玻片玻璃作为衬底,用真空沉积等方法镀上一层 40~50nm 厚的金或银金属膜层(介电系数为 ε)。用折射率匹配液(折射率 n_p)将显微载玻片黏合到棱镜上。偏振激光束入射到棱镜上,当入射角为某一特定角 θ_{sp}(共振入射角)时,反射波形成全反射。由光学的电磁理论可知,全反射时实际上仍有一部分入射能以瞬逝波的形式透过玻璃衬底,进入金属 ε 和介电薄膜 ε_m 中并沿界面传播,形成所谓的表面等离子波或传播的表面等离子激元(SPP)。该 SPP 的电场振幅 $E_z = E_0 \exp(-z/d_p)$(d_p 为穿透深度),以指数形式衰减。通常,可见光的透射深度为 50~100nm。相应地,当入射角为 θ_{sp}(共振入射角)时,射出棱镜的反射光强度急剧下降,反射率形成一个尖锐的凹陷(图 10.3.5),即在共振入射角时透光率很高。图 10.3.5 中,左面的曲线为 Ag 银膜的反射率,右面为介质膜 Ag/p-4-BCMU 的反射率,其共振入射角相对 Ag 膜有一个移动。

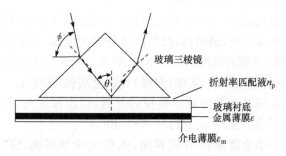

图 10.3.4　棱镜用于激发表面等离子波的示意图

　　共振入射角 θ_{sp} 由如下关系式确定:

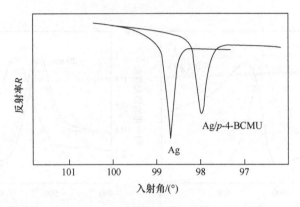

图 10.3.5　表面等离子共振曲线[62]

$$k_{SPP} = kn_p \sin\theta_{sp} \tag{10.3.17}$$

式中，k_{SPP} 为表面等离子瞬逝波的波矢；k 为总电磁波波矢；n_p 为棱镜或匹配液的折射率。通过求解麦克斯韦方程组并利用电场在界面处的连续性，可知当入射光的偏振方向平行于入射面（p 偏振）时沿金属表面传播的 SPP 波数为[58]

$$k_{SPP} = \frac{\omega}{c} \sqrt{\frac{\varepsilon(\omega)\varepsilon_m}{\varepsilon(\omega) + \varepsilon_m}} \tag{10.3.18}$$

式中，ω 为入射光的角频率；c 为光速；$\varepsilon(\omega)$ 和 ε_m 分别为金属和介质的介电系数。将金属介电系数的 Drude 模型[式(10.3.5)]代入，即可得波数 k_{SPP} 和入射光频率 ω 的色散关系。

在图 10.3.4 中，如果金属膜外是空气，$\varepsilon_m = 1$ 或介质折射率 $n^2 = 1$，由式(10.3.17)和式(10.3.18)即可确定共振入射角 θ_{sp}，也可由已知的共振入射角 θ_{sp} 来确定金属的介电系数 ε。此外，通过实验可测得最低反射率和共振峰宽度。利用菲涅耳(Fresnel)反射公式，通过最小二乘法对共振曲线进行数据拟合，可得到介质层的厚度、折射率的实部和虚部这三个参量。

图 10.3.6 为金属膜 ε（位于介质 ε_1 和 ε_s 夹层之间）表面沿水平方向传播的 SPP 示意图。图 10.3.7 中，能量高、低的曲线分别为金属-真空界面、金属-介质界面的 SPP 色散曲线，下部的插图为激发 SPP 的 Kretchman 模型图，虚线（直线）为光在真空和介质中的色散曲线，实线（曲线）代表金属膜-真空（$\varepsilon_1 = 1$）界面、金属薄膜-介质 s 界面上的 SPP 色散曲线。模拟的参数：银膜厚度为 30nm，介质 s 为玻璃，$\varepsilon_s = 2.25$，等离子激元频率 $\omega_p = 11.9989 \times 10^{15}\ \mathrm{s}^{-1}$。

由图可见，对于单金属薄膜-介质界面，如空气-金属界面，SPP 的波矢大于空气中的波矢，即光从空气中入射不能产生 SPP。另外，光在玻璃中的色散曲线与金属-空气界面的 SPP 色散曲线有交点，可以通过从玻璃中入射来匹配 SPP 波矢，从而激发金属-空气界面的 SPP。值得注意的是，入射光必须采用 p 偏振光，即电场

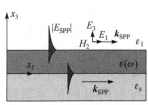

图 10.3.6　金属薄膜与介质
界面的 SPP 示意图

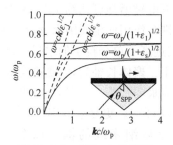

图 10.3.7　真空-金属薄膜-
介质结构的 SPP 色散曲线[63]

方向平行于入射平面,才能有效地激发 SPP,而 s 偏振光(偏振方向垂直于入射面)
则不能激发 SPP。

10.3.4　表面增强拉曼散射

表面等离子激元局域电场增强最典型的表现是表面增强光谱,包括表面增强
拉曼散射光谱(surface enhanced Raman scattering,SERS)和表面增强荧光光谱
(surface enhanced fluorescence,SEF),这里主要介绍 SERS。

自 20 世纪 70 年代以来,SERS 引起了人们的广泛关注和深入研究。由于
SERS 具有单分子的检测灵敏度,在化学和生物领域具有非常广阔的应用前景。
从机理上,SERS 的增强包括入射光的增强 G_0 和拉曼散射光的增强 G' 两部分:

$$G = G_0 G' \approx \left| \frac{E'(\omega_0)}{E_0(\omega_0)} \right|^2 \cdot \left| \frac{E'(\omega_R)}{E_0(\omega_R)} \right|^2 \tag{10.3.19}$$

式中,ω_0 为入射光频率;ω_R 为拉曼散射光频率。由于二者非常接近,可假设 $\omega_0 \approx \omega_R$,于是

$$G = \left| \frac{E'(\omega_0)}{E_0(\omega_0)} \right|^4 \tag{10.3.20}$$

即 SERS 增强因子近似等于拉曼散射光电场与入射光电场之比的四次方。

电场增强是 SERS 增强机理的主要因素,一般可达 $10^5 \sim 10^8$,在特定情况下,
电场增强的贡献甚至达到 10^{12},从而可实现单分子 SERS 微弱信号的检测。通常,
如果分子直接吸附于金属表面,分子与金属之间可能发生电荷转移,类似于共振拉
曼散射的过程,使得分子的有效极化率增强,从而也导致拉曼散射增强,这就是一
般所说的化学增强机理,其增强因子为 $10 \sim 100$[64]。

单分子 SERS 的灵敏度从实验和理论上都已经被验证。1997 年,Nie 等在
Science 上首次发表单分子 SERS 的观测结果[65],单粒子曲率半径很小的位点,如
极小的凸出或者凹陷处以及多粒子聚集的间隙处,是电磁增强的"热点"位置,在一
定的激发条件下,可以观察到单分子 SERS。后来,Xu 等[66]的研究结果表明,在合

适的条件下电磁增强可达约 10^{12}，由于化学增强有 10^2，总的增强因子可达 10^{14}。

电磁耦合作用使金属纳米颗粒的聚集会产生额外的电磁增强，在合适的激发条件下，它远高于单个粒子的增强。例如，对于纳米颗粒的二聚体，当入射光偏振方向平行于二聚体长轴时，电磁耦合效应最强，而入射光偏振方向垂直于二聚体长轴时其效应最弱[67,68]。另外，纳米颗粒聚集会对拉曼散射光的偏振和辐射方向产生一定的调制[69]。更复杂的耦合系统还包括金属纳米颗粒与纳米孔洞的耦合、纳米颗粒与金属纳米线的耦合以及不同形貌与不同材料纳米颗粒之间的耦合等[70-72]。

当纳米颗粒集聚体中的粒子间距为 $1\sim2nm$ 甚至更小时，颗粒之间的电子隧穿效应开始起作用，电磁增强将被部分抵消。一个直观的假设是，当二聚体中两个颗粒的间距无限减小时，两个颗粒将合为一个纳米棒，电磁耦合效应将不存在，而平均的电磁增强效应也将远远低于纳米颗粒的二聚体。这一现象最近已成为 SERS 和表面等离子激元研究的一个热点方向。当粒子间距小于 $1nm$ 时，实际上已经不能用经典电动力学来解释，而必须引入量子的概念，这一研究领域称为量子等离子激元光子学(quantum plasmonics)[73,74]。

SERS 具备单分子灵敏度和光谱指纹识别的特点，已广泛应用于化学和生物样品(蛋白质分子、细胞)的痕量检测，以及各种化学成分甚至农药检测等方面[75-78]。Van Duyne 等利用 SERS 研究血液中的葡萄糖含量，成功将 SERS 增强基底器件植入活体实验鼠中，实现小于 $80mg \cdot dL^{-1}$ 的葡萄糖检测极限，优于国际组织标准 ISO/DIS 15197，有望发展成为糖尿病检测的新技术，从而极大推动疾病预防和检测技术的进步[79]。在我国，Li 等提出了壳层隔离的纳米粒子增强拉曼光谱(shell isolated nanoparticle enhanced Raman spectroscopy)技术[80]，并应用于酵母细胞和橘子表皮污染物检测，获取了稳定的高信噪比的 SERS 光谱。

10.3.5　表面等离子激元的应用及展望

表面等离子激元具有选择性光散射和吸收、局域电场增强、电场强束缚、可远程传播等特点，在生物、化学、材料和能源等领域有一系列重要的应用，包括 LSPR 传感器、表面增强光谱、表面等离子激元激光、表面等离子激元光开关以及光逻辑运算等。例如，由式(10.3.13)可见，当分母 $\varepsilon+2\varepsilon_m\to0$ 时，将出现共振。由 Drude 模型，假设阻尼常数 $\gamma\ll\omega$，可知共振峰波长 $\lambda_{max}\approx\lambda_p\sqrt{2n_m^2+1}$($\lambda_p$ 为与电子等离子体频率对应的波长，n_m 为介质折射率)。由此可见，共振峰波长与折射率近似呈线性关系，增加介质的折射率将使得共振峰波长红移。利用这一特点，可以实现基于 LSPR 的生物和化学传感器。此外，表面等离子激元限域于金属纳米结构的表面，因此可突破光的衍射极限，这一特点使得表面等离子激元在超分辨成像技术、突破衍射极限的光刻技术、高集成光信息处理技术方面具有独特的优势。

目前,表面等离子激元已经形成一门迅速发展的前沿交叉学科,研究内容覆盖物理、化学和生物等众多学科,应用范围涉及能源、信息、医药和环境等多个领域,并已从实验室走向实际应用,出现了一些商业产品,例如,瑞典的 Bia-Core 公司(于 2006 年被美国 GE 公司收购)生产的 BIA Core 3000 型仪器利用表面等离子共振技术可检测浓度低于 1nmol • L^{-1}的小分子。近年来,表面等离子激元光子学出现了很多新的分支,如石墨烯等离子激元光子学、量子等离子激元光子学(quantum plasmonics)等。有兴趣的读者可参阅文献[60],这里不再详述。

10.4　单个等离子激元纳米粒子的光学特征

纳米粒子(简称纳粒)的性质是由局域表面等离子激元共振(localized surface plasmon resonance,LSPR)决定的。通常,金属表面附近有许多自由电子,当光照射在金属表面时,入射光会与金属表面附近的电子发生共振,形成所谓的表面等离子共振(图 10.3.1)。这种共振发生在局域,因此又称为局域表面等离子激元共振,其特征是吸收谱的共振吸收峰和散射峰很强。LSPR 具有可调性,因此出现了很多令人兴奋的研究方向,如表面增强拉曼光谱、等离子激元标签、粒子治疗、分析传感器和催化等。本节将对表面等离子激元共振的基本原理进行进一步的讨论。

与金属中的块体等离子激元振荡相比,LSPR 的能量较低,这主要是由小尺寸纳粒具有大表面体积比的边界条件决定的。LSPR 的光谱特性主要取决于纳粒的尺寸、形状、材料及其周围介质的折射率等物理参数。人们采用系列光谱技术,对影响等离子激元响应的参量进行了广泛研究,得到共振能量的平均值、等离子激元的线宽等,其中等离子激元的线宽因纳粒尺寸和形状的不均匀而被展宽,特别是用化学合成法制备的纳粒。为了表征等离子激元纳粒的光学性能(主要针对无尺寸和无形状分布),人们研究了单纳粒散射、吸收和消光特性的光谱方法,将单粒子光谱与理论计算进行定量比较,结合电子显微镜技术,得到了纳米结构形态的具体细节,从而根据各种应用需求对等离子激元纳粒的性能进行优化。

这里主要介绍目前研究单个等离子激元纳粒稳态光学性能的方法和技术,不涉及具体应用,重点关注单个等离子激元纳粒而不是粒子耦合系统,因为后者已被广泛研究。首先,介绍描述等离子激元共振的解析模型;然后,评述基于吸收、散射和消光的单粒子方法,讨论将光谱和电子显微镜共用的方法;最后,介绍等离子激元共振的均匀线宽以及如何将它应用于传感。对于用超分辨荧光成像获得亚衍射极限光学图像的研究进展,将在 10.5 节专门进行介绍。本节内容主要来自文献[81]。

10.4.1　电磁理论模型：Mie 理论和 Gans 理论

当电磁波射入等离子激元纳粒时，光子会被纳粒吸收转变成热和光，被散射到各个方向。这里，用吸收截面和散射截面来进行量化估算。在共振达到最大值时，一个等离子激元纳粒吸收和散射光的面积要比它自身的物理尺寸大很多。吸收截面和散射截面之和称为消光截面，表示入射辐射所受的全部损失截面。纳粒的光学截面是能量的函数，也就是光谱，它是由局域表面等离子激元共振（LSPR）控制的。共振的峰值位置和宽度取决于纳粒的尺寸、形状和外围环境的介电系数。

对于球形的纳粒，可用 Mie 理论方法来进行研究，在第 5 章进行过详细介绍。Mie 理论方法是用一系列球谐波动方程的展开来解麦克斯韦方程组，进而分析计算其远场光谱，为了方便，这里重新给出相关的公式。方程的解由不同阶数的模(l)组成，从最低阶的偶极($l=1$)和四极($l=2$)模到高阶的多极模。对于半径为 R、复介电函数为 $\varepsilon(\omega)=\varepsilon_1(\omega)+i\varepsilon_2(\omega)$ 的纳米粒子，在基底材料($\varepsilon_m=n_m^2$)介质中，与波长为 λ_0 的光相互作用时散射截面 σ_{sca} 和消光截面 σ_{ext} 可以表示为

$$\sigma_{sca}=\frac{2\pi R^2}{x^2}\sum_{l=1}^{\infty}(2l+1)\{|a_l^2|+|b_l^2|\} \tag{10.4.1}$$

$$\sigma_{ext}=\frac{2\pi R^2}{x^2}\sum_{l=1}^{\infty}(2l+1)\text{Re}[a_l+b_l] \tag{10.4.2}$$

式中，$x=n_m\omega/c=2\pi n_m/\lambda_0$，$c$ 是光速；吸收截面可由消光截面和散射截面的差得出，$\sigma_{abs}=\sigma_{ext}-\sigma_{sca}$；$a_l$ 和 b_l 从 Riccati-Bessel 函数计算得出：

$$a_l=\frac{m\psi_l(mx)\psi_l'(x)-\psi_l(x)\psi_l'(mx)}{m\psi_l(mx)\xi_l'(x)-\xi_l(x)\psi_l'(mx)} \tag{10.4.3}$$

$$b_l=\frac{\psi_l(mx)\psi_l'(x)-m\psi_l(x)\psi_l'(mx)}{\psi_l(mx)\xi_l'(x)-m\xi_l(x)\psi_l'(mx)} \tag{10.4.4}$$

式中，$\psi_l(x)=\sqrt{\frac{\pi x}{2}}J_{l+\frac{1}{2}}(x)$；$\xi_l(x)=\sqrt{\frac{\pi x}{2}}[J_{l+\frac{1}{2}}(x)+iY_{l+\frac{1}{2}}(x)]$；$J_l$ 和 Y_l 分别是一阶和二阶贝塞尔函数；m 是纳粒和周围介质的相对折射率，$m=n_p/n_m$。

图 10.4.1(a)、(b)所示是根据 Mie 理论计算得到的半径为 25nm 和 50nm 的金纳粒在真空中($\varepsilon_m=1$)的吸收、散射和消光率，其中金的介电系数取自块体材料值。图 10.4.1(c)所示为由 Gans 理论计算得到的椭球粒子的消光、吸收和散射光谱，粒子的纵横比 AR=2.1(实线)、3.0(点线)。图 10.4.1 中基底的介电系数分别为 $\varepsilon_m=1,1,2.25$。该尺寸范围的金纳粒的等离子激元共振峰位于电磁波谱的绿光区域，胶体金溶液呈现亮红色。比较这两个不同尺寸纳粒的光谱，可见随着纳粒尺寸的增加，共振峰向长波长移动(红移)，谱线被展宽。这是因为辐射阻尼效应使入射光不能均匀极化大尺寸的纳粒，大尺寸的纳粒的散射增强，辐射衰减，从而

使得谱线增宽。

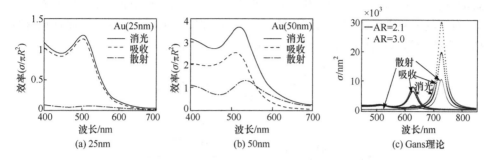

图 10.4.1 Mie 理论计算得到的球形金纳粒的消光、吸收和散射光谱
以及用 Gans 理论对椭球的计算结果[81]

Mie 理论的方程(10.4.1)、方程(10.4.2)是解析解,其精确度取决于多极模 l 的数量。只要纳粒不是球形,理论上就要包括多极模。对于半径远小于入射光波长的球形纳粒(R 约为 10nm),可以采用仅包含偶极模式($l=1$)的偶极近似:

$$\sigma_{sca}=\frac{24\pi^3 V^2 \epsilon_m^2}{\lambda_0^4}\frac{(\epsilon_1-\epsilon_m)^2+\epsilon_2^2}{(\epsilon_1+2\epsilon_m)^2+\epsilon_2^2} \tag{10.4.5}$$

$$\sigma_{abs}=\frac{18\pi V\epsilon_m^{3/2}}{\lambda_0}\frac{\epsilon_2}{(\epsilon_1+2\epsilon_m)^2+\epsilon_2^2} \tag{10.4.6}$$

式中,V 是纳粒的体积。如果 ϵ_2 很小,当 $\epsilon_1=-2\epsilon_m$ 时,就会产生共振,即截面变得极大(无论吸收还是散射)。

由式(10.4.5)和式(10.4.6)可见,吸收截面正比于体积 V,而散射截面正比于 V^2。因此,对大尺寸的纳粒,消光主要来自散射;对于小尺寸的纳粒,消光主要来自吸收,散射可以忽略。式(10.4.5)和式(10.4.6)的形式为洛伦兹函数型,与第 5 章谱线展宽的洛伦兹函数表达式(5.3.7)相似。由此可知,介电系数的实部 ϵ_1 决定了等离子激元共振峰的位置,而虚部 ϵ_2 决定了共振峰的宽度。

由准静态条件下的偶极近似可知,等离子激元共振除了和粒子体积的换算因子有关,和尺寸没有直接关系。但是实验发现,对极小尺寸的金纳粒($R<5$nm),等离子激元共振剧烈衰减,这是因为金纳粒尺寸远小于其电子的平均自由程,产生了电子表面散射,进而导致衰减增强。要了解这种小尺寸效应,可在式(10.4.5)和式(10.4.6)中将介电系数改写为与尺寸相关联,即 $\epsilon=\epsilon(\omega,R)$。此外,对于小尺寸的纳粒,还有其他因素会影响等离子激元共振的位置和形状,如量子力学中的电子溢出和非局域效应,这些效应可以通过适当修改介电函数来解决。

从实心球形金属纳粒得到的 Mie 理论可用于由多个不同材料同心球层组成的球体,如纳米球壳,这是因为球壳层结构仍具有球对称性。此外,Mie 理论也可以扩展到包含任意数量相互作用的球体系统。在 Mie 理论中,每个纳粒的散射场

可近似认为由入射光加上所有其他纳粒的共同作用所致,由此可得到一组可解析解的耦合方程组。进一步地,利用偶极近似得到关于扁圆和椭球形纳粒的光学性质,对应的麦克斯韦方程组的解析解称为 Gans 理论。Gans 理论对描述近似椭球体纳米棒的等离子激元的散射和吸收非常有用,截面如下[82]:

$$\sigma_{\mathrm{sca}} = \frac{8\pi^3 V^2}{9\lambda^4} \varepsilon_{\mathrm{m}}^2 \sum_{j=1}^{3} \frac{1}{P_j^2} \frac{(\varepsilon_1 - \varepsilon_{\mathrm{m}})^2 + \varepsilon_2^2}{\left(\varepsilon_1 + \dfrac{(1 - P_j)\varepsilon_{\mathrm{m}}}{P_j}\right)^2 + \varepsilon_2^2} \tag{10.4.7}$$

$$\sigma_{\mathrm{abs}} = \frac{2\pi V}{3\lambda} \varepsilon_{\mathrm{m}}^{3/2} \sum_{j=1}^{3} \frac{\left(\dfrac{1}{P_j^2}\right)^2 \varepsilon_2}{\left(\varepsilon_1 + \dfrac{(1 - P_j)\varepsilon_{\mathrm{m}}}{P_j}\right)^2 + \varepsilon_2^2} \tag{10.4.8}$$

式中,P_j 是沿椭球主轴 A、两个短轴 B 和 C 的去极化因子:

$$P_A = \left(\frac{1 - e^2}{e^2}\right)\left\{\frac{1}{2e}\ln\left(\frac{1 + e}{1 - e}\right) - 1\right\} \tag{10.4.9}$$

$$P_B = P_C = \frac{1 - P_A}{2} \tag{10.4.10}$$

式中,偏心率 $e = \sqrt{1 - (1/\mathrm{AR})}$,AR 是椭球体的纵横比。

　　纳米棒的光响应表现为两个非简并的等离子激元共振,即纵模、横模。纵模很强,但是能量较低,对应于沿着纳米棒长轴方向的电子振荡;横模能量很高,在垂直方向被极化。图 10.4.1(c) 给出了用 Gans 理论计算的纵横比不同的金纳米棒的消光、散射和吸收光谱。随着纵横比的增加,纵模向长波方向移动。纵模除了对纳米棒的纵横比高度敏感,对基底介质的介电系数 ε_{m} 也非常敏感,因此,对局域表面等离子激元共振传感来说,纵模研究是一个很好的入口。

　　Mie 理论和 Gans 理论的解析法仅适用于形状对称的纳粒。对于形状非对称的纳粒,可以采用基于网格的近似方法,如离散偶极子近似(discrete dipole approximation,DDA)、有限时域差分(finite difference time domain,FDTD)和有限元法(finite element methods,FEM)等,将任意形状的纳粒分割为很小的作用域,在时域或频域中数值求解麦克斯韦方程组,从而对等离子激元响应进行模拟。这些方法采用的也是金属的介电函数(可以根据具体的系统进行适当修改),可以很好地得到等离子激元纳粒与光之间相互作用的基本过程。随着计算机运算能力的提高,DDA、FDTD 和 FEM 已经成为标准的研究方法。

10.4.2　单粒子散射法

　　获得单个纳粒光谱的关键因素是离散纳粒样品的制备和采用比背景辐射强很多的信号。纳粒通常离散在背景材料(溶剂分子、聚合物或沉积纳粒的基底)中,因此用光信号进行探测时背景最好为无辐射。分子荧光技术可以满足这个要求。由于激励光比荧光波长短,可用完全无荧光的滤波器有选择地屏蔽掉荧光。但是等离子激元纳粒的辐射光很弱,对单粒子光谱,直到最近才有研究者检测到了光信号。

　　虽然散射技术并不是一种完全无本底辐射的技术,但是散射可以在暗场显微镜中进行观测,并且观测到的只有等离子激元纳粒的散射而没有吸收。事实上,暗场显微镜背景噪声低、操作方便,已成为观测等离子激元纳米结构的单粒子光谱的标准方法。暗场显微镜需要用一个高数值孔径(numerical aperture,NA)的透镜来实现大入射角的激发,同时用一个足够低数值孔径的透镜在小角度范围内收集散射光,以便确保没有基底反射的激发光到达探测器。低数值孔径的透镜仅收集视场中被物体各方向散射的光,因此,可以形成背景很弱的暗场图像。

　　图 10.4.2(a)所示为单银纳粒的散射图和光谱;图(b)显示金纳米棒样品的散射图和直径为 60nm 的纳米球的散射图,左上角插图为暗场光照几何结构图,右下角插图是纳米棒和纳米球的 TEM 图像。与散射绿光的球形金纳粒相比,金纳米

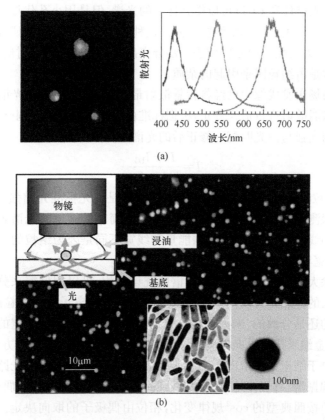

图 10.4.2　单银纳粒的真彩散射图、光谱和单金纳米棒的暗场散射图[83,84]

棒的纵向表面等离子激元模的散射产生了红移。单个等离子激元纳粒可以通过图中的颜色点进行分辨,色点的大小由衍射极限决定。这些纳粒的等离子激元的共振波长不同,在暗场图像中表现为不同的颜色,即暗场图像可以直接反映出纳粒尺寸和形状的差异。为了进一步将颜色和单个等离子激元纳粒相对应,可以用装有电荷耦合(charge coupled device,CCD)摄像机的光谱仪对散射光进行光谱分析和记录。通常,在光谱仪中只要将光栅替换成平面镜,或者直接用光栅的零级反射,CCD摄像机就可用来对目标区域进行初次成像。通过关闭光谱仪的入射狭缝和将该纳粒置于狭缝中心(移动样品或光谱仪),可以将某个纳粒隔离出来。将CCD摄像机的像素点放置在垂直方向上,以便确保采集到的是单粒子光谱而不是沿入射狭缝方向若干垂直排列的纳粒的光谱。

此外,还可以用高度灵敏的单元素探测器来进行成像,如雪崩光电二极管(avalanche photodiode,APD),只需在显微镜的第一个像平面处放一个小孔将散射光重新成像在APD上即可。通过光栅扫描样品获得图像,其分辨率由小孔的尺寸决定。虽然用光谱仪和CCD可以得到样品的光谱,但是用小孔代替光谱仪的入射狭缝可以确保只采集来自单个纳粒的光。这种方法的优点是能够研究很小的目标区域,从其他较大的散射中心区域进一步分离出想要的纳粒的散射信号,这些大的散射中心通常是由纳粒团聚引起的杂质。

尽管在暗场激发成像中已经将背景散射最小化,但是测出的光谱仍需要根据基底产生的微弱散射进行适当修正,根据标准白光光谱进行适当调整,使得在整个波长范围内的光强与白光匹配。修正后的光谱强度为

$$I = \frac{I_S - I_{BG}}{I_{STD} - I_{DC}} \qquad (10.4.11)$$

式中,I_S是纳粒的光谱;I_{BG}是背景光谱强度;I_{STD}是白光标准光谱强度;I_{DC}为关灯之后测得的探测器暗计数值。修正后,形状相对简单的纳粒的光谱表现为具有不同共振能量和线宽的洛伦兹峰,共振能量和线宽不同是因为纳粒的尺寸和形状不同,光谱的线宽与总光谱相比明显减小。

为了消除大量等离子激元共振光谱的统计平均,可以用偏振来分辨单粒子光谱。这种方法的优点是可以探测出形状各向异性的等离子激元纳粒的取向,无论它们是固定的还是分散的,因为等离子激元模通常是沿着纳粒特定的轴方向极化的。例如,被金纳米棒的纵向等离子激元共振散射的光沿着其长轴方向极化,因此信号强度取决于纳米棒的取向。为了研究散射光的偏振,在探测光路或激发光路上放置一个偏振器,有规律地改变偏振器的角度,就可形成典型的偶极辐射,散射光强度随相位按照典型的$\cos^2$规律变化,相位由偶极子的取向决定。在激发偏振实验中,通常要添加一个楔状物以确保入射光只来自一个方向。测量过程不需要改变偏振角,而是用放置在物镜后面的双折射晶体将散射光分成正交偏振的两部

分,同时用 CCD 摄像机进行成像。只要知道两个正交偏振光的相对强度,通过测量就可以实现时间分辨,例如,检测出单个金纳米棒的转动。

　　图 10.4.3(a)为极化敏感的单个金纳米棒的暗场散射图,金纳米棒表现为水平分开的对子,如图中方框所示。将双折射晶体插入到 CCD 摄像机前,将光分成正交偏振的散射光,它们的相对强度反映了纳米棒的二维取向。图 10.4.3(b)显示了单个纳米棒的总散射光强、两个正交极化分量各自光强的时间变化。图 10.4.3(c)显示了纳米棒的二维取向随时间的变化。

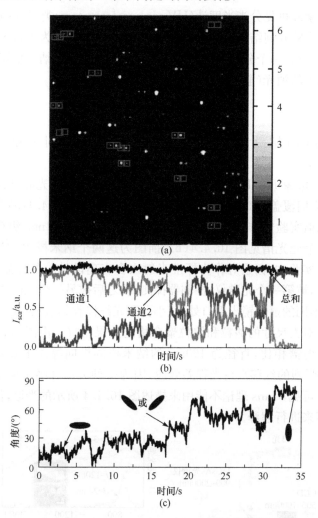

图 10.4.3　极化敏感的单金纳米棒的暗场散射图、总散射光强以及二维取向的时间变化[85]

　　如前所述,纳粒散射是分辨单个等离子激元纳粒非常有用的光信号。散射信号无衰变、无闪烁,可随纳粒的几何结构进行调节,很容易与暗场显微镜相结合得到等离子激元纳粒的理想彩色散射图。然而，因为散射截面正比于体积的平方，所以无法探测到尺寸太小（如小于20nm）的纳粒。当20nm的金纳粒被532nm波长激发产生等离子激元共振时，其散射截面与吸收截面之比约为7×10^{-3}，因此，散射法不适宜于探测非常小的纳粒。非常小的粒子的探测方法在10.4.3节和10.4.4节讨论。

10.4.3　单粒子消光方法

与双通道紫外可见分光光度计（UV-vis spectrometers）类似，单分子消光测量在标准的透射光路几何结构中很难直接用于单分子，这是因为入射光背景很强，而粒子浓度太低（只有一个分子），信号太弱。如果等离子激元纳粒足够大，那么就有可能测量单粒子的消光（散射和吸收之和）。消光定义如下：

$$\text{Extinction} = -\lg\left(\frac{I - I_{dc}}{I_0 - I_{dc}}\right) \tag{10.4.12}$$

式中，I是观察范围内一个纳粒的透射光强；I_0是没有纳粒时的光强；I_{dc}是无入射光时测量的暗本底。

用硅CCD摄像机和InGaAs阵列探测器可以探测可见光和红外光范围的宽带消光光谱，它们覆盖了500～2000nm的光谱窗口。图10.4.4（a）为宽带消光显微镜的消光光谱实验安排。测量得到的直径为120nm和24nm、纵横比为3.1的单金纳米棒的消光光谱见图10.4.4（b），插图为这两个纳米棒的SEM图，比例标尺为100nm。实验中，卤素灯作为标准光射入含有离散纳粒的样品，消光信号穿过一个小孔后，被第一个光谱仪/探测器探测到，之后被另一个光谱仪/探测器定位（分别在两个不同的显微镜出射口处）。小孔和光纤仅收集从感兴趣的区域发出的信号。该方法对大尺寸的纳粒和纳粒聚合物的效果很好。由图10.4.4（b）可见，与24nm的散射谱相比，直径为120nm的纳米棒的纵向等离子激元模红移了约600nm。如此强烈的红移来自光程差效应，因为这种大尺寸纳米棒超出了准静态尺寸的范围。可见，Gans理论不能用来描述图10.4.4所示的光谱，但是光程差可以用网格模型来进行解释。

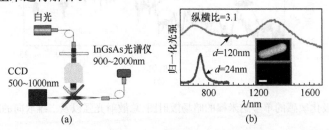

图10.4.4　宽带消光显微镜的消光光谱实验安排和测量的消光光谱[86-88]

　　然而,用上述方法无法得到较小尺寸纳粒的消光光谱。一种改进的方式是干涉检测,可用来采集 5nm 粒径纳粒的消光光谱。图 10.4.5 给出了这种方法的实验安排,其中图(a)为用超连续白光共焦显微镜观测纳粒和光场相互作用的实验安排,图(b)为观测到的直径 60nm、31nm、20nm、10nm 和 5nm 的单金纳粒的归一化消光光谱。测量的基本原理是在纳粒样品上覆盖折射率匹配油,来控制入射光在界面上的散射(入射光来自通过高数值孔径物镜的超连续激光光源)。反射光信号被物镜收集,穿过小孔后被 CCD 摄像光谱仪检测到。

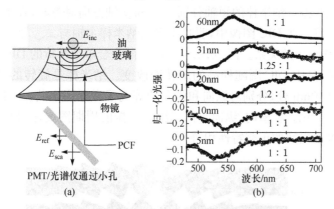

图 10.4.5　超连续白光共焦显微镜中干涉检测
的实验安排和观测到的单金纳粒的归一化消光光谱[86-88]

　　测量得到的光强 I_m 包括单纳粒的散射场 $E_{sca}(=sE_{inc})$ 和入射光束的反射场 $E_{ref}(=rE_{inc})$ 这两部分的贡献(E_{inc} 是入射激光的光场,r 是玻璃-油界面的反射率),总光强为 $I_m=|E_{sca}+E_{ref}|^2$。散射系数 $s=s(\lambda)=\eta_D \alpha(\lambda)$[其中 $\alpha(\lambda)$ 是关联于波长的纳粒的极化率,η_D 是光学装置的探测效率]。由单纳粒的信号总光强 I_m 和参考光强 $I_{ref}(=|E_{ref}|^2)$ 的强度差计算得到消光截面。用参考光强进行归一化:

$$\sigma_{ext}(\lambda)=\frac{I_m(\lambda)-I_{ref}(\lambda)}{I_{ref}(\lambda)}=\frac{\eta_D^2}{r^2}|\alpha(\lambda)|^2-2\frac{\eta_D}{r}|\alpha(\lambda)||\sin\varphi(\lambda) \quad (10.4.13)$$

式中,右边的第一项对应于纯散射,第二项对应于吸收。从图 10.4.5 中的符号由正变到负可以看出,60nm 粒子的消光光谱主要由散射决定,而 5nm 粒子的消光光谱完全是吸收,这与等离子激元吸收和散射的尺度比例是一致的。

　　另外,有一种干涉探测方法可以很容易地用标准显微镜进行操作,即微分干涉对比(differential interference contrast,DIC)显微镜技术,它已经用于研究单个等离子激元纳粒。在 DIC 显微镜中,入射光被分成两个正交偏振光(x,y),横向相对位移约 100nm。当光照射样品时,形成的两个中间像经过物镜后被 Wollaston 棱镜叠加形成一个干涉图样。用分别沿 x 轴方向和 y 轴方向偏振的光照射后,因纳粒和周围介质的折射率不同而产生相位差,形成相长干涉亮条纹和相消干涉暗条纹。对于各向同性的纳粒,纳粒沿 x 和 y 轴方向的折射率相同,因此观察到的是均匀分布的明条纹和暗条纹。然而,对于各向异性纳粒(如纳米棒),横向和纵向表面等离子激元会产生与波长相关的各向异性的折射率,从而导致不同的明暗干涉条纹分布,条纹分布取决于纳米棒相对于 x 和 y 轴的取向。

当入射波与纵向等离子激元模发生共振且纳米棒的长轴平行于 y 轴方向时,DIC 图像有最亮和最暗的场强,在 DIC 图像中形成一个亮斑;当纳米棒的长轴平行于 x 轴方向时,在 DIC 图像中可观察到一个暗斑。此外,当入射波与横向等离子激元模发生共振且纳米棒的短轴分别与 x 和 y 轴方向对齐时,在图像中会分别出现暗斑和亮斑。在 DIC 图像中,明暗光强在纳米棒主轴与 x、y 轴之间的夹角分别遵循 $\sin^4$ 和 $\cos^4$ 的关系。图 10.4.6 显示了两个金单纳米棒的 DIC 图与方向之间的函数关系,其中 DIC 图随样品的旋转而改变。纳米棒是旋转的,明暗场强位于 720nm 和 540nm 处,分别对纵向和横向的等离子激元产生共振,并且按照 $\sin^4$ 和 $\cos^4$ 的规律变化。在横向、纵向等离子激元共振的周期图案之间有 90° 的位移,这与横模和纵模之间的正交特性相符合。

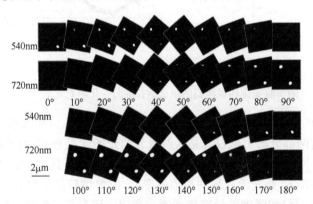

图 10.4.6　两个金纳米棒的微分干涉对比显微镜图像[86-88]

还有一种测量小尺寸单个等离子激元纳粒消光光谱的方法是空间调制光谱,实验安排如图 10.4.7 所示。一束激光被物镜聚焦到位于 (x,y) 位置的纳粒上,透射光被另一个物镜收集后,被与锁相放大器相连的光电二极管探测。用频率为 f 的压电扫描使纳粒的位置沿 y 方向调整,并保持位移 δy 小于入射激光束的尺寸。透射光功率 P_t 和入射光功率 P_i 之间的关系如下:

$$P_t \approx P_i - \sigma_{\text{ext}} I_G [x, y + \delta y \sin(2\pi f t)]$$
$$\approx P_i - \sigma_{\text{ext}} I_G(x,y) - \sigma_{\text{ext}} \delta y I'_G(x,y) \sin(2\pi f t)$$
$$- \frac{\sigma_{\text{ext}}}{2} (\delta y)^2 I''_G(x,y) \sin^2(2\pi f t) \tag{10.4.14}$$

从式(10.4.14)可以看出,归一化的透射比变化 $\Delta T / T = (P_t - P_i)/P_i$ 是由高斯

光束光强 $I_G(x,y)$ 的一阶导数 I' 和二阶导数 I'' 组成的,高斯光束光强可通过锁相放大器在 f 和 $2f$ 的调制频率下得到。根据测得的信号振幅和已知的相移,由空间调制的光谱强度就可得到单个等离子激元纳粒的消光截面。对于 10nm 的金纳粒,在 532nm 波长处测得的消光截面 $\sigma_{ext} = (53 \pm 2) nm^2$。进一步对从波长可调的激励源发出的光进行起偏振,就可以获得与偏振相关的消光光谱。

图 10.4.8 是用该方法测量的单个二氧化硅壳包覆的银纳粒($Ag@SiO_2$)的消光光谱(被两束正交线偏振光激发产生)。图中虚线是球形纳粒的理论拟合曲线,插图是单个 $Ag@SiO_2$ 纳粒与胶体溶液两者的消光光谱的比较。纳粒的形状稍微呈椭球形

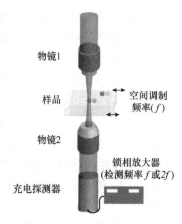

图 10.4.7　空间调制光谱实验安排[89]

就会在两个偏振光谱中引起较大差异,正如数值模拟中所证实的那样。图中的插图表明样品的不均匀性效应,因为单个 $Ag@SiO_2$ 纳粒的光谱比总的消光光谱窄很多。

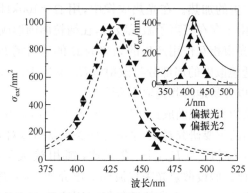

图 10.4.8　单个二氧化硅壳包覆的银纳粒($Ag@SiO_2$)的消光光谱[89]

10.4.4　单粒子吸收方法

纳粒的吸收截面随体积线性变化,而散射截面随体积的平方变化,因此对于尺寸很小的等离子激元纳粒,消光基本就等于吸收。本节讨论的消光实验主要是吸收的测量,仅适用于直径小于 20nm 的纳粒。随着粒子尺寸的增大,散射对消光的贡献逐渐增加。任意尺寸纳粒的等离子激元的吸收(没有散射)都可以用光热成像技术获得,光热成像的优点是等离子激元吸收之后纳粒和周围环境出现强加热效应。

等离子激元吸收产生了热电子气,热电子气通过电子-声子耦合被冷却,并使纳粒的晶格温度升高。这些能量较高的纳粒通过弛豫将能量以非辐射的形式耦合

到周围介质的振动中,最初吸收激发的能量在很短的时间内(数百皮秒)转变成热量。这个温度改变可以通过光学方法检测,只需将加热光束的强度调制与锁相探测结合起来就可以实现最灵敏的探测。光热信号的强度取决于被纳粒吸收并在介质中以热量形式耗散的能量的大小。温度的改变 $\Delta T(r,t)$ 与耗散功率 P_{diss} 满足

$$\Delta T(r,t)=\frac{P_{\text{diss}}}{4\pi kr}\Big[1+\exp\Big(-\frac{r}{r_{\text{th}}}\Big)\cos\Big(\Omega t-\frac{r}{r_{\text{th}}}\Big)\Big] \tag{10.4.15}$$

式中,k 是介质的热导率;r 是到纳粒的距离;$r_{\text{th}}=\sqrt{2k/(\Omega C_{\text{p}})}$ 是热扩散的特征长度;C_{p} 是介质的热容;Ω 是加热光束强度随时间变化的调制频率;耗散功率 $P_{\text{diss}}=\sigma_{\text{abs}}P_{\text{heat}}/A$,其中 σ_{abs} 是纳粒的吸收截面,P_{heat} 是入射加热光束的功率,A 是光照面积。

介质的折射率 n_{m} 随温度变化,变化率为 $\partial n_{\text{m}}/\partial T$,于是折射率的变化为 $\Delta n_{\text{m}}(r,t)=\Delta T(r,t)\times\partial n_{\text{m}}/\partial T$,形成了一个热透镜,且折射率的变化量可以用另一个激光束检测出来。探测光束仅测量介质折射率的变化,任何波长的光都可作为探测光束,但是通常选择非共振波长的光以免纳粒被探测光加热。

这种利用光吸收产生的热透镜的思想被巧妙地用于光热成像。光热成像可以将探测极限提高到金属团簇,金属团簇非常小以至于不存在等离子激元,不存在离散的电子跃迁激发产生的加热。在光热成像中,用 $\Omega=100\text{kHz}\sim15\text{MHz}$ 的调制频率调制加热光束,由于存在等离子激元吸收,在纳粒周围形成随时间变化的热透镜,可通过其与检测光束相互作用产生的频移为 Ω 的散射场 E_{sca} 进行检测。探测光场 E_{prob} 中未被热透镜散射的那部分与散射场 E_{sca} 发生干涉,形成频率为 Ω 的拍频,用锁相放大器可以容易地将其提取出来[90,91]。

光热信号与纳粒的吸收截面成正比这一点非常重要,而介质折射率随温度变化的光热信号是我们的主要研究对象,掌握这些关系就可以对光热信号进行优化。探测器探测的强度与 $|E_{\text{sca}}+E_{\text{probe}}|^2$ 成正比,锁相放大器测得的振幅则与 $2|E_{\text{sca}}||E_{\text{probe}}|$ 成正比。假设散射光来自波动的电介质,对光热信号进行建模,就可以得到折射率变化 $\Delta n_{\text{m}}(r,t)$ 产生的散射场。用这种方法可以推导出散粒噪声受限检测情况下的信噪比:

$$\text{SNR}\propto\frac{1}{\pi\omega_0}n_{\text{m}}\frac{\partial n_{\text{m}}}{\partial T}\frac{1}{C_{\text{p}}\lambda^2}\frac{\sigma_{\text{abs}}}{\Omega}\frac{}{A}P_{\text{heat}}\sqrt{P_{\text{probe}}\Delta t} \tag{10.4.16}$$

式中,ω_0、λ 和 P_{probe} 分别是光束宽度、波长和探测光束的功率;Δt 是锁相放大器的积分时间。

由式(10.4.16)可以看出,有多种方式可用来增强光热信号。为了获得最高的信噪比 SNR,加热光束和检测光束的功率应该最大,但同时要避免纳粒被熔化。可以通过调整加热光束的调制频率以确保 r_{th} 小于 ω_0。周围介质折射率的热灵敏度是获得最大信噪比的关键,热灵敏度越高,信噪比越大。为了对介质的热学性质

和它们对光热信号可能产生的影响进行量化分析,这里引入介质的光热强度 Σ 这个概念。介质的光热强度可以由 $n\dfrac{\partial n_m}{\partial T}\dfrac{1}{c_p}$ 计算得出,它仅取决于周围基底的参数。对于处于不同有机溶剂和水中的尺寸为 20nm 的金纳粒,光热成像实验证明光热强度 Σ 和 SNR 之间存在线性关系。热致液晶的折射率 $\dfrac{\partial n_m}{\partial T}$ 随温度变化很大,特别是接近液晶的向列相[①]各向同性转变温度时,因此可用来进一步增强 SNR。

与单纳粒的偏振散射和消光光谱类似,光热成像也可以用来检测纵向和横向的等离子激元模,由此获得纳米棒或其他各向异性等离子激元纳米结构的方向。当改变加热光束的偏振态时,光热强度会发生变化;当激发光的偏振平行于某个等离子激元模时,信号强度达到最大,产生最有效的光吸收。

图 10.4.9 显示了两个单金纳米棒和一个纳米棒二聚体的扫描电镜(SEM)图像(左)和光热图像(右)。改变 675nm 的加热光束的偏振态,光热信号会按照 $\cos^2$ 的规律变化,如图 10.4.10 所示(与图 10.4.9 对应)。金纳米棒的方向由与光热强度有关的偏振态决定,例如单金纳米棒(1)和(2)的曲线之间有明显的 90° 相移,说明这两个单纳米棒是相互垂直的。加热光束波长为 675nm,可与纳米棒的纵向等离子激元模产生共振,因为光热成像的灵敏度很高,所以单金纳米棒的方向可以通过横模和纵模来确定。相反,随着尺寸的减小,散射比吸收衰减得更快,因而散射探测不很灵敏,探测不到非常弱的横模。图 10.4.9 中的 SEM 图和光学图像进一步表明,单从光学图像还无法分辨出是否存在单纳粒。10.4.5 节将进一步讨论这个问题。

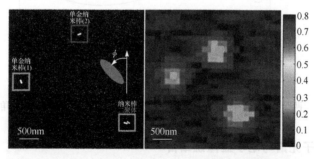

图 10.4.9　金纳米棒的 SEM 图及其光热图像

①向列相是液晶的一种晶型,类似取向结构,分子链沿着某个方向取向。向列相液晶中分子的排列方向取决于指向矢,指向矢可以是磁场或细微刻槽的表面等。向列相液晶按分子间的相对取向可以有进一步的分类。层列相是最常见的排布方式,分子一层一层地排列。层列相又有许多变体,例如,C 型层列相液晶每层的分子排列方向相对上一层呈一定的倾斜角度。另一种常见的相是胆固醇相(或称为手性向列相),在这种相中,每层的分子排列方向与相邻层有轻微的扭曲,从而形成一个螺旋状的结构。

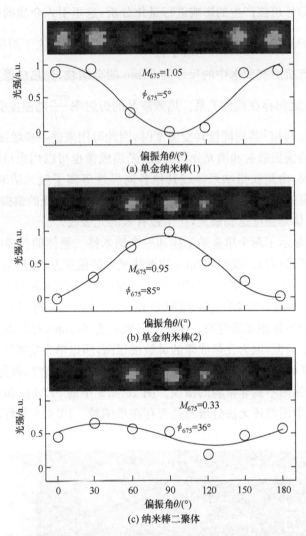

图 10.4.10　两个单金纳米棒和一个二聚体的光热强度与加热光束偏振角的关系[92]

10.4.5　单粒子光谱与电子显微镜结合

将光学光谱与电子显微镜(SEM 或 TEM)相结合,可以确保测量到的是单个纳粒,尤其是从高分辨电子显微镜获得的具体纳粒的结构,可以作为用 DDA、FDTD 和 FEM 法进行电磁模拟的输入信息,从而量化理论解释和实验测得的单粒子数据。除了单纳粒,耦合的等离子激元纳粒同等重要,由于近场相互作用,就有可能设计具有新共振态的等离子激元线型。将单粒子光谱方法与电子显微镜相结合,有助于理解耦合等离子激元模的特性,包括尺寸、形状、粒子间的距离以及相对方向等。

为了使 SEM(或 TEM)图像与单粒子的光学图像相关联,需要仔细挑选样品的基底,制备样品,做好标记。在放大倍数不同的两个显微镜中,可以辨认出标记样品的目标区域。最简单的情况是,基底表面偶然的灰尘颗粒或者划痕都可以用电子显微镜图像与光学显微镜图像相关联来识别。实际上,有许多普遍使用的专用标记制作技术,具体介绍如下。

用带有定位图样但没有底膜的 TEM 网格作为模板,在基底上制备出编址网格并与 SEM 相关联。图 10.4.11(a)、(b)为单个纳米壳和纳米壳团簇的 SEM 图、对应的暗场散射图。图 10.4.11(a)中比较亮的区域是已经被蒸发掉的金膜。在纳粒沉积之前或之后,将编址铜网格放到洁净的基底上,将金或其他金属升华到基底上,拿掉模板后就会出现一个编址图案。这个图案可以在 SEM 中看到,也可用光学显微镜中清晰地看到,因为网格边缘的散射比背景强很多。在这两种显微镜下,可以很容易地识别出没有金的基底上的纳粒,因为蒸发掉的网格提供了一个定向基础。

通过聚焦离子束(focused ion beam,FIB)加工技术可以直接在镀有薄导电层(如 indium tin oxide,ITO)的透明玻璃基底的表面刻图案,这对于 SEM 成像很重要。图 10.4.11(c)、(d)是用 FIB 加工技术在玻璃的 ITO 涂层上刻出的关联框的 SEM 图、暗场散射图,在图 10.4.11(c)中有定向标记的 $50\mu m \times 50\mu m$ 方框。该方法首先要在镀有 ITO 层的载玻片上旋涂一层 PMMA 薄层,然后将纳粒旋涂在 PMMA 薄层上,最后用 FIB 进行加工。

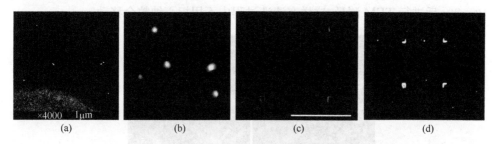

(a)   (b)   (c)   (d)

图 10.4.11　单个纳米壳和纳米壳团簇的 SEM 图、暗场散射图
以及用 FIB 加工后的 SEM 图、暗场散射图[81]

在透明玻璃基底上做标记的其他方法还有电子束和光刻技术,制作出来的图案在电子显微镜和光学显微镜下清晰可见。目前,在 TEM 基底上的光刻已经实现。在这种方法中,基底是位于硅片上的 Si_3N_4 薄膜,先在基底上涂覆一层 SiO_2 薄膜使基底具有亲水性,然后将电子束抗蚀剂旋涂在基底上,最后在基底上蒸发沉积一层铬薄层。在基底上刻出一个标准电子束图案,显影蒸发掉铬,去除抗蚀剂和多余的金属。经过上述处理后就可以得到线形标记条,这个标记条在 TEM 和光

学显微镜中都清晰可见。在基底上沉积纳粒,就可将 TEM 与光学显微镜关联起来(图 10.4.12)。用光刻法制备的金属标记条在边缘有很强的散射,因此必须把金属标记条与纳粒充分隔离开,以免干扰单粒子信号。

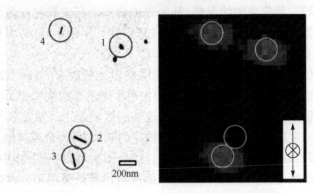

(a) 纳粒二聚体和纳米棒的TEM图　　　(b) 二次谐波光学图像

图10.4.12　用电子术和光刻技术将 TEM 与光学显微镜相关联[91]

　　此外,涂有聚乙烯醇缩甲醛(formvar)或碳涂层的编址 TEM 网格可用于光学显微镜和 TEM 中,但是要对网格进行适当处理以减小背景散射。图 10.4.13 是单个 Ag-Au 空心纳粒的 TEM 图和光学图像。制备出标准的 TEM 样品后,将 TEM 网格直接放到玻璃基底上,在网格与载玻片之间点一滴折射率匹配油以减小光学光谱测量的背景散射。此外,用明胶或者聚合物溶液将纳粒固定在 TEM 网格上,并将这个网格夹在玻璃载玻片与折射率匹配油之间。用甲醇清洗样品 10~20s 后进行 TEM 测量,这样在清洗过程中不用担心纳粒会移动。

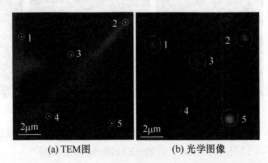

(a) TEM图　　　　　　　(b) 光学图像

图 10.4.13　单个 Ag-Au 空心纳粒的 TEM 图、光学图像[93]

　　电子显微镜与光学显微镜之间的关联,意味着在单个等离子激元纳粒的光谱与物理特征之间建立具体关系。为了避免样品被高强度的电子束损害,实验操作的先后顺序非常重要。图 10.4.14(a)是在 TEM 成像之前和之后单个 Ag-Au 空心纳粒的散射光谱,图 10.4.14(b)是在电子束蚀刻之前和之后的空心纳粒的共振能量直方图。将使用 TEM 观测(80keV,约 200pA·cm^{-2} 的电子束),与没有用

TEM 而直接用光学成像的结果相比,TEM 观测的纳粒发光暗淡,出现共振能量红移和谱线展宽。这种光谱变化的主要机理是高强度电子束照射引起纳粒结构的改变,纳粒和基底之间发生电子激励反应,在成像过程中出现污染物的沉积。因此,对纳粒先进行光学测量后进行电子束测量的次序非常重要。

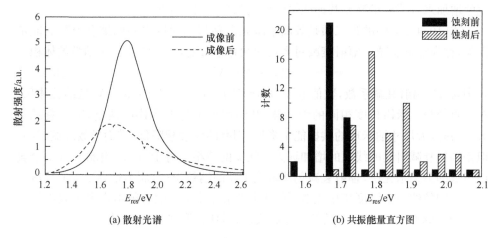

(a) 散射光谱   (b) 共振能量直方图

图 10.4.14   TEM 成像前后的散射光谱、电子束蚀刻前后的共振能量直方图

10.4.6   等离子激元的谱线宽

等离子激元的线宽与表面等离子激元振荡的寿命密切相关。窄的线宽对应于等离子激元电子振荡退相干时间较短和较长的寿命,而宽的线宽对应于退相干时间较长。均匀线宽 Γ 与相干电子振荡的退相干时间 T_2 有关,它们满足

$$\Gamma = \frac{2\hbar}{T_2} \tag{10.4.17}$$

退相干时间 T_2 是由弹性和非弹性衰减过程决定的。对于纳粒等离子激元,非弹性衰减过程占主要地位,包括等离子激元衰变为导带和价带中的受激电子和空穴(即带内和带间激发)。这里讨论均匀等离子激元线宽 Γ,它可容易地从单粒子光谱中获得。

均匀线宽可以用任意单粒子光谱表征技术进行测量。可以用洛伦兹线型拟合等离子激元共振光谱,从中得到线宽,计算半高全宽。对于纳粒形状较复杂的情况,可以用多个洛伦兹线型来拟合包含多个共振的光谱。对光学测量而言,由于非洛伦兹线型或线宽的增加都表明存在纳粒聚合物,线型和线宽对排除纳粒聚合物是很有参考价值的。

对于等离子激元退相干,可以将等离子激元线宽写为几个等离子激元衰减项的和:

$$\Gamma = \gamma_b + \Gamma_{rad} + T_{e\text{-}surf} + \Gamma_{interface} \qquad (10.4.18)$$

式中，γ_b、Γ_{rad}、$\Gamma_{e\text{-}surf}$、$\Gamma_{interface}$ 分别是体衰减、辐射衰减、电子表面散射产生的衰减、界面效应衰减。体衰减项 γ_b 源于金属中的电子的散射，属于材料的固有特性，可以用金属的复介电函数很好地对其进行描述，即体衰减与频率有关。对于金纳粒，线宽的增加来自等离子激元共振能量的增加和高能级的带间跃迁等。

式(10.4.18)中的第二项是等离子激元振荡与辐射场之间的耦合引起的能量损失，称为辐射衰减。辐射衰减对大尺寸纳粒很重要，因为它正比于纳粒的体积：

$$\Gamma_{rad} = 2\hbar \kappa_{rad} V \qquad (10.4.19)$$

式中，κ_{rad} 是辐射衰减系数，数值范围为 $(4\sim 12)\times 10^{-7}\,\text{fs}^{-1}\cdot\text{nm}^{-3}$；$V$ 是纳粒体积。对于直径与纳米棒长度相同的纳米球，其体积至少是纳米棒的两倍，辐射衰减很大。另外，大尺寸纳米球的共振能量降低，固有的体衰减降低，进而导致线宽减小，但是辐射衰减引起的线宽的增加远大于线宽的减小。对于由二氧化硅核和薄金属层组成的金纳米壳层，辐射衰减仍然取决于总的纳粒半径，而不是金属壳的厚度。

当纳粒的一个维度变得比电子的平均自由程短时，就必须考虑电子表面散射产生的衰减 $\Gamma_{e\text{-}surf}$。$\Gamma_{e\text{-}surf}$ 与纳粒尺寸成反比，对任意形状的纳粒，有

$$\Gamma_{e\text{-}surf} = \frac{s_A v_F}{L_{eff}} \qquad (10.4.20)$$

式中，s_A 是表面散射常数；v_F 是费米速度；L_{eff} 是电子的有效路径长度，$L_{eff} = 4V/S$（S 是纳粒的表面积）。对于最简单的纳米球，L_{eff} 可以简单地看成纳粒的半径。对于金纳米壳，L_{eff} 仅取决于金属壳的厚度。对纵横比大于 2.5 的纳米棒，L_{eff} 仅取决于纳米棒的直径。对于 SiO_2 包覆的金纳米棒，$L_{eff} = \sqrt{DL}$，其中 D 和 L 分别是纳米棒的直径和长度。

于是，不考虑次要的界面衰减效应 $\Gamma_{interface}$，总线宽为

$$\Gamma = \gamma_b + \frac{s_A v_F}{L_{eff}} + 2\hbar \kappa_{rad} V \qquad (10.4.21)$$

表明等离子激元的线宽依赖于尺寸大小。式(10.4.21)的第一项与尺寸相关，第二项主要针对尺寸小于 20nm 的纳粒，第三项对大尺寸的纳粒很重要。对不同尺寸的金纳米棒，上述关系已经在实验上得到证实。图 10.4.15 为纵横比为 2~4 的金纳米棒的等离子激元线宽与 $1/L_{eff}$ 之间的关系，图中的曲线分别是计算的体衰减产生的线宽（水平线）、体衰减加上电子表面散射产生的线宽（点线）、体衰减加上辐射衰减产生的线宽（虚线）；实线是三者共同作用产生的总线宽。对于金纳米棒的共振能量，与尺寸无关的体衰减在 77meV 处形成一个最小等离子激元线宽。当有效长度小于电子平均自由程时，电子表面散射的贡献（虚线）随 $1/L_{eff}$ 线性增加，而辐射衰减的贡献（点线）随 $1/L_{eff}$ 减小。总的线宽（实线）与金纳米棒测出来的实验数据（黑点）符合得很好，这表明对于宽度为 20nm 的金纳米棒，得到了最小线宽。

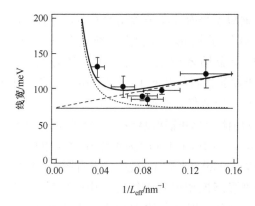

图 10.4.15　金纳米棒的等离子激元线宽与 $1/L_{eff}$ 的关系

图 10.4.16(a)给出了金双锥体在 293K 和 77K 温度下的单粒子散射光谱,图 10.4.16(b)显示了单个双锥体的等离子激元线宽和共振能量的关系。由图可见,等离子激元共振能有一个最窄的极限,这个极限由体衰减项 γ_b 决定。如前所述,等离子激元共振能量很低时,γ_b 很小。此外,降低温度也能减小 γ_b,这在金双锥体纳粒的研究中已经介绍过。温度较低时,等离子激元线宽的减小源于电子-声子散射的减少。在 77K 和 293K 温度下测出来的单个金双椎体的散射光谱和这两个温度下线宽对共振能量的依赖,说明只有 γ_b 与温度有关,辐射衰减和电子表面散射衰减基本与温度无关。

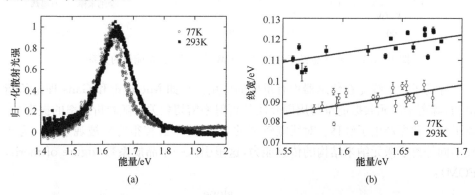

(a)　　　　　　　　　　　　　　　　　　(b)

图 10.4.16　金双锥体单粒子散射光谱和等离子激元线宽随共振能量的变化[94,95]

实验表明,等离子激元的线宽以某种方式依赖于周围介质,且无法由介质折射率的改变来进行解释。在等离子激元线宽中的介电效应是非常弱的,因为体衰减项在整个诱导共振位移范围内发生的变化很小。因此,观察到的线宽变化与周围介质的折射率不相关,它是由其化学本质决定的。在式(10.4.18)中,最后一项是界面衰减($\Gamma_{interface}$)项,用如下现象学的方法可解释该界面效应。

能量或电子转移到表面束缚分子上,意味着纳粒表面等离子激元多了一个新的能量弛豫途径,它缩短了表面等离子激元的寿命,从而使线宽展宽。界面衰减很小,因此在理论上单粒子情形可以用来确定界面衰减对总线宽的贡献。图 10.4.17 给出了单个金纳米棒的等离子激元线宽与共振能量的关系,其中图 10.4.17(a)为纳米棒放在石英基底上(无石墨烯)的情形,数据用 Γ_Q 和 Γ_{Qbin}(间隔 0.03eV)来表示,Γ_{QSM} 用准静态模型,Γ_{FDTD} 是用 FDTD 计算的结果,表明线宽随共振能量的变化可以用体衰减和辐射衰减来充分描述(由于纳米棒比 20nm 宽,电子表面散射可以忽略)。图 10.4.17(b)为纳米棒放在单层石墨烯上时的情形,数据用 Γ_G 和 Γ_{Gbin}(间隔 0.03eV)来表示;Γ_{Qbin} 是来自图 10.4.17(a)中石英基底上的测量线宽;Γ_{QSM} 是用准静态模型得到的线宽。由图可见,图 10.4.17(b)中的等离子激元线宽比图 10.4.17(a)展宽了约 10meV。在无显著折射率引起的等离子激元共振位移时,增宽的线宽就是由界面衰减引起的。图 10.4.17(c)为等离子激元产生热电子后,金纳米棒与石墨烯之间的电荷转移能量示意。

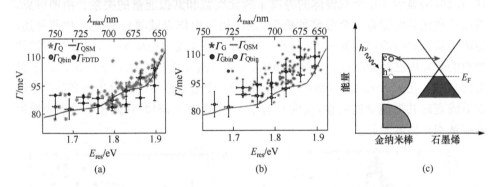

图 10.4.17　单个金纳米棒的等离子激元线宽与共振能量的关系[96]

等离子激元线宽在传感器中有重要的应用。正如 Mie 理论和 Gans 理论所指出的,等离子激元共振能量与周围介质的折射率密切相关。随着折射率的提高,等离子激元共振产生了红移。对线宽较窄的光谱,这个红移很容易被观察到。为比较不同等离子激元纳米结构的传感能力,这里引入一个品质系数(figure of merit, FOM):

$$\text{FOM} = \frac{\text{slope}}{\text{FWHM}} \tag{10.4.22}$$

式中,slope 是等离子激元共振能量与折射率之间关系的线性衰减斜率,$\text{eV} \cdot \text{RIU}^{-1}$;FWHM 是等离子激元线宽的半高全宽,eV。FOM 值可通过测量折射率不同的溶剂中等离子激元纳粒的共振能量得到。由于单粒子测量的线宽很窄,用单粒子可以得到较大的 FOM 值。对于单粒子传感器,实际的纳粒一般都需要基底支撑,这使得传感器很难达到理论值。

前面讨论的不同的单粒子光谱技术已经被用于在纳粒表面探测分析物分子。

一些很灵敏的方法能够用于探测单个蛋白质分子的结合,如光热成像测量和暗场散射方法测量。此外,利用化学放大法实现了单个分析物的探测,在化学放大法中,酶促反应显著放大了等离子激元的共振位移。

对于等离子激元共振传感,除了增大 FOM,窄线宽对扩展纳粒等离子激元的应用也很有好处。通常,用品质因子 Q 来衡量等离子激元纳粒的传感能力,品质因子定义为

$$Q = \frac{E_{res}}{\Gamma} \tag{10.4.23}$$

式中,E_{res} 是等离子激元共振能。由于胶体纳粒的非均匀谱线展宽,单粒子的品质因子通常比较大。

10.4.7　小结

单粒子光谱已经成为表征任意尺寸和形状的等离子激元纳粒的重要工具,特别是当它与电子成像和电磁理论计算相结合时。等离子激元纳粒的 3D 层析成像与单粒子光谱的结合,有可能分辨出粒子的精确形态,包括粒子间距离等重要信息。本节的内容覆盖了人们最感兴趣的等离子激元纳粒的尺寸范围,介绍了测量等离子激元吸收和散射的方法,以及等离子激元纳粒的各种应用,如传感器、天线或纳米尺度的加热等。

10.5　表面增强拉曼散射热点的超分辨成像

当分子靠得很近,甚至接近于纳米尺度的等离子激元基底表面强烈的电磁场区域时,在热点区域就会产生表面增强的拉曼散射。这时,分子的荧光辐射会以基底等离子激元模的方式与电磁场耦合。但是,由于光的衍射极限的限制,通常的远场光学显微镜无法观测或分辨这种耦合的分子-等离子激元辐射的性质。如果拟合光辐射为某个模函数(如二维高斯函数等),就可以用已知的超分辨成像技术在高于 5nm 的精度内准确定位辐射源的位置。下面描述利用单分子探测局域电磁场强化技术来获得 SERS 热点区域超分辨成像的基本原理,介绍基于偶极子拟合函数的谱分辨和空间分辨测量的最新进展,深入探讨 SERS 热点以及分子和材料基底的重要作用。本节的要点如下:

(1) 等离子激元强化的电磁场具有 $1 \sim 10$nm 量级的空间分辨率,因此,超分辨成像使得局域 SERS 信号得到强化。

(2) 利用一个模函数(二维高斯函数或多重偶极子辐射源)拟合衍射极限辐射,可以计算出 SERS 辐射源的位置,并确定其辐射中心。

(3) SERS 的空间来源是基底表面分子的位置与基底等离子激元模辐射之间

的卷积。

（4）成功的超分辨 SERS 热点成像需要工作在或接近于单分子极限。

（5）在电磁场热点区域内外附近的分子运动，会改变 SERS 辐射源与基底等离子激元模之间的耦合，从而改变计算的辐射源的中心位置，影响被测的 SERS 强度。

本节内容主要来自文献[97]。

10.5.1　高分辨率成像的基本原理

大多数超分辨成像实验都是在宽视场下完成的。图 10.5.1 为显微镜（倒置）工作的结构示意图。激励光通过透镜（L），经分色镜（DM）反射，穿过显微镜物镜（O），在样品表面产生一个宽视场的发射点。样品发出的 SERS 通过物镜聚集，经滤光片（F）适当滤除瑞利散射光后，在 CCD 相机上成像。来自激活 SERS 纳米颗粒个体的辐射表现为衍射极限点，比例标尺为 500nm。关键部件在单一图像里，单个辐射源被超光衍射极限隔开，由此每个辐射源都能作为单衍射极限点在二维检测器上被唯一分辨。

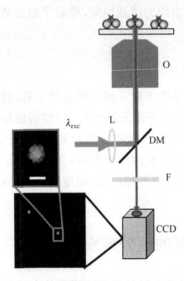

图 10.5.1　用于 SERS 超高分辨率
成像的显微镜（倒置）[97]

扫描共焦显微镜也能得到单个辐射源的衍射极限图像，二维 CCD 探测器的宽视场成像可很好地用于超分辨研究，这对动态的过程尤为重要。例如辐射源的位置随时间而变化，通过逐像素来建立衍射极限图像的扫描技术无法捕捉到这种变化。相对于衍射极限点尺寸，CCD 像素的尺寸成为实验的关键因素。

图 10.5.2 给出了典型的受衍射极限限制的艾里斑在二维探测器（有各种像素尺寸 pix）上的投影，其中模拟的辐射源波长为 540nm，光子数 N 为 5000，物镜的数值孔径 NA（numerical aperture）为 1.4。图 10.5.2(a) 为计算的经透镜聚焦后的艾里斑（半径 $r=235$nm），左为三维视图，右为二维投影。图 10.5.2(b)、(c)、(d) 是由图 10.5.2(a) 的艾里斑投射到不同像素尺寸二维检测器上的情形。图中正态分布的噪声添加了一个标准差 $\sqrt{N}$ 来模拟在高光子计数下的散粒噪声极限（仅为解释该计算的一个合理近似）。当探测器的像素尺寸远小于艾里斑尺寸时[图 10.5.2(b)]，每个像素能捕获的光子数很少，光子会被噪声淹没。如果像素尺寸大于等于艾里斑[图 10.5.2(d)]，光子仅分布在少数像素上，辐射的轮廓峰形就会丢失。Webb 等计算了用于该测量探测器像素的理想尺寸，发现合适的探测器像素的尺寸大约是艾里斑半径的 1/3[图 10.5.2(c)][98]。

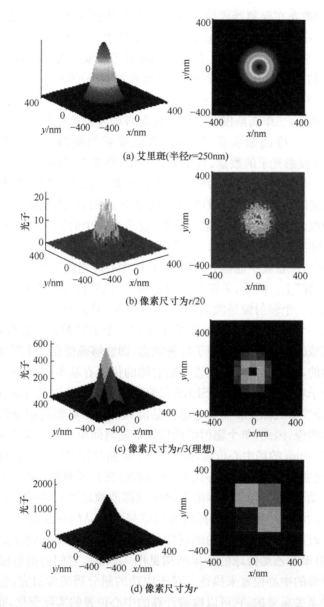

(a) 艾里斑(半径r=250nm)

(b) 像素尺寸为r/20

(c) 像素尺寸为r/3(理想)

(d) 像素尺寸为r

图 10.5.2　受衍射极限限制的艾里斑以及在二维探测器上的投影[98]

下面讨论超高分辨率成像的核心部分。为了计算辐射源的位置或近似位置，并使精度在 10nm 以下，这里将衍射极限点拟合为某模型函数。最简单的函数是二维高斯函数：

$$I(x,y) = z_0 + I_0 \exp\left\{ -\frac{1}{2}\left[\left(\frac{x-x_{0\mathrm{G}}}{s_x}\right)^2 + \left(\frac{y-y_{0\mathrm{G}}}{s_y}\right)^2 \right] \right\} \quad (10.5.1)$$

式中，$I(x, y)$ 为散布在探测器成像像素上受衍射极限限制的辐射强度；z_0 是背景辐射强度；I_0 是峰值强度；x_{0G} 和 y_{0G} 是高斯光束的中心位置（如峰值强度的位置）；s_x 和 s_y 分别是高斯光束在 x 和 y 方向上的标准差。辐射源的位置近似为二维高斯光束的中心位置。对于用这个模型函数来描述 SERS 辐射是否合适，将在 10.5.3 节详细讨论。二维高斯光束模型的优点在于其鲁棒性，参数较少（六个），计算量较小。因此，二维高斯模型是拟合衍射极限辐射的最佳选择。通过将极限衍射辐射拟合为二维高斯模型，中心位置就能被精确确定，一般精度要优于 10nm，这取决于发射光子的数量、背景的标准差、高斯光束的宽度、探测器的像素尺寸。在这一近似下，计算得到的中心位置就代表了辐射源的位置，其精度比衍射极限高一个数量级，且正好在电磁（EM）场热点区的相干长度之内。

利用这种拟合近似来确定辐射源位置，要求在一个时间点和在极限衍射点区域内只有单一种类辐射源的发射。如果两个辐射源间隔小于衍射极限，那么它们的发射就会叠加，位置就不能被分辨，即计算的中心应当位于两个辐射源位置强度加权的"重叠位置"上。因此，关键在于控制辐射，以确保在一个时间点、在衍射极限点区域内只有一个辐射源是激活的。对于 SERS 热点成像，必须工作在单分子极限——即在一个时间点只有一个单分子布居一个 EM 热点。迄今，人们通过分子进出热点区域的扩散，已经实现了这种状态，即能够确保在一个时间点只有一个辐射源是激活的，其计算的中心位置与辐射源的位置有基本的关联。10.5.2 节将通过比较单分子和多分子结构的 SERS 超分辨成像的例子详细讨论其原理。

此外，超分辨率成像实验需要考虑样品漂移问题。典型的超分辨率成像实验需采集多连续图像，因此，单个辐射源的位置会随时间而移动。超分辨率成像需要分辨精度优于 10nm 的场中心位置，因此，如果样品的位置相对于显微镜有纳米级的移动，就会改变计算得到的中心位置，而这种改变是可测的。由于大多数样品被安置在机械传动台上（以便于样本的不同区域都能被观测），实验中必须抵消样本随时间而产生的漂移。最直接的抵消方式就是在样品的固定位置上进行基准标记，为纠正阶段性漂移提供稳定的辐射信号。基准标记的简单例子是荧光掺杂的聚苯乙烯微球（聚苯乙烯微球的密排结构见图 4.3.6），它们的衍射极限可用二维高斯模型和计算的中心位置来描述。对于成功的超分辨成像研究，包括阶段漂移在内的修正是至关重要的，它可以检验计算的中心位置的实际变化，而不是机械不稳定性引起的虚假变化。

10.5.2　超分辨 SERS 热点成像

本节以单个罗丹明 6G（Rhodamine 6G，R6G）分子被吸附到银纳米团为例进行介绍。工作在单分子 SERS（single molecule SERS，SM-SERS）水平，能排除多分子对 SERS 测量信号的影响，能够将单个 SERS 辐射源的位置与计算的中心位置相关联。实验中的一个主要挑战是银（和金）纳米粒子在蓝/绿光激励下的单光子荧光有两个辐射源:从团聚的银纳米颗粒发出的荧光和与 R6G 有关的 SERS 发光。由于银荧光背景很弱,SERS 光在背景中很容易观察到,但需要消除背景光的影响才能分离出 SERS 信号。为此,人们利用与 SM-SERS 相关的固有的开关光强波动来消除银纳米团的影响,这种波动是在分子扩散进-出热点区域时发生的。至于 SERS 发光的时间,可以通过在稳定背景之上检测到的大的光强跳跃来辨识。当分子不在热点区域时,能拟合受衍射极限制的银纳粒独自的荧光发光,从而确定其空间来源。当分子扩散进入热点区时,可以从测量得到的辐射中扣除已知的银纳粒荧光的贡献,剩下就是 R6G SERS 的贡献。

图 10.5.3 显示了由 800 帧数据图像所确定的荧光辐射子的中心位置,其中黑色的是银纳米粒子荧光,灰色的是激活的来自于 SM-SERS 纳米粒子团的 SERS 辐射。这些数据围绕平均值对称分布,与平均值有大约 8nm 的标准方差(在 x 和 y 轴上任意设置 0 点,根据低信噪比荧光计算得到)。在那些观测到 R6G SERS 的图帧中,扣除银纳粒发光的贡献,计算的 SERS 中心位置显示见图 10.5.3。不同于银纳粒的荧光数据,SERS 中心呈不对称分布,有延伸超过 20nm 的区域,这远高于根据高信噪比 SERS 信号时所得到的精度。

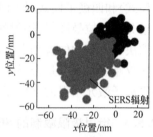

图 10.5.3　计算的荧光辐射子的中心位置

为了更好地描绘这些数据,计算频率的二维直方图以剔除任何低质量的拟合(根据 R^2 的值),算出位于空间单元中的中心数。图 10.5.4(a) 的频率柱状图表示每个单元块(大小为 4.6nm)中 SERS 中心位置的数目,图中保留 SERS 中心位置的不对称形状和延伸区域。

图 10.5.4(b) 所示的空间强度图显示了每个单元内所有点的平均 SERS 空间强度分布。由图可见,距平均发光中心最近的 SERS 中心关联于最强的 SERS 强度,且其强度随离开最大强度点的距离呈梯度衰减。该 SERS 强度轮廓与理论计算的结果一致,说明等离子激元增强的 EM 场在两个邻近纳米颗粒区域内是典型的极大增强,并随离开该结合区的距离呈梯度衰减。因此,空间强度图是 SERS 热点区的一个反映。

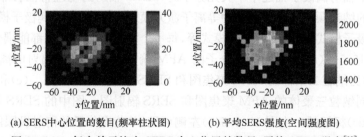

(a) SERS中心位置的数目(频率柱状图)　　　(b) 平均SERS强度(空间强度图)

图 10.5.4　每个单元块中 SERS 中心位置的数目、平均 SERS 强度[99]

　　实验中,SERS 发射的位置并不就是 SERS 辐射源的位置,SERS 辐射源的位置是分子位置和它表层下的纳米结构的等离子激元模之间的卷积。位于纳粒子表面上的分子位置不同,辐射偶极子与等离子激元模之间的耦合也不同,它改变了等离子激元的纳米天线耦合进入远场的辐射。一开始,人们以为是分子扩散进出热点区导致 SM-SERS 信号强度产生波动。当然,分子扩散也是造成计算的 SERS 中心位置改变的机制。

　　到目前为止,对于 EM 热点的定义是 SERS 基底上具有最强电磁(EM)场增强的区域。然而,EM 场增强是由局部表面等离子激元的激发和纳粒子的集聚造成的,这其中有多种等离子激元模被激发出来。计算发现,纳粒子二聚体长轴(纵向模式)的偶极子等离子激元会产生 EM 场的极大增强,但是能被激励的短轴(横向模式)和四极子模式对 EM 场强增强的贡献却较小。如果考虑在纳粒子表面可移动分子的拉曼散射,辐射就会以不同的效率耦合到这些不同的等离子激元模中,这取决于分子的位置和它们激发不同等离子激元模的能力。换言之,尽管 EM 热点区仅是由其激发是否导致纳粒子表面局部 EM 场增强来界定的,但 SERS 热点是等离子激元增强的 EM 场和在表面上耦合的分子辐射源位置两者之间的卷积。

10.5.3　衍射极限限制的 SERS 辐射的拟合:超越高斯近似

　　前面提到将衍射极限点拟合为一个二维高斯函数,这是一个广受欢迎的函数模型。二维高斯函数只是一个近似,在描述典型的具有对称峰形的衍射极限图像方面,它是一个方便有用的模型。但高斯函数是一个数学模型而非物理模型,并不是真实的 SERS 辐射,因此,之前用二维高斯函数的峰值中心来表示辐射源位置的假设存在缺陷。有研究人员指出这种假设在局域单分子辐射上会引起重大误差。对于单分子荧光实验,考虑辐射源的三维(3D)方向、辐射波长、局部折射率以及其他各种实验参数,需要在折射率界面(如样品基底界面)构建一个明晰的偶极子辐射源模型。这个偶极子模型的中心 (x_{0d}, y_{0d}) 就是偶极辐射源的位置,而不是峰值强度的位置(如在二维高斯函数中),因而定位精度大大提高,但同时也增加了计算开销,需要有更多实验参数的配合。

　　用单个辐射偶极子描述单个荧光分子时,SERS 辐射的物理特征会非常复杂。即使简单的纳米颗粒聚合也有多种等离子激元模式,如强的纵向偶极子模式、较弱的横向偶极子模式、更弱的四极子模式等,每一个等离子激元模式都能耦合进分子扩散。图 10.5.5(a)为单个荧光分子的 AFM 聚焦图和 SERS 辐射的离焦图;图 10.5.5(b)为纳粒二聚体的 AFM 聚焦图和 SERS 辐射图;图 10.5.5(c)和(d)分别是两种不同纳粒三聚体的 AFM 聚焦图和 SERS 辐射图。图中的 SERS 是用尼罗蓝(nile blue)标记的。由图 10.5.5(a)左侧可见,单荧光分子的衍射极限图像中心亮旁瓣暗,这是典型的界面附近的单辐射偶极子的特征。图像离焦达 300nm

[图 10.5.5(a)右侧]，这明显偏离了理想高斯模型，表明在界面附近偶极子发射不对称。图 10.5.5(b)表明纳米颗粒二聚物的 SM-SERS 发射同样有中心亮旁瓣暗的现象，但图像并未离焦。两个旁瓣都朝向纳粒二聚体长轴的现象提示我们：作为一级近似，可以将 SERS 信号看成是由沿纵向偶极等离子激元模的单个偶极子辐射形成的。然而，随着 SERS 基底团聚的增加[图 10.5.5(d)]，受衍射极限限制的辐射不再具有单个荧光偶极子辐射的特征，这意味着随着 SERS 基底变得复杂，会有更多等离子激元模产生，此时偶极子模型不再适用。

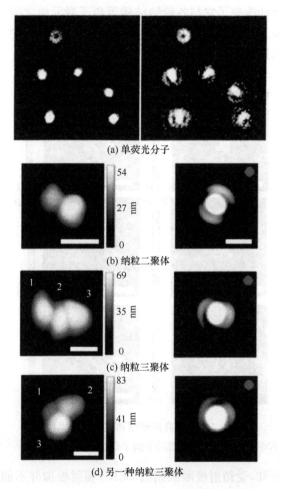

(a) 单荧光分子

(b) 纳粒二聚体

(c) 纳粒三聚体

(d) 另一种纳粒三聚体

图 10.5.5　AFM 聚焦图(左)和 SERS 辐射的离焦图(右)[100]

　　研究人员曾经尝试用偶极子模型来拟合纳粒二聚体的 SERS。结果表明，在中心位置(x_{0d}, y_{0d})之外，还新增了与偶极子辐射源三维取向和辐射波长有关的变量；或者说，尽管单个偶极子[图 10.5.5(a)右侧]和纳粒二聚体的 SERS 辐射

[图 10.5.5(b)右侧]定性相似，但是，将 SERS 辐射源模拟成单个偶极子并不能完整地描述纳粒二聚体的辐射，需要更复杂的模型来进行表征。

　　考虑到横向偶极子模对测量的 SERS 辐射也有贡献，于是，将偶极子模展开成三个互相正交偶极子的强度加权和的形式。相对于二维高斯模型，三偶极子模型对 SERS 有更好的整体拟合效果。图 10.5.6 给出了三正交偶极子模型对 SM-SERS 计算拟合的三个例子，其中左边为用二维高斯模型，右边为用三偶极子模型，右图中的白色符号×表示由高斯模型计算得到的中心的平均值。由图可见，在界面上单分子的运动改变了它与各种纳结构等离子激元模之间的耦合，从而移动了远场中辐射的位置。注意到这两个空间强度分布图有很大的不同，三偶极子拟合的区域比二维高斯模型扩展了很多。

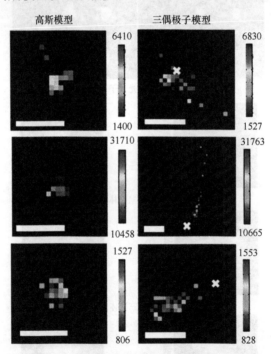

图 10.5.6　由高斯模型和三偶极子模型对
SM-SERS 计算拟合的三个例子（比例标尺为 10nm）[101]

　　由以上讨论可知，受衍射极限限制的 SERS 辐射模拟并不能简单地假定单偶极子等离子激元模式占主导地位，即使采用三正交偶极子模型（计算量极大），也不能完整地描述 SERS 辐射。主要问题在于：①为了拟合 SERS 辐射并获得精度更高的中心位置，根据相关的结构测量和电动力学计算，在此过程中是否添加了多余的复杂性？②是否有更简单的模型来定性研究 SERS 热点区以及任何相关联的动力学？

　　值得指出的是,简单的高斯模型已被证明与合理的物理结果一致。例如,计算的空间强度和取向图与扫描电镜观察到的纳粒聚合体之间的连接排列完美一致。此外,将测量的 SERS 和银粒荧光中心位置与利用离散偶极子近似计算得到的理论计算值进行比较,结果表明用二维高斯模型拟合的实验值与理论计算值之间有极好的一致性。因此,尽管有缺陷,用二维高斯模型来模拟 SERS 辐射仍具有很大的优点。

10.5.4　光谱-空间分辨的热点

　　同时获得 SERS 热点区域的光谱和空间信息有很大的好处,包括辨识热点区域的拉曼激活物质、热点和波长相关的性质等。研究人员利用半分光器来分离 SERS 辐射,使一半信号传到 CCD 相机成像并拟合,另一半信号传到分光仪进行光谱辨识。在实验中,用该方法可光谱分辨吸附于单纳粒聚合体的两种不同的物体:一种是 R6G 分子,另一种是类氘物,其中氘取代了该分子的苯基环吊坠上的四个质子[R6G-d_4,图 10.5.7(a)]。

(a) SERS光谱

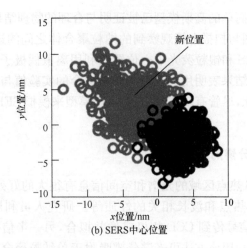

(b) SERS中心位置

图 10.5.7　R6G 和 R6G-d$_4$ 在不同数据采集时间的 SERS 光谱以及计算的 SERS 中心位置[102]

图 10.5.7(a)为 R6G 和 R6G-d$_4$在不同数据采集时间的 SERS 光谱。一开始,两个分子都是激活的,其相应的波峰分别位于 $594cm^{-1}$和 $604cm^{-1}$。由于两个辐射源同时被激活,计算的中心位置是两个等离子激元耦合的 SERS 辐射强度权重"重叠位置"的叠加[图 10.5.7(b)黑色]。在大约 50s 之后,原观测到的 $594cm^{-1}$峰值(黑色)消失,这表明 R6G-d$_4$ 扩散出了热点区或是被光漂白。中心位置移动到一个新的位置[图 10.5.7(b)],表明这时只有 R6G 分子的等离子激元耦合辐射的贡献。这些数据证明分子的位置会影响计算的 SERS 中心的位置,如果辐射中心的位置仅由纳米颗粒的几何位置决定,那么当 R6G-d$_4$ 分子(黑色)停止辐射时,中心位置应当不会改变。

Etchegoin 等用不同的方法研究了 SERS 热点的光谱和空间分辨问题[103]。在实验中,他们用光栅反射 SERS 激活纳粒聚合体(用尼罗蓝分子标记)的辐射,在 CCD 相机上成像。在垂直于光栅刻槽的一个方向上[图 10.5.8],光栅的反射角取决于光的波长,使得光在 CCD 的一个维度上(频率维度)发生频谱色散。此外,如果两个辐射源在平行于光栅刻槽的方向上被彼此隔开,那么在 CCD 的另一个维度上(像素维度),辐射就是空间分辨的,即该 CCD 在垂直于和平行于光栅刻槽的两个方向上分别含有光谱和空间这两部分的信息。虽然这种方式仅有一个维度的空间分辨,但可空间分辨多分子的同时辐射,而用非光谱分辨的受衍射极限限制的成像则无法做到。图 10.5.9 给出一个例子,根据尼罗蓝分子在光谱轮廓与空间分布之间的细微差别分辨出三个尼罗蓝分子,但如果仅用光谱则无法分辨出这三个辐射源。

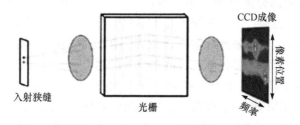

图 10.5.8　用光栅信号得到的波长和空间分辨的 SERS 成像原理图[103]

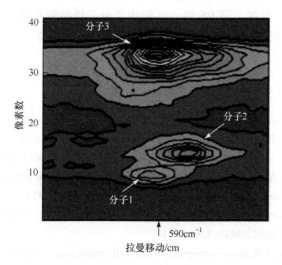

图 10.5.9　附于银纳粒聚合体上的三个不同分子的光谱分辨和空间分辨[103]

　　尽管引入成像系统会有像差,但上述方法对未来的超高分辨 SERS 热点成像有极大的吸引力。通过集成光谱和空间的离散,可用简单的方法来获取工作在单分子极限的空间信息。克服成像系统的像差,将这些数据合理地拟合为一个点扩散函数模型,并获得沿多个轴向的空间信息,这是一个有待发展、引人注目的工作。

10.5.5　结论和展望

　　本节介绍了 SERS 热点超高分辨率成像的基本原理,并给出了几个例子。通过对工作在或接近于单分子水平的讨论,无论采用简单的二维高斯模型,还是采用稍复杂的偶极子模型,并与 SERS 信号的强度相关联,都能够计算出超高分辨率成像在 SERS 中心位置的动态变化,这些实验表明,SERS 辐射的位置取决于 SERS 基底的等离子激元特性以及在基底表面上的辐射位置。利用分子扩散,可以探测 SERS 基底的不同区域,从而用图形显示出不同局部区域的 SERS(或荧光)强度,并与等离子激元增强的 EM 场相关联。

　　SERS 热点超高分辨成像应用于等离子激元系统的超高分辨率成像研究领域,目前仍然处于初期。本章介绍了几个不同的例子,如新的拟合模型和与之相关联的光谱学及成像、三维超高分辨率成像等。在 SERS 中面对的主要问题在于辐射源是耦合的,即等离子激元基底和散射分子的耦合,这种情况与大多数超分辨荧光实验不同。通常的超分辨荧光实验中,其辐射源是一个单辐射偶极子。

　　本节突出了 EM 热点与 SERS 热点之间的差异,这是两个完全不同的概念。SERS 辐射的位置并不就是辐射源的位置,它是发光分子的位置和表面纳米结构的等离子激元模之间的卷积。在光的等离子激元的激励下,EM 热点的位置与强烈增强的 EM 场区有关。SERS 热点区取决于分子辐射源和基底的等离子激元的模式,尽管分子的尺寸相对于基底较小,还是不能忽略分子在 SERS 热点中的重要作用。

参 考 文 献

[1] Nozik A J. Quantum dot solar cells[J]. Physica E,2002,14(1/2):115-120.

[2] Cho E C,Green M A,Conibeer G,et al. Silicon quantum dots in a dielectric matrix for all-silicon tandem solar cells[J]. Advances in Optoelectronics,2007,(2007):69578-1-69578-11.

[3] Meillaud F,Shah A,Droz C,et al. Efficiency limits for single-junction and tandem solar cells[J]. Solar Energy Materials and Solar Cells,2006,90(18/19):2952-2959.

[4] Aroutiounian V,Petrosyan S,Khachatryan A,et al. Quantum dot solar cells[J]. Journal of Applied Physics,2001,89(4):2268-2271.

[5] Wei G D,Forrest S R. Intermediate-band solar cells employing quantum dots embedded in an energy fence barrier[J]. Nano Letters,2007,7(1):218-222.

[6] Laghumavarapu R B,Emawy M E,Nuntawong N,et al. Improved device performance of InAs/GaAs quantum dot solar cells with GaP strain compensation layers[J]. Applied Physics Letters,2007,91(24):243115-1-243115-3.

[7] Laghunavarapu R B,Moscho A,Khoshakhlagh A,et al. GaSb/GaAs type II quantum dot solar cells for enhanced infrared spectral response[J]. Applied Physics Letters,2007,90(17):173125-1-173125-3.

[8] Conibeer G,Green M,Corkish R,et al. Silicon nanostructures for third generation photovoltaic solar cells[J]. Thin Solid Films,2006,511/512(14):654-662.

[9] Böer K W. Survey of Semiconductor Physics:Barriers,Junctions,Surfaces,and Devices[M]. New York:Van Nostrand Reinhold,1990.

[10] O'Regan B,Gratzel M. A low cost high efficiency solar cell based on dye-sensitized colloidal TiO₂ films[J]. Nature,1991,353(6346):737-740.

[11] 程成,程潇羽. 光纤放大原理及器件优化设计[M]. 北京:科学出版社,2011.

[12] Lee H J,Wang M K,Gratzel M,et al. Efficient CdSe quantum dot-sensitized solar cells prepared by an improved successive ionic layer adsorption and reaction process[J]. Nano Let-

ters,2009,9(12):4221-4227.

[13] Lin S C,Lee Y L,Chang C H,et al. Quantum dot sensitized solar cells:Assembled monolayer and chemical bath deposition[J]. Applied Physics Letters, 2007, 90 (14): 143517-1-143517-3.

[14] Leschkies K S,Divakar R,Basu J,et al. Photosensiti-zation of ZnO nanowires with CdSe quantum dots for photovoltaic devices[J]. Nano Letters,2007,7(6):1793-1798.

[15] Binks D J. Multiple exciton generation in nanocrystal quantum dots-controversy,current status and future prospects[J]. Physical Chemistry and Chemical Physics, 2011, 13 (28): 12693-12704.

[16] Hanna M C, Nozik A J. Solar conversion efficiency of photovoltaic and photoelectrolysis cells with carrier multiplication absorbers[J]. Journal of Applied Physics, 2006, 100(7): 074510-1-074510-8.

[17] Schaller R D,Klimov V I. High efficiency carrier multiplication in PbSe nanocrystals,implications for solar energy conversion[J]. Physical Review Letters, 2004, 92(18): 186601-1-186601-4.

[18] Schslier R D,Sykom M,Klimov V I,et al. Seven excitons at a cost of one:Redefining the limits for conversion efficiency of photons into charge carriers[J]. Nano Letters, 2006, 6(3):424-429.

[19] Ellingson R J,Bead M C,Johnson J C,et al. Highly efficient multiple exciton generation in colloidal PbSe and PbS quantum dots[J]. Nano Letters,2005,5(5):865-871.

[20] Shabaev A,Efros A L,Nozik A J. Multiexciton generation by a single photon in nanocrystals[J]. Nano Letters,2006,6(12):2856-2863.

[21] Murphy J E,Beard M C,Nozik A J,et al. PbTe colloidal nanocrystals:Synthesis,characterization and multiple exciton generation[J]. Journal of the American Chemical Society,2006, 128(10):3241-3247.

[22] Califano M,Zunger A,Franceschetti A. Direct carrier multiplication due to inverse auger scattering in CdSe quantum dots[J]. Applied Physics Letters,2004,84(13):2409-2411.

[23] Schaller R D,Agranovieh V M,Klimov V I. High efficiency carrier multiplication through direct photogeneration of mulitiexcitons via virtual single-exciton states[J]. Nature Physics, 2005,1(3):189-194.

[24] Beard M C,Knutsen K P,Yu P,et al. Multiple exciton generation in colloidal silicon nanocrystals[J]. Nano Letters,2007,7(8):2506-2512.

[25] Timmerman D,Izeddin I,Stallinga P,et al. Space-separated quantum cutting with silicon nanocrystals for photovoltaic applications[J]. Natrue Photonics,2008,2(2):105-109.

[26] Beard M C, Ellingson R J. Multiple exciton generation in semiconductor nanocrystals: Toward efficient solar energy conversion[J]. Laser Photonics Reviews, 2008, 2(5): 377-399.

[27] Pandey A,Sionnest P G. Slow electron cooling in colloidal quantum dots[J]. Science,2008,

322(5903):929-932.

[28] Wadi C,Alivisatos A P,Kammen D M. Materials availability expands the opportunity for large-scale photovoltaics deployment[J]. Environmental Science Technology,2009,43(6): 2072-2077.

[29] Cheng X Y,Lowe S B,Reece P J,et al. Colloidal silicon quantum dots:From preparation to the modification of self-assembled monolayers(SAMs) for bio-applications[J]. Chemical Society Reviews,2014,43(8):2680-2700.

[30] Ding L,Chen T P,Liu Y,et al. Optical properties of silicon nanocrystals embedded in a SiO$_2$ matrix[J]. Physical Review B,2005,14(2):153-173.

[31] Kelly J A,Veinot J G C. An investigation into near-UV hydrosilylation of freestanding silicon nanocrystals[J]. ACS Nano,2010,4(8):4645-4656.

[32] Galland C,Ghosh Y,Steinbrück A,et al. Two types of luminescence blinking revealed by spectroelectrochemistry of single quantum dots[J]. Nature,2011,479(7372):203-207.

[33] Heinrich J L,Curtis C L,Credo G M,et al. Luminescent colloidal silicon suspensions from porous silicon[J]. Science,1992,255(3):66-68.

[34] Kang Z,Tsang C H A,Zhang Z D,et al. A polyoxometalate-assisted electrochemical method for silicon nanostructures preparation:From quantum dots to nanowires[J]. Journal of the American Chemical Society,2007,129(17):5326-5327.

[35] Hessel C M,Reid D,Panthani M G,et al. Synthesis of ligand-stabilized silicon nanocrystals with size-dependent photoluminescence spanning visible to near-infrared wavelengths[J]. Chemistry of Materials,2011,24(2):393-401.

[36] Sato K,Tsuji H,Hirakuri K,et al. Controlled chemical etching for silicon nanocrystals with wavelength-tunable photoluminescence[J]. Chemical Communications,2009,25(25):3759-3761.

[37] Liu J,Erogbogbo F,Yong K T,et al. Assessing clinical prospects of silicon quantum dots: Studies in mice and monkeys[J]. ACS Nano,2013,7(8):7303-7310.

[38] Jurbergs D,Rogojina E,Mangolini L,et al. Silicon nanocrystals with ensemble quantum yields exceeding 60%[J]. Applied Physics Letters,2006,88(23):3116-3118.

[39] Knipping J,Wiggers H,Rellinghaus B,et al. Synthesis of high purity silicon nanoparticles in a low pressure microwave reactor[J]. Journal of Nanoscience and Nanotechnology,2004, 4(8):1039-1044.

[40] Sankaran R M,Holunga D,Flagan R C,et al. Synthesis of blue luminescent Si nanoparticles using atmospheric-pressure microdischarges[J]. Nano Letters,2005,5(3):537-541.

[41] Li Z F,Ruckenstein E. Water-soluble poly(acrylic acid) grafted luminescent silicon nanoparticles and their use as fluorescent biological staining labels[J]. Nano Letters,2004,4(8): 1463-1467.

[42] Tu C Q,Ma X C,Pantazis P,et al. Paramagnetic,silicon quantum dots for magnetic resonance and two-photon imaging of macrophages[J]. Journal of the American Chemical Society, 2010,132(6):2016-2023.

[43] Erogbogbo F, Tien C A, Chang C W, et al. Bioconjugation of luminescent silicon quantum dots for selective uptake by cancer cells[J]. Bioconjugate Chemistry, 2011, 22(6): 1081-1088.

[44] Erogbogbo F, Yong K T, Hu R, et al. Biocompatible magnetofluorescent probes: luminescent silicon quantum dots coupled with superparamagnetic iron(Ⅲ) oxide[J]. ACS Nano, 2010, 4(9):5131-5138.

[45] Cassidy M C, Chan H R, Ross B D, et al. In vivo magnetic resonance imaging of hyperpolarized silicon particles[J]. Nature Nanotechnology, 2013, 8(5):363-368.

[46] Derfus A M, Chan W C W, Bhatia S N. Probing the cytotoxicity of semiconductor quantum dots[J]. Nano Letters, 2004, 4(1):11-18.

[47] Kirchner C, Liedl T, Kudera S, et al. Cytotoxicity of colloidal CdSe and CdSe/ZnS nanoparticles[J]. Nano Letters, 2005, 5(2):331-338.

[48] Hoshino A, Fujioka K, Oku T, et al. Physicochemical properties and cellular toxicity of nanocrystal quantum dots depend on their surface modification[J]. Nano Letters, 2004, 4(11):2163-2169.

[49] Green M, Howman E. Semiconductor quantum dots and free radical induced DNA nicking[J]. Chemical Communications, 2005, 1(1):121-123.

[50] Yong K T, Ding H, Roy I, et al. Imaging pancreatic cancer using bioconjugated InP quantum dots[J]. ACS Nano, 2009, 3(3):502-510.

[51] Helle M, Cassette E, Bezdetnaya L, et al. Visualisation of sentinel lymph node with indium-based near infrared emitting quantum dots in a murine metastatic breast cancer model[J]. PLoS one, 2012, 7(8):1115-1119.

[52] Pradhan N, Goorskey D, Thessing J, et al. An alternative of CdSe nanocrystal emitters: pure and tunable impurity emissions in ZnSe nanocrystals[J]. Journal of the American Chemical Society, 2005, 127(50):17586-17587.

[53] Yu Z, Ma X, Yu B, et al. Synthesis and characterization of ZnS:Mn/ZnS core/shell nanoparticles for tumor targeting and imaging in vivo[J]. Journal of Biomaterials Applications, 2013, 28(2):232-240.

[54] Fujioka K, Hiruoka M, Sato K, et al. Luminescent passive-oxidized silicon quantum dots as biological staining labels and their cytotoxicity effects at high concentration[J]. Nanotechnology, 2008, 19(41):415102-1-415102-7.

[55] Erogbogbo F, Yong K T, Roy I, et al. In vivo targeted cancer imaging, sentinel lymph node mapping and multi-channel imaging with biocompatible silicon nanocrystals[J]. ACS Nano, 2011, 5(1):413-423.

[56] Nel A, Xia T, Mädler L, et al. Toxic potential of materials at the nanolevel[J]. Science, 2006, 311(5761):622-627.

[57] Willets K A, Van Duyne R P. Localized surface plasmon resonance spectroscopy and sensing[J]. Annual Review Physical Chemistry, 2007, 58(1):267-297.

[58] 程成,张航,许周速. 电磁场与电磁波[M]. 北京:机械工业出版社,2011.

[59] Bohren C F, Huffman D R. Absorption and Scattering of Light by Small Particles[M]. New York:John Wiley & Sons,1983.

[60] Meier M, Wokaun A. Enhanced fields on large metal particles:Dynamic depolarization[J]. Optics Letters,1983,8(11):581-583.

[61] 童廉明,徐红星. 表面等离激元[J]. 物理. 超构材料的研究和应用专题,2012,41(9):582-588.

[62] Prasad P N, Ulrich D R. Nonlinear Optical and Electroactive Polymers[M]. New York:Plenum Press,1988.

[63] Zayats A V, Smolyaninov I I, Maradudin A A. Nano-optics of surface plasmon polaritons[J]. Physics Reports,2005,408(3/4):131-314.

[64] Otto A. The 'chemical' (electronic) contribution to surface-enhanced Raman scattering[J]. Journal of Raman Spectroscopy,2005,36(617):497-509.

[65] Nie S M, Emery S R. Probing single molecules and single nanoparticles by surface-enhanced Raman scattering[J]. Science,1997,275(5303):1102-1106.

[66] Xu H X, Bjerneld E J, Käll M, et al. Spectroscopy of single hemoglobin molecules by surface enhanced Raman scattering[J]. Physical Review Letters,1999,83(21):4357-4360.

[67] Haynes C L, Mc Farland A D, Zhao L L, et al. Nanoparticle optics:The importance of radiative dipole coupling in two-dimensional nanoparticle arrays[J]. Journal of Physical Chemistry B,2003,107(30):7337-7342.

[68] Xu H X, Kall M. Polarization-dependent surface-enhanced Raman spectroscopy of isolated silver nanoaggregates[J]. ChemPhysChem,2003,4(9):1001-1005.

[69] Li Z P, Shegai T, Haran G, et al. Multiple-particle nanoantennas for enormous enhancement and polarization control of light emission[J]. ACS Nano,2009,3(3):637-642.

[70] Wei H, Hao F, Huang Y Z, et al. Polarization dependence of surface enhanced Raman scattering in gold nanoparticle—nanowire systems[J]. Nano Letters,2008,8(8):2497-2502.

[71] Wei H, Hakanson U, Yang Z L, et al. Individual nanometer hole—particle pairs for surface-enhanced Raman scattering[J]. Small,2008,4(9):1296-1300.

[72] Shegai T, Chen S, Miljkovic V D, et al. A bimetallic nanoantenna for directional colour routing[J]. Nature Communications,2011,2(9):481-486.

[73] Marinica D C, Kazansky A K, Nordlander P, et al. Quantum plasmonics:Nonlinear effects in the field enhancement of a plasmonic nanoparticle dimer[J]. Nano Letters,2012,12(3):1333-1339.

[74] Esteban R, Borisov A G, Nordlander P, et al. Bridging quantum and classical plasmonics with a quantum-corrected model[J]. Nature Communications,2012,3(3):825-833.

[75] Kneipp K, Kneipp H, Itzkan I, et al. Surface-enhanced Raman scattering and biophysics[J]. Journal of Physics Condensed Matter,2002,14(18):R597-R624.

[76] Grubisha D S, Lipert R J, Park H Y, et al. Femtomolar detection of prostate-specific anti-

gen: An immunoassay based on surface-enhanced Raman scattering and immunogold labels[J]. Analytical Chemistry,2003,75(21):5936-5943.

[77] Kneipp K,Kneipp H,KarthaV B,et al. Detection and identification of a single DNA base molecule using surface-enhanced Raman scattering (SERS)[J]. Physical Review E,1998, 57(6):R6281-R6284.

[78] Doering W E,Nie S M. Spectroscopic tags using dye-embedded nanoparticles and surface-enhanced Raman scattering[J]. Analytical Chemistry,2003,75(22):6171-6176.

[79] Ma K,Yuen J M,Shah N C,et al. In vivo,transcutaneous glucose sensing using surface-enhanced spatially offset Raman spectroscopy: Multiple rats,improved hypoglycemic accuracy,low incident power,and continuous monitoring for greater than 17 days[J]. Analytical Chemistry,2011,83(23):9146-9152.

[80] Li J F,Huang Y F,Ding Y,et al. Shell-isolated nanoparticle-enhanced Raman spectroscopy[J]. Nature,2010,464(1):392-395.

[81] Olson J,Dominguez-Medina S,Hoggard A,et al. Optical characterization of single plasmonic nanoparticles[J]. Chemical Society Review,2015,44(1):40-57.

[82] Bohren C F,Huffman D R. Absorption and Scattering of Light by Small Particles[M]. Weinheim:John Wiley & Sons,1983.

[83] Schultz S,Smith D R,Mock J J,et al. Single-target molecule detection with nonbleaching multicolor optical immunolabels[J]. Proceedings of the National Academy of Science,2000, 97(3):996-1001.

[84] Sönnichsen C,Franzl T,Wilk T,et al. Drastic reduction of plasmon damping in gold nanorods[J]. Physical Review Letters,2002,88(7):077402-1-077402-4.

[85] Sönnichsen C,Alivisatos A P. Gold nanorods as novel nonbleaching plasmon-based orientation sensors for polarized single-particle microscopy[J]. Nano Letters,2005,5(2):301-304.

[86] Lindfors K,Kalkbrenner T,Stoller P,et al. Detection and spectroscopy of gold nanoparticles using supercontinuum white light confocal microscopy[J]. Physical Review Letters,2004, 93(3):037401-1-037401-4.

[87] Slaughter L S,Chang W S,Swanglap P,et al. Single-particle spectroscopy of gold nanorods beyond the quasi-static limit: Varying the width at constant aspect ratio[J]. Journal of Physical Chemistry C,2010,114(11):4934-4938.

[88] Wang G,Sun W,Luo Y,et al. Resolving rotational motions of nano-objects in engineered environments and live cells with gold nanorods and differential interference contrast microscopy[J]. Journal of the American Chemical Society,2010,132(46):16417-16422.

[89] Baida H,Billaud P,Marhaba S,et al. Quantitative determination of the size dependence of surface plasmon resonance damping in single Ag@SiO₂ nanoparticles[J]. Nano Letters, 2009,9(10):3463-3469.

[90] Berciaud S,Cognet L,Blab G A,et al. Photothermal heterodyne imaging of individual nonfluorescent nanoclusters and nanocrystals[J]. Physical Review Letters, 2004, 93 (25):

257402-1-257402-4.

[91] Gaiduk A, Ruijgrok P V, Yorulmaz M, et al. Detection limits in photothermal microscopy[J]. Chemical Science, 2010, 1(1): 343-350.

[92] Chang W S, Ha J W, Slaughter L S, et al. Plasmonic nanorod absorbers as orientation sensors[J]. Proceedings of the National Academy of Science, 2010, 107(7): 2781-2786.

[93] Yang L, Yan B, Reinhard B M. Correlated optical spectroscopy and transmission electron microscopy of individual hollow nanoparticles and their dimers[J]. Journal of Physical Chemistry C, 2008, 112(41): 15989-15996.

[94] Novo C, Gomez D, Perez-Juste J, et al. Contributions from radiation damping and surface scattering to the linewidth of the longitudinal plasmon band of gold nanorods: A single particle study[J]. Physical Chemistry Chemical Physics, 2006, 8(30): 3540-3546.

[95] Liu M, Pelton M, Guyot-Sionnest P. Reduced damping of surface plasmons at low temperatures[J]. Physical Review B, 2009, 79(3): 035418.

[96] Hoggard A, Wang L Y, Ma L, et al. Using the plasmon linewidth to calculate the time and efficiency of electron transfer between gold nanorods and graphene[J]. ACS Nano, 2013, 7(12): 11209-11217.

[97] Willets K A. Super-resolution imaging of SERS hot spots[J]. Chemical Society Reviews, 2014, 43(11): 3854-3864.

[98] Thompson R E, Larson D R, Webb W W. Precise nanometer localization analysis for individual fluorescent probes[J]. Biophysical Journal, 2002, 82(5): 2775-2783.

[99] Stranahan S M, Willets K A. Super-resolution optical imaging of single-molecule SERS hot spots[J]. Nano Letters, 2010, 10(9): 3777-3784.

[100] Stranahan S M, Titus E J, Willets K A. Discriminating nanoparticle dimers from higher order aggregates through wavelength-dependent SERS orientational imaging[J]. ACS Nano, 2012, 6(2): 1806-1813.

[101] Titus E J, Willets K A. Superlocalization surface-enhanced Raman scattering microscopy: Comparing point spread function models in the ensemble and single-molecule Limits[J]. ACS Nano, 2013, 7(9): 8284-8294.

[102] Titus E J, Weber M L, Stranahan S M, et al. Super-resolution SERS imaging beyond the single-molecule limit: An isotope-edited approach[J]. Nano Letters, 2012, 12(10): 5103-5110.

[103] Etchegoin P G, Le R E C, Fainstein A. Physical chemistry chemical physics[J]. Physical Chemistry Chemical Physics, 2011, 13(10): 4500-4506.

附录1 本书主要物理量符号对照表

A

a 半径

a^0 氢原子玻尔半径

a_B 激子玻尔半径

a_B^* 激子有效玻尔半径

a_n 米氏散射系数

A 自发辐射跃迁概率,振幅,面积

A_{eff} 有效截面

AM 太阳光照度

B

b_n 米氏散射系数

B 爱因斯坦系数

$\boldsymbol{B}$ 磁感应强度

C

c 光速,掺杂浓度

c_0 真空中的光速

c_{ij} 弹性刚度系数

C 弹性系数,摩尔浓度

C_V 定容摩尔热容

D

d 晶格常数,维数

d_p 穿透深度

D 直径

$\boldsymbol{D}$ 电位移矢量

E

e 电子

e 电子电荷

e' 镜像电子

E 能量

$\boldsymbol{E}$ 电场强度

E^0 原子能量单位

E_1 第一吸收峰能量

E_{bulk} 块材料带隙能

E_c 导带能

E_c^0 导带底部能量

E_F 费米能级

E_g^0 0K 时的带隙能

E_g 带隙能

E_k 动能

E_v 价带能

E_V^0 价带顶部能量

ΔE 跃迁能级差

ΔE_e 电子能量间隔

ΔE_{ex} 激子能量间隔

ΔE_h 空穴能量间隔

ΔE_g 量子点与块材料带隙差

F

$f(\upsilon)$　麦克斯韦分布函数

$f(\nu\nu_0)$　线型函数

$f_{FD}(E)$　费米-狄拉克统计分布函数

f　跃迁振子强度

f_{obj}　目标函数

FWHM　半高全宽

G

g　能级简并度

$g(\nu\nu_0)$　分布函数

G　增益系数

GB　增益带宽因子

G_0　小信号增益系数

G_s　信号增益

g_{Inh}　非均匀展宽因子

g_H　均匀展宽因子

H

h　空穴

h、$\hbar$　普朗克常量

h′　镜像空穴

$h_n^{(1)}$　第一类汉克尔函数

$h\nu$　光子能量

$\hat{H}$　哈密顿量

$\boldsymbol{H}$　磁场强度

$H(h\nu, mE_g)$　Heaviside 单位阶跃函数

I

I　光强

$I^{(n)}$　光强的归一化横模分布

I_0　入射光强

$I_{A,k}$　ν_k 频率的 ASE 光强

I_p　泵浦光强

I_S　太阳光总辐照强度

I_s　信号光强

I_{sat}　饱和光强

I_{th}　阈值光强

J

$\boldsymbol{j}$　电流密度

j_r　复合电流密度

J_0、J_1　零阶、一阶贝塞尔函数

J_{sc}　短路电流

$J_{e\text{-}p}$　激子-声子耦合作用带隙

K

k、k_B　玻尔兹曼常量

$\boldsymbol{k}$　波矢

K　块材料体弹性模量

K_0、K_1　修正的零阶、一阶贝塞尔函数

$\boldsymbol{K}$　平移波矢

k_{SPP}　表面等离激元波数

L

l　轨道量子数

l_k　光纤损失因子

L　长度

L_f　掺杂光纤长度

$\boldsymbol{L}$　角动量

LSP　局域表面等离子激元

M

m　磁量子数,模数,衍射级,质量

m^*　有效质量

m_0　自由电子质量

m_e、m_h　电子、空穴质量

m_q　量子点质量

m_u　原子质量单位

$\tilde{m}$　复相对折射率

M　原子核质量

M_0　质子质量

MEG　多激子产生

M_q　量子点摩尔质量

N

n　数密度,折射率,主量子数

n_a　粒子数密度

n_{clad}　包层的折射率

n_{core}　纤芯的折射率

n_{exc}　激子浓度

n_r　径向量子数

n_{sp}　自发辐射因子

$\bar{n}$　平均折射率

$\tilde{n}$　复折射率

Δn　相对折射率差

N　电子数,粒子数密度

N_0　光纤轴线上的增益粒子浓度

N_d　掺杂数

N_Q　光学声子数

N_q　量子点数密度

$\overline{N}$　平均粒子数密度

N_A　阿伏伽德罗常量

NA　数值孔径

NA_e　等效数值孔径

NF　噪声系数

P

$\boldsymbol{p}$　动量

p_{ji}　辐射功率密度

P　功率,偶极矩,压强

P_{ASE}^0　放大的自发辐射功率

P_a　吸收光功率

P_e　辐射光功率

P_{noise}　电噪声功率

P_{out}　输出功率

P_s　信号光功率

Q

Q　品质因子

QD　量子点

QDSSC　量子点敏化太阳能电池

QY　量子产率

R

r 半径,碰撞速率系数

r_0 零点半径

$\boldsymbol{r}$ 矢径

R 半径,反射率,气体普适恒量

Ry^* 激子里德伯能

Ry^{eff} 有效激子束缚能

S

SERS 表面增强拉曼散射光谱

SNR 信噪比

SPP 表面等离子激元

SPR 表面等离子共振

T

T 隧穿概率,热力学温度

TCO 透明导电玻璃

U

$U(r)$ 势函数

u 声速

V

V 归一化频率,体积

V_{e} 等效归一化频率

V_{oc} 开路电压

W

$W^{(j)}$ 激子-声子相互作用转换概率

Y

$Y_{lm}(\theta,\phi)$ 球函数

Z

Z_i 配分函数

附录 2　希腊字母符号对照表

α　Varshni 系数,热膨胀系数,适配参数

$\alpha^{(0)}$　背景损耗

α_a　吸收系数

α_e　辐射系数

α_s　散射系数

β　Varshni 系数,传播常数,衍射峰半高全宽

β_0　FWHM 的斯托克斯修正

γ　Grüneisen 参数,谐振阻尼系数,权重因子

γ_f　薄膜表面能

γ_{fs}　界面能

γ_s　衬底表面自由能

Γ　重叠因子

Γ_j　荧光谱半高全宽

Γ_L　激光重叠因子

Γ_P　泵浦光重叠因子

Δ　带宽

ε　介电系数,摩尔消光系数

ε_1　散射粒子的介电系数

ε_0　特征能量

ε_m　金属(基底)介电系数

η　效率

θ_c　临界角

θ_{sp}　共振入射角

λ　波长

λ_c　截止波长

λ_e　电子德布罗意波长

λ_F　费米波长

λ_h　空穴德布罗意波长

λ_L　激光波长

λ_P　泵浦光波长

λ_s　信号光波长

ΔE　能级间隔

$\Delta\lambda$　谱线(波长)展宽

$\Delta\lambda^{pp}$　峰-峰波长间隔

$\Delta\lambda_s$　等效斯托克斯频移

μ　磁导率,折合质量

ν　频率

ν_0　中心频率

ν_P　泵浦光频率

ν_s　信号光频率

$\Delta\nu$　噪声带宽,谱线(频率)展宽

$\Delta\nu_D$　多普勒展宽

$\Delta\nu_H$　均匀展宽

$\Delta\nu_N$　自然展宽

ξ　掺杂体积比,热导率

ξ_0　块材料的热导率

ξ_0'　纳晶粒的热导率

ξ_V　体膨胀系数

ρ　电荷密度

ρ　光子数密度,质量密度

$\rho(E)$　能态密度

$\bar{\rho}$　平均光子数密度

$\bar{\rho}_{ASE}$　ASE 背景噪声

ρ_o　单位频率光子能量密度

ρ_p　粒子质量密度

σ　表面张力,电导率

σ_a　吸收截面

σ_{abs}　吸收截面

σ_e　辐射截面

$\sigma_{e,peak}$　峰值辐射截面

σ_{ext}　消光截面

σ_g　增益截面

σ_{sca}　散射截面

ϕ　光通量,电势

$\phi_{jk}(r)$　布洛赫函数

ϕ_s　信号光强通量

ϕ_p　泵浦光强通量

ϕ_{th}　阈值泵浦光通量

Ψ　波函数

φ　方位角,接触角

υ　速率

τ　衰减时间,能级寿命

τ_A　俄歇复合弛豫时间

τ_e　受激辐射时间

τ_{nr}　非辐射寿命

τ_r　辐射寿命

χ　极化率

ω　角频率,光模场半径

Ω　声子角频率,量子点谐振频率